飞机总体设计支持技术探索与实践

刘虎　罗明强　田永亮　武哲　著

北京航空航天大学出版社

内 容 简 介

本书围绕飞机总体设计支持技术的应用与发展，论述了从相对独立的飞机概念方案设计软件，到具有一定开放能力的集成化飞机总体设计系统，再到更具全面性的飞机总体数字化设计平台的研究历程，最后对智能设计及“面向运行的设计”这两个支持技术的新方向进行了探讨。本书涉及飞机总体设计的设计要求分析、总体布局、外形设计、总体布置、性能分析、多学科设计优化等方面的知识，并且详细介绍了它们在软件系统中的实现与应用。

本书适合于从事飞机总体设计及相关信息化工作的研究人员阅读，可以作为飞行器设计专业研究生和高年级本科生的参考书，对航天、船舶等行业的总体设计研究人员也有参考价值。

图书在版编目(CIP)数据

飞机总体设计支持技术探索与实践 / 刘虎等著. --
北京 ：北京航空航天大学出版社，2013.6
ISBN 978-7-5124-1096-1

Ⅰ. ①飞… Ⅱ. ①刘… Ⅲ. ①飞机—设计—研究
Ⅳ. ①V22

中国版本图书馆 CIP 数据核字(2013)第 062279 号

飞机总体设计支持技术探索与实践
刘 虎 罗明强 田永亮 武 哲 著
责任编辑 刘晓明
*
北京航空航天大学出版社出版发行
北京市海淀区学院路 37 号(邮编 100191) http://www.buaapress.com.cn
发行部电话：(010)82317024 传真：(010)82328026
读者信箱：bhpress@263.net 邮购电话：(010)82316936
北京时代华都印刷有限公司印装 各地书店经销
*
开本：787×1 092 1/16 印张：21.25 字数：544 千字
2013 年 6 月第 1 版 2013 年 6 月第 1 次印刷 印数：3 000 册
ISBN 978-7-5124-1096-1 定价：79.00 元

前　言

自1903年12月17日美国的Wright兄弟实现人类首次带动力且可操纵的飞行以来，航空产业在国家安全和国民经济中已经发挥出了举足轻重的作用，其兴盛可谓是各国科技进步和工业发达的重要标志。在我国的《“十二五”国家战略性新兴产业发展规划》中，更是明确提出了将现代航空装备作为我国的战略性新兴产业之一。为了实现“十二五”规划中的宏伟目标，建立起强大的空中力量和适应竞争日益激烈的民航市场，研制新型的高性能飞机无疑至关重要，而保证设计质量则是研制成功的关键。

与一般的工业产品设计不同的是，飞机设计具有高度的综合性，而这在前期的总体设计阶段体现得尤为突出——它不仅需要充分且合理地利用到空气动力学、结构力学、材料学、自动控制、动力技术、隐身技术等多个学科的进展，更需要进行大量的权衡和折衷，寻求在可用的资源下能满足设计要求且综合性能得以优化的方案。尽管总体设计在整个飞机研制周期中所占的时间相对较短，却对一个型号的成败起到了举足轻重的作用，而高度综合性的要求无疑为这一设计阶段带来了更大的挑战。

正所谓“工欲善其事，必先利其器”。保证飞机总体设计的质量和效率不仅需要优秀的设计师，还需要先进的设计工具和手段。作者所在的科研团队自20世纪90年代中后期以来，一直在从事计算机辅助飞机总体设计的理论方法研究及软件系统的开发，也切身体会了近十余年间我国航空学术界与工业界对飞机总体设计的各类软件支持系统从初步接触到大力投入的发展历程；同时，无论是科研院所还是高等院校，从事飞机总体设计支持技术研究与系统开发的人员也在逐步增多。在这样的形势下，作者通过此书对团队在该领域的探索与实践中所取得的成果、经验、体会与思考进行总结与分享，尤其希望通过对不同的研究阶段开发的飞机总体设计支持软件的介绍与分析，能对相关的研究人员、教师和学生提供有益的借鉴和参考。

撰写本书的另一原因在于，飞机总体设计由于具有非常强的工程性，造成在新的设计思想、理论方法上的研究相对于力学、材料学等基础学科而言显得不甚活跃，这对一个学科和领域的发展而言显然是不利的。为此，在本书中将介绍作者的研究团队提出的一些设计支持理论方法，希望起到抛砖引玉的作用；此外，还将结合自身的思考和国际上的相关研究进展，提出飞机总体设计支持技术研究的新方向，为进一步开拓和活跃这一领域的研究提供新的思路。

本书围绕飞机总体设计支持技术的应用与发展，详细论述了从相对独立的飞机概念方案设计软件，到具有一定开放能力的集成化飞机总体设计系统，再到更具全面开放性的飞机数字化设计平台的研究历程，最后对于飞机总体设计支持新技术与方向进行了探讨，体现了研究思路的逐步演化及软件开发的不断更新实践。

具体而言，本书的序篇即为第1章，主要阐述了飞机总体设计的重要性和特点，以及总体设计支持技术的发展与平台化的趋势；第2章到第7章归为第一篇，阐述了综合型飞机概念方案设计软件SEACD的研发背景与系统框架、设计要求的组织与分析、基于草图的概念机建模、基于面元的几何特性估算、重量及其他特性评估的实现以及集成化多学科设计优化初步应用；第二篇是集成化飞机总体设计系统，包括第8章到第11章，从系统设计的指导原则、基于ACIS图形核心的通用类部件建模、民用飞机参数化构型设计与布置、层次化集成特性分析与优化等方面介绍了集成化系统OpenCADS；第三篇是飞机总体数字化设计平台，包括第12章和第13章，从数字化设计平台的定位与实施思路、平台中的过程数据管理和工程信息资源管理等方面进行了论述；第四篇是飞机总体设计支持技术新方向，包括第14章与第15章，前者论述了智能设计支持技术的方法与实例，后者则提出了“面向运行的设计”的框架与相应的虚拟仿真验证技术。

本书序篇由刘虎、田永亮撰写，第一篇由刘虎撰写，第二篇和第三篇由罗明强撰写，第四篇由刘虎、田永亮撰写。全书由武哲、刘虎统稿和审校。陈稗、张超颖、银娇、魏城龙为书稿的整理提供了很多的帮助。

本书的研究工作得到了工业和信息化部、解放军总装备部相关预研项目的资助。作者取得的研究成果离不开十多年来团队中各位同事和同学的大力支持与帮助，包括王学仁、黄俊、黄沛霖、王钢林、白振东、卢新来、谢文娇、王新林、安纪冲、黄敏杰、鲍君波、白金鹏、冯昊成、武旭东、孙瑜、梁爽、张晨虓、王宜新、马楠、臧精、佟明、吴博、武名虎、谢福朋、吴睿、马明等。作者也衷心地感谢顾诵芬院士、李天院士、朱自强教授、孙聪总设计师、吴光辉总设计师、D. P. Raymer博士、John Sullivan教授等国内外专家的关心和指导。北京安世亚太科技有限公司的张国明、梅林涛、林子健等，北京高科系统技术有限公司的李义章、王江等，对研究成果的产业化应用提供了很多的帮助，在此一并表示感谢。

飞机总体设计支持技术是一个多学科交叉的研究领域，并且是在新型飞机的研制需求和信息化技术的发展等方面的推动下不断变化和扩展的。本书仅仅反映了作者探索与实践的部分心得和成果，而作者的研究和应用水平也都有局限性，因此本书难免还存在疏漏和不足之处，恳请读者不吝赐教。

刘虎　罗明强　田永亮　武哲

2013年2月

目　　录

序　　篇

第一篇　综合型飞机概念设计软件

第二篇　集成化飞机总体设计系统

第三篇　飞机总体数字化设计平台

第四篇　飞机总体设计支持技术新方向

序　篇

第1章 绪 论

1.1 飞机设计面临的挑战与总体设计的重要性

当今世界，航空工业在国家安全和国民经济中都发挥了举足轻重的作用，成为各国科技进步、工业发达的重要标志[1]。以军用飞机为主体的空中力量经过两次世界大战和海湾战争等多次现代局部战争的磨炼，已经逐渐成为影响战争进程和胜负的核心因素[2,3]。民用方面，航空客运年周转量已从 20 世纪 50 年代的约 1 800 万人次增加到近年的超过 10 亿人次[4]。为此，2010—2020 年间全世界航空公司大型喷气飞机总需求量将超过 1.8 万架，总价值将超过 1.4 万亿美元。在我国，据预测到 2050 年需要新增 2 000 多架大型客机，总值约 2 000 亿美元[5]；再加上支线客机和通用航空领域的巨大市场，蓬勃发展的民用航空业必然有助于推动国民经济的持续增长。2012 年 7 月国务院印发《"十二五"国家战略性新兴产业发展规划》，将现代航空装备产业明确列为大力发展的重要方向，并且制定了宏伟的发展目标：到 2015 年，大型客机实现首飞；ARJ21 支线飞机批量生产和交付；新型通用飞机、民用直升机发展和应用实现全面突破；初步形成具有国际水平的航空研发和生产体系，形成国产飞机整机集成和关键部件研制生产能力，航空产业融入世界航空产业链。到 2020 年，大型客机研制成功并批量进入市场；新型支线飞机完成研制，支线飞机实现系列化发展，通用航空实现产业化发展；完成大型商用航空发动机研制；航空产品、航空服务形成竞争优势，航空产业国际化发展水平显著提高。

由于用户需求的不断提高、市场竞争的日益激烈、技术复杂性的不断增加等多种因素的共同影响，现代飞机，尤其是先进军用飞机和大型民用飞机的研制周期越来越长，耗资也越来越巨大。以美国的第五代战斗机研制为例，从 1983 年"先进战术战斗机（Advanced Tactical Fighter，ATF）"计划启动，到 20 世纪 90 年代初，YF—22 在与 YF—23 的竞争中胜出，直至 2005 年第一支 F—22 中队正式服役，总共用了超过 20 年时间；尽管 F—22 具有非常优异的性能，但由于价格过于高昂，以致其采购数量从最初估计的 750 架一直降到 187 架并在 2011 年停产，成为了美国历史上生产周期最短的战斗机[6]。更新型的 F—35 战斗机虽然将成本的可承受性列为了首要研制目标，而且由美国、英国、加拿大、澳大利亚等 9 个国家合作研制以分摊成本，但其单机费用也已经从最初估计的 2 800 万～3 800 万美元上涨到了超过 1 亿美元[7]。在大型民用飞机的研制中，Airbus 公司的 A380、Boeing 公司的 B787 都出现了不同程度的延期，导致了客户流失和巨额经济赔偿[8,9]。由此可见，在航空工业迎来巨大发展机遇的同时，无疑也面临着巨大的挑战，而飞机设计部门正处于迎接这一挑战的最前沿。

尽管很多文献对飞机研制中各阶段应完成的任务和具体工作内容都进行了介绍[10-22]，而且这些介绍并没有原则性的差异，但完全明确的各阶段划分界限和统一的表述形式是不存在的[23]。按照原国防科工委于 1995 年制定的《常规武器装备研制程序》的规定，在研制新飞机所需的漫长周期中，需要经过以下 5 个阶段[24]：

(1) 论证阶段

论证阶段主要是根据使用部门提出的飞机使用要求或技术特性,结合现有技术条件,提出能满足使用要求的可能的技术方案,并预测研制经费和研制周期。为了验证技术方案的可行性,还应该对关键的新技术进行实验验证,以使方案的可行性有坚实的技术基础。

(2) 方案阶段

方案阶段主要是根据经过论证的可行方案提出总体技术方案,从而确定飞机总体设计参数、布局形式等,并提出各分系统技术方案和要求,进行主要设备的协调布置和使用维护性检查。经过各部门审查通过后,可以冻结总体技术方案。此阶段必须做方案验证的系统原理实验,使所有验证计算都建立在可靠的技术基础上。

(3) 工程研制阶段

工程研制阶段是根据方案阶段确定的飞机总体设计技术方案,完成系统的详细设计。各系统的配套设备要提交设计部门进行分系统的验证,对重要分系统要做全系统的地面模拟试验。在这个阶段,还会对系统技术方案做一些细节上的修改和调整。试飞前还要做各系统的地面综合试验,并进行充分的地面滑行,为试飞做好充分的准备。

(4) 设计定型阶段

飞机首飞成功后,就要进行定型试飞。在定型试飞前,应该进行新飞机的调整试飞,排除一些初始性的重大故障,必要时应该对系统设计做局部修改。大致飞到原设计飞行包线的80%左右,再开始正式的国家鉴定试飞,以检查飞机是否达到设计要求。在定型试飞中如还有故障,就应该进一步排除故障并改进设计。

(5) 生产定型阶段

经过设计定型以后,新飞机可能还会有一定的更改,改进后的飞机可以小批量生产。首批生产的飞机也应该鉴定试飞,通过后可以成批生产。批量生产的飞机,在大量使用中还会出现新的问题,积累到一定程度,可以再做一次改进。在飞机整个寿命期内,系统的配套设备更换是必然的,这被称为寿命中期改进。

在美国、英国等国家,习惯于将飞机设计过程划分为概念设计(conceptual design)、初步设计(preliminary design)和详细设计(detail design)三个阶段。通过概念设计确定优选的概念方案,并在初步设计阶段"冻结"布局后,在详细设计阶段要详细确定部件的几何特性、规划生产工艺,要最终敲定所有重要的技术决定和将飞机托付生产;在制造阶段开始后,首先制造一些零件进行试验,而第一架完整的飞机则用于首飞试验;在所有的试验完成以后,对民用飞机将由主管的航空当局给飞机型号以适航认证,然后将飞机投入航线使用;对军用飞机往往还需要与其他制造商的设计进行竞争,其中的获胜者将交付军方开始服役。

无论是依据哪一种划分方式,飞机总体设计都是整个飞机研发过程中的一个非常关键的阶段。在工业部门和学术研究中,通常认为飞机总体设计阶段包括概念设计和初步设计[19];而对应于原国防科工委划分的5个阶段来说则主要涉及到论证阶段和方案阶段。飞机总体设计阶段涉及到诸多学科专业,对于飞机最终性能和经济性有着很大的影响。与其他专门的气动、结构或者控制专业不同,飞机总体设计需要全面考虑各个专业的需求,需要综合考虑各系统之间相互联系、相互依存、相互制约的关系,并通过不断的折衷和综合,进行大量的方案对比,不断地进行改进迭代,最终确定综合性能或总体性能最佳的飞机设计方案。

在整个飞机研发过程中,总体设计阶段所花费的时间至多占总工作时间的20%～25%,

所花费资金占总资金的5%～10%，而对整个项目成本的影响却占了75%～80%(见图1.1)[24]，因此一个飞机研制项目的命运在很大程度上依赖于总体设计决策的正确性。总体设计阶段所犯的错误，不仅将导致后续设计花费过多的资金和时间，而且还可能影响到方案实现的可能性，可以说总体设计是整个飞机研发过程中责任最重大的阶段。随着现代飞机的机体系统和机载系统越来越复杂，系统之间相互影响与制约的关系也越来越复杂，作为综合这些分系统的飞机总体设计阶段的作用也越来越重要。

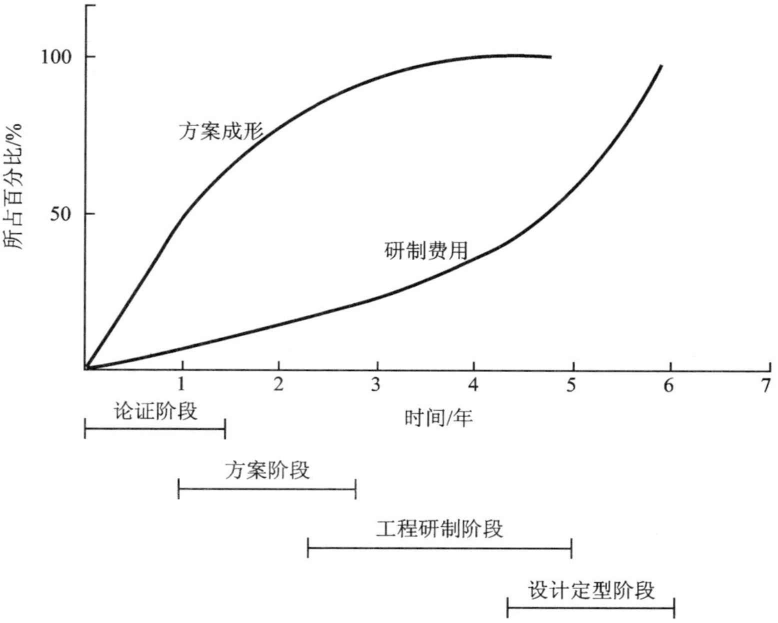

图1.1　总体设计阶段花费[24]

1.2　飞机总体设计的特点

飞机的总体设计是需要综合应用空气动力学、结构力学、材料学、自动控制、动力技术、隐身技术等多个专业学科的系统工程，总体设计的过程也是各专业不断综合与权衡的过程。虽然各个专业学科都会力图实现自身的最优方案(见图1.2)[24]，但对于飞机这样充满关联的复杂设计对象而言，不同的专业侧重点之间往往会产生矛盾，使得一个对某一专业"最佳"的方案往往难以满足其他方面的设计要求，只有通过不断的权衡、折衷和协调才能有效地平衡这些矛盾。

在总体阶段进行高效的系统综合对于后期的设计和研制也有重要的意义。从飞机设计过程看，详细设计阶段是工作量最大的阶段，并行工程在这一阶段也最有意义，而能否在详细设计阶段实现并行工程，关键在于总体设计阶段是否充分考虑了各专业学科之间的综合与权衡关系。在总体设计阶段越多地解决了系统内的冲突和矛盾，也就越多地减少了详细设计阶段的交叉工作，从而也就越有利于详细设计阶段的并行。

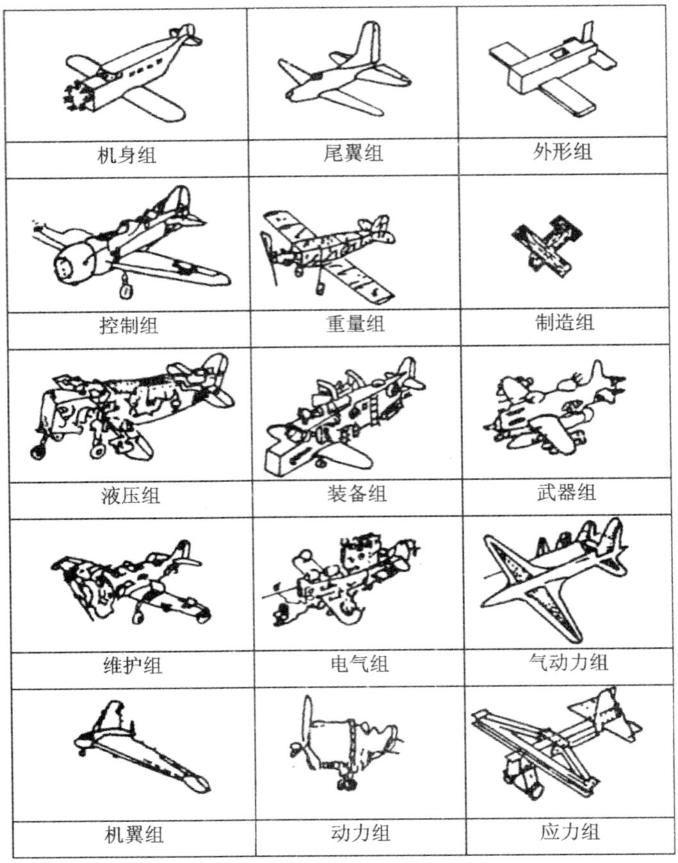

图 1.2　从各专业角度出发设计成的飞机[24]

多专业的综合性意味着飞机总体设计中有大量的设计变量，而这些设计变量取值的组合是无穷无尽的，再加上设计者自身的创造性思维，从而造就了飞机总体设计的创造性这一突出特点，也就是所谓的设计没有“标准答案”。依据同一套设计要求，不同的团队可以设计出大相径庭的方案，如美国 ATF 竞争中的 YF—22 与 YF—23、“联合攻击战斗机(Joint Strike Fighter,JSF)”竞争中的 X—32 与 X—35 都是具有鲜明特色的优秀方案。即便在同一个设计团队的设计过程中，也需要充分发挥创造性，从一开始提出的多个备选的概念方案中通过不断地循环迭代与综合对比，最终确定能够用于下一阶段的优化设计方案，这就使总体设计阶段表现出了多方案逐步演化的特征(见图 1.3)。

图 1.3 所示的多方案演化是按照时间历程进行展开的表达方式，如果从单个设计方案的角度来看，在设计过程中，会不断地经历依据要求提出方案、分析评估方案、进行参数选择与权衡研究、改进方案、必要的修正设计要求、进一步改进、分析评估直至优化的“设计轮盘(Design Wheel)”(见图 1.4)[16]，这就是总体设计的循环迭代特点。对于复杂的现代飞机设计而言，几乎不可能有哪位设计者能保证最初的概念草图和最终的数字样机所体现的方案完全一致，而这种变化就是在不断地循环与迭代中逐步演化产生的。

为了在有限的设计周期内充分地实现多专业综合、充分发挥不同特点人员的创造性以及完成多方案的循环迭代，飞机总体设计必须依赖于一个团队的密切协作和共同努力来完成。

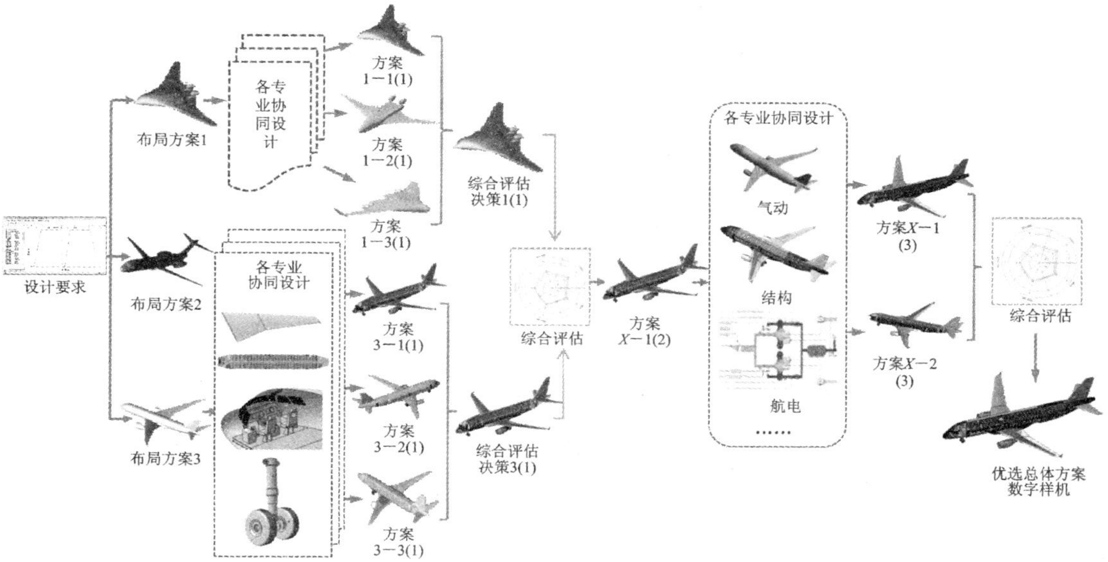

图 1.3　飞机总体设计中的多方案演化

Lockheed Martin 公司的“臭鼬工厂(Skunk Works)”就是团队协作的典范，从这里诞生的 U—2、SR—71(见图 1.5)、F—117A、F—22(见图 1.6)、X—35 等飞机都是创新精神、科学技术与团队协作的结晶。在民用飞机巨头 Boeing 公司，团队精神也备受重视，其团队协作戒律对其他的设计团队而言也有着积极的借鉴意义[25]：

① 每个成员都为团队的进展与成功负责；

② 参加所有的团队会议并且准时到达；

③ 按计划分配任务；

④ 倾听并尊重其他成员的观点；

⑤ 对想法进行批评，而不是对人；

⑥ 利用并且期待建设性的反馈意见；

⑦ 建设性地解决争端；

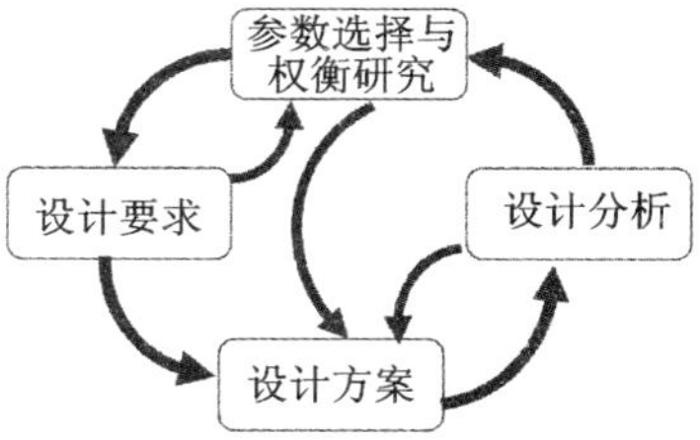

图 1.4　总体设计的循环迭代[11]

图 1.5　SR—71(作者摄于美国 Strategic Air and Space Museum)

⑧ 永远致力于争取双赢的局面；
⑨ 集中注意力——避免导致分裂的行为；
⑩ 在不明白的时候提问。

图 1.6 F—22(作者摄于美国 USAF Museum)

1.3 飞机总体设计支持技术的发展

正所谓“工欲善其事，必先利其器”，保证飞机设计质量除了需要优秀的设计者外，还需要先进的设计工具和手段为设计者提供支持。从历史上来看，随着航空科学技术的发展，飞机设计方式上的变化可以大致划分为如下三个阶段[26]：第一次世界大战到 1950 年、1955—1985 年、1990 年之后。图 1.7 列出了这三个阶段的一些特点，其中在第二个阶段最具革命性的变化就是数字计算机的出现，而这一阶段向第三个阶段的演化，除了外界政治经济环境的变化外，计算机辅助设计/计算机辅助制造(Computer Aided Design/Computer Aided Manufacturing，CAD/CAM)系统、计算流体力学(Computational Fluid Dynamics，CFD)等计算机辅助工程(Computer Aided Engineering，CAE)工具的大规模出现及其能力的快速增强起到了重要的作用。

新技术经常是在经历萌芽和小规模的验证后得到快速发展和广泛应用的。以 CAD 技术为例，尽管它起步于 20 世纪 50 年代后期，且到了 1960 年 Ivan Sutherland 开发完成 SKETCHPAD 才被认为是迈出 CAD 工业的第一步[27]，而美国这一航空工业最发达国家的飞机制造商，包括 Boeing、前 McDonnell、Lockheed、Northrop 和 Grumman 等公司在上述演化过程的第二个阶段中就意识到了 CAD 技术的潜力并积极研制 CAD 软件。其中，McDonnell 公司早在 60 年代就专门组建了 McAuto 公司为其 10 种型号的军、民用飞机的生产提供计算机服务，并在 70 年代结合 F—15 战斗机的研制，开发了功能强大的曲面造型和三维线框设计绘图系统 CADD(该系统后来发展成为目前广为应用的 Unigraphics，即 UG 系列)；Lockheed 公司在 1972 年推出了用于飞机结构的设计绘图软件 CADAM[28]。

法国的 Dassault 飞机公司在 CAD 技术的开发和应用方面虽然起步稍晚，但却依靠积极的投入和 IBM 的结盟实现了后来居上。1975 年，Dassault 引进了 CADAM，并在研究其源代码的基础上于 1978 年开发成功了三维交互 CAD 软件 CATIA，标志着 CAD 技术从二维走向三维，同时也使得 CAD 技术的开发有了实现的基础。CATIA 的出现带来了一次 CAD 技术

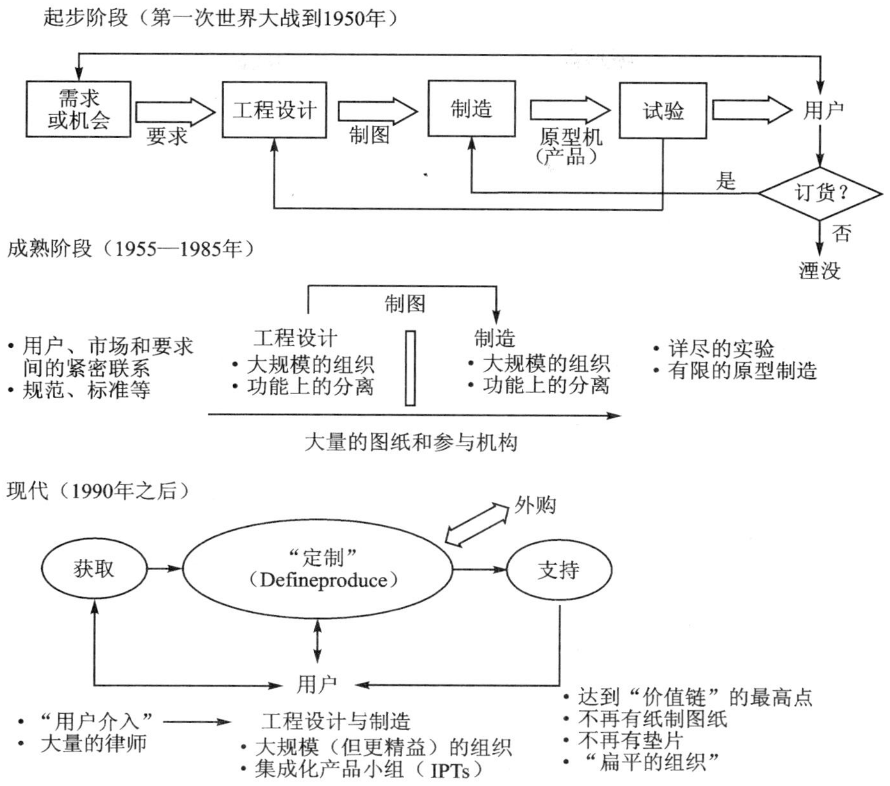

图 1.7 飞机设计过程的演化[26]

革命[27]，到 1985 年底的时候就已经销售近 400 套；运行于 16 个国家的 2 000 多台图形终端，其中飞机行业用户占了 1/3。自 90 年代以来，Dassault/CATIA 通过大规模的兼并（包括 CADAM、SolidWorks、ACIS3D 组件等都被收购）迅速增强实力，实现了对产品从初步设计到售后服务的全过程仿真，而 CATIA 也成为了飞机设计领域最强大和应用最广的 CAD 软件之一。

Boeing 公司在设计 B747－400 和 B767 时，就对 CATIA 进行了功能扩充并进行了试验性的应用。结果表明，CATIA 能够便于实现并行工程，减少设计时间和设计更改。以此为基础，Boeing 公司于 1990 年 10 月开始启动新一代客机 B777 的全新设计，尽量采用新技术、新材料，全部的设计工作都在计算机上展开。到 1994 年 4 月 9 日，第一架 B777 出厂，整个研制周期仅 3 年半，耗资约 40 亿美元。通过应用以 CATIA 为主的 CAD 技术，使设计更改和返工率减少了 50％以上，而装配时出现的问题与过去项目相比减少了 50％～80％，B777 也成为航空工业发展史上第一架实现“无纸设计”的飞机[29,30]。

在 B777 之后，利用 CAD 技术进行“无纸设计”已经成为世界各国的飞机制造商和设计机构的基本发展趋势，而这也是图 1.7 中指出的当今飞机设计过程的基本特征之一。在美国的新一代军、民用飞机的设计中，所采用的 CAD 技术已经不仅仅局限于计算机绘图和三维数字化建模，还包括了大量能够辅助异地设计者进行有效协作的软件和虚拟现实系统等。这些先进的计算机技术经过在实际设计中的应用和改善，正在越来越广的范围内提高着设计的质量和效率。例如，在虚拟现实技术方面，Boeing 公司、Carnegie Mellon 大学、Honeywell 公司以及 Virtual Vision 公司合作，在1994—1997年的3年间进行了"基于透明头盔显示器的可穿戴计算机系统"项目研究，用它可以提高布线工人的工作效率，而且还大大降低了大量的机架和板架对存储空间的要求[31]。在JSF的竞争过程中，无论是研制X—32的Boeing公司，还是研制X—35的Lockheed Martin公司及为其提供F—135发动机的Pratt&Whitney公司，都积极采用了虚拟现实技术[32-35]；在Boeing公司研制新一代的无人作战飞机(Unmanned Combat Aerial Vehicle, UCAV)X—45时，运用虚拟现实技术，在设计阶段就对方案的部件装配、武器装载方式和维护可达性等进行模拟，最大程度地避免了因设计不当给实际使用造成的困难[36]。

我国的航空工业界接触和了解CAD技术可以追溯到中美建交之初。1979年4月到5月，航空工业部代表团对美国飞机公司的数字化技术应用状况进行了考察，对CAD技术在飞机生产中的应用内涵获得了比较完整和深刻的认识[37]。到80年代末期，南昌飞机公司引进并使用UG设计和生产了P5农用机、K8教练机等[38]。经过20多年的发展，目前国内的各个主要的飞机设计院所都已逐步实现了全机规模的飞机三维设计，大大提高了设计质量，缩短了设计周期[39]。

在飞机设计手段不断发展的大潮中，飞机总体设计支持技术也呈现出越来越丰富、越来越完善的趋势。事实上，对于"设计支持"这一概念，目前并没有统一明确的说法。在作者的研究中，将飞机总体设计过程中利用信息化手段进行计算机辅助设计、分析、优化乃至实验的各种软硬件手段，以及相关的理论和方法，统称为总体设计支持技术。

按照飞机总体设计涉及到的专业及软件功能，可将目前飞机总体设计中支持的软件工具分成概念设计、建模、分析和优化四个大类及其若干子类(见图1.8)，表1.1进一步给出了各子类中常用的部分软件。

表1.1 飞机总体设计中各专业用到的部分软件

功能类别	软件名称	软件说明
建模	CATIA	Dassult公司通用CAD系统
	UG	UGS公司通用CAD系统
	ProE	PTC公司通用CAD系统
气动分析	Datcom[40-44]	工程气动力估算软件
	ICEM[45,46]	气动网格划分工具
	VSAero[47,48]	面元法气动力分析工具
	PANAIR[49-51]	高阶面元法气动力分析工具
	VLAero[52]	平板气动力估算工具
	VisCart[53]	粘性笛卡尔网格处理工具
	SDAero[54]	跨声速小挠动气动力分析工具
	CFX[55]	N-S方程气动力分析工具
	MGAero[56]	欧拉法气动力分析工具
	MSES[57]	翼型设计分析工具
	Fluent[58]	N-S方程气动力分析与仿真工具
	XFoil[59]	翼型气动力分析工具

续表 1.1

功能类别	软件名称	软件说明
结构分析	MSC. Nastran[60,61]	结构有限元分析前后处理工具
	MSC. Patran[58,59]	结构有限元分析求解工具
	Ansys[62]	结构有限元分析工具
气动弹性分析	ZAero[63]	气动弹性分析工具
	Fastran[64]	气动、多体运动及气动弹性专业分析软件
隐身分析	Feko[65]	精确隐身特性分析工具
操稳分析	Datcom[60,62]	工程气动力估算软件
优化	iSIGHT[66,67]	集成优化工具
	ModelCenter[68]	集成优化工具
其他	iSIGHT. Net[64,65]	模板封装工具、数据流集成工具
	EASA[69]	模板封装工具
	LSF[70]	作业调度工具
	Vdot[71]	Boeing公司流程管理工具
	FlowMaster[72]	二维管道流仿真工具

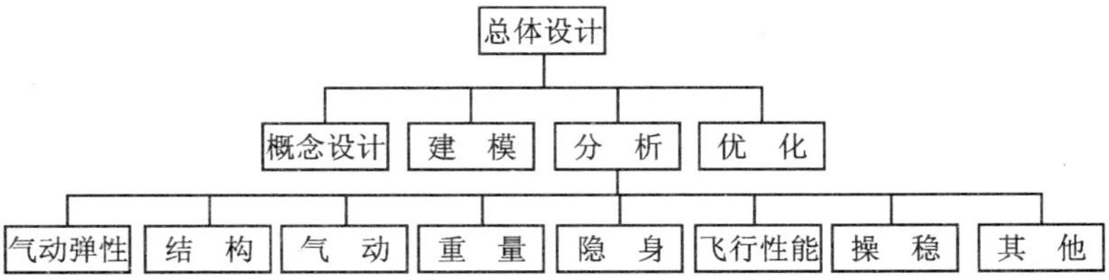

图 1.8 飞机总体设计中使用的软件分类

除了表1.1中所列的各专业应用的软件工具外，还不断地有更具综合性的辅助设计软件得到研究和开发。尤其是在概念设计阶段，这种综合型的软件能够帮助设计者迅速地提出一个新颖的设计方案，并且不断地修改方案和进行权衡研究[16]，从而有助于显著减少对突然出现的设计项目的反应时间，极大地提高设计质量和在一定的资源水平下可同时进行的设计项目的数量[73]。典型的综合型软件包括美国DAR公司的AAA[27,28]、弗吉尼亚理工学院与州立大学和NASA Ames研究中心等联合开发的ACSYNT[29-34]、Conceptual Research公司的RDS-Professional[35]、美国空军学院的AeroDYNAMIC[42,43]、Desktop Aeronautics公司的RAGE[74]、英国Lissys公司的PIANO[71,36]、Cranfield大学的ADROIT[19]、德国柏林工业大学的VisualCAPDA[74]、PACE公司的Pacelab系列[73]、荷兰Delft大学的AIDA[45]等，以及国内由西北工业大学、成都飞机工业公司、南京航空航天大学联合开发的ACDS[37,39]，南京航空航天大学的ECAAD[74]，北京航空航天大学的DPACD[39]等。这些支持软件的研发与总体设计支持理论方法的研究之间也形成了良好的相辅相成关系：新的理论和方法能够推动软件工具的精度、适用范围的提高，而支持软件能够为新理论和方法的验证、实用化和积累提供很好的承载平台。

1.4 从“孤岛”到平台的演化

各种总体设计支持软件工具的快速增长，一方面使得设计者的设计效率和质量都得以提高，但另一方面却由于各种工具的计算分析模型之间的融合及关联性差，从而很容易导致“工具孤岛”——各种软件工具在不同的专业学科中应用（从表 1.1 中可以看出，一个专业往往涉及多个学科，而同一个学科中也会有很多不同的软件工具），由于相对独立和缺乏协调，将不可避免地造成设计数据流转的障碍。显然，各个软件工具的开发商往往是针对自己熟悉的专业学科进行开发，很难考虑与其他厂商的产品相整合的需求，这就使得设计者不得不花费大量时间进行手工的数据处理和传递，从而影响设计进程。

出于解决飞机设计中的一些耦合问题（如气动弹性），以及进行多学科设计优化（Multidisciplinary Design Optimizaiton，MDO）的需要，具有集成特征的框架性软件应运而生，例如，Phoenix 公司的 Model Center 和 Engineious 公司的 iSIGHT。有了这些框架，可以通过自定义分析流程、进行输入/输出文件的解析等方式，连接多个商业化的或自编的学科分析工具，并且利用各种优化算法来求解 MDO 问题。这些框架软件在一定程度上实现了部分软件工具的整合，但它们通常也只是用于处理设计过程中的某些局部问题。如果只是依赖它们来构建各学科的设计与分析系统，而不能处理好学科之间的数据流转问题，就会导致在“工具孤岛”的基础上形成不同的综合性、集成化软件系统之间的“系统孤岛”。

为了更形象地说明“孤岛”的影响，图 1.9 中将飞机总体设计中涉及的某一个学科比作一条河流，各个设计者或设计小组在河中的各个“孤岛”上利用相应的软件工具完成自己相关的任务，而他们之间的联系依靠的就是在孤岛之间架设的桥梁和桥梁上流转的数据。正是各种设计分析数据不断地向河流的下游流动，才推动着设计方案的信息从无到有、从粗略到完善直至优化。

由于各个学科的复杂性，河流中的孤岛数量往往会比较多，因此建立起可以连接所有孤岛的桥梁是具有很大难度的。不仅如此，由于设计者往往会专注于解决自己面临的具体任务，就很容易造成在应用自己的软件工具时，忽略进行其他学科分析的需求，导致在进行学科间协调时付出更大的代价。用图 1.10 来进行比喻，就是由于“学科河”之间有“山脉”的阻隔，使得“孤岛”进一步地处于类似“峡谷”的不利位置。

正如在本章 1.2 节中所述的飞机总体设计的多学科综合性一样，如果要突破设计支持的各种软件工具造成的“孤岛”效应，就必须从更高的层面对学科中的工具应用进行更全面的分析和统筹。如图 1.11 所示，以更全面的视野来观察各条“河流”和各个“峡谷”，将有助于明确学科之间的数据流转关系和各个“孤岛”所处的位置，从而便于对总体设计过程中的数据流乃至设计者的工作流进行宏观的规划。从信息化建设的角度而言，这种超越单个软件工具甚至局部的集成化系统的做法，就是所谓的“平台化”。

作者团队对设计支持手段的“孤岛”问题和平台化趋势的认识与理解也并非一蹴而就，而是在 10 余年的探索与实践中逐渐演化、不断反思与总结的结果。本书接下来的第一篇到第三篇，就将分别对作者团队在三个不同阶段完成的研究成果进行具体的介绍，涵盖了从相对独立的综合型飞机概念方案设计软件，到具有一定开放能力的集成化飞机总体设计系统，再逐步发展成为更具全面性的飞机数字化设计平台的研究历程。需要强调的是，这样的研究历程并不

图 1.9　总体设计中的“学科河”

图 1.10　“学科峡谷”

图 1.11　更高视野下的概貌

是意味着平台、系统、单机应用软件之间有高低等级之分，它们只是针对不同层面的问题各有侧重。为了更完善地对飞机总体设计的全过程进行支持，必须统筹这三个层面，实现不同手段的有效融合。

参考文献

[1] 王道荫. 迈向21世纪的航空科学技术[M]. 北京:航空工业出版社，1994.

[2] 顾诵芬，史超礼. 航空世界发展史[M]. 郑州：河南科学出版社，1998.

[3] 黄俊. 航空武器装备发展的某些重要问题思考[R]. 北京航空航天大学博士后研究工作报告. 北京：北京航空航天大学，2002.

[4] Jenkinson L R, Simpkin P, Rhodes D. Civil Jet Aircraft Design[R]. ISBN 1-56347-350-X, 1999.

[5] 陈一坚. 大型飞机发展形势和主要技术[D]. //中国航空学会飞机总体专业委员会. 中国航空学会航空百年学术论坛飞机设计与制造分论坛暨总体专业分会第六次学术交流会论文集. 成都：成都飞机设计研究所，2003：6-15.

[6] 维基百科. F—22猛禽战斗机[EB/OL].（2012-10-12）. http://zh.wikipedia.org/wiki/F-22.

[7] 百度百科. F—35战斗机[EB/OL].（2012-10-12）. http://baike.baidu.com/view/804759.htm.

[8] Bob Jamieson. More Setbacks for Airbus Superjumbo Jet[R]. ABC News, 2006-06-14.

[9] 王飞. 波音787再推迟交付，航企考虑替换机型. 新浪财经[EB/OL].（2010-08-29）. http://finance.sina.com.cn/roll/20100829/20388567525.shtml.

[10] 詹金森 L R，辛普金 P，罗兹 D. 民用喷气飞机设计[M]. 李光里，等译. 北京：中国航空研究院，2001.

[11] Raymer D P. Aircraft Design: A Conceptual Approach[M]. 3rd ed. Reston: AIAA Inc., 1999.

[12] Nicolai L M. 飞机设计基本原理[M]. 赵先宁，译. 台北：徐氏基金会，1983.

[13] Torenbeek E. Synthesis of Subsonic Airplane Design[M]. Delft: DelftUniversity Press, 1982.

[14] Fielding J P. Introduction to Aircraft Design[M]. Cambridge: CambridgeUniversity Press, 1999.

[15] Brandt S A, Stiles R J, Bertin J J, et al. Introduction to Aeronautics: A Design Perspective[M]. AIAA Education Series, Reston: AIAA, Inc., 1997.

[16] Roskam J. Airplane Design Part I: Preliminary Sizing of Airplanes[M]. Ottawa: Roskam Aviation and Engineering Corporation, 1985.

[17] Roskam J. Airplane Design Part II: Preliminary Configuration Design and Integration of the Propulsion System[M]. Ottawa: Roskam Aviation and Engineering Corporation, 1985.

[18] 方宝瑞. 飞机气动布局设计[M]. 北京：航空工业出版社，1997.

[19] 杨景佐，曹名. 飞机总体设计[M]. 北京：航空工业出版社，1991.

[20] 李为吉. 现代飞机总体综合设计[M]. 西安：西北工业大学出版社，2001.

[21] 雷曼尔. 现代飞机设计[M]. 钟定逵，译. 北京：国防工业出版社，1992.

[22] Leland M Nicolai, Grant Carichner. Fundamentals of Aircraft and Airship Design Volume I: Aircraft Design[M]. Reston: AIAA Education Series, 2010.

[23] 刘虎. 飞机概念设计支持理论与原型系统研究[D]. 北京：北京航空航天大学，2004.
[24] 顾诵芬，解思适. 飞机总体设计[M]. 北京：北京航空航天大学，2001.
[25] Mason W H. Teams，Teamwork and Planning[EB/OL].（2004－10－26）. https://www.dept.aoe.vt.edu/～mason/Mason_f/SD1L4.pdf.
[26] McMasters J H，Cummings R M. Airplane Design as a Social Activity：Emerging Trends in the Aerospace Industry(Invited Paper)[R]. AIAA Paper 2002－0516,2002.
[27] 叶修梓，彭维，唐荣锡. 国际CAD产业的发展历史回顾与几点经验教训[J]. 计算机辅助设计与图形学学报，2003，15(10):1185-1193.
[28] 唐荣锡. CAD产业发展的回顾与思考(之二):美国飞机公司创造CAD辉煌[J]. 中国制造业信息化，2005 (2)：38.
[29] 范玉青，周建华. 产品三维数字化定义在波音飞机公司的应用[J]. 航空工艺技术，1996 (2)：7-10.
[30] 唐荣锡. 计算机辅助设计与制造技术的新进展[J]. 百科知识，1995 (11):21-22.
[31] Sherman W R，Craig A B. 虚拟现实系统——接口、应用与设计[M]. 魏迎梅，杨冰，等译. 北京：电子工业出版社，2004.
[32] Mecham M. Lockheed Martin Develops Virtual Reality Tools for JSF[J]. AviationWeek & Space Technology，1997，147(14)：51-53.
[33] 任晓华. JSF制造技术综述[J]. 航空制造技术，2002 (2)：43-48.
[34] Landolt J P，Evans J R. R&D Initiatives in Modeling and Simulation for Capability Modernization of the Canadian Air Force[J]. Canadian Military Journal，2001，2(1)：37-42.
[35] Bokulich F. Virtual Engine Maintenance[EB/OL].（2002-07-10）. https://shop.sae.org/aeromag/compengineering/07－2002/index.htm.
[36] Freiberg B. DARPA/USAF Unmanned Combat Air Vehicle System Demonstration Program Update[R]. Presented at AIAA's 1st Technical Conference and Workshop on Unmanned Aerospace Vehicles，Systems，Technologies and Operations，and the 1st AIAA UAV Conference and Workshop，2002.
[37] 唐荣锡. CAD产业发展的回顾与思考(之八):国家重视航空工业的数字化技术建设[J]. 中国制造业信息化，2005 (8)：74-75.
[38] 唐荣锡. CAD产业发展的回顾与思考[EB/OL].（2005）. http://www.xinxihua.cn/htmlcontent.asp.
[39] 王钢林. 基于分布式技术的飞机总体虚拟样机设计环境的原型研究[D]. 北京：北京航空航天大学，2004.
[40] Thomas J S，Rebecca Z S. Aerodynamic Predictions，Comparisons，and Validations Using Missile DATCOM and Aeroprediction 98（AP98）[R]. AIAA Paper 2004-1246,2004.
[41] 杨维维，陈小前，李晓斌，等. 通用导弹气动力计算软件DATCOM的开发与校验 [J]. 固体火箭技术，2006 (3)：161-164.
[42] Vukelich S R，万音. 导弹DATCOM:用部件组合法预计常规导弹的气动力 [J]. 导弹

与航天运载技术，1988 (7)：8-20.
[43] Langtry R B K, Menter F R. Drag prediction of engine - airframe interference effects with CFX 5[R] . AIAA Paper 2004-0391,2004.
[44] ANSYS, Inc.. ANSYS ICEM CFD™ Mesh Generation[EB/OL]. (2008-11-14). http://www.ansys.com/products/icemcfd - mesh - gen.asp.
[45] Nathman J K. Induced Drag of High - Aspect Ratio Wings[R]. AIAA Paper, 2005-1033.
[46] ANSYS, Inc.. VSAERO/USAERO Interface[EB/OL]. (2008 - 11 - 14). http://www.ansys.com/products/icemcfd - interfaces/vsaero.htm.
[47] Roberts R W, Canfield R A, Blair M. Sensor - craft structural optimization and analytical certification[R]. AIAA Paper 2003-1458,2003.
[48] Griffiths R C, Visser K D. Panel ode estimates of wind tunnel wall and support interfereneeffets on the HSCT[R]. AIAA Paper 2000-4020,2000.
[49] Public Domain Aeronautical Software . PANAIR - Predicting Subsonic Or Supersonic Linear Potential Flows About Arbitrary Configurations Using A Higher Order Panel Method[EB/OL]. (2005). http://www.pdas.com/panair.htm.
[50] Analytical Methods, Inc. VLAERO+ [EB/OL]. (2012 - 02 - 02). http://www.am - inc.com/VLAERO.shtml.
[51] ESIGroup CFD Portal. CFD - VisCART User [EB/OL]. (2008 - 10 - 23). Tips. http://www.esi - cfd.com/content/blogcategory/113/204.
[52] 伊塞-埃特(ESI - ATE)控股有限公司. SDAERO [EB/OL]. (2008 - 10 - 23). http://www.esi - ate.com/ agentProductDetail.asp? pid=55.
[53] ANSYS, Inc.. ANSYS CFX [EB/OL]. (2008 - 11 - 15). http://www.ansys.com/Products/cfx.asp.
[54] Analytical Methods, Inc.. MGAERO [EB/OL]. (2008 - 11 - 15). http://www.am - inc.com/MGAERO.shtml.
[55] Analytical Methods, Inc.. MSES/MISES [EB/OL]. (2008 - 11 - 15). http://www.amieast.com/MSES.shtml.
[56] Fluent Inc.. FLUENT Flow Modeling Software [EB/OL]. (2008 - 11 - 16). http://www.fluent.com/software/fluent/index.htm.
[57] Fuglsang P, Bak C. Design and verification of the new Riso - A1 airfoil family for wind turbines[R]. AIAA Paper 2001-0028,2001.
[58] Mike Reymond. MSC/NASTRAN 2001 DMAP Programmer's Guide[R]. MSC. Software Corporation, 2002.
[59] Louis Komzski. MSC/NASTRAN 2001 Numerical Methodes User's Guide[R]. MSC. Software Corporation. 2002.
[60] Hermann T M, Mamarthupatti D, Locke J E. Postbuckling analysis of laminate composites utilizing commercial FEA software[R]. AIAA Paper 2005-194,2005.
[61] ZONA Technology Inc. ZAERO [EB/OL]. (2008 - 12 - 10). http://www.zonatech.

com/ZAERO. htm.

[62] ESI Group. CFD - FASTRAN Introduction [EB/OL]. (2008 - 12 - 11). http://www. esi - group. com/Consulting_services/Training Catalogue/Advanced CFD/CFD - F - B/ training_view.

[63] EM Software & Systems - S. A. (Pty) Ltd. FEKO User's Manual (Suite 4. 2) [R]. 2004.

[64] Engineous Software, Inc. iSIGHT paper collections[R]. 2002 iSIGHTuser' conference, 2002.

[65] Jasmin Turcotte, Jean Yves Trepanier, Christophe Tribes, et al. Integration and Multidisciplinary Design Optimization of a Simplified Gas Turbine Model Using Perl and iSIGHT[R]. AIAA Paper 2004-4425, 2004.

[66] Malone B, Papay M. ModelCenter: An Integration Environment for Simulation Based Design[R]. Simulation Interoperability Workshop, Orlando, FL, Mar. , 1999.

[67] SIGHTNA (Beijing) Technologies Co. , Ltd. 协同优化设计体系-EASA [EB/OL]. (2006). http://www. sightna. com /EASA. asp.

[68] Platform Computing Corporation. Platform LSF Family of Products [EB/OL],(2001 - 2008). http://www. platform. com/Products/.

[69] 伊塞-埃特(ESI - ATE)控股有限公司. Vdot [EB/OL]. (2012 - 09 - 20). http://www. atechina. com/ agentProductDetail. asp? pid=44.

[70] Flowmaster Group. Flowmaster V7 Aerospace R1 [EB/OL]. (2012 - 09 - 20). http:// www. flowmaster. com/V7_aerospace. html.

[71] McMasters J H, Cummings R M. Airplane Design - Past, Present, and Future (Invited Paper)[R]. AIAA Paper 2001-0535,2001.

[72] David L. Rodriguez and Peter Sturdza, A Rapid Geometry Engine for Preliminary Aircraft Design[R]. 44th AIAA Aerospace Sciences Meeting and Exhibit, AIAA 2006-929,2006.

[73] Pacelab Suite. PACE Web. 20 December 2011 [EB/OL]. (2011 - 12 - 20). http:// www. pace. de/fileadmin/user _ upload/dokumente/Resources/PacelabSuite _ Whitepaper. pdf.

[74] 程不时. 飞机设计中的“系统综合”[D]. //谢础主编. 振兴跨世纪的中国航空——中国航空学会成立三十周年学术研讨会论文集. 北京：北京航空航天大学出版社，1994：36-42.

第一篇

综合型飞机概念设计软件

第2章　SEACD的研发背景与系统框架

本篇中的综合型飞机概念设计软件命名为SEACD(Synthetic Environment for Aircraft Conceptual Design,综合型飞机概念设计环境),其开发始于2000年,定位上首先是要在功能上实现对从设计要求分析、几何建模、特性分析到优化的概念方案设计各关键环节的支持,所以在软件开发时并未更多地考虑模块的独立性。在SEACD的不断开发和完善过程中,这种各功能模块从源代码一级就相互耦合的模式为软件的扩展造成了一定的障碍。但是,作为作者团队研究历程中的第一个相对完整的综合型飞机概念设计软件,SEACD不仅直接起到了服务于一些概念方案设计相关的科研项目的作用,还为智能设计支持等理论方法的探索提供了很好的"实验台",并且为更加贴近工业界实际应用、更集成化的系统的研发提供了很好的参考和基础。

2.1　SEACD的研发背景

SEACD软件建立在作者团队开发的专用隐身性能估算工具"雷达散射截面(Radar Cross Section,RCS)整机计算平台"(简称为RCSPlus)[1]的基础之上,该平台是以Microsoft Visual Studio 6.0/Visual C++为开发环境,运行于个人计算机上的Windows系列操作系统。它提供包括物理光学、几何绕射、有限时域差分[2-4]等在内的多种RCS估算及精确计算方法,并且具备直角坐标系图、极坐标系图、概率统计直方图等结果显示方式及相应的数据处理功能,如计算一系列数据的几何及算术平均值等。

RCSPlus不仅可以对平板、球面、锯齿等目标进行建模和计算以便于算法研究,更能有效处理复杂的整机RCS估算问题。由于RCS与飞机的外形紧密相关,准确地构造飞机的三维几何模型就显得尤为重要。RCSPlus的三维图形引擎基于OpenGL开发,采用样条曲线曲面,尤其是非均匀有理B样条(Non-Uniform Rational B-Spline,NURBS)曲线曲面[5-7]作为描述飞机外形的主要手段。RCSPlus中提供了可分段的参数化机翼定义方式和一个翼型数据库(见图2.1),但关键性的机身外形需要首先通过测量三面图或其他的物理模型得到大量的三维数据点坐标,然后用图形库中的函数进行拟合得到。这种方式工作量大且耗时过长。参考文献[1]中提到以此完成某型飞机的造型就用了近一个月时间。通过利用图形引擎中的IGES标准转换数据的功能,RCSPlus不仅可以将其中的造型结果导出到CATIA等大型商品化软件中,也能读入这些软件中生成的一些曲线曲面用于计算,但仅仅借助复杂的商品化CAD软件进行曲线曲面造型显然难以满足概念设计阶段对快速建模和分析等方面的要求。

作为用Visual C++开发的典型多文档应用程序,RCSPlus中的某些设定对一个设计系统而言也是不合适的。如图2.2所示,在一个程序中可以建立若干个RCS文档窗口和目标窗口。前者用于显示坐标和计算结果,而后者则利用OpenGL图形函数显示计算对象。虽然RCS文档窗口中的计算对象必然是在目标窗口中显示的曲线或曲面,但两种窗口之间并没有一对一或一对多的确定关系,而是通过巧妙的编程手法使得某一RCS文档窗口中要计算的对

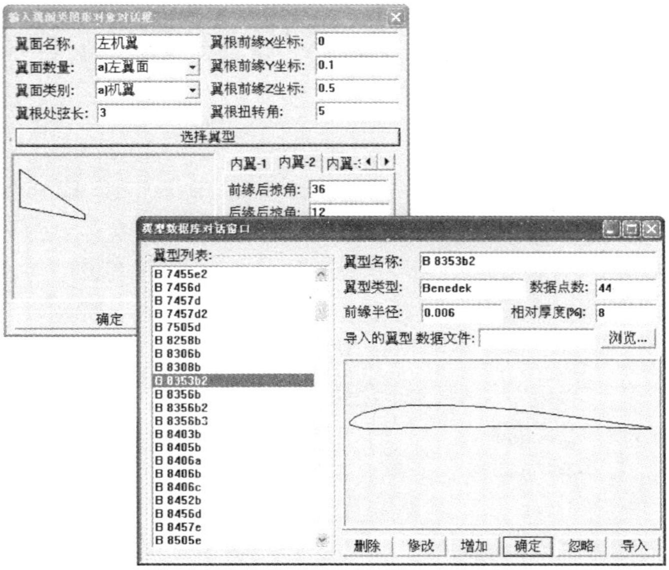

图 2.1　RCSPlus 中的翼面定义对话框

象恰好是前一个被激活的目标窗口中所显示者。不仅如此，一个目标窗口中可以通过交互的选择来切换在其中显示的计算对象。这些设定在同时处理多个需要计算的目标时具有相当的灵活性，但在用于概念设计时容易造成混乱。

直接以 RCSPlus 为基础构建 SEACD，不仅是出于软件开发延续性的考虑，更是为了充分利用其中已有的 RCS 计算功能和底层图形库。当然，由于 RCSPlus 的上述不足之处，在构建 SEACD 时对其进行了大幅度的改造。

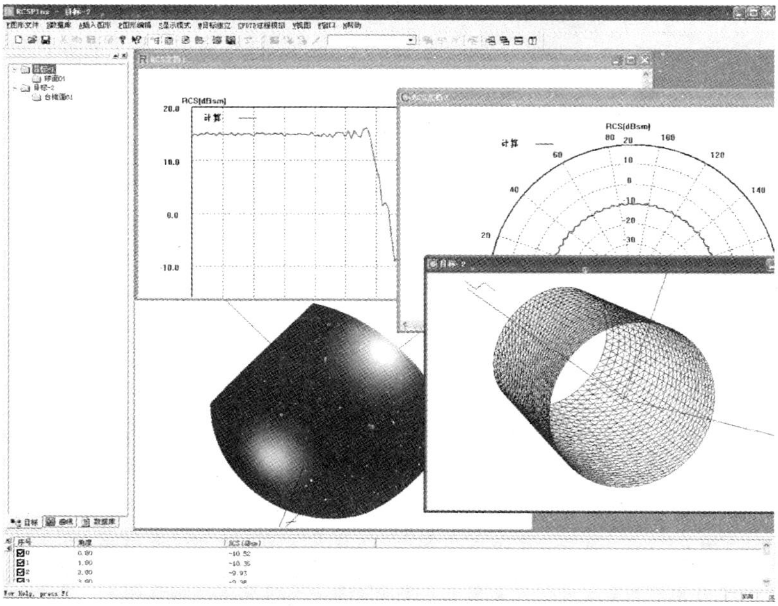

图 2.2　RCSPlus 的基本界面

2.2 对应于方案演化的系统组成

与通用化的 CAD 软件不同，SEACD 的各个功能模块间应具有合理的逻辑关系，而且需要保证设计者在使用系统时能够遵循一定的工作流程顺利地完成一项设计任务。由于对飞机概念设计的流程并没有完全一致的规定，所以 SEACD 的系统组成和工作流程的构建，是从支持设计方案从无到有、从粗略到基本完备以至优化的演化过程的角度出发的（见图 2.3），而不是直接翻版某一种文献中介绍的设计流程，也并未将具备足够的灵活性以体现出各种流程间的区别作为构建时的首要考虑因素。

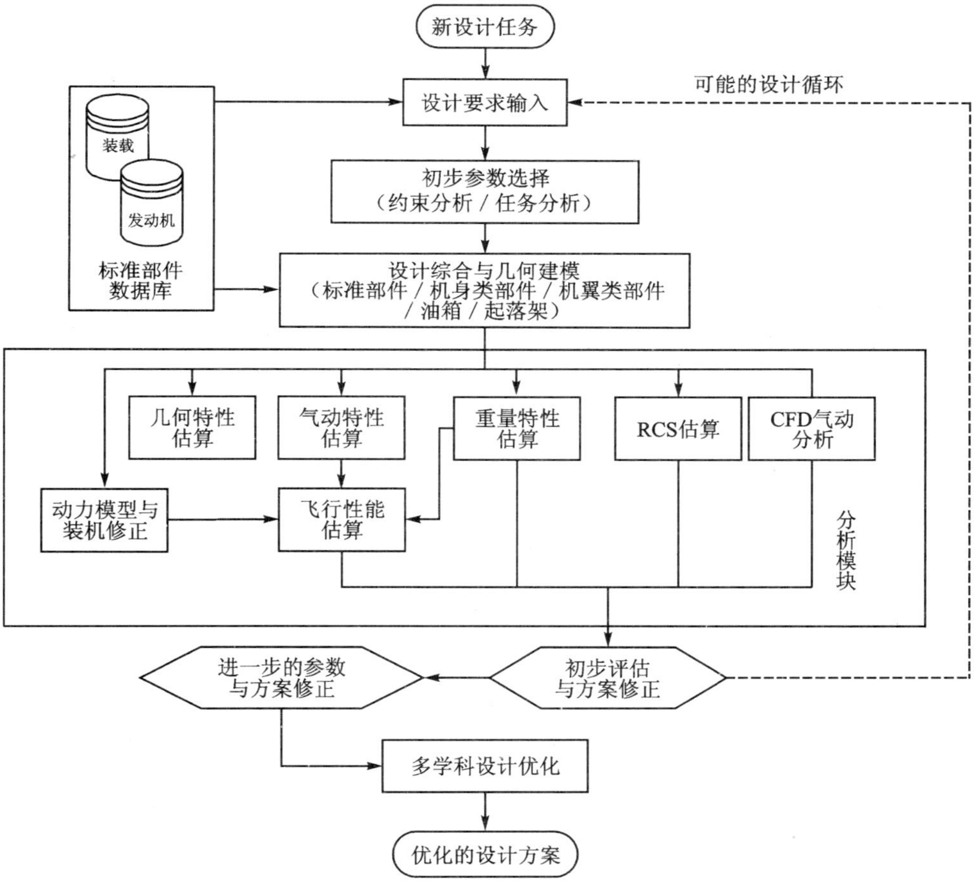

图 2.3 SEACD 的系统组成和工作流程

如图 2.4 所示，SEACD 首先提供了图形化用户界面（Graphic User Interface，GUI）供设计者输入新机的设计要求，然后以此为依据通过约束分析和任务分析依次确定出所需的海平面起飞推重比、起飞翼载荷、起飞重量、海平面静推力、机翼面积等主要设计参数。接下来的设计综合与几何建模过程中完成的是初始方案的布局形式确定、部件的设计和布置等工作。SEACD 中目前定义的部件包括装载、发动机、机身类部件、机翼类部件、油箱和起落架 6 个大类。其中装载和发动机统称为成品部件，它们分别在与 SEACD 相对独立的数据库中定义，并且在输入设计要求和根据所需推力选取发动机时加入方案。尽管由于时间的限制，各大类中的具体部件类型仍有待增加，而且在部件的细节描述上也需更加完善，但已经足以保证初始方案的基本完备性和进一步的扩展。

对初始方案需要进行一系列的特性估算和评估来确定它们是否满足设计要求。通过分析模块筛选后得到的方案才可以认为是备选的可行方案，这是因为多数情况下，一个初始方案生成前进行的初步参数选择过程中，可利用的只能是经验性的气动和动力特性等数据，在完成对方案的分析后应当使用所得的计算数据重新分析约束和任务剖面以判断方案的设计参数是否合理，以此才能确定出用于优化的可行方案。由于这种进一步参数选择与方案修正的过程涉及到各种不同精度层次的数据的组织和利用，而相应的数据仅靠本研究中考虑的分析模块难以完全提供，所以只在此处做定性的分析而不进行深入研究。最后，通过对可行的设计方案进行多学科优化，可以得到提供给后续初步设计的优化方案。

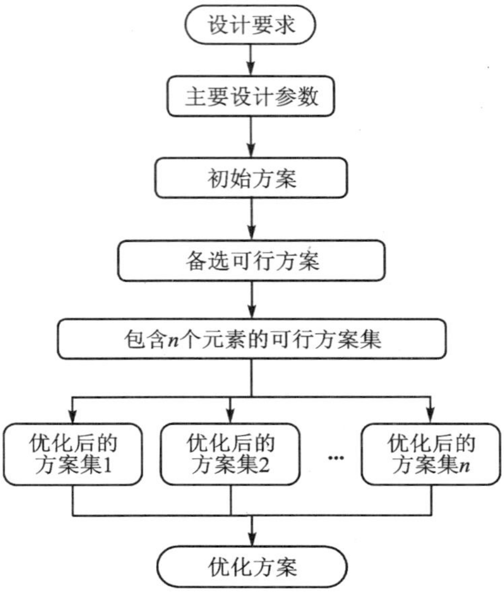

图 2.4 概念设计阶段方案的演化

图 2.4 更明确地表示了概念设计阶段方案的演化过程。其中的初始方案、备选可行方案、可行方案以至优化方案在始于同一设计要求的设计过程中都不是唯一的，尤其对每个可行方案分别优化后所得的结果，应当进行综合的比较来确定最终保留的较优者。

当然，由于概念设计的循环性和迭代性，图 2.4 只能表示出方案演化的整体趋势。从图 2.3可以看出，在初步评估之后，很可能会因为无论如何修正方案都无法满足初始的设计要求，而不得不对后者进行权衡和重新设定。尽管没有在该图中标明，进一步的参数选择过程中同样可能会出现需要对设计要求进行权衡的情况，而且在这种涉及设计要求的大循环之外，概念设计过程中还存在着很多局部的小循环。

2.3 面向对象的系统框架

图 2.5 表示了 SEACD 的总体结构，其中的各个功能模块，如设计要求输入、设计综合与

建模、特性分析等，一方面通过 GUI 实现与设计者的交互，另一方面与设计方案信息相联系，以便于对其进行存储和提取。由图可见，目前与 SEACD 集成的其他系统仅用于特性分析和方案优化，而且无论是方案信息还是成品部件数据库，都是采用文件管理方式而非利用 Oracle 一类的商品化数据库软件。事实上，尽管数据库处理系统在飞机设计数据组织等方面相对文件管理系统有着明显的优势[5]，但限于时间等因素，本书的工作中并未涉及这方面的内容。

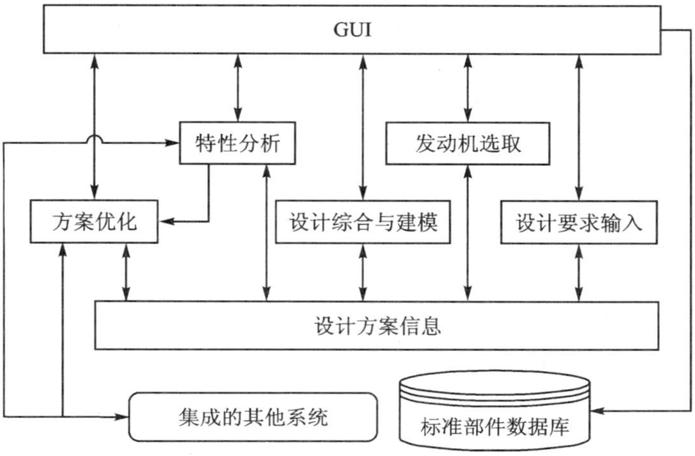

图 2.5　SEACD 的总体结构

面向对象技术的应用是 SEACD 的重要特点之一，这首先就体现在总体结构的搭建上。在面向对象的数据抽象方法[6]中，具体的事物被抽象为若干相互独立且称为属性的数据，这些属性以其所描述成分的内在联系组成一个整体，通过这一整体和构成整体的若干数据对其具体事务进行描述。利用这一方法，图 2.5 中所示的各个主要部分被进一步分解为大量的抽象数据类，其中的每个类都是根据描述方案和功能划分等方面的要求而确定的，而系统则是通过类与类之间的相互联系形成了一个整体。图 2.6 示意性地表示 SEACD 中设计信息类、分析方法类以及与 GUI 相关的类这三种主要抽象数据类型的组成和联系。不同类型的类在定义上是相互独立的，从而使得在提高方案详细程度、增加更高精度的分析方法等情况下，可以很方便地对相应的部分进行扩充而不会导致对整个系统结构的大调整。

数据的合理抽象与划分，对保证系统运行过程中设计信息的一致性也有着重要作用。由图 2.6 可见，设计方案信息不仅仅包含设计要求信息、设计参数和几何数据等部件信息，还包含了重量和气动等特性信息。如果设计者通过 GUI 改变了设计要求或部件信息，则分析类中的函数在运行时将能够根据改变后的数据重新计算，并对特性信息进行更新。

对于一个以设计者为主导的支持系统，设计信息一致性的保证还需要通过 GUI 这样的人机界面进行逻辑控制。例如，在利用某一参数进行计算分析的同时，不应再允许以交互的方式改变该参数的值。图 2.6 中的对话框类就是进行这种控制的主要手段之一，因为它们使得设计者在进行某一项操作时不能离开当前的对话框界面而执行其他的操作（SEACD 中使用的基本上都属于具有此种特性的模态对话框[8,9]），而且这对于提高系统的鲁棒性也是有益的[10]。此外，其他的 GUI 元素，包括菜单项、按钮等的状态设置也是控制手段之一，即系统应根据当前执行的操作确定哪些元素可用，而哪些元素需要进行冻结以使之不可用。当然，

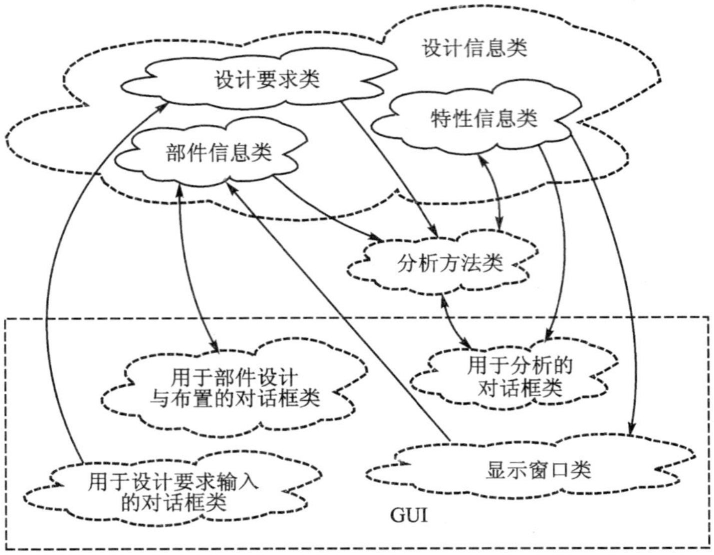

图 2.6 SEACD 中三种主要类之间的关系示意

SEACD 中对人机界面的高度重视不仅是考虑到其在保证设计信息一致性上的作用，还因为良好的人机界面便于设计者与系统的交互，并且有利于这一研究成果向更为规范的商品化软件方向发展。

由于整个 SEACD 中的类体系是相当庞大和复杂的（本研究中新定义的类就超过了 100 个），此处不可能完全加以列举。需要说明的一点是，虽然图 2.6 中为简明起见标出的是类与类之间的包含关系或数据联系，但实际程序里的两个类之间除了可能的继承等关系外，在定义上应当是独立的。也就是说，一个类中包含的只是另一个类的对象或者指向该类的指针，而且在使用某一类中定义的成员变量或函数时，也应当通过对象或指针进行访问。

尽管面向对象技术在 SEACD 中的应用取得了良好的效果，但它并非是搭建系统结构时唯一可行的支持技术。作为人工智能领域研究热点的智能主体（Agent）和多主体（Multi－Agent）在这方面的应用将是值得注意的方向。与单个的对象不同，一个 Agent 是由一组非共享的对象所组成的自主的个体，它具有自己的目标、自适应性和合作性[11-14]。限于篇幅，本书中无法详细介绍与 Agent 有关的各种概念及其在设计等方面应用的研究[15-22]，但从参考文献[23,24]中提出的适用于智能综合环境（Intelligent Synthesis Environment，ISE）的 Mutiagent 设计结构和参考文献[25]中进行的分布式环境下飞机总体虚拟样机设计中对 Agent 的应用可以看出，有必要在进一步的研究中，将 SEACD 面向对象的系统结构发展到基于 Agent 和 Mutiagent 的结构，以提高系统的智能性和集成性。

第3章　设计要求的组织与分析

作为判定设计方案是否可行的基本依据，设计要求应当在支持系统得到合理的组织，以便于进行初步参数选择和后续的分析，这就应当确定出需要处理的设计要求中所包含的项目和采用的数据结构。由于使用方提出的设计要求中可能存在着矛盾和不合理之处，所以应当通过初步参数选择中的约束分析和任务分析对其进行检查，并且使设计者迅速得到满足合理设计要求的起飞重量等基本设计参数。

3.1　性能要求分类

以 AAA、ACSYNT、AeroDYNAMIC 和 RDS 中的相应模块为主要参考依据，将考虑到的性能要求划分为如下三类：基本飞行性能要求、机动性能要求和结构材料要求。具体而言，基本飞行性能要求中包括最大平飞马赫数、实用升限、最大航程和作战半径；机动性能要求又分为爬升、加速和盘旋三个小类。其中爬升性能包括海平面爬升率和指定高度间的爬升时间两项，加速性能由指定高度上两个指定速度间的加速时间体现，盘旋性能分为瞬时和持续盘旋两种情况。结构材料要求包括某高度上的最大动压、机体表面最高能承受的温度和是否采用复合材料。图 3.1 为描述任务剖面的数据结构示例。

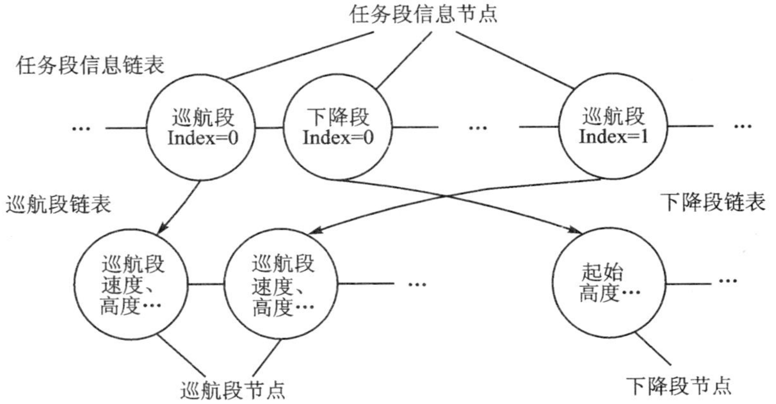

图 3.1　描述任务剖面的数据结构示例

如图 3.2 所示，所有的这些要求在 SEACD 中都是通过对话框界面输入的，而且只有被设计者通过对话框上的控件设定为需要使用的项目，才可以输入相应的数据，这就意味着对属于民用飞机和无人机等类型的设计，不必考虑适用于军用机的某些要求。当然，如果在此处输入的数据过少，可能会导致后续的参数选择或分析过程中的某些计算无法进行，因此获取到尽可能多的性能要求仍然是非常必要的。

由于通过性能要求对话框设定的项目毕竟有限，其他的一些项目，如起降性能中的起飞和着陆距离，将在任务剖面的相应任务段中确定，而雷达散射截面、作战效能、维护口盖面积[8]等

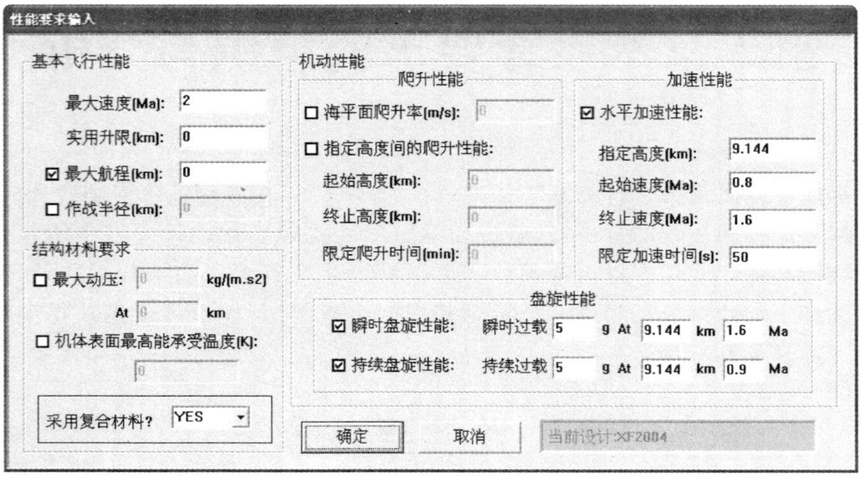

图 3.2　性能要求输入对话框

要求则在进行分析和优化等工作时再提出或在特定的分析需要时再给出。此外，从保证设计要求一致性的角度出发，在性能要求中输入的某些数据应当避免与任务剖面中的设定相矛盾，例如在此处提出的瞬时盘旋性能要求，就不应与格斗盘旋任务段中的数据相差过大。

3.2　任务剖面的描述与构造

由于任务剖面在参数选择和航迹分析中的重要作用，因而其描述方法和有效利用已经得到了一定的研究[26,27,28]。从参考文献[27]论述的对任务剖面输入方法的要求中可以看出，剖面定义的可扩展性和 GUI 的友好性是其中最为突出的两项。对前一项要求，SEACD 中是通过面向对象的描述方法来予以保证的：每种可选的任务段，即起飞、加/减速爬升/俯冲、水平加/减速、巡航、格斗盘旋、巡逻待机、投放有效载荷、下降和着陆，均作为独立的类加以定义，而每种任务段类中都封装了与之有关的特定数据(见表 3.1)。通过将任务剖面中各段的基本信息，包括该任务段的名称和在同类任务段中的位置等，按一定顺序放在一个专门定义的任务段信息链表中，即可描述出整个任务剖面，并在需要分析某一任务段时找到所需的数据。图 3.3 中以巡航和下降段为例表示了这种数据结构。

表 3.1　SEACD 中定义的基本任务段和相应数据

任务段名称	所需数据
起飞	起飞时间(min)、起飞滑跑距离(m)、最小失速速度(m/s)、机场海拔高度(m)、跑道摩阻系数
加/减速爬升/俯冲	起始高度(m)、终止高度(m)、起始速度(*Ma*)、终止速度(*Ma*)、推力状态[1)]
水平加/减速	所在高度(m)、起始速度(*Ma*)、终止速度(*Ma*)、水平加速允许时间(s)、推力状态
巡航	巡航高度(m)、巡航速度(*Ma*)、巡航距离(km)

续表 3.1

任务段名称	所需数据
格斗盘旋	盘旋高度（m）、盘旋速度（*Ma*）、盘旋圈数
巡逻待机	待机高度（m）、待机速度（*Ma*）、待机时间（h）
投放有效载荷	投放的有效载荷的质量（kg）
下降	起始高度（m）、终止高度（m）
着陆	进场高度（m）、着陆接地速度（m/s）、着陆滑跑距离（m）、机场海拔高度（m）、跑道摩阻系数

1）目前在任务段中可选的推力状态包括军用推力和最大推力两种。

在任务剖面输入界面的友好性方面，借鉴 AeroDYNAMIC[29-32] 和 MPIS[27] 等系统的界面，设计了如图 3.3 所示的对话框。该对话框的上部区域是最多可包含 20 个任务段的剖面示意图显示区，它用一系列代表任务段的位图表示出整个剖面。在任务段的数目超过了 10 个的情况下，系统会根据显示区下部滑动杆的位置确定当前应显示的部分。当通过单击对应的图形选中其中一个任务段时，界面左侧的列表框中会显示出该任务段包含的各种数据，以供设计者进行修改。

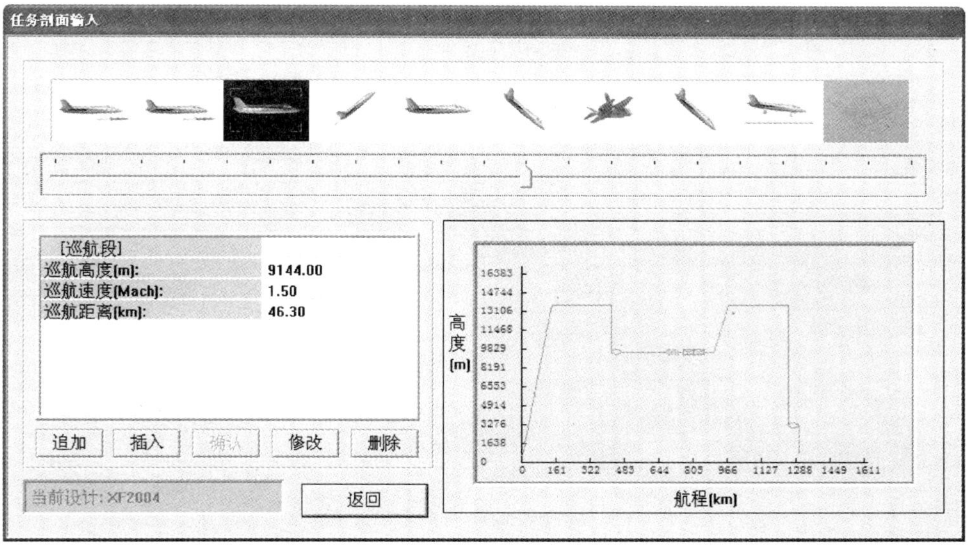

图 3.3　任务剖面输入对话框

为了消除输入任务剖面中的明显不合理情况，SEACD 中采取的一个重要措施在于，在界面上设置了一个分别以航程和高度为横纵坐标的绘图区。当某一操作完成后，坐标轴的范围会根据当前的任务剖面进行调整，而大致的航迹也将根据各任务段的数据被绘出。由于相邻两个任务段间只有横坐标是假设为连续的，所以如果某任务段的高度值不合理，则航迹在纵向就会出现断层，从而提醒设计者进行适当的修改。

3.3 有效载荷选取方式

有效载荷(payload,又称酬载或商载)通常包括驾驶员、旅客、货物、武器装备和弹药等,它们也是设计要求的重要组成部分。由于同一种有效载荷常常会在不同的设计中用到,因此所有的可选有效载荷都在装载数据库中加以定义和初始化,然后通过有效载荷选取对话框(见图 3.4)供设计者进行选用和调整数量等操作。也就是说,选取有效载荷的过程实际上就是将装载数据库中的相关信息复制到方案信息的设计要求类中的过程。

事实上,可以通过图 3.4 所示的对话框进行选取的并不局限于有效载荷,还包含装载数据库中的任何成品部件。目前在 SEACD 中定义的装载类型包括了人员、武器、设备和其他 4 个大类以及分属于它们的 10 个小类(见图 3.5)。在下一章中的装载数据库部分,将对各种装载的定义方式和外形的初始化方法等作详细的介绍。

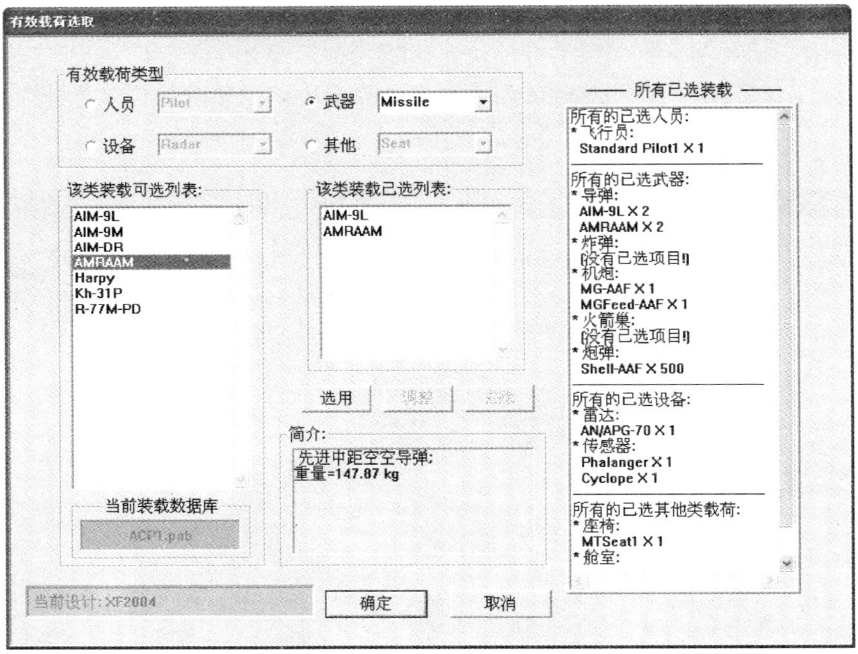

图 3.4 有效载荷选取对话框

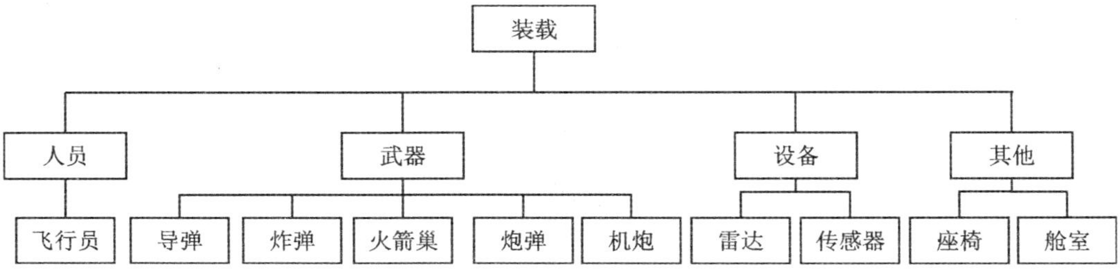

图 3.5 装载的分类

3.4　参数选择所需数据的层次性

在 SEACD 中，参数选择包括约束分析和任务分析两个部分，而动力特性、气动特性和任务段的重量比特性正是进行这些分析所需的主要原始数据。随概念设计的深入而表现出的数据精度的层次性是这三类数据的重要特点。以气动特性为例，由飞机类型确定的统计数据、原准机的气动特性（如果存在原准机）和根据初始设计方案计算所得的实际特性都可以在参数选择中加以应用。由于本研究中只考虑了初始方案确定之前的初步参数选择，其中的分析集中在最初阶段的估算层面上，所以目前 SEACD 中使用的只是参考文献[29]中提供的用于估算动力特性和气动特性的经验公式和统计曲线，以及综合参考文献[29，30，31]确定的初始重量比特性。

在 SEACD 的原准设计模式下，目前对原准机信息的利用仅限于直接将其设计要求复制给新设计，尚不能将其已有的特性数据用于新机的参数选择。此外，在方案确定后利用实际特性进行的进一步参数选择过程在本研究中也是不考虑的。尽管如此，对完善后的系统而言，在参数选择时应当根据当前设计和原准机（如果存在）的信息自动确定出在约束分析和任务分析时可用数据的层次，并且能够通过 GUI 反馈给设计者。图 3.6 中所示的参数选择设置对话框即是为了后一目的而设置的。当然，目前该对话框的主要功能还是在于，允许设计者在当前设计还没有选定具体的发动机型号的情况下，改选发动机类型（包括高/低涵道比涡轮风扇发动机和带加力的涡轮喷气发动机），以便对不同类型发动机下初步参数选择的结果进行对比。

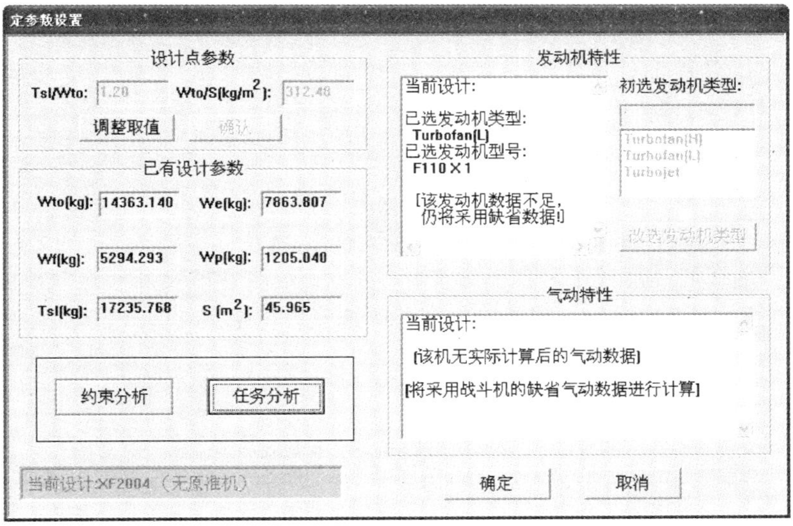

图 3.6　参数选择设置对话框

3.5　约束分析与设计点的选取

在飞机概念设计过程中，起飞总重 W_{TO}、动力装置的海平面静推力 T_{SL} 和机翼面积 S 是影响飞机性能的三个最重要的参数，由它们组合而成的两个相对参数，即海平面起飞推重比 T_{SL}/W_{TO} 和起飞翼载荷 W_{TO}/S 则代表了飞机的设计点[27]。确定 T_{SL}/W_{TO} 和 W_{TO}/S 的方法并不唯一，其中比较典型的两种是对比分析法和界限线法[31]。前者按设计要求中的各项性能指标分别对所需的 T_{SL}/W_{TO} 和 W_{TO}/S 进行估算，然后对比各结果，取所得 T_{SL}/W_{TO} 中的最大值和所得 W_{TO}/S 中的最小值作为初估值；后者则是根据飞行过程中推重比和翼载荷间的关系，按照不同的性能要求进行约束分析，以计算出若干条 T_{SL}/W_{TO} 和 W_{TO}/S 关系曲线，最后从它们围成的可行域中取出可行的设计点。

尽管在使用上比较简单，但对比分析法只能在初始的设计点估算时发挥作用，而无法像界限线法那样，可以在计算公式基本不变的情况下适用于不同精度层次的原始数据。此外，即便是使用对比分析法确定初始设计点，推重比和翼载荷间的关系在利用等参数图线（即毯式图）进行参数优化等情况下也会用到。鉴于此，SEACD 中在初步参数选择时采用的是以约束分析为基础的界限线法。

不同文献中介绍的约束边界确定方法在详略程度和精度上并不完全相同，本研究中主要依据的是参考文献[32]中所述的方法，其主管方程为

$$\frac{T_{SL}}{W_{TO}}=\frac{\beta}{\alpha}\left\{\frac{qS}{\beta W_{TO}}\left[K_1\left(\frac{n\beta}{q}\frac{W_{TO}}{S}\right)^2+K_2\left(\frac{n\beta}{q}\frac{W_{TO}}{S}\right)+C_{D0}+\frac{R}{qS}\right]+\frac{1}{V}\frac{\mathrm{d}}{\mathrm{d}t}\left(h+\frac{V^2}{2g_0}\right)\right\} \tag{3.1}$$

式中：C_{D0} 为零升阻力系数，g_0 为重力加速度，h 为高度，n 为过载系数，q 为动压，V 为飞行速度。K_1 为阻力极曲线方程中的二次项系数，K_2 为阻力极曲线方程中的一次项系数。R 为飞机的附加阻力（如放下起落架引起的阻力），α 为飞行中某时刻的安装推力与 T_{SL} 之比，β 为飞行中某时刻的飞机重量与 W_{TO} 之比。以该方程为基础，结合不同性能要求进行适当的简化即可得到计算各种条件下的约束曲线所需的方程式。考虑到篇幅的限制，本文中对式(3.1)和适用于不同要求的方程的详细推导过程不再赘述。

目前在 SEACD 中可以处理的约束包括起飞滑跑距离、最大马赫数、巡航马赫数和持续盘旋过载等 7 种，对它们进行分析时所需的原始数据都是从性能要求和任务剖面的相关任务段中自动提取的。表 3.2 中具体地列出了这些约束的类型及其数据来源，其中除了对应于着陆滑跑距离的约束曲线的计算方法引自参考文献[33]外，其他各种约束曲线的计算方法均引自参考文献[29]。此外，由于设计要求中与爬升有关的速度数据不足，实用升限、海平面爬升率、加速爬升时间三种约束，只能在飞行性能估算实现后的进一步参数选择中，按照参考文献[31]中的方法处理。

表 3.2 约束边界类型及确定方法

项目名称	数据来源
起飞滑跑距离	任务剖面中的起飞段
最大马赫数	性能要求
巡航马赫数	任务剖面中速度、高度、巡航距离均不相同的所有巡航段
水平加速时间	性能要求
瞬时盘旋过载	性能要求
持续盘旋过载	性能要求
着陆滑跑距离	任务剖面中的着陆段

为了更好地体现设计者的主动性，SEACD 中并没有像 ESPD 系统那样采取折半搜索法自动确定设计点[57]，而是通过在如图 3.7 所示的对话框界面中绘制出各约束边界来供设计者交互式地选取设计点。在该对话框被初始化时，SEACD 会根据当前的设计要求确定各约束边界项目对应数据的可用性：如果可用，则可以计算出其约束边界曲线并允许设计者控制是否予以显示；如果不可用，则系统会通过界面给出提示。设计者可以用鼠标在由各种约束边界围成的可行域中选取可行的设计点，并可实时地得到所选点对应的 T_{SL}/W_{TO} 和 W_{TO}/S 的值。为了更合理地选取设计点，在 $W_{TO}/S-T_{SL}/W_{TO}$ 图中还可以显示出同类型现有飞机的设计点以作为参考，这一措施在可用的性能要求不足或约束曲线的计算结果误差较大等情况下尤为必要。

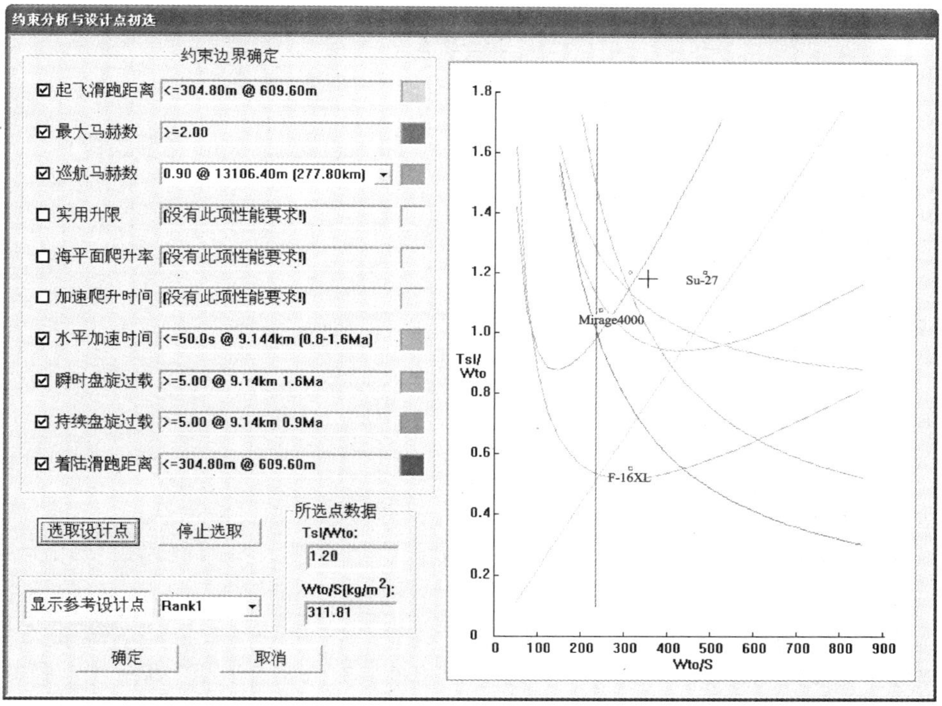

图 3.7　约束分析与设计点初选对话框

3.6　任务分析方法的改进

在确定了设计点的 T_{SL}/W_{TO} 和 W_{TO}/S 值后，可以通过任务分析得到满足设计要求的 W_{TO}、T_{SL} 和 S，而估算 W_{TO} 又是最为关键的，其基本公式为[86]

$$W_{TO}=W_F+W_E+W_P \tag{3.2}$$

式中：W_F 为燃油重量，W_E 为空机重量，W_P 为有效载荷重量。由于 W_F 和 W_E 均与 W_{TO} 有关，所以用式(3.2)进行计算必然是一个迭代的过程。W_P 包括飞行过程中投放的有效载荷重量 $W_{Pdelivered}$ 和不变的有效载荷重量 W_{Pfixed} 两部分，其值在有效载荷选取时就已确定[206]，在参数选择过程中不会改变。

通过分析任务剖面中每一任务段的重量比特性可以求出 W_F。对于不是投放有效载荷的任务段的重量比特性计算,除最佳爬升航迹特性在后续性能分析还没有进行的情况下无法运用外，SEACD 基本上遵循了参考文献[29]中介绍的方法,其中所需的重量比特性包括某一任务段的始末重量比 Π 和 β(注意在分析中使用的 β 特指任务段终了时的重量与 W_{TO}之比),它们均可以表示为发动机耗油特性和任务段特性的函数。当任务剖面中包含投放有效载荷段时,现有的估算 W_F的方法基本上是先只考虑燃油消耗引起的重量损失,最后再根据投放有效载荷的情况进行修正[29,30,31],这样会导致存在多个不连续的投放有效载荷段时,必须将任务剖面分断为若干部分进行计算且不利于实现自动迭代。为此,本研究中对 Π 的含义作了推广,即认为引起该参数变化的原因并不仅限于燃油的消耗,并且相应的将计算投放有效载荷段(设为第 i 段)的 Π 和 β 的公式修正为

$$\Pi_i = \frac{W_{if}}{W_{ii}} = \frac{W_{ii} - W_{i\text{delivered}}}{W_{ii}} = 1 - \frac{W_{i\text{delivered}}}{\beta_{i-1} W_{\text{TOguess}}} \tag{3.3}$$

$$\beta_i = \beta_{i-1}\Pi_i \tag{3.4}$$

式中:W_{if}、W_{ii}、$W_{i\text{delivered}}$、β_{i-1} 分别为该段的终了重量、初始重量、投放的有效载荷重量和前一任务段的 β 值,W_{TOguess}为初估起飞重量。

以此为基础,可以如作者在参考文献[49]构想的那样由着陆段的 β_{land} 计算任务结束后的飞机重量,即

$$W_{\text{land}} = \beta_{\text{land}} W_{\text{TO}} \tag{3.5}$$

则飞行过程中消耗的燃油重量为

$$W_{\text{Fused}} = W_{\text{TO}} - W_{\text{land}} - W_{\text{Pdelivered}} = (1-\beta_{\text{land}})W_{\text{TO}} - W_{\text{Pdelivered}} \tag{3.6}$$

且

$$W_F = \gamma W_{\text{Fused}} \tag{3.7}$$

式中:γ 为余油系数,其值由任务余油量确定。进一步而言,对于可能出现的空中加油任务段,只要将加入的燃油重量作为负的投放的有效载荷重量记入 $W_{\text{Pdelivered}}$,就仍可使用上述公式进行计算。

对于 W_E,在这一设计阶段主要是根据现有飞机的 W_E 和 W_{TO} 数据间的统计关系进行计算。综合参考文献[29,30,31]中按照飞机类型给出的一系列拟合公式,可得其一般形式为

$$W_E = \lambda(\varphi W_{\text{TO}}^p + \zeta) \tag{3.8}$$

式中:λ 反映了采用复合材料带来的空机重量收益,φ 是由飞机类型和设计参数确定的组合系数,p 和 ζ 只与飞机类型有关。需要指出的是,在参考文献[31]和[29]介绍的方法中(后者为 SEACD 所采用),φ 也只与飞机类型有关,而 ζ 始终为 0。

将式(3.5)~式(3.8)代入式(3.2)并整理可得

$$W_{\text{TO}} = \lambda\varphi W_{\text{TO}}^p + \gamma(1-\beta_{\text{land}})W_{\text{TO}} + W_p + \zeta \tag{3.9}$$

在程序的“单步”模式下,将 W_{TOguess} 代入上式右侧求出的计算值 $W_{\text{TOcalculated}}$ 即为最终结果。该模式有助于设计者,尤其是还处于学习阶段的设计者理解起飞重量的组成。然而,此时 W_{TOguess} 和 $W_{\text{TOcalculated}}$ 间往往会有较大的差异,因此还须在“自动迭代”模式下用迭代的方法求出使二者间相对误差满足给定精度要求的结果。图 3.8 显示了用于任务分析的对话框界面,选择分析模式和查看分析结果均通过它进行。

当任务剖面中没有投放有效载荷段时,β_{land} 为常数,而式(3.9)可写作

$$W_{\text{TO}} = AW_{\text{TO}}^p + BW_{\text{TO}} + C \tag{3.10}$$

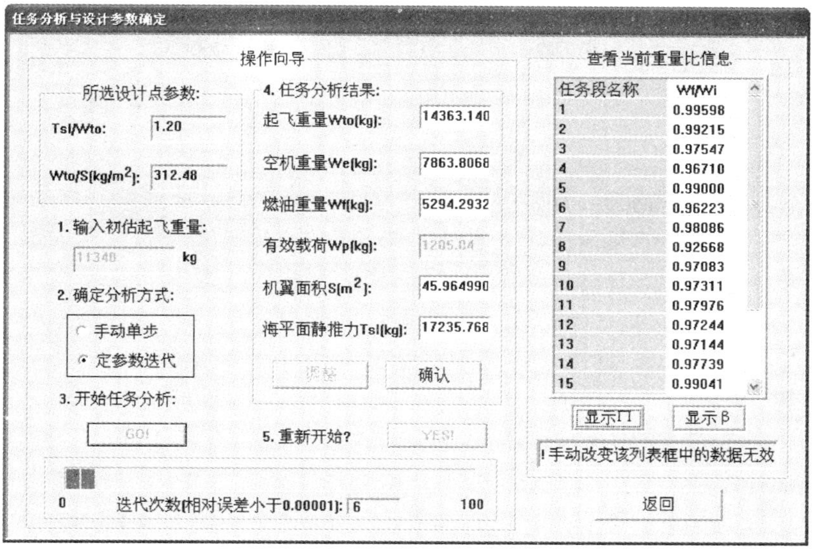

图 3.8　“任务分析与设计参数确定”对话框

式中　　$A = \lambda\varphi$，　$B = \gamma(1 - \beta_{\text{land}})$，　$C = W_{\text{p}} + \zeta$

对某特定的飞机而言，在迭代过程中不改变其设计参数的情况下，组合系数 A、B、C 均可视为常数。此时可由式(3.10)定义关于 W_{TO} 的函数并得出其一阶导数如下：

$$f(W_{\text{TO}}) = AW_{\text{TO}}^{p} - (1 - B)W_{\text{TO}} + C \tag{3.11}$$

$$f'(W_{\text{TO}}) = A_{p}W_{\text{TO}}^{p-1} - (1 - B) \tag{3.12}$$

以此为基础，可以构造如下两种迭代形式：

$$W_{\text{TO}_k} = W_{\text{TO}_{k-1}} - \frac{f(W_{\text{TO}_{k-1}})}{f'(W_{\text{TO}_{k-1}})},\qquad k = 1, 2, \cdots \tag{3.13}$$

$$W_{\text{TO}_k} = W_{\text{TO}_{k-1}} - q(W_{\text{TO}_{k-1}} - W_{\text{TO}_k}),\qquad k = 1, 2, \cdots \tag{3.14}$$

其中式(3.13)依据的是 Newton - Raphson 法[34]，式(3.14)则是比较常用的参数选择迭代式(q 为修正系数，k 为迭代次数)。相比之下，在计算时使用前者只增加很小的计算复杂度，但却具有远快于使用后者时的收敛速度，而且使迭代收敛的 W_{TOguess} 的取值范围也更广。

若任务剖面中包含投放有效载荷段，则由式(3.3)和式(3.4)两式可知，β_{land} 不仅仅是发动机耗油特性和任务段特性的函数，还与 W_{Toguess} 存在复杂的非线性关系，故此时式(3.12)严格地说是不成立的。但是考虑到 β_{land} 的值在迭代过程中变动不大，因此尽管需要在迭代的每一步都通过重新分析任务剖面而求出新的 β_{land} 值，但在 SEACD 中仍然是近似地按照式(3.12)构造迭代式。在参考文献[30]中提到，如果参数选择迭代中新假定的起飞重量值约为从初始假定值到计算值的 3/4，则迭代会很快收敛。受此启发并经实际对比计算发现，在任务剖面中包含投放有效载荷段时，将式(3.13)的计算结果按式(3.14)进一步修正(q 取 0.75 左右)，可以得到最快的收敛速度；而 β_{land} 为常数时不作此修正(即取 $q=1$)，收敛更快。

第4章 基于草图的概念机建模

在设计综合阶段,应当能够协助设计者将自己的创造性构思便捷地转化为数值化模型,并在此过程中通过一定的智能化措施减少设计者的重复性劳动。因此,本章提出了一种基于草图的方法以实现上述目标。在这一方法中,设计综合与几何建模需要紧密联系而不是被分割为两个界限分明的任务。也就是说,设计综合不仅仅是在几个主要设计参数基础上确定出数量更多的参数以描述初始方案,而建模也不只是直到所有的参数都确定完毕后再将其输入到系统中去的过程。

本章中论述了基于草图的概念机设计综合与建模方法的提出依据、主要内容和渐进化实现步骤。由于设计综合与建模部分在SEACD中发挥的关键性作用,所以本章还将详细地介绍初始方案中包含的各类部件的建模思路和描述方法,并且给出若干示例来说明基于草图的方法的有效性。

4.1 基于草图的方法

作为设计过程中创造性体现最为集中的阶段,设计综合与设计者的形象思维是密不可分的。在人工智能界对形象思维的最早期研究中,H. A. Simon就提出了"综合"是设计中的一类特殊思维过程的观点。参考文献[35]中提到,形象思维是主要借助于心像(mentalimage)实现的思维活动,而所谓心像则可以看作是对象表征的抽象类似物。在概念设计中,设计者头脑中产生的对初始方案的构思也可以认为就是一种心像,因此借鉴人工智能和认知科学对形象思维的研究成果,对于深入理解构思的形成过程是有帮助的。然而,从构建设计支持系统的角度来说,解决如何将构思表达出来的问题比理解其形成更具实际意义。在这一点上,心像在计算机中的模拟和表征方法,如纹理形态学理论、形象信息模型和符号矩阵表达等仍然是偏理论化的研究,而形状的心像型表达模型及其在计算机系统中的实现,应当是面向应用的研究中值得重视的方向。浙江大学的潘云鹤等提出了分概念术语解释、部件生成和结果装配三个层次自动构造形体的方法并实现了一个椅子智能CAD系统[36],其中的概念术语就是表达三维形体的抽象模型之一。显然,飞机是比椅子这样的家具复杂得多的设计对象,不可能在设计综合和建模时直接套用这种分层构造的自动造型方法。

4.1.1 方法的提出及其含义

"概念草图"[30]是本研究中对设计综合和建模进行支持的切入点。事实上,草图不仅是飞机概念设计中设计者表达构思的重要手段(见图4.1),而且在其他的很多工程设计领域也是很常见的。尽管最终目的是提供尽可能多的三维形体信息,草图的绘制通常都在二维平面上进行——无论是用一个单独的轴侧、斜侧或透视投影图[35],还是用多个正交视图来表示某一形体。为了便于转换为三维数值化模型,草图应当是由设计者通过交互工具直接绘制在设计支持系统中的。因为缺乏足够的尺寸和拓扑信息，导致了很难用程序完全自动地将草图转变为精确的数值化模型。由于草图对于设计者表达构思的重要性，在围绕草图的绘制、理解与转换等方面已经开展了一些研究[37-42]，但它们主要是在工业设计和机械产品设计领域，而且很多还只限于基本的曲线曲面或简单的零部件，并没有涉及到汽车、船舶和飞行器等复杂产品的设计。鉴于此，本研究对基于草图的概念机设计综合与建模方法的支持，主要立足于实现根据草图自动建模和由设计者进行纯三维建模操作间的折衷。

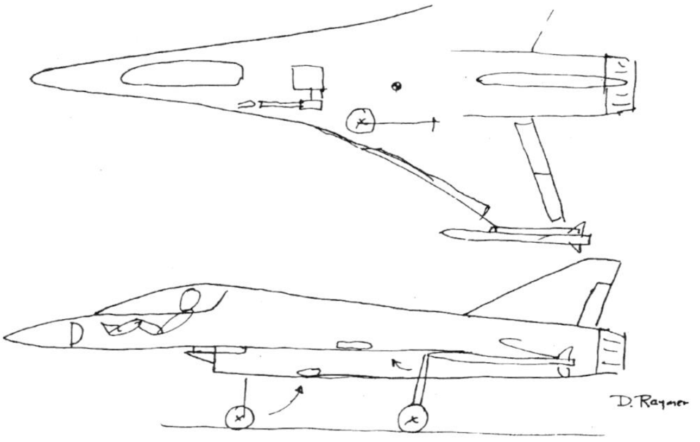

图 4.1　方案的概念草图示例[23]

为了快速地表达出对方案的整体构思，设计者绘制的粗略草图中往往不会对构成方案的各种部件明确地加以区分。但是，依靠设计支持系统采取智能化的手段识别和分离这些部件至少在现阶段还不具备可行性，所以目前还只能是允许设计者在系统中首先按照不同的草图形式表达对不同部件的构思，再通过部件间的协调完成整体方案。

机身类部件是概念机的各种部件中可变性最大的，而单纯依靠控制剖面建立其复杂外形的方法较之其他部件的描述也繁琐得多。如果设计者必须把主要的精力放在操作和编辑控制部件曲面的各个分离的剖面和数据点上，他们就很可能无法清晰地表达出自己对这类部件的整体构思。因此，对机身类部件建模的支持应当是基于草图的方法的重点。具体而言，在软件中应当允许设计者绘制机身类部件的复杂二维轮廓线，进而确定由这些轮廓线限定的剖面上的剖面线。通过这一方式，各个分离的剖面将与表示为“草图”的部件大致形状保持一致，而设计者可以更注重表达构思而不是考虑详细的尺寸数据。进一步地，通过在系统中定义机翼类部件的平面形状并结合翼型进行三维建模，设计者在完成对机身类和翼面类部件的设计并且确定它们的相对位置后，就能够得到以互相对应的二维草图和三维模型形式表示的方案布局。

在基于草图的方法中，成品部件与机身和机翼等布局部件的协调设计也是一个重要的方面。在参考文献[43]中，将飞机部件划分为了气动外壳部件(aerodynamic envelope components)、非气动外壳部件(non - aerodynamic envelope components)、非外壳机体部件(non - envelope airframe components)、选取性部件(select components)、布置部件(layout components)和分配部件(allocate components)共 6 种类型，并且比较具体地介绍了对它们进行综合布局的方法和意义。其中选取性部件的含义就与本研究中所指的成品部件类似。从绘制“概念草图”的角度来说，成品部件还具有标尺和参照物的作用。这是因为它们在数据库中都已经定义可确定的尺寸，而设计者形成的对初始方案的构思主要还是体现在抽象的“形状”而非具体的数据上。在以成品部件为参照的情况下，设计者就可以将这些“形状”缩放到适合的尺寸上以匹配成品部件，从而得到合理的飞机外廓。成品部件的这一作用也意味着对它们的大致布置可以先于机身类和机翼类部件的设计进行。当然，要达到各种部件之间在布置上的协调还需大量的调整。

为了比较完备地描述初始方案，本研究中还对油箱和起落架分别定义了二维和三维表示方式。需要注意的是，包括发动机、装载和起落架等在内的部件在SEACD中的二维表示并非直接由三维模型计算投影得到，而是需要根据实际情况单独定义的。图4.2中具体地列出了目前使用SEACD中已定义的部件类型，其中装载的进一步分类在第3章中已有介绍。尽管它们尚不能涵盖参考文献[43]中所列6类部件所包含的全部项目，但以本研究为基础可以比较方便地实现对结构件、操纵面等其他类型部件的描述并将它们加入系统。需要特别说明的是，在概念设计阶段以合适的形式完成主要结构的初步设计并将其用于分析，是具有很大难度和挑战性的课题，这在本书第二篇介绍的研究中得到了一定程度的解决。

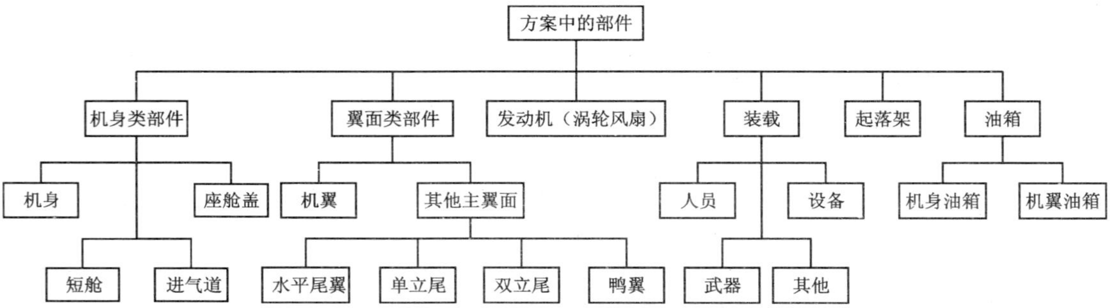

图4.2　SEACD中已定义的部件类型

基于草图的方法不仅是为了让设计者便捷地将粗略的和不清晰的构思逐步转换为用统一的二维草图和三维模型表达的初始方案，还有如下三方面的作用：

首先，充分利用草图表示为后续的分析和优化服务，如直接从轮廓线而不是从三维模型中提取某些设计参数。

其次，为更多智能化支持手段的运用奠定基础。在本研究中，针对设计综合和建模所提供的智能化支持还没有涉及到专门运用某种人工智能中的方法或技术，而只是通过对部件设计与布置过程中某些重复性工作的识别和归纳，使得设计者在执行一个简单的操作后就可以由系统自动地完成其他相应的工作，从而使系统对设计者显示出一定的智能性。尽管如此，根据渐进化的设计支持策略，基于实例的设计等的应用都可以结合基于草图的方法逐步予以实现。例如，可以构建存储典型轮廓线和对应三维模型的部件实例库，这样，设计者就只需绘制出一个部件的二维草图，而系统将通过利用实例库自动地生成其三维模型。

最后，如果可以实现设计支持系统与虚拟现实系统[44,45]的集成，则基于草图的方法将有可能从目前的二维/三维折衷状态扩展为完全三维环境中的设计模式。也就是说，设计者通过虚拟现实的交互手段绘制的草图将摆脱二维平面的约束，而“沉浸(immerse)”到支持环境中也有利于设计者更自然地表达出自己的构思。

此外，如何在这样的环境中提供智能支持等问题也是值得考虑的。限于条件和时间，本研究中对此还没有涉及，但在今后的工作中应当将其作为重点之一。

4.1.2 基本的实现措施

为了实现基于草图的方法，必须首先满足描述复杂的二维和三维形体的要求。通过对计算机辅助几何设计(Computer - Aided Geometric Design, CAGD)中各种曲线的考察，并且结合 RCSPlus 中已有的图形库基础，在本研究中采用了三次 B 样条曲线描述机身类部件的轮廓线和剖面线，同时采用了 NURBS 曲面描述包括机身类部件在内的各种部件的三维模型。根据控制顶点计算 B 样条曲线的函数是作者依据 deBoor 算法自行编写的，而从已知的数据点插值计算出 NURBS 曲线和曲面的算法直接利用了已有的图形库中的函数。采取这一做法，一方面是考虑到用控制顶点计算三次 B 样条曲线在 CAGD 中比较常见，另一方面也是为了避免因实现复杂的 CAGD 算法而花费大量时间，从而保证作者的工作重心能放在本研究的主要目的上。参考文献[5-7]中详细地介绍了与这些曲线曲面有关的各种算法，所以本书中对此不再赘述，而将主要论述利用各种几何元素描述和建立部件模型的过程与方法。

在 SEACD 中，面向对象的数据结构被用于从线段、曲线和曲面等基本几何元素起构造每个部件。以机身、机翼和导弹为例，图 4.3 示意性地表示了描述它们的主要信息的树状结构。从图中可以看出，不仅仅是这些部件，还有大量为不同部件所共享的抽象元素也被定义为类。这些抽象类中包含了被频繁用到的变量和函数，这样它们就不必在各个部件类中被重复定义。该图还表示出了 SEACD 中类与类之间的两种主要联系方式：在第一种方式中，一个类从另一个类派生而来并因此继承后者的所有成员变量和函数，导弹类(CMissile)和装载基类(CPayload)之间的关系即是如此；在第二种方式中，一个类中包含了指向另一个类的指针或由这样的指针组成的链表。在 SEACD 中，由指针所组成的链表的广泛应用对于描述复杂的信息起到了关键性的作用，这是因为链表中的元素可以很方便地进行动态的增减以满足灵活性和扩展性。例如，机身类(CFuselage)中的"FreeComp_List"链表使得一个复杂的机身可以由若干个细分的部分(称为子部件)组成，而机翼类(CWing)中的"WingSurf_List"链表则意味着可以用多个翼段组合成有弯折机翼。

由于基于草图的方法在本质上是以设计者为中心的，系统必须具有足够友好的 GUI 以便于人机交互。为此，SEACD 中对 RCSPlus 的两种主要窗口进行了改造，将其中的 RCS 文档窗口作为绘制和显示二维图形的"草图板"。

而目标窗口则用做方案的三维建模窗口。在草图板中提供三种视图模式：俯视、左视和俯视/左视对应，最后一种模式意味着方案的俯视图和左视图以相同的横坐标同时显示在一个窗口中。原有的 RCS 计算结果显示部分则在方案设计过程中加以屏蔽，但在评估隐身特性时可以通过菜单的切换显示出来。此外，还通过编程实现了草图板和三维建模窗口间的连接关系。也就是说，一个三维建模窗口必然依附于一个草图板，以用于显示后者正在处理的方案；而通过一个草图板可以打开若干个三维建模窗口，且在每个窗口中可以以不同的视角和形式(包括点、网格和曲面)显示方案模型。此外，在一个 SEACD 程序中，还可以同时进行多个方案的设计以便于对比，也即允许设计者打开多个草图板和依附于它们的三维建模窗口。图 4.4 显示了改造后的 SEACD 基本界面的实际效果。

结合图 4.4 可以说明 SEACD 中的坐标定义：X 轴沿机身纵向，从机头到机尾为坐标正

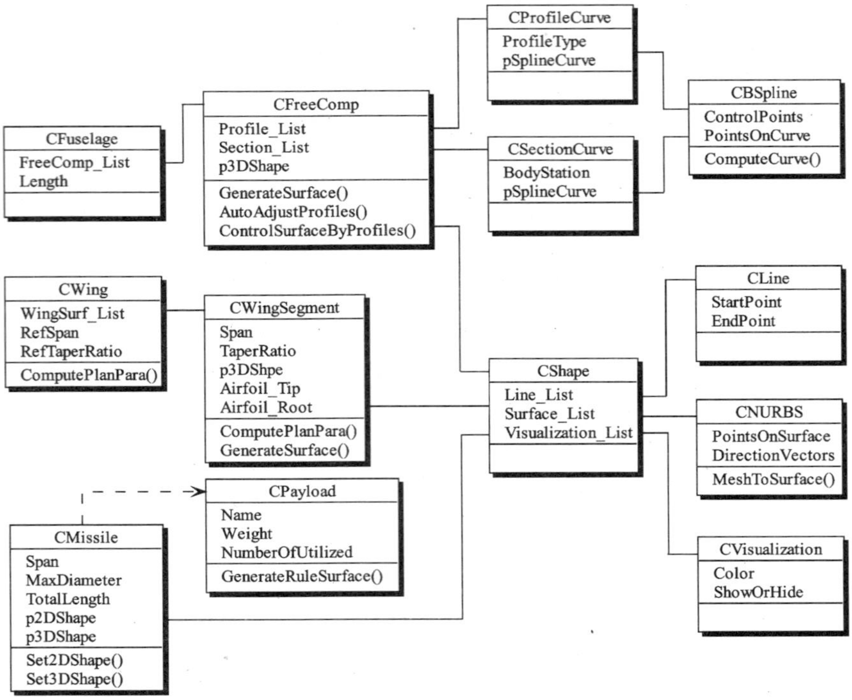

图 4.3 描述机身、机翼和导弹的数据结构示例

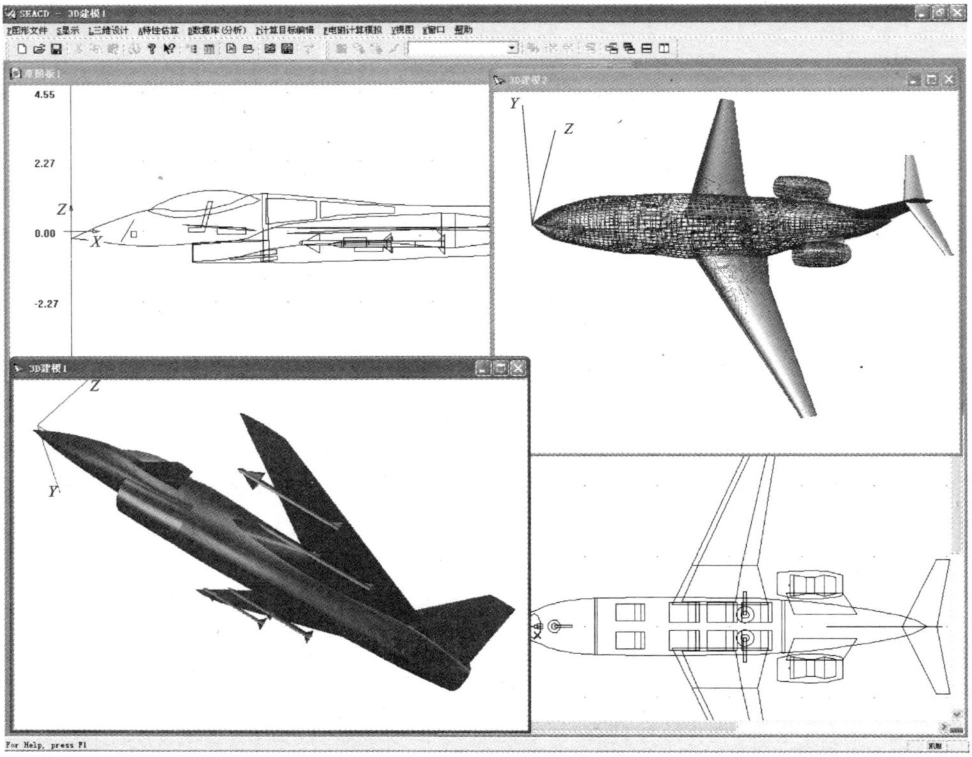

图 4.4 SEACD 的基本界面

向;Y 轴沿展向,从机身对称面到右侧机翼为正;Z 轴由 X 和 Y 两轴按右手法则确定,即沿飞机的高度增加方向为其正向;坐标原点在系统中进行了预定义,但在设计时应尽量使方案的机头与之重合。这种定义方式与 AAA 等概念设计系统所采用的方式基本一致,也可以保证在俯视和左视图中 Y 轴和 Z 轴的方向都是平行于窗口的边界向上的。

依据前一小节的论述,应用基于草图的设计综合与建模方法完成初始方案可以大致分为如下的几个步骤:成品部件的初步布置、机身类和翼面类部件设计与布局确定、油箱设计与布置、起落架设计与布置,本章的其余部分将按照这一顺序依次介绍与各种部件有关的问题的处理方法。

4.2　成品部件的定义与管理

4.2.1　发动机数据库的建立

在 SEACD 中,一台发动机的信息分基本信息、特性曲线和外形三部分进行定义,且目前只是以涡轮风扇发动机为对象来确定这些信息中所含的具体内容:基本信息包括发动机名称、重量、简介、重心相对于头部的位置、长度、最大外径、风扇直径、涵道比、海平面静推力、海平面耗油率、海平面静空气流量等。特性曲线包括速度-推力、速度-耗油率和速度-空气流量三种类型,而每一条曲线由发动机状态(或转速)、所在高度和数据点三方面的条件确定。至于推力-耗油率曲线,因其可以由速度-推力与速度-耗油率曲线族结合求出而暂不考虑。发动机的外形包括二维描述和三维曲面两部分。如果仅仅用长度(L)、最大直径(D_{MAX})和风扇直径(D_{FAN})这三个参数将发动机表示为简单的二维梯形和三维圆台一类的几何体,必然会显得过于粗糙,因此作者以它们为基本参数,自行设定了其他的一些尺寸以表示出一台抽象的涡扇发动机。图 4.5 示意性地表示了主要的尺寸关系。完整的三维外形以此为基础建立,且是由一个旋转面、一个锥面和 12 个风扇叶片组成的。出于造型方便性的考虑,其中的风扇叶片是简单的扇形平面而非扭转曲面。需要特别说明的是,为了保证与机身类和翼面类部件表示方法相一致,包括发动机和装载在内的其他部件三维模型中出现的所有平面、旋转面等,都用 NURBS 曲面进行了重新拟合。

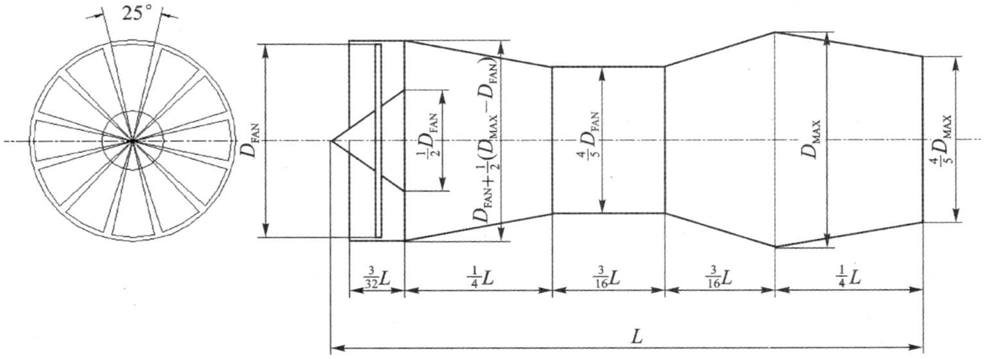

图 4.5　涡轮风扇发动机外形尺寸定义示意

将不同型号发动机的信息以链表的形式组织起来即构成了发动机数据库。图 4.6 表示了发动机数据库类(CEngineBase)、发动机基类(CEngine)、涡轮风扇发动机类(CTurboEngine)及其相关的曲线、数据点类之间的大致关系。通过构建这样的面向对象数据结构，在必要时将可以很方便地在现有定义基础上对发动机数据库进行扩展，以包含涡轮喷气等类型发动机的信息。

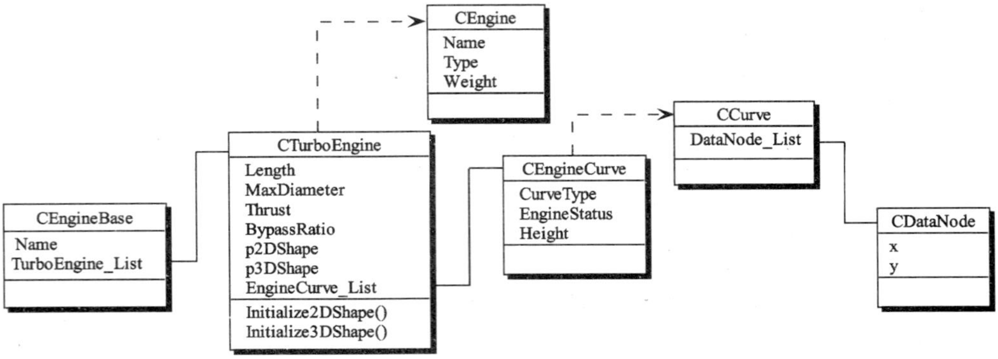

图 4.6 与发动机相关的各数据类间的关系

对发动机数据库的管理是通过如图 4.7 所示的对话框进行的。在这些对话框中可以编辑的是基本信息和各种特性曲线，而形体信息会根据此处给出的外形参数自动进行初始化以供布置时使用。其中，在特性曲线管理对话框里可以根据设计者选定的曲线类型和高度状态，显示出当前已有的不同高度下的曲线族。与任务剖面输入时绘制航程-高度示意图类似，系统会自动地对曲线族中数据的极值作出判断，从而确定出曲线显示区内横纵坐标的范围和刻度值。对于某一特性曲线数据点的编辑，是通过该图中最上层的对话框（名为“曲线数据点管理器”）进行的，其功能包括编辑各个点的坐标值，增减数据点、导入和导出曲线数据等。作为一个专门定义的对话框类的对象，曲线数据点管理器具有很强的通用性，在 SEACD 的其他涉及一系列数据点编辑的部分也会用到。

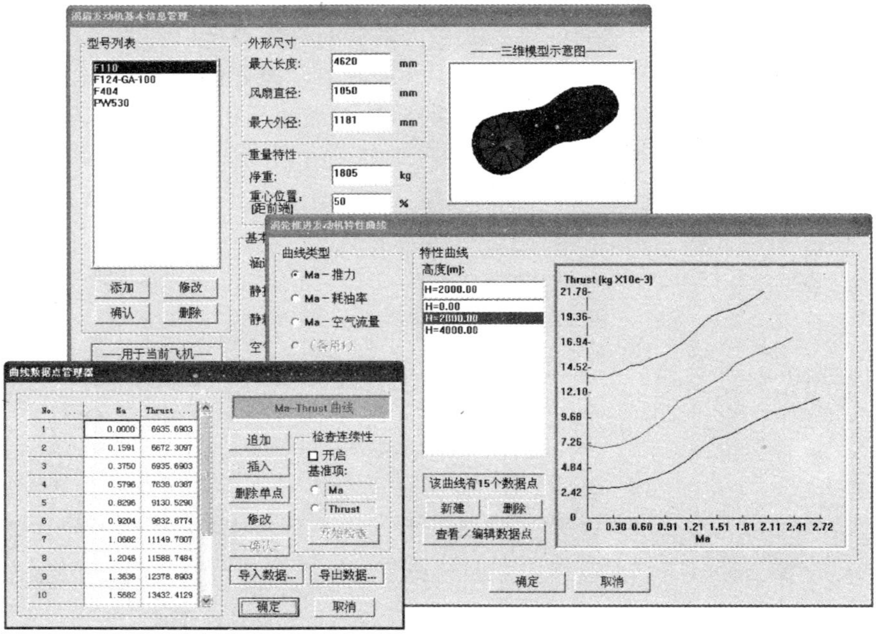

图 4.7 发动机数据库管理对话框

根据参考文献[46-48]中提供的资料，本研究中建立了包含若干种典型发动机的数据库，并以此作为示例，其中的发动机基本信息和由此确定的外形在设计中是可用的，但获取实际发动机特性曲线存在很大的困难，所以仅仅是验证了描述和管理曲线的方法的可靠性。为了实现飞行性能的估算，采用各种估算方法得到初步的发动机特性曲线是原型系统应当具备的功能[49]。由于这已涉及到动力特性模型等方面的内容，本研究中并未在这方面开展进一步的工作。

4.2.2　装载数据库的建立

装载的信息是由基本信息和形体两部分组成的。如图 4.2 所示，在装载基类中定义了名称、重量、被选用的数目等通用的基本信息，而由它派生的各个细分的装载类中包含的是与自身特征有关的参数。由于同一类装载中的不同型号通常也会有较大的区别(如各种型号的导弹)，要完全依靠参数化定义反映出这些区别，必然会导致所需参数过多。考虑到本研究中装载的主要目的是用做布置时的参照，以及利用其重量特性进行初步参数选择和重量估算，所以对每一小类装载都进行了一定的归纳和抽象，而在后续的研究中将进一步考虑对各种型号单独进行设计。表 4.1 中详细地列出了定义各类装载所需的参数。由于基类中的参数为每种装载所继承，故表中不再重复。

表 4.1　各类装载基本信息中的参数

所属大类	装载类型	参　数
人员	飞行员	坐姿时高度、宽度，坐姿时纵向所占长度、重心的纵向位置
武器	导弹	总长、头锥长度、弹径、主弹翼翼展、稳定翼翼展、稳定翼位置、重心的纵向位置
	机炮	总长、最大直径、口径、重心的纵向位置
	炮弹	—
	炸弹	长度、最大直径、主弹翼翼展、稳定翼翼展、稳定翼位置、重心的纵向位置
	火箭巢	长度、最大直径、重心的纵向位置
设备	雷达	纵向轴长度(盘状天线)、横向轴长度(盘状天线)、宽度(矩形天线)、高度(矩形天线)、安装角、重心的纵向位置
	传感器	宽度(盒形)、高度(盒形)、直径(圆柱形)、长度、重心的纵向位置
其他	座椅	长度、宽度、高度、重心的纵向位置
	舱室	宽度(盒形)、高度(盒形)、直径(圆柱形)、长度、重心的纵向位置

以基本信息中的尺寸参数为依据可以进行装载外形的参数化定义。尽管在研究中考虑了所有类型装载的外形定义方式，但由于时间的关系，目前在 SEACD 中只实现了导弹、雷达、传感器和座椅的二维及三维外形。其中雷达和传感器的外形定义比较简单，对前者只表示了天线的形状，而对后者也只是针对盒形和圆柱形两种情况由若干个平面或圆柱面拼接成三维的组合体。

导弹和座椅的外形定义相对复杂。与发动机的外形定义方法类似，除了需要设计者给出的参数外，在生成它们的外形时使用了一些在程序中设定的缺省尺寸：导弹的外形定义中的缺省角度值用于确定主弹翼和稳定翼的形状(见图 4.8)，座椅外形定义中所使用的缺省尺寸主要用于确定座椅的厚度和靠背的倾斜程度(见图 4.9)。最终的导弹三维外形由一个头锥面、一个弹体面和 8 个弹翼组成，而座椅三维外形则是由 10 个平面拼接起来的组合体。

与发动机和导弹这样的轴对称部件不同的是，雷达、传感器和座椅在二维视图中的俯视外形与左视外形并不相同，因此需要结合三维表示方式分别定义。此外，目前表示导弹的二维和三维形体时并未反映实际挂载时弹体的旋转，即加入方案中的导弹的弹翼分别垂直和平行于机身对称面，这将在后续的工作中加以修正。

装载数据库中存储的是按类型区分的各种装载的链表。由于装载没有特性曲线，装载数据库的管理相对于发动机数据库管理更为简便，设计者只需通过 SEACD 中的一个对话框即可增减各类装载的具体型号及编辑其基本信息。图 4.10 中的(a)和(b)就分别反映了对导弹和座椅的具体型号信息进行编辑的情况。

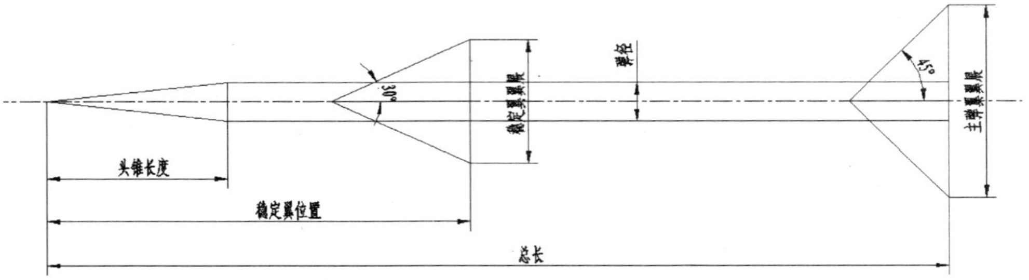

图 4.8　导弹的外形定义示意

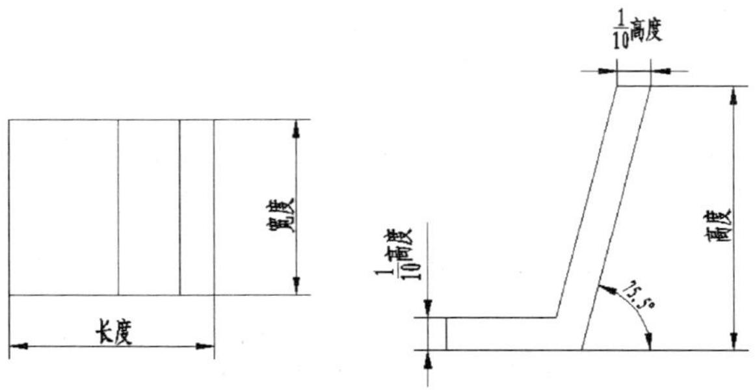

图 4.9　座椅的外形定义示意

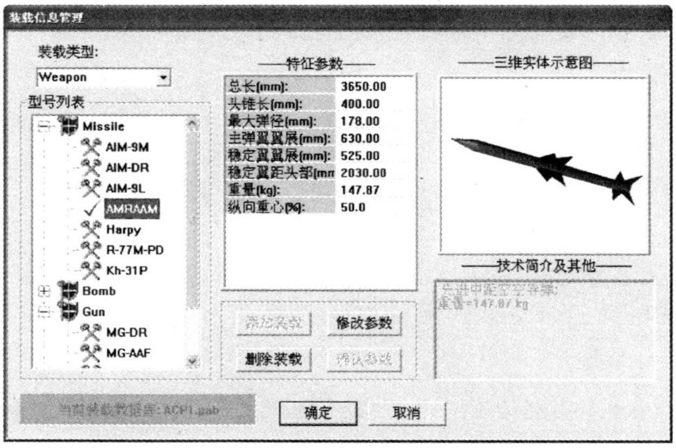

(a) 导弹信息的编辑

图 4.10　装载信息管理对话框

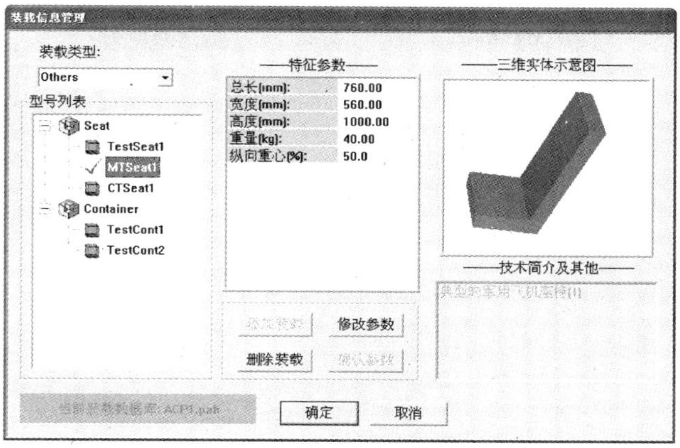

(b) 导弹信息的编辑

图 4.10　装载信息管理对话框(续)

4.2.3　成品部件的布置

在 SEACD 中,成品部件数据库具有相对的独立性,即可以在不进行设计的情况下单独管理发动机和装载信息;但在设计综合和建模过程中,必须通过数据库与设计部分的联系将所需的成品部件信息复制给某一概念机方案并进行布置。对发动机而言,设计者在基本信息管理界面中为当前设计的飞机选用某一型号并确定数目后,系统会将数据库中的对应数据复制到该机的设计信息中;装载信息的复制则是在设计要求输入时的装载选取过程中完成的。

成品部件的布置通过一个专门的对话框进行。该对话框在草图板窗口和三维建模窗口下均可以打开,从而使得设计者在进行二维和三维设计时都可以执行相应的操作。由于每种成品部件的形体都是在自身的局部坐标系中定义的,所以将它们用于布置时需要给出定义于形体上的基准点的实际坐标,从而将形体中各数据点坐标转换到全局坐标系中去以便显示。除确定位置外,设计者还可以设置某一成品部件的颜色和是否隐藏。系统将保证同一成品部件的二维表示和三维曲面能够根据设置同步地变化,而且如果设计者在设计过程中改变了成品部件的选用情况,如调整了采用的数量、去除了某种装载或改选了发动机型号,系统也会自动地对成品部件的布置情况做出调整。这些保证系统逻辑性的措施是通过运用面向对象编程和一定的技巧实现的,在实现其他部件的设计与布置过程中也会用到,但在本书中限于篇幅将不进行详细的论述。图 4.11 表示了在 SEACD 中布置成品部件时的情况,图中右上角所示即为成品部件布置对话框。

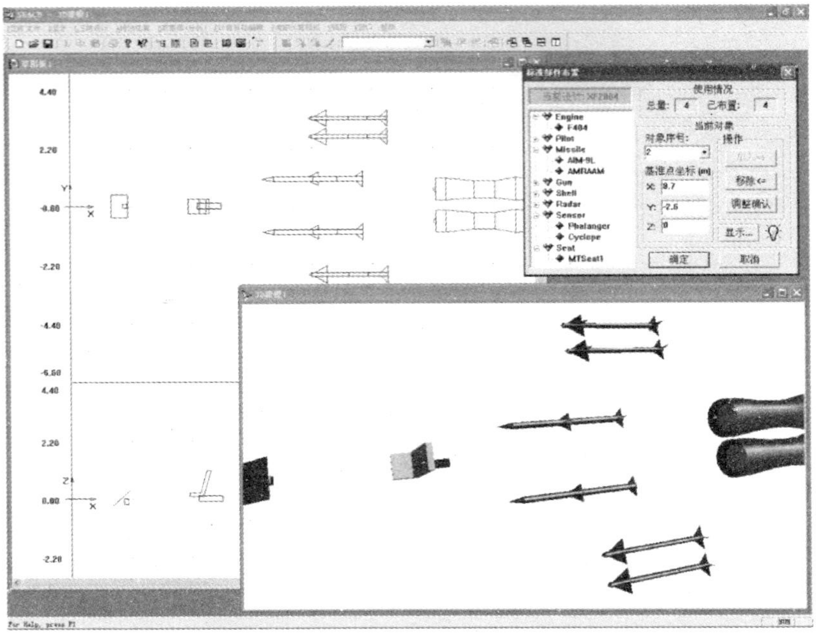

图 4.11 成品部件的布置

4.3 从二维到三维的机身类部件建模

4.3.1 子部件的分类与相关的定义

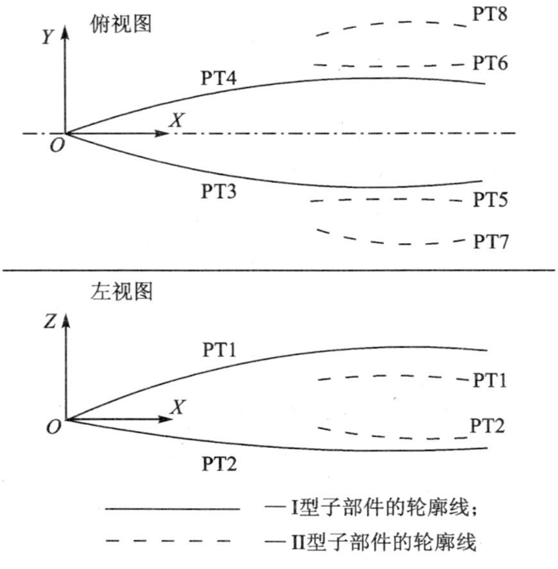

图 4.12 I 型和 II 型子部件的轮廓线定义

由于机身类部件具有相同的建模方式，本节中将针对子部件这一组成各种机身类部件的基本元素进行论述。根据几何特性，可以将子部件划分为 I 型和 II 型两类：一个 I 型子部件与 XOZ 平面相交且以该平面为自身的对称面，而一个 II 型子部件具有两个相互分离但也对称于 XOZ 平面的部分。事实上，一个子部件可以表示前机身这样的具有实际物理意义的部件，也可以是组成复杂的机身类部件模型的一个曲面。如图 4.12 所示，在草图板上表示一个 I 型子部件需要 4 条轮廓线，而表示一个 II 型子部件则需要 6 条。该图中同时显示了对各种轮廓线赋予的不同标识，这是为了在程序中加以识别和进行不同的处理。表 4.2 中列出了这些标识的含义及相应轮廓线所属的子部件类型，其中提到的机身对称面的左右侧的区分是与左右机翼的定义一致的，即左侧实际上包含了 Y 轴的负半轴，而右侧包含的是 Y 轴的正半轴。根据定义，PT3 与 PT4、PT5 与 PT6、PT7 与 PT8 互为镜像。

表 4.2　轮廓线标识的含义

轮廓线标识	所属视图	含　义	所属子部件类型
PT1	左视图	按 Z 轴正向确定的上部轮廓	I 型、II 型
PT2	左视图	按 Z 轴正向确定的下部轮廓	I 型、II 型
PT3	俯视图	机身对称面左侧的轮廓	I 型
PT4	俯视图	机身对称面右侧的轮廓	I 型
PT5	俯视图	机身对称面左侧靠近对称面的轮廓	II 型
PT6	俯视图	机身对称面右侧靠近对称面的轮廓	II 型
PT7	俯视图	机身对称面左侧远离对称面的轮廓	II 型
PT8	俯视图	机身对称面右侧远离对称面的轮廓	II 型

由于机身类部件的复杂性，单纯依靠上述的各种轮廓线不可能完全表示出任意子部件在俯视图和左视图中的真实投影，而这确实也并不是在本研究中定义它们的目的。除了便于设计者表达大致构思外，这些轮廓线的作用还在于确定一个子部件在各个方向上的边界。从 X 轴方向（即机身纵向）上看，轮廓线的首末控制顶点的位置就确定了一个子部件的站位前后限。为了避免由同一子部件的不同轮廓线确定出的站位前后限出现差异，系统中缺省地认为各条轮廓线自身首末控制顶点的 X 坐标应当分别一致，这在大多数情况下都符合实际。由于 B 样条曲线的首末控制顶点与首末型值点分别重合，所以用后者的 X 坐标判断站位前后限也是可以的。

子部件在 Y 轴和 Z 轴方向的最大和最小边界可以通过统计和比较各条轮廓线上型值点的相应坐标确定，而该子部件在前后限之间某一站位处的 Y、Z 向边界则形成了“边界矩形”(boundary rectangle)。图 4.13 以图 4.12 中所示的 I 型和 II 型子部件为例说明了边界矩形的定义。无论是对何种类型的子部件，边界矩形都只考虑右侧的部分，从而保证各个角点的 Y 坐标和 Z 坐标均非负。根据图中所示的编号，边界矩形的 4 个角点中第 1 和第 2 点处在靠近对称面的位置，而第 3 和第 4 点则远离对称面；第 2 和第 3 点具有相同的 Z 坐标，且大于第 1 和第 4 点的 Z 坐标。根据所处的站位和相应的轮廓线可以计算出这些角点的坐标值。

对 I 型子部件而言，角点 B_{C11} 和 B_{C21} 位于机身对称面上，所以 Y 坐标均为零。

以轮廓线和边界矩形的定义为基础，对一个子部件建模时设计者需要进行的操作可以表述如下：

① 通过用鼠标点击确定控制顶点的方式绘制出俯视或左视图中的轮廓线；

② 绘制属于另一视图的其他几条轮廓线，这必须在草图板的俯视/左视对应模式下完成；

③ 选择若干处于该子部件站位前后限之间的剖面位置，并且确定每个站位处由边界矩形所限定的剖面（称为控制剖面）中的剖面线；

④ 在必要的情况下旋转某些剖面线；

⑤ 以这些剖面线为框架生成该子部件的三维曲面模型。

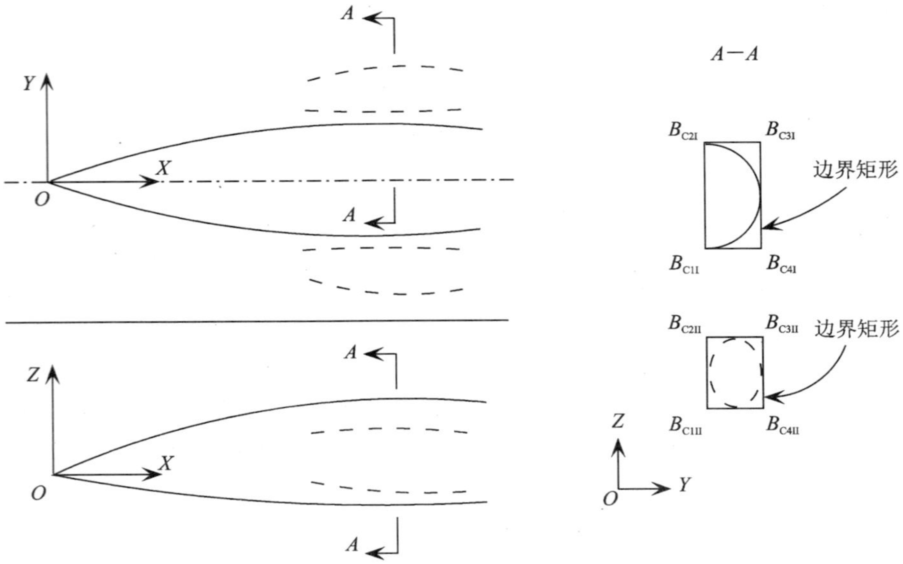

图 4.13 边界矩形的定义

从这些步骤可以看出轮廓线、剖面线、曲面这三种描述子部件的几何元素间的依次影响关系:由轮廓线确定的边界矩形限定了各个站位处的剖面线的范围,而三维曲面则是由剖面线所确定的。这种关系构成了本研究采用的从二维到三维的机身类部件建模方法的核心。也就是说,不仅要有效地将三维空间中的操作降维成若干二维平面上的曲线构造,更为重要的是利用二维的轮廓线对三维模型进行整体性的控制。后者主要体现在如下两个方面:其一是在沿着前述步骤建立模型的过程中,可以保证最终生成的曲面与设计者以轮廓线形式表达的整体构思基本一致;其二是在三维模型建立后,可以实现剖面线和曲面随轮廓线变化的自动调整,从而在方便设计者表达构思的同时大幅度地减少其重复性劳动。

4.3.2 建模过程及支持措施

在机身类部件的建模过程中,设计者与支持系统间的交互得到了充分的体现。结合成品部件的参照物作用,从二维到三维的建模方法使得设计者不必过多地考虑曲线和曲面上各个数据点的具体数值,而是将注意力放在构思的表达上。为了实现这一点,在 SEACD 的建立过程中采用了大量的支持措施,其中既有在 CAD 系统中常用的一些辅助手段,更有结合概念机模型特点而发展的方法。

在绘制某一轮廓线时,考虑到可能出现的特殊子部件形式,SEACD 目前不会对该轮廓线自身的控制顶点的排布进行自动调整。也就是说,设计者应注意避免因为用鼠标点选的控制顶点排布混乱而造成算出的三次 B 样条曲线不合理的情况。例如,当末控制顶点的 X 坐标小于首控制顶点的 X 坐标时,轮廓曲线同样可以算出,但由此统计出的子部件站位前后限显然就是矛盾的。

对于属于一个子部件的不同轮廓线,SEACD 会依据一些基本的原则检查它们的分布。按照轮廓线的定义,在 Z 方向上轮廓线 PT1 应当位于 PT2 的上方,而展向上 PT7(PT8)应当比 PT5(PT6)离对称面更远。此外,定义在对称面某一侧的俯视轮廓线不应跨越 X 轴进入另外一侧,否则该轮廓线与另一条与之成镜像的轮廓线将会相交,由此描述的子部件显然是实际中不可能存在的。通过对各条轮廓线的控制顶点乃至型值点的坐标进行比较,系统可以提醒设计者对轮廓线进行修改,以避免分布不合理的情况。

判断轮廓线分布合理性的原则还被用于绘制过程中自动区分轮廓线的类型,而不必由设计者逐条地加以指定。在俯视图中,如果当前处理的是 I 型子部件,则系统会判断设计者首先绘制的是 PT3 还是 PT4,并将另一条轮廓线镜像出来;如果是 II 型子部件,则设计者只需绘制出 PT5、PT6、PT7、PT8 中的任意两条,而系统将在对其进行区分的基础上镜像出相应的另外两条轮廓线。在左视图中,无论是对 I 型还是 II 型子部件,设计者在依次绘制出两条轮廓线后,系统都会正确地将它们分别标识为 PT1 和 PT2。

除了自动生成镜像曲线外,系统中还通过修正某些控制顶点的坐标的手段来提高准确度。例如,当设计者点选的某一控制顶点非常靠近 X 轴时,其 Y 坐标(俯视图中)或 Z 坐标(左视图中)将被自动修正为零。此外,在完成某一子部件的首条轮廓线后,如果设计者需要绘制其他的轮廓线,则系统会自动地根据它的前后控制顶点 X 坐标显示出两条平行于 Y 轴或 Z 轴的辅助线(见图 4.14)。在后续的曲线绘制完毕后,如果其首末控制顶点的 X 坐标仍与第一条线存在误差,则系统会将它们沿纵向平移到辅助线上,从而保证根据这些任一轮廓线统计出的子部件前后限均是分别一致的。当然,这些辅助线在绘制操作结束后会自动地消失,以免使草图板显得凌乱。

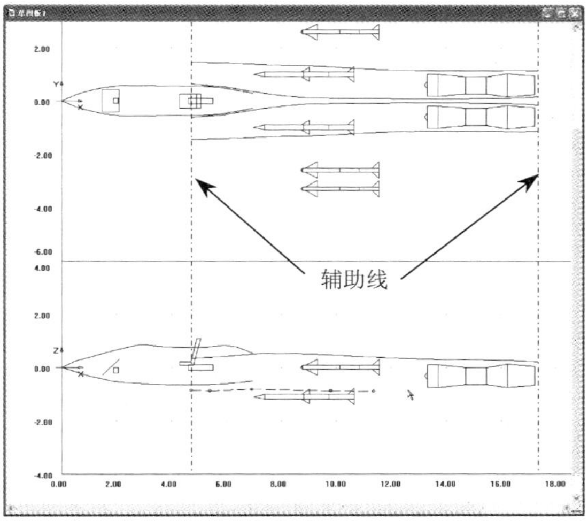

图 4.14　绘制轮廓线时自动生成的辅助线

为了更好地反映出实际三维模型在平面上的投影,轮廓线绘制或编辑完毕后,系统会以连接对应的轮廓线端点的方式自动添加上相应的端面线,当然两个对应的端点汇聚在一起的情况是除外的(见图 4.15)。由于在绘制轮廓线时使得首末控制点 X 坐标的分别统一,所以这些端面线应当平行于 Y 轴或 Z 轴。为了不至于使设计者在绘制或编辑轮廓线时产生混淆,端面线在绘制和编辑的过程中将不予显示。

尽管轮廓线的绘制主要是为了快速地体现设计者的粗略构思,但在一定情况下仍然可能需要对其进行比较精确的调整,如需要将相邻的 4 个或更多的控制顶点置于同一直线上以使

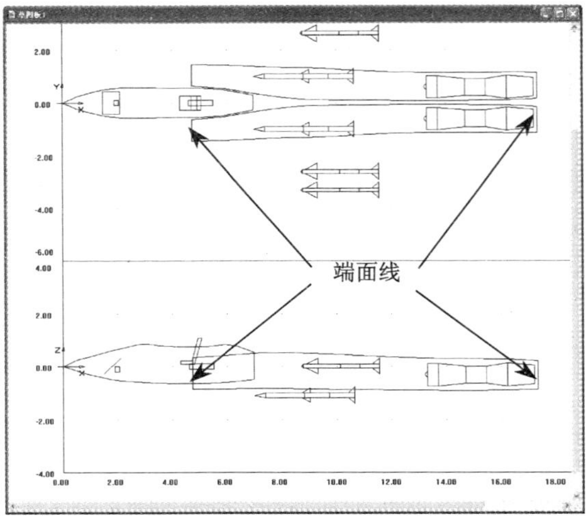

图 4.15 根据轮廓线自动生成的端面线

所得三次 B 样条曲线中生成直线段[6]，因此，SEACD 中除了可以通过拖动控制点调整轮廓线外，还可以通过前文提到的曲线数据点管理器对控制顶点进行编辑。

在完成了轮廓线的绘制与编辑之后，子部件的建模完全是通过 SEACD 中提供的一系列对话框进行的。图 4.16 所示的是机身类部件设计与管理对话框，其左侧上部的部件列表中可以列出机身、进气道、座舱盖和短舱这 4 类部件中已经定义的所有子部件的名称(图中无短舱项是因为当前方案中没有定义属于该类的子部件)。选中其中的某一子部件时，右侧上部的显示区内会标出按照其轮廓线统计出的站位前后限。对于具备了所需的全部轮廓线的子部件，设计者可以选取若干个位于前后限之间的控制剖面站位，而系统会计算出每一站位处的边界矩形。由于设计者可以自由地插入新剖面或删除已有剖面，系统将对各个剖面按照站位的大小进行自动排序，从而保证根据剖面线计算曲面时不会出现异常。

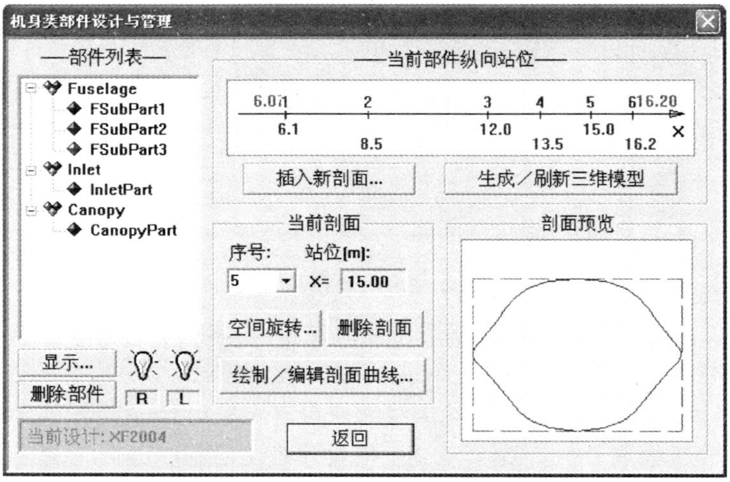

图 4.16 机身类部件设计与管理对话框

在选定某一剖面的情况下，如果系统根据对应的边界矩形边长判断出该处的轮廓线并非收缩为一点，则设计者可以通过剖面绘制与编辑对话框（见图 4.17）确定剖面线。该对话框右侧的绘图区中可以显示出边界矩形的坐标范围，而且边界矩形的左下角点与该绘图内坐标的起点是重合的。

图 4.17 的(a)和(b)就分别显示了 I 型和 II 型子部件的剖面所对应边界矩形的角点分布情况。与绘制轮廓线类似，设计者可以在边界矩形的各条边上或内部点选若干控制顶点以绘出剖面线，而系统会自动地将某些位于边界附近的控制顶点修正到边界上去。剖面线的编辑仍然是两种方式：拖动已有的控制顶点或使用曲线数据点管理器。

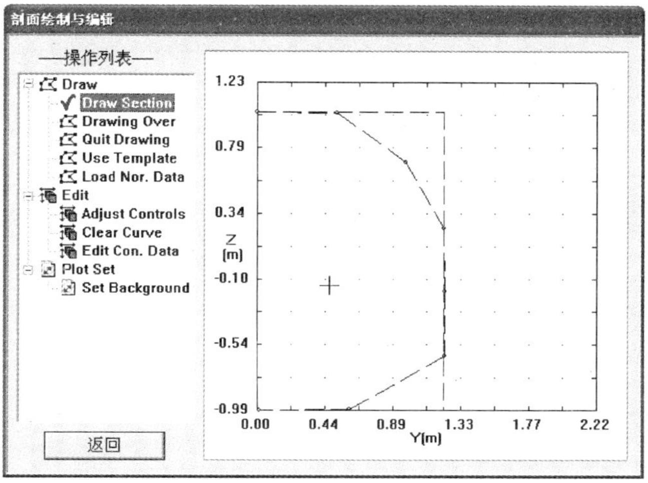

(a) I型子部件的剖面线绘制

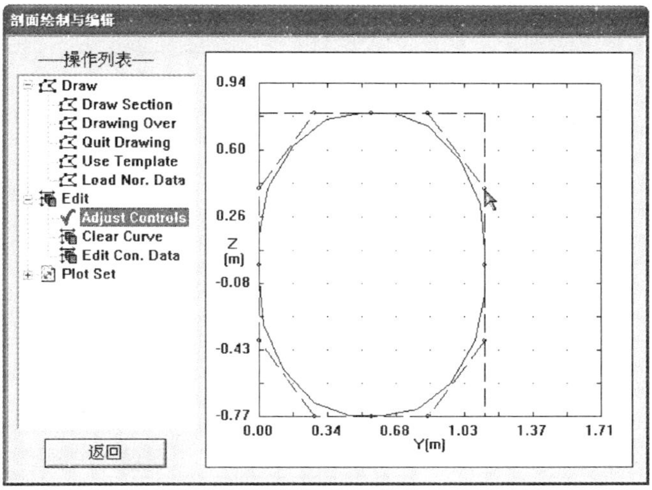

(b) II型子部件的剖面线编辑

图 4.17　剖面绘制与编辑对话框

由于三次 B 样条曲线的应用，一条剖面线的控制顶点应当遵从一定的分布规律以满足某些特殊的要求。例如，为了保证 I 型子部件的某一剖面在机身对称面两侧的曲线间具有一阶的几何连续性，需要将靠近对称面的两个控制顶点置于同一直线上，从而使得镜像后形成的完整剖面线中有三个控制顶点共线。此外，为了通过重节点的构造在曲线中形成尖点或生成II型子部件所需的B样条闭曲线，需要采取设置多重控制顶点的措施[5-7]。显然，不应当强求概念方案设计者对这些比较复杂的CAGD知识都能熟练地掌握。正因如此，SEACD中采用了提供“剖面模板”的方法，以帮助设计者便捷地完成具有一定特殊性的剖面线。

所谓剖面模板，也就是在归一化的正方形中预定义具有确定位置的一系列控制顶点和由此计算出的曲线。当某一模板被选用后，模板中的控制顶点将被缩放到当前剖面的实际边界矩形上去并进而得到新的曲线，实际边界矩形的长度和宽度决定了缩放时在 Y 和 Z 两个方向上分别使用的比例。在本研究中，归一化正方形和实际边界矩形的左下角点，即 B_{C11} 或 B_{C1I} 被用做了缩放的基准点。

图4.18显示的是SEACD中的模板管理与选取对话框，它是通过剖面绘制与编辑对话框左侧的操作列表打开的。图4.19中列出了作者目前已在SEACD中定义的10种主要的剖面模板形式，其中包括了开曲线和闭曲线两种。

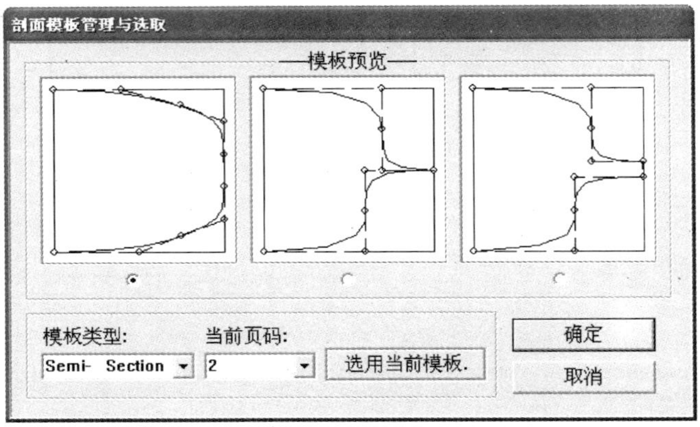

图4.18　剖面模板管理与选取对话框

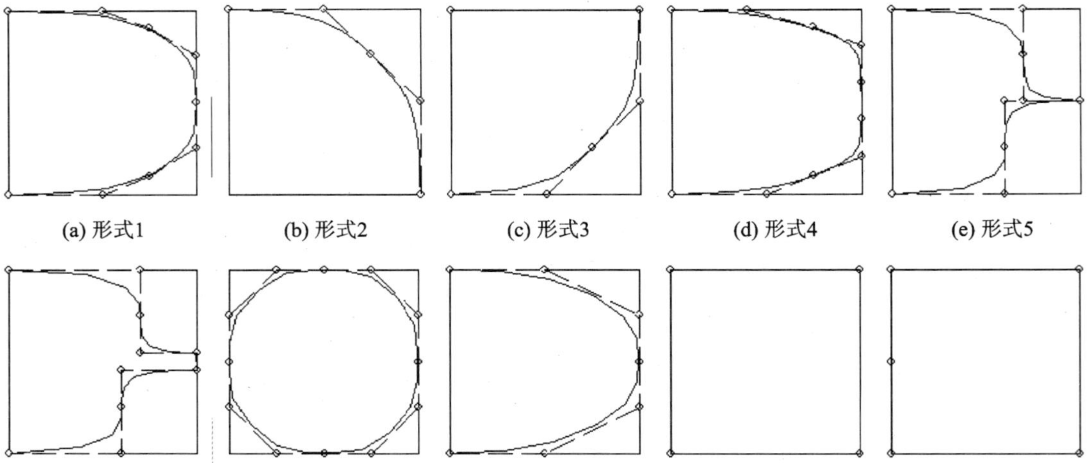

(a) 形式1　(b) 形式2　(c) 形式3　(d) 形式4　(e) 形式5

(f) 形式6　(g) 形式7　(h) 形式8　(i) 形式9　(j) 形式10

图4.19　已定义的剖面模板形式

如果设计者需要定义新的模板，则可以通过曲线数据点管理器自行输入归一化的控制顶点数据。事实上，即便不是为了得到具有一定排布规律的控制顶点，选用模板后再进行交互的调整，对提高建模效率也是大有帮助的。

对于已经绘制或编辑完毕的剖面线，SEACD 允许以相应边界矩形的任意一条边为转轴对其进行旋转。在转轴和旋转角度一定的情况下，系统提供了三种可选的旋转方式：保持半径旋转、保持投影旋转和保持轮廓线旋转（见图 4.20）。设某一剖面的边界矩形 4 个角点为 B_{C1}、B_{C2}、B_{C3} 和 B_{C4}（不论该剖面属于 I 型还是 II 型子部件），旋转轴通过的边为 $B_{C1}B_{C4}$，转角为 θ，需要旋转的一点记为 $A(x_A,\ y_A,\ z_A)$，它既可以是控制顶点，也可以是剖面线上的型值点。剖面旋转完毕后，A 点的位置变到 $A'(x'_A,\ y'_A,\ z'_A)$，而边界矩形也会与另一个矩形相对应，其角点为 B_{C1}、B'_{C2}、B'_{C3} 和 B_{C4}。图 4.21 表示了以三种方式对该剖面进行旋转的区别：在保持半径旋转时，$B_{C1}B'_{C2}$ 边的长度保持与 $B_{C1}B_{C2}$ 的长度相同，而 A' 点和 A 点到 $B_{C1}B_{C4}$ 边的距离也是相同的；在保持投影旋转时，B'_{C2} 与 B_{C2} 间的连线、A' 点与 A 点间的连线均与边界矩形所在平面相垂直；在保持轮廓线旋转时，由于初始的 $B_{C2}B_{C3}$ 边与轮廓线 PT1 相交（交点在图中用圆圈表示），所以 $B'_{C2}B'_{C3}$ 边同样应与 P_{T1} 相交。再设 $B'_{C1}B'_{C2}$ 边的边长为 L_0，$B_{C1}B'_{C2}$ 边的边长为 L_1，则确定 A' 点时需要先将 A 点按保持半径形式进行旋转，再将所得到的点沿平行于 $B_{C1}B'_{C2}$ 边的方向移动一定的距离。具体而言，A' 点和 A 两点的坐标间有如下关系：

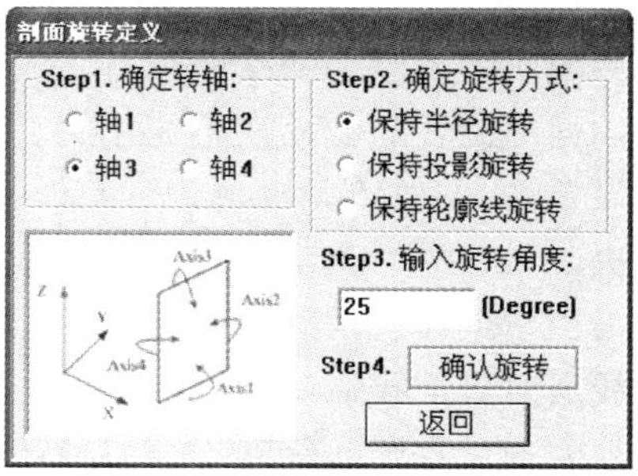

图 4.20　剖面旋转定义对话框

$$x'_A = x_A - (z_A - z_{\min})\sin(\theta)(L_1/L_0) \tag{4.1}$$

$$z'_A = z_{\min} + (z_A - z_{\min})\cos(\theta)(L_1/L_0) \tag{4.2}$$

其中的 $z_{\min}$ 等于旋转轴上的 B_{C1} 和 B_{C4} 两点的 Z 坐标。由于旋转轴平行于 Y 轴，所以 A' 点和 A 点的 Y 坐标相等。根据系统中的设定，如果按照给定的旋转轴和角度得到的 B_{C1}（或 B_{C4}）、B'_{C2}、B'_{C3} 三点所在平面不与 P_{T1} 相交，则不能应用保持轮廓线旋转的方式。如果旋转轴为其他的三条边，则不同旋转方式下对应的结果可以同理分析得到。值得注意的是，为了避免将对称面两侧的同一子部件的两部分曲面扯裂开，对于属于 I 型子部件的剖面线是不建议绕 $B_{C11}B_{C21}$ 边进行任何形式的旋转的。

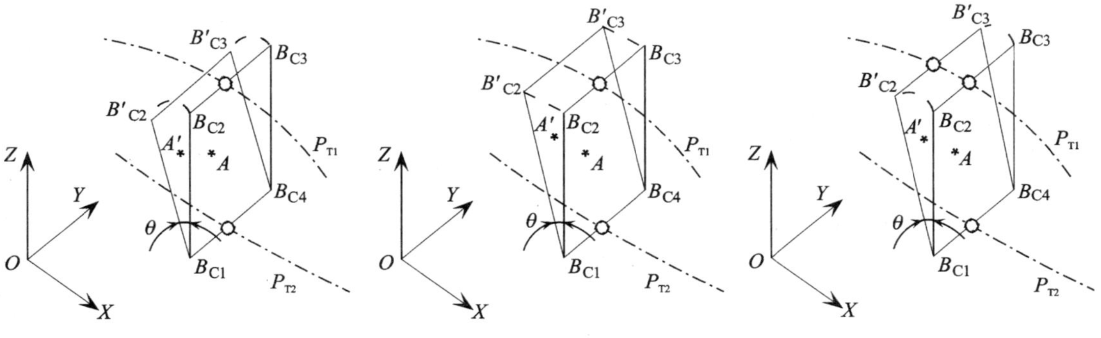

(a) 保持半径旋转　(b) 保持投影旋转　(c) 保持轮廓线旋转

图 4.21　不同旋转方式的比较

三种不同的旋转形式为建模提供了较大的灵活性，但 SEACD 中的这部分功能仍有值得改进之处。首先，目前虽然可以对同一个剖面进行多次旋转操作，但每次旋转的基准都是边界矩形，即新的旋转将清除前一次旋转（如果存在）的结果，所以不能通过叠加多次旋转结果的办法将剖面变换到特定的位置。其次，剖面的旋转很可能会造成子部件的实际范围超出轮廓线的界限或出现倾斜的端面线，但这些影响目前都不考虑。也就是说，子部件的二维表示是不会因剖面的旋转而自动发生变化的。最后，在估算具有倾斜剖面的子部件的几何等特性时会出现误差，本书的第 5 章将会对此作进一步的说明。在后续的研究中，上述的问题都应依次加以解决。

由于剖面线的确定依赖于设计者的交互式操作，所以很可能会出现同一子部件的不同剖面线所对应的控制顶点数目、排布方式等都有区别的情况，以致于在根据控制顶点计算曲面时必须实现节点插入等繁琐的 CAGD 算法。为此，SEACD 直接利用了已有的图形库，从型值点插值生成 NURBS 曲面的函数，而这只需首先按照相同的数目求出每条剖面线上的型值点即可。当然，由于采用了这一方法，依靠设置控制顶点得到的某些特性，如尖点的构造等，在生成的曲面中将不易保证。此外，对两个控制剖面之间的某一站位而言，由三维曲面确定的该处实际剖面线是难以完全和边界矩形限定的范围一致的。与处理剖面旋转的不足一样，这些问题也都将留待完善原型系统时加以解决。

为了增强显示效果，SEACD 允许设计者分别设置对称面两侧曲面的颜色、是否隐藏和是否显示为剖面线。在方案中部件数目较多的情况下，通过这些显示的控制将便于设计者对其中的某一特定区域进行检查。

4.3.3 轮廓线在模型调整中的作用

通常而言，机身类部件的模型必须经过反复调整才可能达到符合设计者构想的状态。如果每次的调整都必须对每条剖面线逐一修改并发送命令重新计算曲面，则在调整的次数或剖面数目较多的情况下，这一工作将变得非常繁琐。如前所述，在本研究中提出了通过改变轮廓线引发剖面线和曲面的自动调整的方法，图 4.22 所示即为一种基本的实现流程。由图可见，在设计者修改了一条轮廓线后，系统将自动完成包括其他轮廓线的调整、相关剖面的移动和删除、新边界矩形计算、剖面线缩放、曲面的重算等一系列的工作。其中，剖面线的缩放是关键的一环，而具体的缩放方法与剖面模板的利用是类似的。如果某一剖面经过了旋转，则系统会首先将其按照设定的参数逆向旋转回初始状态，然后根据新的边界矩形进行缩放，最后根据这些参数重新旋转。

图 4.22 所示的流程并非是实现模型自动调整的唯一途径。事实上，根据这种流程进行的调整可以被称做子部件模型的“局部修正”，因为在被修改的轮廓线的前后限发生变化的情况下，只有位于新旧界限之间的其他轮廓线控制顶点的纵向位置和剖面的站位会被调整，或者是因为越界而导致控制顶点或剖面被删除。如果同时考虑前后限的变化对所有控制顶点和剖面的影响，那么一条轮廓线的改变引起的则是模型的“整体修正”。在本书第 14 章关于智能设计支持技术的论述中，将对采用自动化方案调整等整体修正方法作专门的介绍。

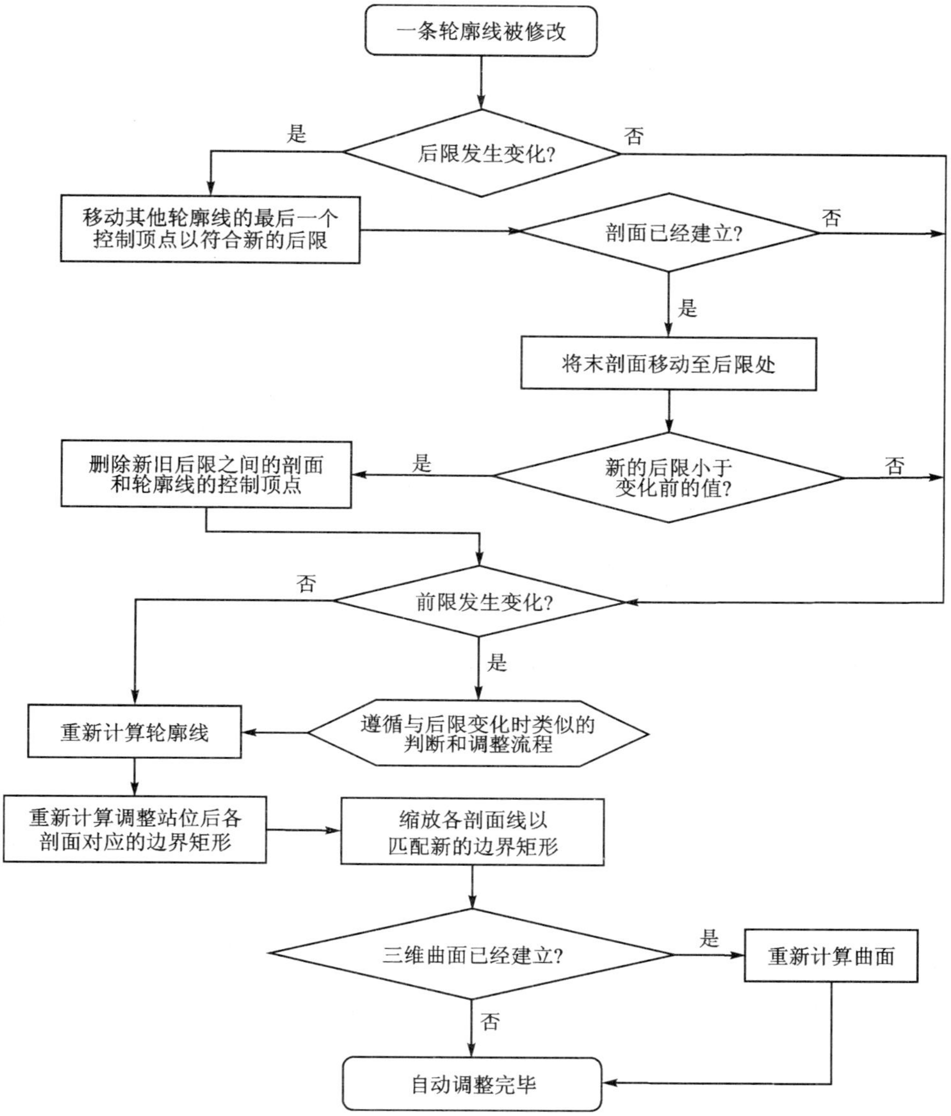

图 4.22　轮廓线改变后模型调整流程

4.3.4　机身类部件建模示例

为了直观地说明从二维到三维的机身类部件建模过程，图 4.23 中列出了对一个战斗机方案中的进气道进行建模的实例，而图 4.24 中表示的则是利用轮廓线对该进气道模型进行局部修正的情况。

由图 4.23 可以看出，进气道就是一个 I 型子部件，其控制剖面有 6 个，而且各个剖面曲面都是基于同一模板修改而成的。在图 4.24 中，作者对两个视图中的轮廓线都做了修改，并且增大了站位的后限。图(a－2)和图(b－2)所示剖面的站位在自动调整前后均为 $x=6.5$ m，但边界矩形的范围和剖面线的形状都已发生了变化。

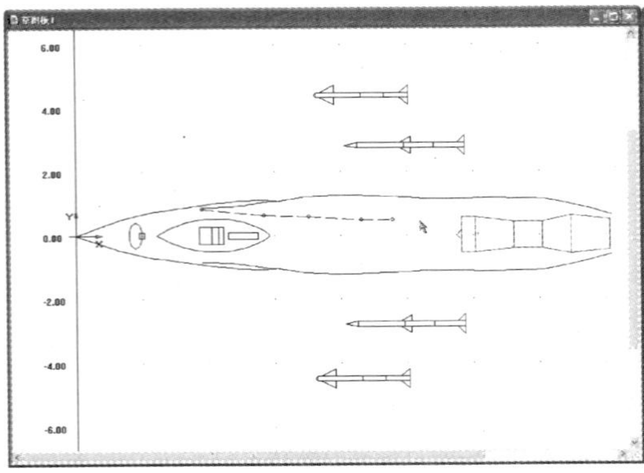

(a) 在俯视图中绘制一侧的轮廓线

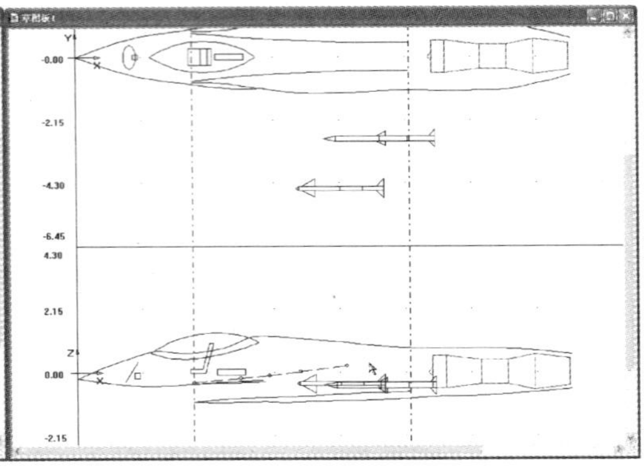

(b) 在对应模式下绘制两条左视轮廓

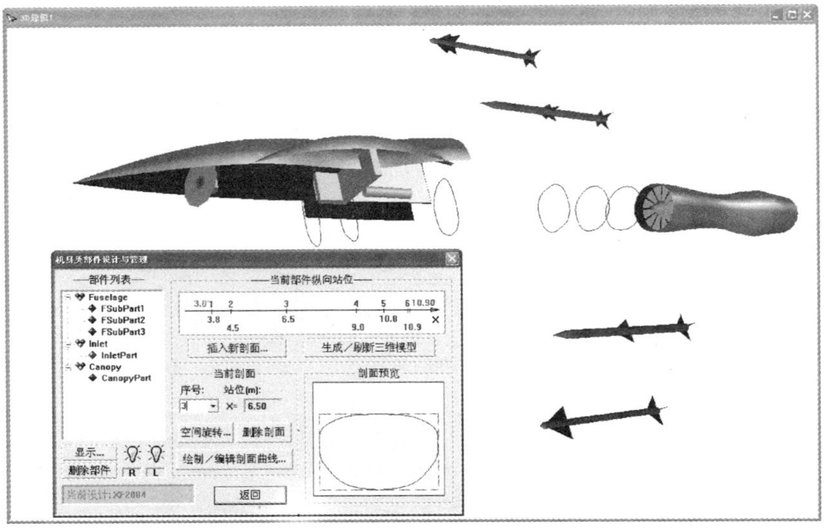

(c) 确定一系列站位处的剖面线

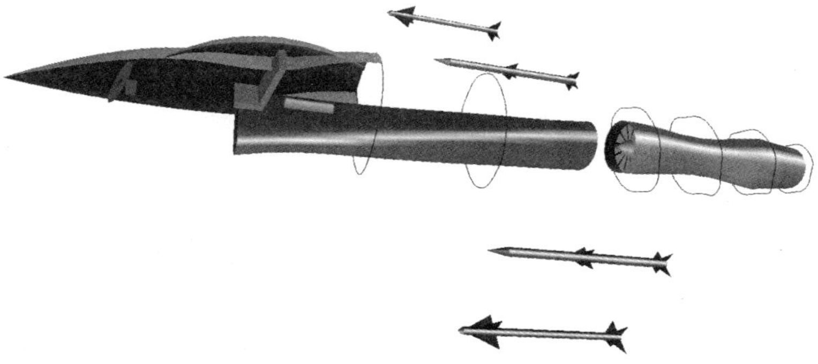

(d) 生成曲面（该图中所示的剖面线属于机身的一个子部件）

图 4.23　进气道建模示例

图 4.25 中给出了对一个 II 型子部件进行剖面旋转的例子。由于旋转的首剖面位于站位前限，而且在设置的参数下保持轮廓线旋转形式不适用，所以该图中只对比了保持半径和保持投影旋转的情况。

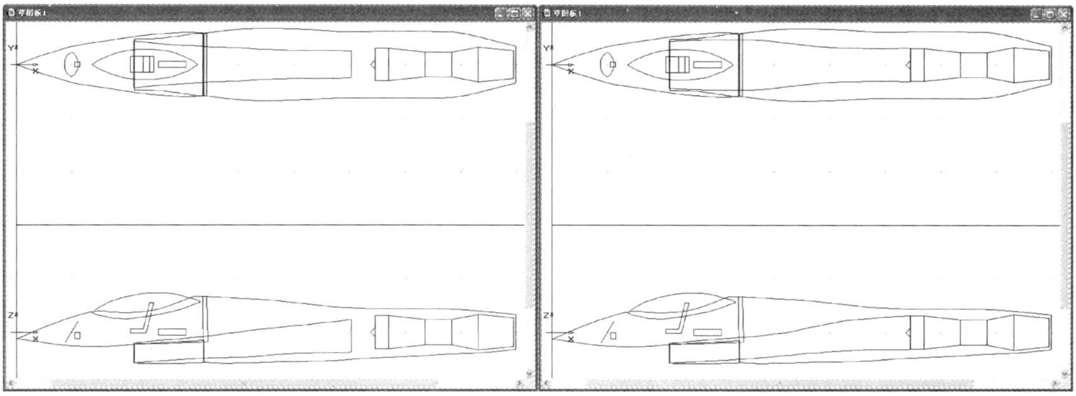

(a−1) 修改前的轮廓线　　　　(b−1) 修改后的轮廓线

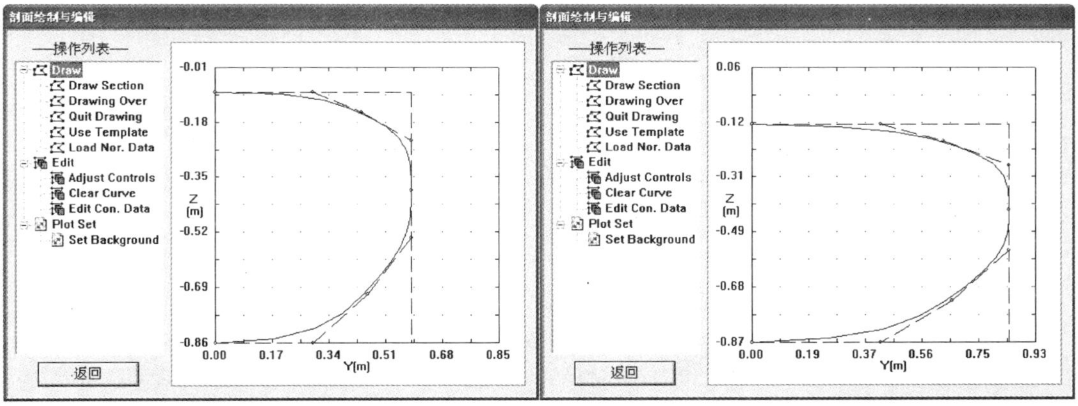

(a−2) 自动调整前的剖面线　　　　(b−2) 自动调整后的剖面线

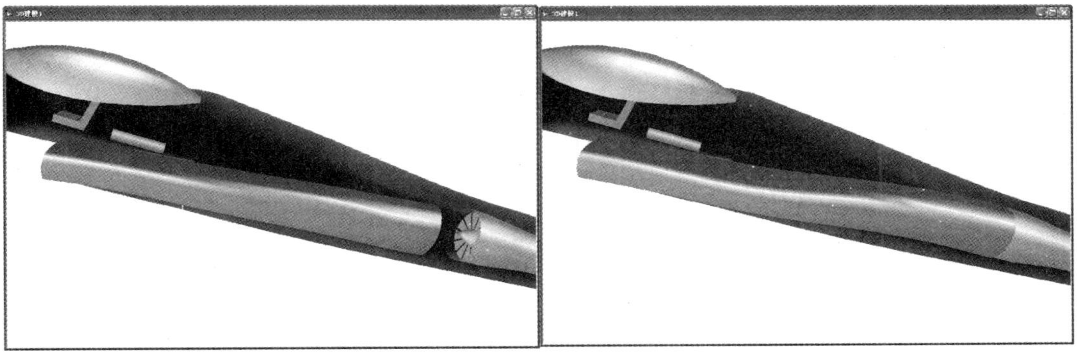

(a−3) 自动调整前的曲面　　　　(b−3) 自动调整后的曲面

图 4.24　改变进气道模型的轮廓线引起的局部修正

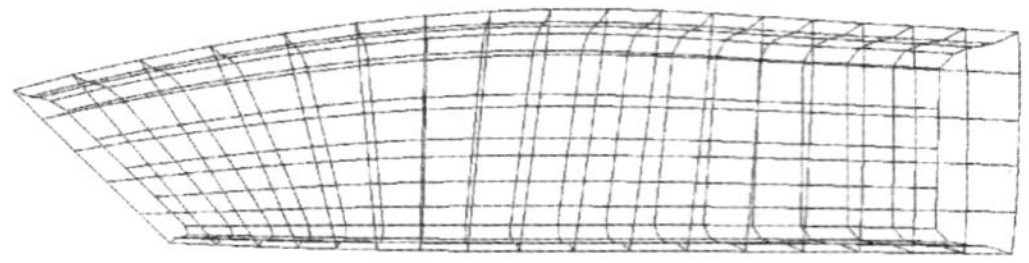

(a) 首剖面保持半径旋转45°

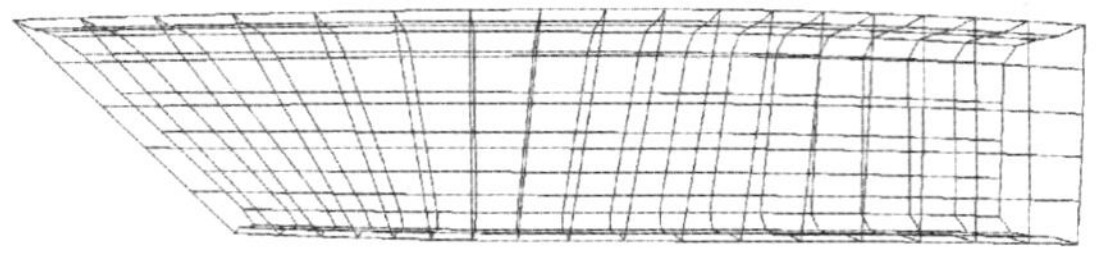

(b) 首剖面保持投影旋转45°

图 4.25 剖面旋转对模型的影响

4.4 翼面类部件的参数化定义

4.4.1 翼段的描述方式

出于描述飞翼等特殊布局飞机的需要，SEACD 中认为机翼是一个方案中必须具备的，而其他的任何一种主翼面都可由设计者决定是否采用。尽管如此，各种翼面类部件具有类似的参数化定义方式，即都以翼段为基本组成元素，并且通过平面参数和翼型等对一个翼段进行描述。由于描述一个翼段的参数具有冗余性，即某些参数可以由其他多个参数计算得到，所以设计者需要通过 GUI 输入的只有系统中设定的“可调参数”部分（见图 4.26 和图 4.27）。在一种翼面类部件由多个翼段组成的情况下，可调参数的设定还被用于保证相邻两个翼段间的连续性。也就是说，后一个翼段（远离机身者）的某些参数应当自动地从前一个翼段（靠近机身者）获取或算出，从而使得二者在连接处共享一个公共的翼剖面。表 4.3 中具体地列出了描述一个翼段所需的各种参数，并且按照部件的不同，区分了首翼段和其他翼段中的可调参数（用√标识）。对同一种部件而言，首翼段中可调而其他翼段中不可调的，即为任意两个相邻翼段中后一段需要从前一段获取或算出的参数。在某一翼面类部件发生改变时，系统将根据前一段中这些参数的变化自动重算描述后一段所需的各种参数，从而保持两翼段间的连续性。

表 4.3 翼段定义中的可调参数

参数名称	机翼		水平尾翼和鸭翼		单立尾		双立尾	
	首翼段	其他段	首翼段	其他段	首翼段	其他段	首翼段	其他段
根弦长	√		√		√		√	
梢弦长								
尖削比	√	√	√	√	√	√	√	√
翼段半展长	√	√	√	√	√	√	√	√
后掠角	√	√	√	√	√	√	√	√

续表 4.3

参数名称	机　翼		水平尾翼和鸭翼		单立尾		双立尾	
	首翼段	其他段	首翼段	其他段	首翼段	其他段	首翼段	其他段
安装角	√		√		—	—	√	
扭转角	√	√	√	√	—	—	√	√
上(下)反角/外倾角	√	√	√	√	—	—	√	√
根部前缘的坐标	√		√		√		√	
梢部前缘的坐标								
根部翼型	√		√		√		√	
梢部翼型	√	√	√	√	√	√	√	√

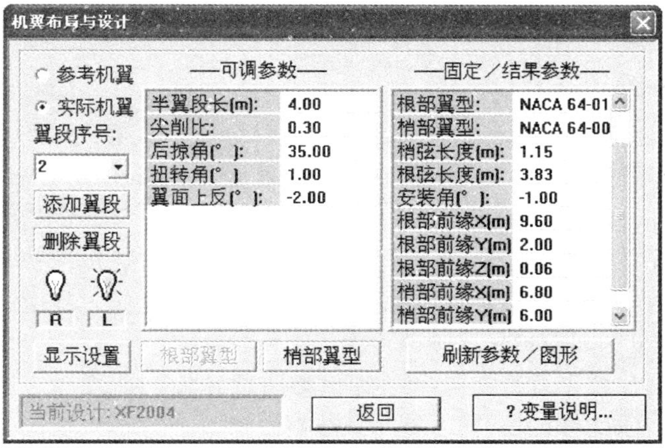

图 4.26　机翼布局与设计对话框

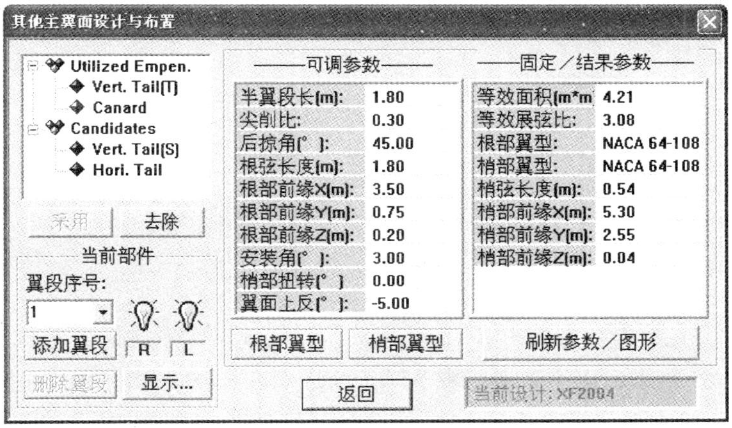

图 4.27　其他主翼面设计与布置对话框

在本研究中，机翼、水平尾翼(以下简称为平尾)和鸭翼统称为水平翼面，它们的每个翼剖面都平行于机身对称面；单立尾和双立尾统称为垂直翼面，它们的每个翼剖面都与机身对称面相垂直。在表4.3所列出的参数中，上(下)反角为水平翼面所具有，而外倾角为双立尾所独有。由于利用了面向对象编程中的多态性[50]，这两个参数在程序中实际上用同一个变量表示。考虑到上(下)反角的取值通常较小[51]，而外倾角对某些飞机而言可能会很大，所以水平翼面的半展长是按照翼段投影于水平面后在机身一侧的展向长度定义的，而定义双立尾的半展长时则不考虑翼段向垂直面的投影。考虑到扭转角和安装角的影响，双立尾的半展长在几何上可表述为：过翼段根部和梢部前缘点分别作平行于 X 轴的直线，二者之间的距离即为半展长。对单立尾而言，由于只是假设存在一个以其翼根平面为对称面的镜像立尾，所以一个翼段的半展长实际上就是该段在平行于 Z 轴方向上的展向长度。根据上述的定义，并且结合飞机设计相关专著和教科书中的介绍，可以方便地计算出描述一个翼段的各个参数间的关系，所以此处不再一一列出。

4.4.2 参考机翼的定义

在各种翼面类部件中，机翼对设计的影响是最为突出的。在大多数情况下，与机翼的平面形状(planform)有关的参数指的都是定义在一个延伸到机身对称面的梯形机翼的参数[52]，这一假想的机翼就是所谓的参考机翼(或称等效参考机翼，equivalent reference wing)[53]。在机翼只包含一个翼段时，直接将其延伸到对称面即可推导出所需的参考机翼。然而，如果机翼是由多个翼段组成的有弯折翼，对参考机翼的定义则缺乏统一的规定。参考文献[53]中列举了将有弯折翼等效为参考机翼的5种方法，在本研究中采用并实现了其中的加权平均气动弦法和ESDU(Engineering Science Data Unit)法。

如图4.28所示，加权平均气动弦法首先需要将首翼段的前缘和后缘延伸到机身对称面上，并且将所得梯形的面积和其他翼段的投影面积相加得到参考机翼的面积。然后求出每个翼段(首翼段按延伸后的计)的平均气动弦(Mean Aerodynamic Chord，MAC)的长度和位置，则等效机翼的MAC长度和位置应该是所有翼段的MAC以各自的面积为基础进行加权的结果。设第 i 个翼段的投影面积为 S_{wsi}，MAC的长度为 l_{MACi}，前缘的 X 和 Y 坐标分别为 x_{MACi} 和 y_{MACi}，则有

$$S_{ref} = \sum_{i=1}^{n} S_{wsi} \tag{4.3}$$

$$l_{MACref} = \sum_{i=1}^{n} \frac{S_{wsi}}{S_{ref}} l_{MACi} \tag{4.4}$$

$$x_{MACref} = \sum_{i=1}^{n} \frac{S_{wsi}}{S_{ref}} x_{MACi}, \qquad y_{MACref} = \sum_{i=1}^{n} \frac{S_{wsi}}{S_{ref}} y_{MACi} \tag{4.5}$$

式中：n 为翼段数，S_{ref} 为参考机翼面积，l_{MACref}、x_{MACref} 和 y_{MACref} 分别为参考机翼MAC的长度、前缘 X 和 Y 坐标。由此确定的参考机翼MAC前缘点在图4.28中标记为 A 点。

加权MAC法假设参考机翼与实际机翼具有共同的翼梢前缘点(在图中标记为 B)，则参考机翼在对称面上的根弦前缘点(标记为 C)可以通过延伸 B 与 A 的连线得到。而参考机翼的根弦长可以结合实际机翼的梢弦长、展长和 S_{ref} 求出，从而确定出参考机翼的平面形状。

图4.29表示了ESDU法的基本原理。在这一方法中，首先需要通过累加得出实际翼段外露平面的面积 S_{exp}。假设从机身最大直径处(也被认为是翼身交界处)到翼梢的长度为展

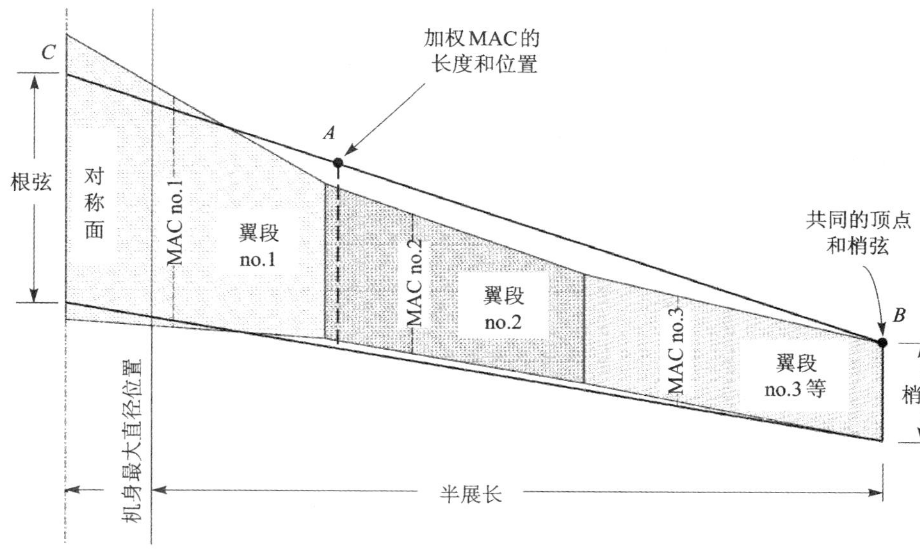

4.28 加权平均气动弦法确定参考机翼[36]

长，则参考机翼在翼身交界处的翼弦，即图中所谓的当地弦(local chord)的长度可以通过实际机翼的翼梢弦和 S_{exp} 求出。该弦的前缘位置(标记为 A)由等面积原则确定：将翼梢前缘点(标记为 B)与 A 点相连形成一条直线段，当其与各个翼段的前缘相交时将形成若干小的区域。按照翼段前缘和线段的相对位置可以将这些小区域分别归入如图 4.29 所示的两个大区域，而所求的 A 点位置应当恰好使得这二者的面积相等。由此可以进一步确定出参考机翼的外露部分形状，将其延伸到机身对称面上所得的即为参考机翼。

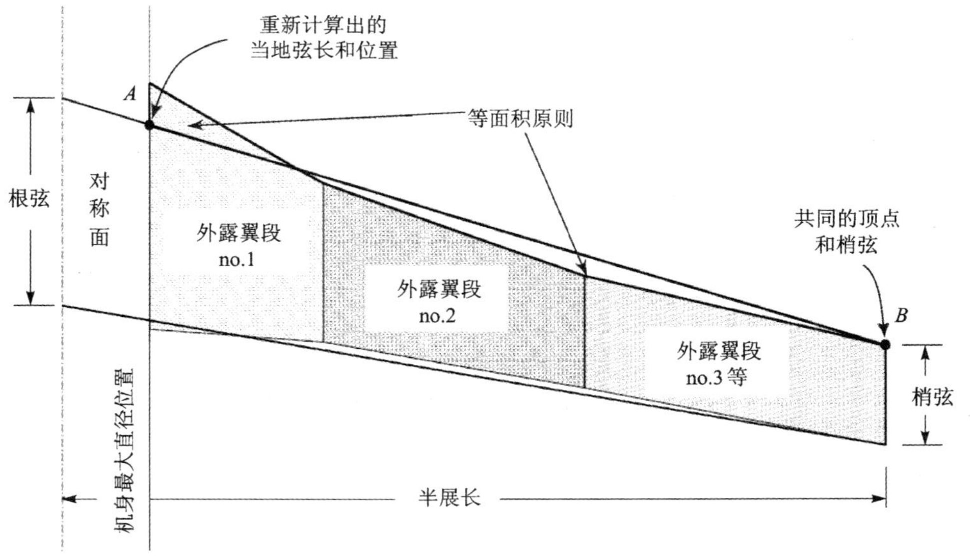

图 4.29 ESDU 法确定参考机翼[36]

根据参考文献[53]中的介绍，在各种等效参考机翼的方法中，加权 MAC 法所得的结果是与实际机翼最接近的，而且在编程实现上也比 ESDU 更为简单。尽管如此，鉴于 ESDU 法在学术机构和制造厂商中的广泛应用，SEACD 中将其作为了缺省的计算方法，而将加权 MAC 作为设计者可选的方法。

不过，本研究中也对 ESDU 法进行了一定的改动，即假如设计者在建立实际机翼时不会使其过度贯入机身而与内部的部件相冲突，也不会使其与机身相分离而导致模型的不连续，从而近似地用首翼段的根部位置替代所需的翼身交界的位置。在这种情况下，图 4.29 中的A点实际上就落在了首翼段根弦上，在编程实现时也可以将计算参考机翼的方法作为机翼类自身的成员函数，而无需在计算时查询机身的信息。

通过使用加权 MAC 和 ESDU 法，SEACD 中实现了实际机翼发生变化后参考机翼的自动重算，这不仅利于后续的分析和优化，还便于设计者将所得参考机翼的面积与初步参数选择中确定的机翼参考面积相对比，以及将参考机翼的展弦比等其他参数与同类型飞机的统计数据相对比，从而有助于判断实际机翼的合理性。

4.4.3 翼面类部件的二维和三维表示

水平翼面在二维草图板中的表示主要体现在俯视图中的平面形状。如图 4.30 所示，由三个翼段所组成的机翼用三个相连的梯形即可表示出来。图中的点画线表示的是参考机翼，其中图(a)的参考机翼是用加权 MAC 法等效出来的，而图(b)中的则是用 ESDU 法得到的。在左视图中，对水平翼面只是根据每个翼段根部和梢部的前后缘顶点坐标简单地连接形成若干四边形，而没有根据所选的翼型详细地绘制各个剖面。与平尾相反，单立尾的平面形状完全反映在左视图中，在俯视图中仅用连接根梢部前后缘顶点的直线段加以示意。在表示双立尾时，由于外倾角的影响而在俯视和左视图中都直接连接各个翼段的根梢部前后缘顶点形成相接的四边形，而翼剖面的形状同样是不考虑的。

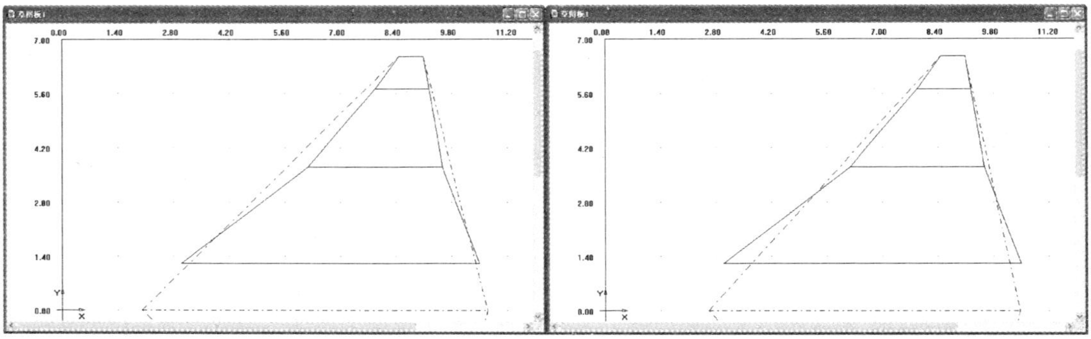

(a) 加权MAC法等效参考机翼 (b) ESDU法等效参考机翼

图 4.30 机翼的平面形状表示

在建立翼面类部件的三维模型时，SEACD 沿用了 RCSPlus 系统中的翼型数据库。设计者所选翼型的数据存储在翼段信息中，而通过缩放翼型数据得到的根梢部翼剖面构成了翼段曲面的基本框架。由于翼型的数据在数据库中都是分为上下两部分存储的，所以每个翼段的模型也相应地由两部分曲面组成，且属于水平翼面和双立尾的每个翼段由于对称性实际上包含了 4 个曲面（见图 4.31）。由于时间等方面的原因，本研究中并没有像参考文献[54]中介绍的那样考虑翼梢的建模和曲线前缘翼面的处理。

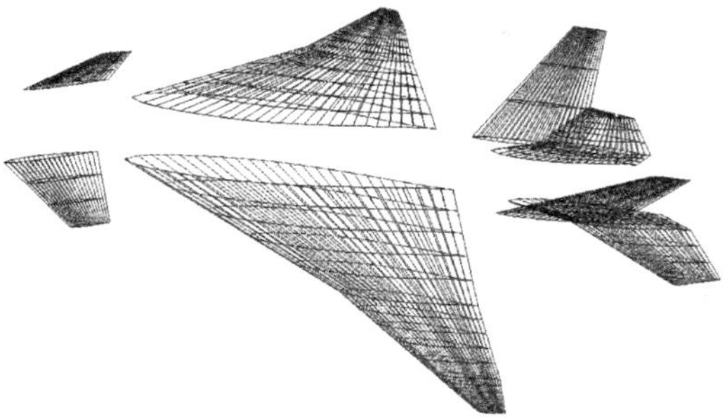

图 4.31　翼面类部件曲面模型示例

4.5　油箱的分类建模

作为飞机燃油系统的重要组成部分，油箱是概念机的初始方案中不可或缺的。参考文献[30]中简要介绍了油箱的三种形式：分立油箱（discrete tanks）分散地构型并用螺栓或带子固定于飞机上，通常只用于小型通用飞机和个人制造的飞机；囊状油箱（bladder tanks）通过将定型的橡胶袋塞入结构的空腔中制作而成；整体油箱（integral tanks）是对机体结构加以密封形成的，而且在理想情况下，应该只通过简单地密封已有的翼盒或机身隔框间的空腔即可得到。为了充分利用机内空间，整体油箱的应用最为广泛，而且对新型作战飞机甚至已经是唯一的选择[51]。鉴于此，整体油箱应当是本研究中建模的主要对象。然而，由于在研究中还没有考虑结构件，所以目前只是按照机身油箱和机翼油箱的分类采用了不同的建模方法，并且通过在油箱类中定义若干相关链表的方式满足实际方案中布置多个油箱的需要。

机身油箱的建模过程与机身类部件的建模过程类似，即都是从轮廓线到剖面线，再以剖面线为框架生成曲面。事实上，油箱类中表示机身油箱形体的指针链表中各元素所指向的类就是表示子部件的类。因此，机身油箱在形体上同样需要以 I 型和 II 型加以区分，而通过改变轮廓线修正三维模型的方法对其也是适用的。由于在 SEACD 中假定机身油箱的形状比机身类部件更具规则性，所以建立一个机身油箱的模型时设计者所需的操作比子部件建模更为简便。也就是说，设计者只需确定出站位前限处控制剖面的剖面线，而系统会自动选取多个在站位前后限间等间隔分布的位置，并且将已确定的曲线按边界矩形缩放到对应的剖面上，进而根据这些剖面线生成三维曲面。

由于机翼油箱必然被包含在机翼内，所以其定义是与机翼翼段相联系的。定义一个机翼油箱的平面参数包括展向长度（对称面一侧）、前端后掠角、内侧长度、内侧前端坐标和外侧长度等。此处所指的前端是靠近翼段前缘的方向，而内侧则是指最靠近对应翼段根部的部分。单纯从描述平面形状的角度来看，这些参数与描述翼段的平面参数具有一致的几何意义，而且根据它们可以确定出平面上油箱在翼段中所占的范围。为了建立机翼油箱的三维模型，同样需要确定其内侧和外侧的剖面形状，而这是以油箱高度占对应展向位置处翼剖面高度的比例给出的。根据这一比例，油箱的剖面线可以通过缩放对应的翼剖面线的数据计算出来，而不需要设计者再选择翼型。图 4.32 示意性地表示了某一展向位置处翼剖面和机翼油箱剖面间的关系，其中的阴影部分即为油箱所占的面积。图 4.33 表示了一个机翼油箱在对称左侧的三维模型，它是由上下两个曲面加上前后两端面组成的，其中的前后端面从构成整体油箱的角度来说就应当代表翼梁或墙等结构件。尽管目前尚没有将油箱模型的内侧和外侧端面封闭，但它们所代表的也应当是翼肋的一部分，从而与已有的曲面围成一个完整的翼盒。

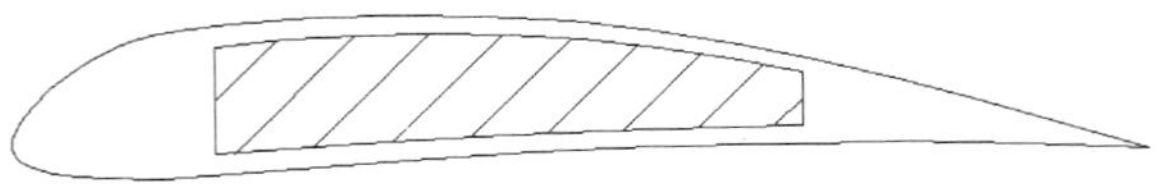

图 4.32　机翼油箱剖面与翼剖面间的关系

图 4.33　机翼油箱曲面模型示例

图 4.34 表示的是“油箱设计与管理”对话框，对机翼油箱的定义完全通过该对话框进行，而机身油箱在确定轮廓线后也需要通过其上的按钮打开前文提到的剖面绘制与编辑对话框，从而确定站位前限处的剖面线。从图 4.34 中还可以看出，对机身油箱的剖面是不允许进行旋转的。

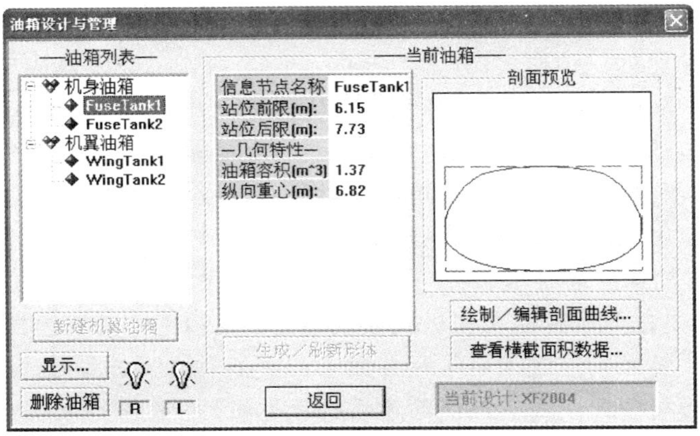

(a) 设计与布置机身油箱的状态

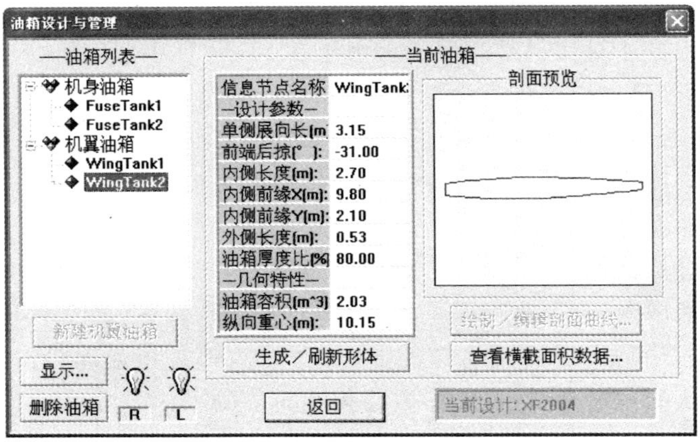

(b) 设计与布置机翼油箱的状态

图 4.34　“油箱设计与管理”对话框

4.6　起落架的描述与简化

为了描述起落架而定义的类中包含布置参数和轮柱组两部分的信息。前者是按照前三点形式设置的:设计者输入主轮纵向位置、前主轮距、主轮距、参考高度(主起落架机轮放下时的最低点位置)和停机角等参数后,系统将结合当前的重心位置计算出防后倒立角、防侧翻角和擦地角的大小,以此作为判断所给参数是否合理的依据。当然,由于起落架的布置与全机重心紧密相关,所以应当在重心计算后对其进行反复的调整。

轮柱组信息是由指向一个单独的轮柱组类的指针组成的链表,该类用于表示主、前起落架和设计大型飞机时需要增加的附加起落架。由于实际的起落架往往是由很多零部件组成的复杂机构,而概念设计支持系统中很难也没有必要将其完全表现出来,所以本研究中将每个起落架简化成轮柱组,即一个支柱和若干个机轮的组合。一个轮柱组中机轮的形式可以有4 种:单轮、前后双轮、并列双轮、前后及并列四轮。除了位于机身对称面上的前起落架外,主起落架和其他附加起落架都包括了在对称面两侧互为镜像的两个轮柱组。

确定一个轮柱组需要形状和位置两方面的参数。类似于成品部件外形的定义,系统中计算轮柱组外形时也预设了一些比例关系,以增强简化模型的形象性,其中简化后的一个轮胎的三维模型由一个外圈的旋转面和两个表示轮毂盖的圆盘面组成。机轮的直径和宽度是需要设计者给出的两个基本参数,支柱直径、轮毂部分宽度等参数是根据它们和预设的比例算出的。对于主起落架和前起落架而言,根据主轮距、前主轮距等布置参数,可以确定出支柱顶端圆心(该点也被作为收放起落架时的枢轴旋转中心)的 X 和 Y 坐标。在设计者给出旋转中心的 Z 坐标后,结合参考高度、停机角等可以确定出支柱的长度。由于各种参数间的关系比较简单,相应的计算式不再一一列出,则对于附加起落架而言,这些参数都需要由设计者自行输入。图 4.35 所示的是 SEACD 中的起落架设计与布置对话框,各种参数的输入和设置均通过它进行。

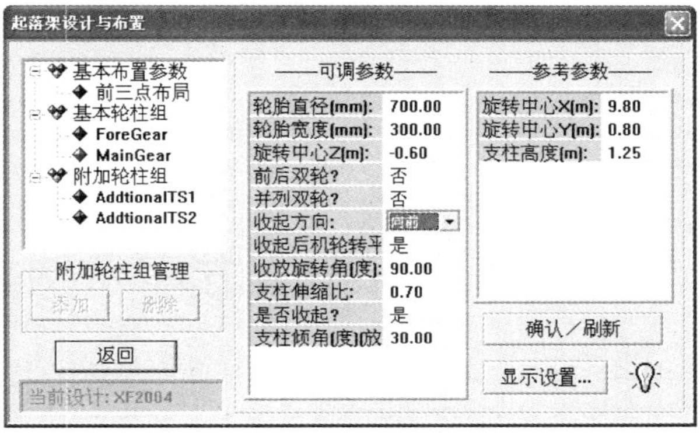

图 4.35　起落架设计与布置对话框

对于某些飞机,尤其是起落架收在机身内的战斗机,出于增加主轮距的需要而使得主起落架放下后在支柱与对称面间存在一个夹角(此处简称为支柱倾角)。为了反映这一情况,在轮柱组的参数中也对该角度进行了定义,但目前其在系统中的可用范围仅限于主起落架的轮柱组采用单轮形式的情况,而其他情况下支柱在放下时都被认为平行于机身对称面。显然,在夹角不为零时,旋转中心的坐标和支柱长度等参数的计算需要进行一定的修正。

在方案中表示起落架的二维和三维模型时,不仅需要考虑轮柱组的外形和位置,还必须考虑收放状态。目前系统中定义的起落架收起方向包括向前、向后、向内和向外四种，相关的参数还包括收起时的旋转角度、支柱长度的伸缩比例，以及是否将机轮转为水平。由于起落架的不同，允许设置的收放状态也是有区别的。表 4.4 中列出了对各种起落架可采用的机轮形式和收放状态。在任何一种允许的组合下，都必须算出三维模型的位置，并根据投影关系在俯视图和左视图中绘制出用矩形、圆形、椭圆形等简单几何图元近似表示的支柱和轮胎外形。这些工作的完成虽然不需要借助复杂的计算公式，但由于可能的组合很多，所以处理起来相当繁琐。图 4.36 中表示了处于不同收放状态的前起落架、主起落架和三个附加起落架，从中可以看出对轮柱组的三维模型和二维表示所作的简化(为便于显示而对图中的尺寸和布置参数都进行了一定的放大)。限于篇幅，该图中也只能反映出机轮形式、收放状态等参数的组合情况中的一小部分。

表 4.4 起落架机轮形式和状态的设置

起落架类型	机轮形式	收起方向	允许收起后转平机轮
前起落架	单轮/前后双轮/并列双轮/前后及并列四轮	向前/向后	是
主起落架	单轮/前后双轮/并列双轮/前后及并列四轮	向前/向后	是
		向内/向外	否
附加起落架	单轮/前后双轮/并列双轮/前后及并列四轮	向前/向后	是
		向内/向外	否

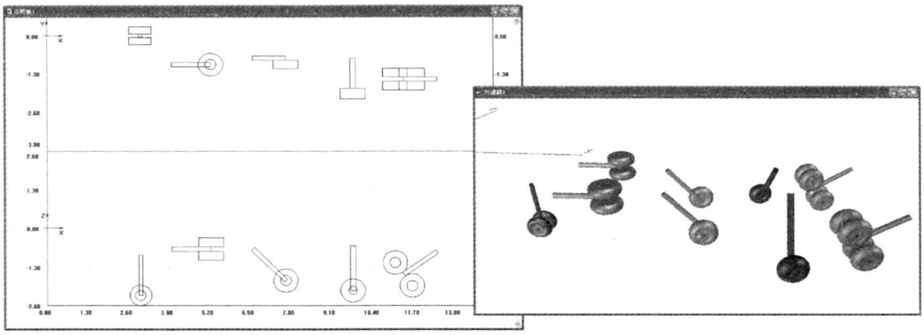

图 4.36 支柱和轮胎的二维与三维表示

4.7 概念机初始方案示例

为了验证基于草图的设计综合与建模方法的有效性和原型系统中相应部分的可靠性，作者在本研究中结合公开文献中的资料和假设的条件建立了大量的初始设计方案。图 4.37～图 4.41 展示了其中较为典型的 5 个，这些方案属于不同的类型，而且在布局形式、所含的部件种类与数目等各方面都有所区别。参考文献《张恒本科论文》中给出了依据公开资料对歼 10、Su—27 和 ARJ21 进行建模的详细过程，它们也体现了应用 SEACD 建模的最高级别效果。通过运用 SEACD，对这些方案的建模效率是相当高的，平均每个全新的方案在一到两个工作日内就可以完成。随着在后续的研究中实现对主要结构件、操纵面、腹鳍、挂架等部件的设计，并且借助更完善的 CAGD 算法，初始方案的完备程度和相应模型的精度都将得到提高，从而进一步地超越在概念设计中单纯绘制三面图的传统做法。

借助已有图形库中按 IGES 标准转换数据的功能，可以将 SEACD 中建立起来的方案三

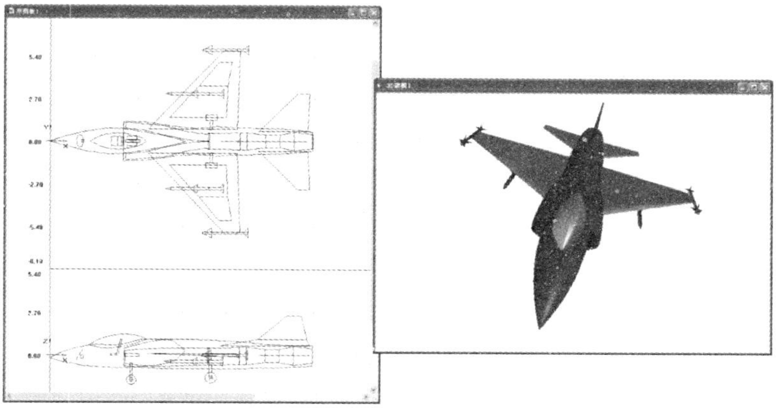

图 4.37　常规布局战斗机方案

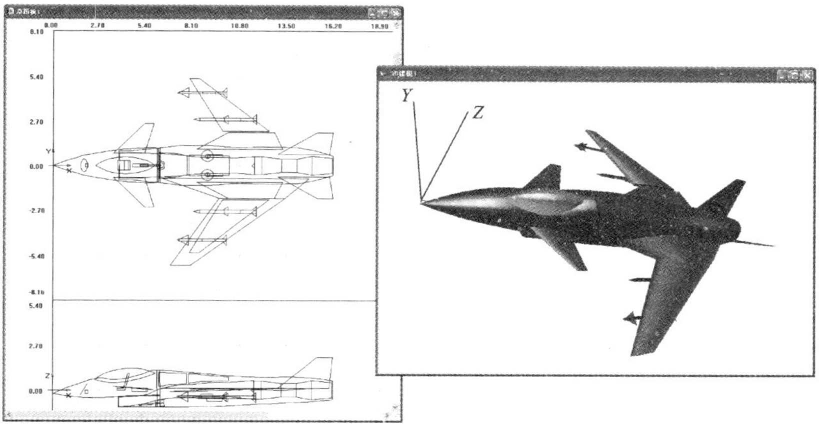

图 4.38　前掠翼布局战斗机方案

维模型导出到 CATIA、FLUENT 等商品化软件中去，以便于在后续的初步设计和详细设计中应用。图 4.42 表示的即为将图 4.38 中的前掠翼布局战斗机方案模型导入 CATIA 后的情况。当然，由于初始方案的质量依赖于设计者的创造性和经验，甚至与设计者对支持系统的掌握程度紧密相关，所以设计方案数据的导出应当在进一步的分析和优化之后再进行。

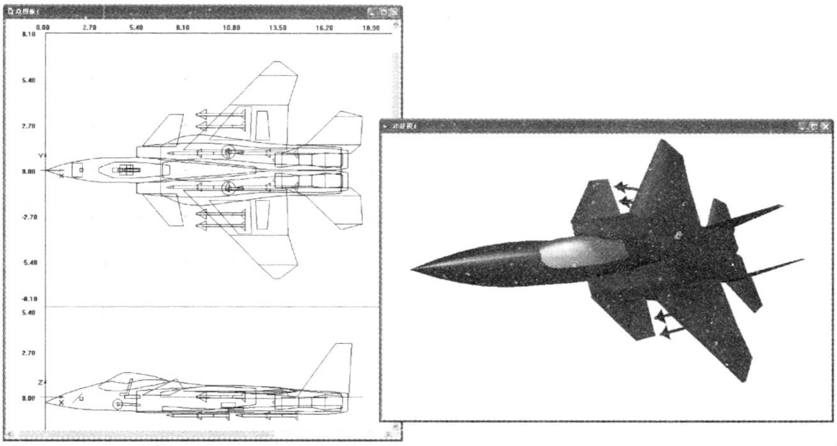

图 4.39　三翼面布局战斗机方案

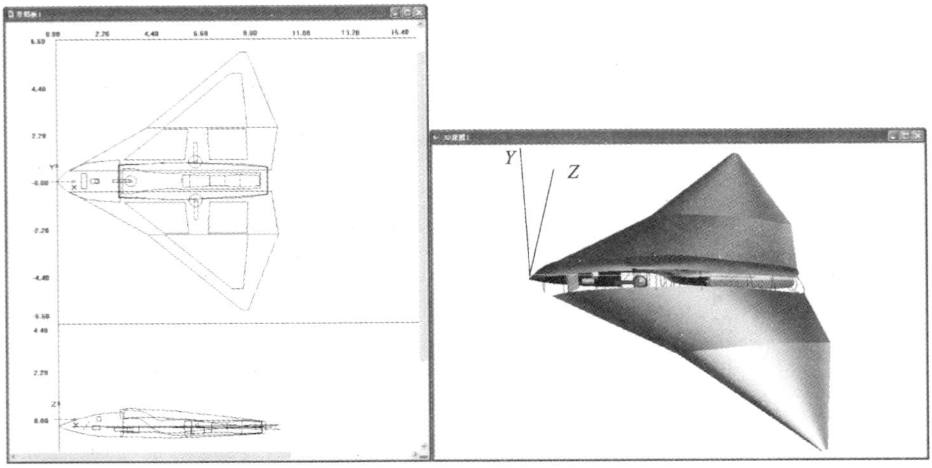

图 4.40 飞翼型无人机方案

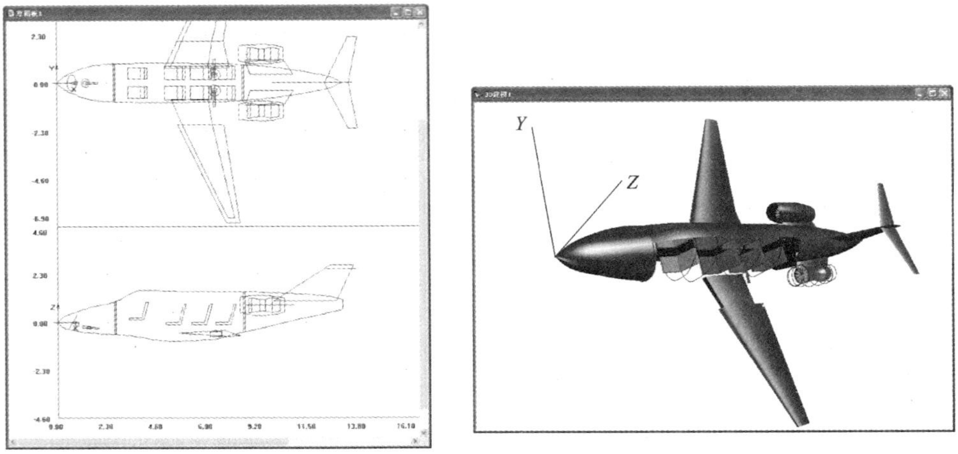

图 4.41 公务机方案

图 4.42 转化为 CATIA 模型的设计方案

第 5 章　基于面元的几何特性估算

为了评估初始方案的可行性，进行一系列的特性估算与分析至关重要，而根据方案模型获取其几何特性，则是估算包括重量和气动在内的多种特性的必要条件。在重量特性估算中，机身长度、最大宽度等是各种统计性公式中常用的参数；在气动特性，尤其是阻力特性的估算中，部件及全机的浸润面积和横截面积分布的影响是非常明显的。不仅如此，在其他的一些有关概念设计的研究中同样会用到几何特性，如方案的“净设计容积(net design volume)”就被用做了“飞行器缩放准则”中保证方案现实合理性的关键参数[55,56]。由于机身长度和最大宽度等参数通过统计部件轮廓线或曲面的型值点坐标可以比较方便地得到，所以本章中主要论述浸润面积和横截面积等几何特性的估算方法。

本章中论述了基于面元的估算方法的思路和具体实现过程，给出了应用这一方法对两个方案进行估算的算例，并且对影响估算精度的因素进行了一定的讨论。借助于 SEACD 生成符合 IGES 标准的数据文件的功能，这两个方案的模型都被导入了 CATIA 并利用该软件对估算结果进行验证。

5.1　部件曲面的含义与相交部件的分类

由于几何特性的估算主要涉及方案的外形，所以在本章的讨论中将只考虑描述外形所需的机身类部件和翼面类部件的作用，而且将使用“部件曲面”一词来泛指描述这两类部件模型的三维曲面(见图 5.1)。利用飞机外形的对称性，估算一个部件的几何特性时只需考虑在对称面一侧的部分。结合 SEACD 中的建模方法可见，对于机身类部件的一个子部件而言，其部件曲面在对称面的一侧只有一个曲面；对于翼面类部件的一个翼段而言，在对称面一侧，除单立尾的部件曲面只有一个曲面外，其他类型的部件曲面都包含了两个曲面。

对相交的部件曲面的处理是估算几何特性时不可回避的问题。正如第 4 章中提到的那样，通过明确不同部件间的相交联系，可以方便地描述出相应部件曲面间的关系。在具有相交联系的两个部件中，需要计算几何特性的当前部件称为目标部件(object component)，另一个则称为边界部件(boundary component)，二者的角色是可以相互转换的。由于多个部件曲面相交的情况在复杂模型中普遍存在，所以在处理一个目标部件时往往需要同时考虑多个边界部件的共同影响。

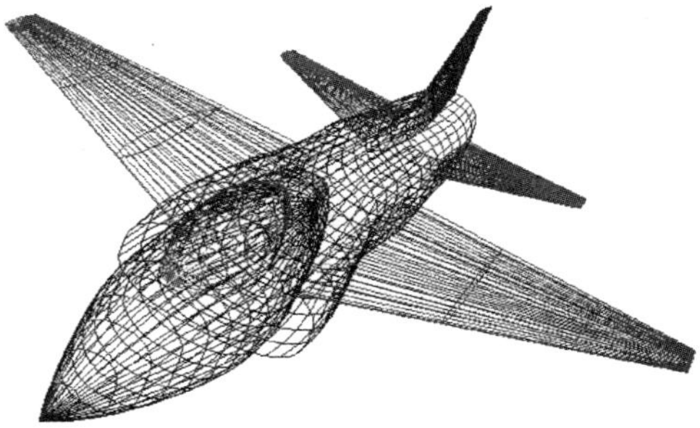

图 5.1　概念机方案模型中的部件曲面

5.2　浸润面积估算

5.2.1　基本思路与估算过程

飞机的浸润面积 S_{wet} 可以定义为飞机外表面暴露部分的面积[30]且可以通过累加其各个组成部件的浸润面积得到，即

$$S_{\text{wet}} = \sum_{k=1}^{K} S_{\text{wetc}k} \tag{5.1}$$

式中：K 为总的部件数量，S_{wetc} 为某一目标部件的浸润面积。设 S_{allc} 为该目标部件总表面积，S_{subc} 为它被与之相联系的边界部件所遮盖而不暴露在空气中那部分的面积，则有

$$S_{\text{wetc}} = S_{\text{allc}} - S_{\text{subc}} \tag{5.2}$$

在一个目标部件与多个边界部件相交的情况下，必须避免重复计算那些同时被不止一个边界部件遮盖的区域。

根据曲面的几何类型，可以采用不同的方法计算出规则分布于其上的数据点。对于能够用解析式表示出的旋转面、二次曲面等，可以直接依据对应的方程进行计算；对于参数化的曲面，则可以通过在两个参数方向上进行插值得到所需的点，如针对 Bézier 曲面的 deCasteljau 算法和针对 B 样条曲面的 deBoor 算法都是解决这类曲面正算问题时常用的方法[5-7]。

在确定了一系列规则分布的数据点后，将它们顺次连接起来即可得到三角形或四边形面元。作为简化，本研究中将三角形面元视为平面，而将四边形面元视为两个三角面元的组合。显然，简化曲面与真实曲面间的误差会随面元数目的增加而减小。在面元的数目足够多时，S_{allc} 可以近似为所有面元面积的总和：

$$S_{\text{allc}} = \sum_{i=1}^{I} S_{\text{element}i} \tag{5.3}$$

式中：I 为面元的总数，S_{element} 为每个面元的面积，其值可根据面元各个角点的坐标求出。

S_{subc} 的精确计算必然涉及到曲面求交，而这正是“CAD/CAM 领域最为重要也最为复杂的问题之一”[6]，尤其是当所用的曲面为样条曲面或 NURBS 这样的参数曲面时。参考文献[6]中归纳了用于参数曲面与参数曲面求交的代数法、网格离散法、分割点法和追踪法，并且提出只有综合利用它们的特点才能解决应用中的各种复杂问题。由于在概念设计阶段会对粗略的曲面模型进行频繁的修改，通过求出两曲面间的交线并以之为分界来计算 S_{subc}，无疑会大大增加计算的复杂性且并不十分必要，因此，基于面元的方法中直接利用求取 S_{allc} 时离散出的面元估算 S_{subc}，即通过判断某一面元是否被边界部件所遮盖来决定是否将其面积计入 S_{subc}。设这些被遮盖的面元的数目为 J，并将其中一个被遮盖者的面积记为 S_{elecov}，则有

$$S_{\text{subc}} = \sum_{j=1}^{J} S_{\text{elecov}j} \tag{5.4}$$

对于穿越目标部件和边界部件交界处的面元，本研究中采用了称为“特征点准则(characteristic point rule)”的方法来确定是否将这些面元面积的贡献计入 S_{subc}。在估算浸润面积时，特征点准则的作用就在于根据一个面元的已有信息选定一个空间点并用该点与边界部件间的

关系表征这一面元与边界部件的关系。

5.2.2　特征点准则

设一个四边形面元的 4 个角点分别为 $\vec{P}_{i,j}$、$\vec{P}_{i,j+1}$、$\vec{P}_{i+1,j}$ 和 $\vec{P}_{i+1,j+1}$，则其特征点可简单地取为它们的算术平均：

$$\vec{P}_{ci,j} = (\vec{P}_{i,j} + \vec{P}_{i,j+1} + \vec{P}_{i+1,j} + \vec{P}_{i+1,j+1})/4.0 \tag{5.5}$$

如果面元为三角形，同样可以采取类似的方法选取特征点，所以本文对其不作专门讨论。

由于边界部件可能是机身类部件和翼面类部件中的任意一种（见图 5.2），因此当判定特征点是否被边界部件所遮盖时，也应当根据边界部件的类型采用不同的判定方法。

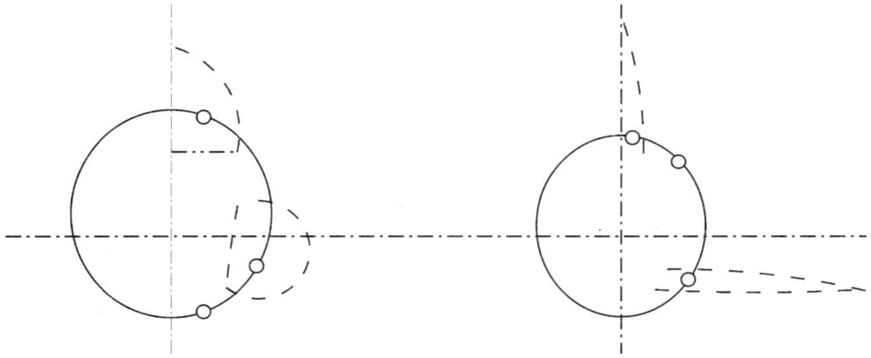

图 5.2　特征点、目标部件及边界部件的位置关系示意

设特征点的坐标值为（x_c，y_c，z_c），当边界部件为机身类部件时，首先应根据 x_c 计算它在该站位处的剖面线。由于采用了离散的方法，所得的剖面线是用一系列连续的线段表示的，而且以这些线段为基础可构造一个封闭的剖面多边形。从图 5.2 可见，当某部件在 XOZ 平面一侧的曲面并不封闭时，需要添加适当的辅助线段以使其剖面封闭，这可以通过预先设置一定的规则使程序自动完成。对于构造出来的封闭多边形，运用成熟的计算机图形学算法，即可判断出特征点是否在其内部[57,58]，从而判定面元是否被遮盖。

当边界部件属于翼面类时，根据其建模特点可由某一翼段的根部和梢部翼型剖面进行插值确定出中间的任一翼剖面的形状，这对于水平翼面类和垂直翼面类部件都是相同的。以此为基础，可以采用类似的流程判定一个面元的特征点与不同类型的翼面类部件曲面的关系（见图 5.3）。如果某一边界部件为单立尾（或单腹鳍），因其本身被机身对称面分割为对称的左右两部分，所以当特征点被夹在对称面和任意一侧的翼面之间时，即可将对应的面元判定为被遮盖。

仅当一个特征点经判定不被任意一个边界部件所遮盖时，对应面元的面积才被计入 S_{subc}。依据上述的讨论和式（5.1）～式（5.4），可将估算 S_{wet} 的公式整理为

$$S_{wet} = \sum_{k=1}^{K}(S_{allc} - S_{subc})_k = \sum_{k=1}^{K}\left(\sum_{i=1}^{I} S_{elementi} - \sum_{j=1}^{J} S_{elecovj}\right)_k \tag{5.6}$$

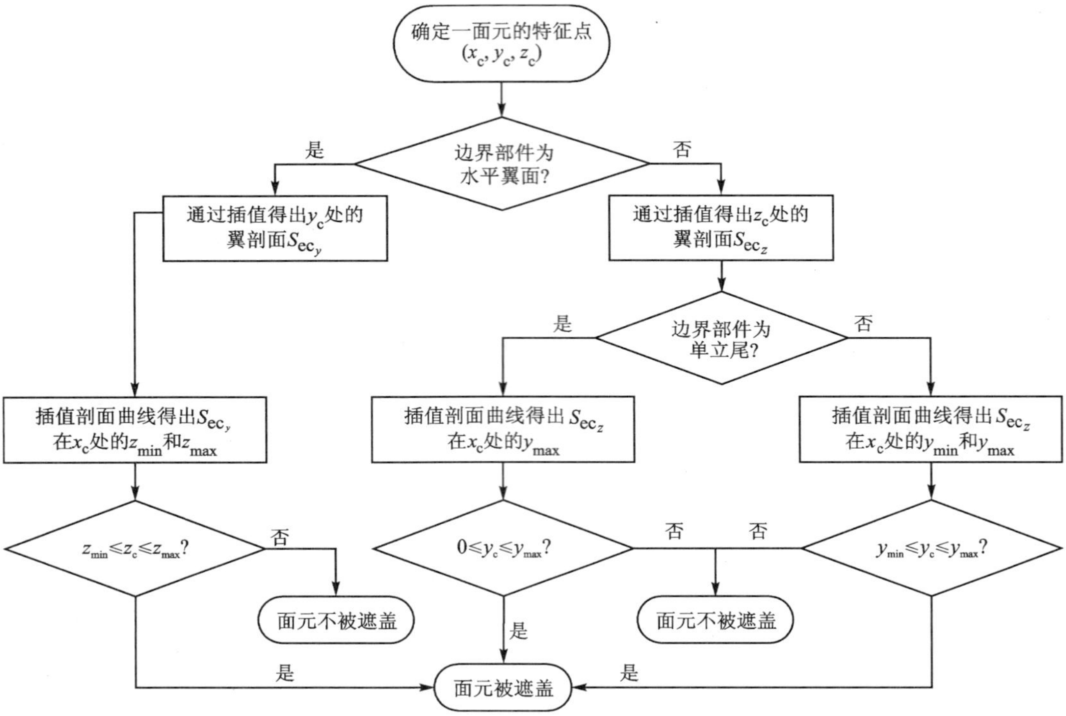

图 5.3 判定一个面元是否被翼面类边界部件所遮盖的流程

5.3 横截面积估算

在不考虑部件间的相交时,获取一个目标部件在某一站位处的剖面形状后即可方便地计算出横截面积。如前所述,在应用离散面元对目标部件的曲面进行近似的情况下,所得剖面的剖面线仍然是以多边形表示的。对于机身类部件而言,由于造型的基础为一系列的控制剖面,所以所需的剖面多边形在离散后容易得到。当然,如果建模过程中对某一剖面进行了旋转,则直接离散所得的各个剖面将不会完全与 YOZ 平面相平行。为了直接利用 SEACD 中已有的曲面离散方法,本研究中进行几何特性估算时并未考虑这种存在旋转过的剖面的情况。

对于翼面类部件而言,由于所用的建模方法中一个翼段的根部和梢部翼剖面都是平行于 XOY 平面或 XOZ 平面的,所以直接离散出的其他翼剖面同样会与这两个平面之一相平行。为了求出某一站位处的横截面面积分布,必须首先求出各个翼剖面与过该站位所作的平行于 YOZ 平面的辅助面相交所形成的封闭多边形。通过对各个翼剖面的表面曲线进行插值可以实现这一点。如果一个翼面类部件由多个翼段组合而成(例如前一翼段后掠而后一翼段前掠),则在某一站位处用辅助面与之求交后可能会得到几个分离的封闭多边形,在这种情况下,将这些多边形分别加以处理即可。

在某一目标部件与边界部件相交时,其表面会出现孔洞、裂缝等情况,进而导致相应站位处的剖面线因为被分割而出现缺口。由于对具有不连续剖面线的剖面难以准确地界定其有效范围,所以只能是将相交的一组部件曲面作为一个整体对待,且只有所得组合曲面的横截面积才被认为是有意义的。

在某一剖面线被分割的情况下，其剩余部分是由不被任一边界部件所遮盖的边组成的。如图 5.4 所示，将这些剩余部分对平行于 Z 轴的参考轴积分时，可以直观地看出所得结果（称为剩余面积）可能会与积分未被分割的原始曲线的结果差异很大。然而，由于各部分之间的相互弥补，组合曲面在某一站位处的所有剩余面积之和将与直接积分合并后的组合剖面外廓的结果一致，而前者的处理过程要比后者简单得多。

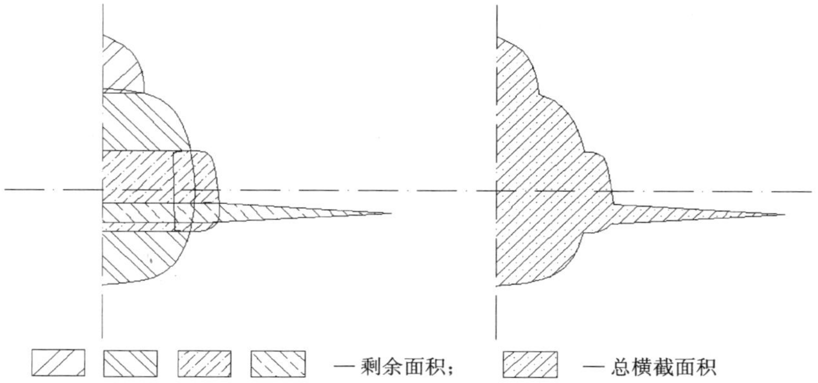

图 5.4 用剩余面积之和近似组合曲面的总横截面积

在使用 Simpson 和 Boole 等数值积分方法时，需要等间距分布的子区间[34]，而对参数曲面的离散是按照参数方向进行的，所以无法保证剖面线离散出的各边在某一坐标轴上的投影宽度相同。在离散出的面元数目足够大的前提下，本研究中用参考轴与给定剖面多边形各边中不被任一边界部件所遮盖者间所夹的梯形面积之和予以近似，即

$$A_{\mathrm{cx}} = \sum_{n=1}^{N} A_{\mathrm{trapx}n} \tag{5.7}$$

式中：A_{cx} 为一目标部件在所求站位处的近似横截面积，A_{trapx} 为带符号的梯形面积，N 为不被遮盖的边的总数。当边界部件数目为零时，N 就是剖面多边形的总边数。

判断一条边是否被遮盖同样采用 5.2.2 小节中提出的特征点准则。与选取一个面元的特征点类似，一条边的特征点可取为

$$\vec{P}_{\mathrm{c}i,j} = (\vec{P}_{i,j} + \vec{P}_{i,j+1})/2.0 \tag{5.8}$$

式中：$\vec{P}_{i,j}$ 和 $\vec{P}_{i,j+1}$ 为该边的两个端点。

全机的横截面积分布函数 $A_{\mathrm{whole}}(x)$ 可以通过累加各个部件曲面的分布曲线得到，进而可以很容易地确定出全机的最大横截面积。此外，设站位前后限为 x_{for} 和 x_{aft}，则全机的总容积 V_{net} 可以表示如下：

$$V_{\mathrm{net}} = \int_{x_{\mathrm{for}}}^{x_{\mathrm{aft}}} A_{\mathrm{whole}}(x)\,\mathrm{d}x \tag{5.9}$$

5.4 估算方法的实现

为了在 SEACD 中实现基于面元的几何特性估算方法，除了充分利用现有图形库中与曲

线曲面离散有关的函数外，描述部件间的相交联系也是一项必不可少的工作。尽管没有采用自动化方案调整时的联系单元，在 SEACD 中仍然定义了一个专门的数据类，来存储与某一目标部件相交的一个边界部件的信息，其中包括了该边界部件的名称、类型，以及目标部件被其遮盖部分的面积。由于在部件几何特性类中定义了一个由指向该数据类的指针组成的链表，而每个外形部件中又定义了一个指向部件几何特性类的指针，所以与某一目标部件相交的所有边界部件都可以被明确地标识出来。

与交互式地指定部件间的对等连接和基准/依附联系类似，指定与某一目标部件相交的边界部件也是通过友好的 GUI 交互式地进行的，这有助于清晰地建立起复杂模型各部件的相交联系，并避免由程序自身在计算时进行不必要的盲目搜索。图 5.5 中显示了 SEACD 中与几何特性估算有关的对话框，其中位于最底层者的作用就在于指定相交联系和反馈浸润面积等计算结果。由图 5.5 可见，位于中间一层的对话框主要用于进行各部件和全机的横截面积估算，并且通过绘图区显示出相应的横截面积分布曲线，以及通过打开最上层的曲线数据点管理器，将结果导出到 Origin 一类的软件中进行必要的处理。

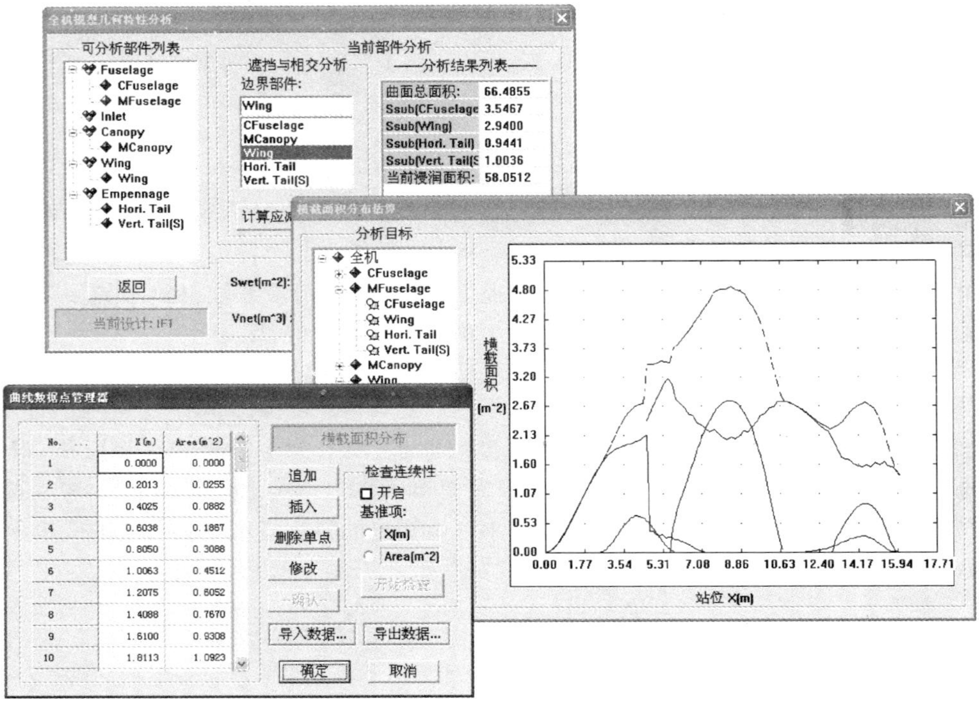

图 5.5　SEACD 中与几何特性估算有关的界面

5.5　算例与讨论

5.5.1　战斗机模型的几何特性估算

图 5.6 显示了一个用 SEACD 生成的战斗机方案（命名为 IF1）及其各个外形部件，图 5.7 中则

表示了各部件间的相交联系。在将目标部件的每个曲面离散为 40×40 的面元，以及用至少 50 条边表示边界部件的一个剖面多边形的情况下，对 IF1 的各部件及全机的浸润面积进行了估算。表 5.1 中详细地列出了估算的结果，并将它们与在 CATIA 中得到的对应参考值进行了比较。

在估算横截面积时，用 40×40 的面元表示机身类目标部件的每个曲面，用 24×29 的面元表示翼面类边界部件的每个曲面。表 5.2 中列出了 IF1 中 10 个剖面的横截面积估算结果以及在 CATIA 中所得参考值。图 5.8 以柱状图的形式更为直观地对比了这些估算值和相应的参考值。图 5.9 显示了从 SEACD 中导出的各部件及全机的横截面积分布曲线。尽管没有通过插值拟合进行曲线光顺，由该图仍然可以看出某一站位处各个部件对全机横截面积的贡献。当然，由于在估算中使用的是剩余面积，所以此时不能通过积分某一部件的横截面积分布计算其真实容积。

根据估算结果与参考值的比较，可以看出基于面元的方法在计算精度上是足够的，而且完全不必像在 CATIA 中对模型分析时那样进行大量繁琐而耗时的操作(见图 5.10)。

表 5.1　IF1 浸润面积的估算值与 CATIA 中所得参考值的比较

目标部件	边界部件的面积 S_{subc}/m^2		估算值/m^2	参考值/m^2	相对误差/%
前机身	座舱盖	2.465 9	18.771 1	18.838 4	−0.357 5
	中机身	11.901 1			
中机身	前机身	3.546 7	58.051 2	58.132 7	−0.140 1
	机翼	2.940 0			
	平尾	0.944 1			
	单立尾	1.003 6			
座舱盖	前机身	0.572 2	4.790 0	4.800 3	−0.215 0
机翼	中机身	4.854 4	60.908 2	61.399 2	−0.799 6
平尾	中机身	1.684 0	16.560 8	16.589 2	−0.170 9
单立尾	中机身	1.303 5	8.491 2	8.496 6	−0.063 3
全机	—		167.572 5	168.256 3	−0.406 4

表 5.2　IF1 的 10 个剖面横截面积估算结果及其与参考值的比较

剖面序号	站位/m	估算值/m^2	参考值/m^2	相对误差/%
1	1.610	0.930 8	0.929 7	0.115 6
2	2.818	1.827 7	1.831 8	−0.224 0
3	4.830	3.426 3	3.433 1	−0.197 9
4	6.440	4.003 7	4.065 8	−1.528 0
5	7.245	4.469 5	4.520 4	−1.127 0
6	8.453	4.846 8	4.864 1	−0.356 6
7	10.063	3.788 8	3.788 6	0.004 9
8	12.075	2.448 9	2.457 5	−0.349 8
9	13.685	2.493 0	2.467 3	1.040 5
10	16.295	2.252 0	2.234 5	0.779 1

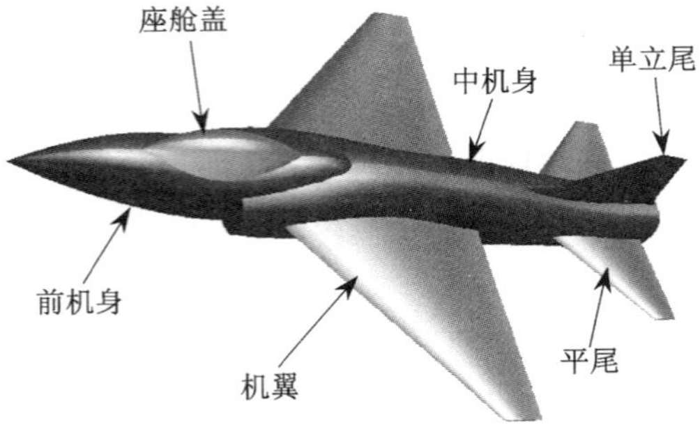

图 5.6　用于算法验证的战斗机方案 IF1

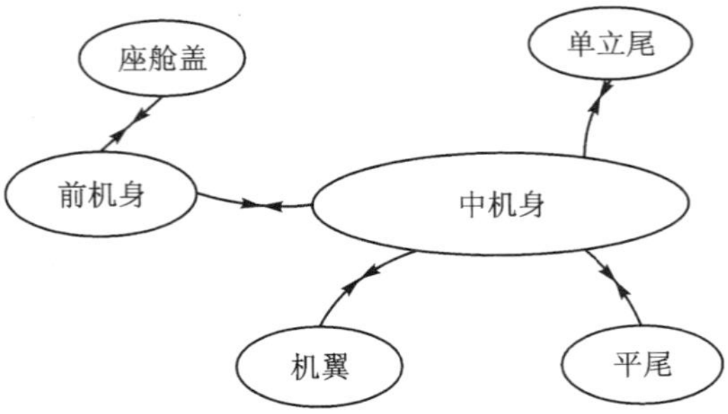

图 5.7　IF1 各外形部件间的相交联系

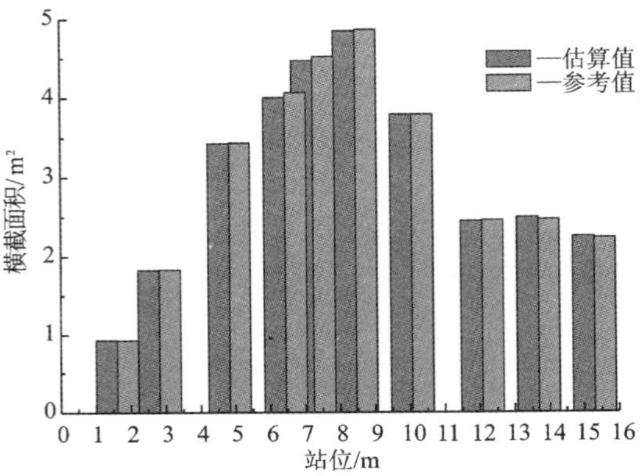

图 5.8　IF1 横截面积估算结果的柱状图表示

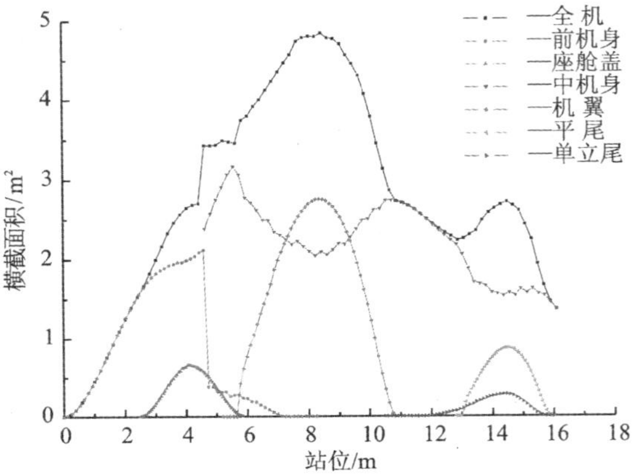

图 5.9　IF1 各部件及全机横截面积分布

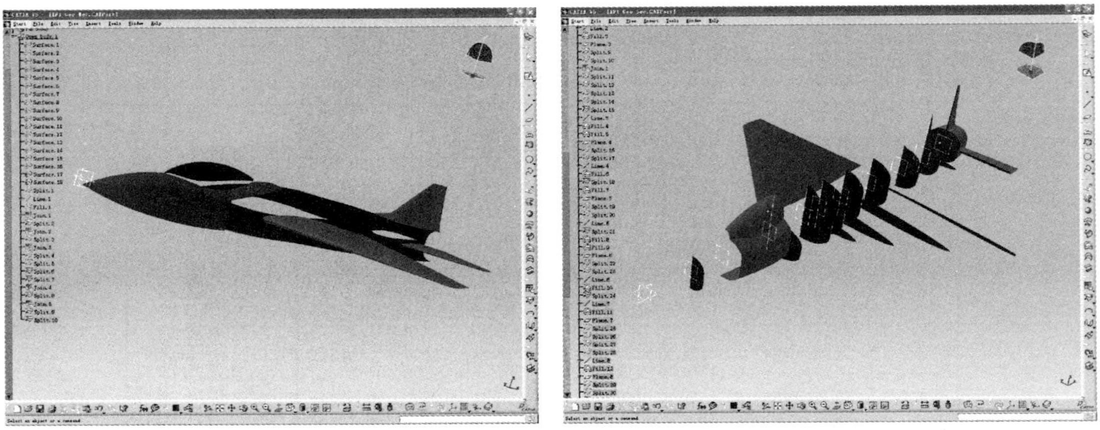

(a) 分析浸润面积　　(b) 分析横截面积

图 5.10　在 CATIA 中分析 IF1 的几何特性

5.5.2　超声速运输机模型的几何特性估算

图 5.11 显示了一个用 SEACD 生成的超声速运输机方案(命名为 IS1)的网格模型,其中的外形部件包括机身、机翼、鸭翼、单立尾和两对短舱。考虑到目前所用曲面离散方法的局限性,在建模时并未对短舱的剖面做任何的旋转。尽管飞机的尺寸存在差异,为便于下一小节中的讨论,而将估算 IS1 几何特性时的离散面元数等设置与估算 IF1 时的设置取为一致。全机浸润面积的估算结果为 2 820.580 1 m^2,在 CATIA 中所得的参考值为 2 827.297 8 m^2,二者间相对误差为−0.237 6 %。表 5.3 中列出了该机 10 个剖面的横截面积估算结果及对应的参考值。图 5.12 中显示的则是在 CATIA 中分析 IS1 的模型时的情况,由此同样可以看出基于面元的方法在保证精度的前提下对提高设计和分析效率的作用。

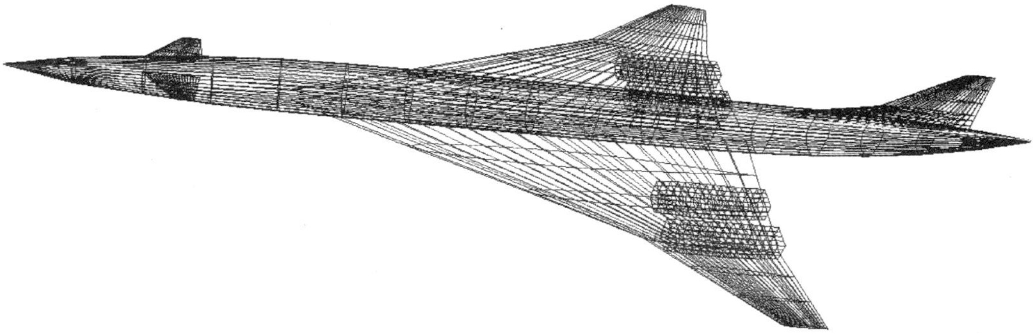

图 5.11　用于算法验证的超声速运输机方案 IS1

表 5.3　IS1 的 10 个剖面横截面积估算结果及其与参考值的比较

剖面序号	站位/m	估算值/m^2	参考值/m^2	相对误差/%
1	6.841	4.359 1	4.351 3	0.178 1
2	12.454	8.940 0	8.802 9	1.556 8
3	23.678	14.303 4	14.299 4	0.027 8
4	37.147	32.521 0	32.406 0	0.354 9
5	51.738	44.378 8	44.170 8	0.470 8
6	57.350	56.469 2	56.464 6	0.008 3
7	61.840	36.673 5	36.820 0	−0.397 8
8	66.330	14.558 0	14.579 4	−0.147 0
9	76.431	11.131 3	11.140 6	−0.083 5
10	86.410	1.725 5	1.709 6	0.933 2

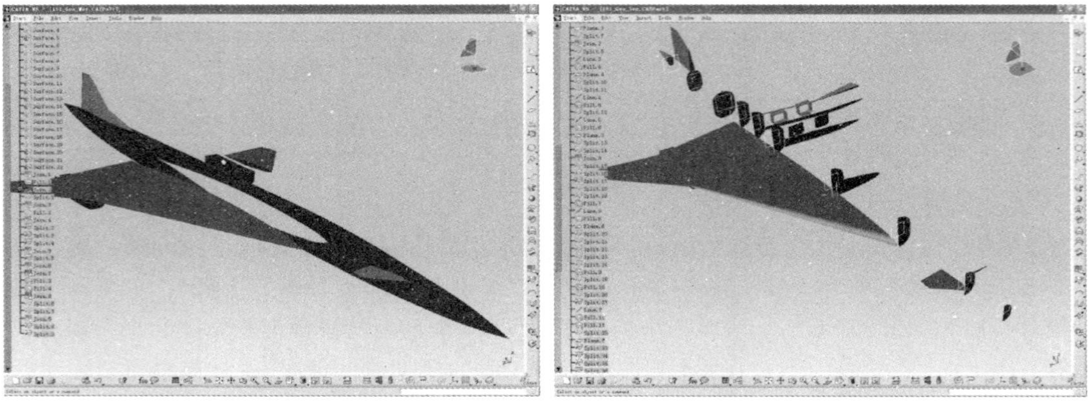

(a) 分析浸润面积　　　　(b) 分析横截面积

图 5.12　在 CATIA 中分析 IS1 的几何特性

5.5.3　面元数目的影响

前已提及，面元的数目及由此决定的面元尺寸会影响简化曲面与真实曲面间的差异。必然地，面元数目对估算的精度也会产生影响。以 IF1 和 IS1 的浸润面积的估算为例，在按照不同的面元数目对目标部件的各个曲面进行离散的情况下，全机浸润面积估算结果及其与前述参考值之间的相对误差如表 5.4 所列。从中可以看出，尽管存在波动，但面元数目的增加在总体趋势上有助于提高估算结果的精度。当然，精度的提高必然会以运算时间的增加为代价，但为此所付出的计算成本相对于运用网格离散法计算精确的曲面交线[6]而言仍然是可以接受的。

表 5.4　不同面元数目下的全机浸润面积估算结果

目标模型	每一曲面面元数目	估算值/m²	相对误差/%
IF1	20×20	168.882 5	0.372 2
	25×25	168.549 1	0.174 0
	40×40	167.572 5	−0.406 4
	60×60	168.081 4	−0.104 0
IS1	20×20	2 809.035 7	−0.645 9
	25×25	2 838.555 7	0.398 2
	40×40	2 820.580 1	−0.237 6
	60×60	2 828.913 1	0.057 1

由于不可能预知设计者会以多少个曲面来构造一个飞机模型，而且不可能规定一个设计系统中用何种几何类型的曲面来表示三维模型，所以对某一特定的系统而言，应当在计算实验和充分对比的基础上，确定出估算几何特性时需要预设的面元数量。进一步地，由于组成模型的各部件曲面本身的大小也必然会有差异，比较理想的是找出一组较优的面元尺寸并据此自适应地定出各曲面应划分的面元数目，这可作为在今后的研究中着力解决的问题之一。

第6章 重量及其他特性评估的实现

作为评估设计方案可行性的手段和进一步优化的基础，对初始方案的各种特性进行一系列的估算和分析是不可或缺的。需要进行估算和分析的特性已不仅仅限于最基本的重量特性、气动特性、动力特性、飞行性能和费用，军用飞机的隐身特性、民用飞机的噪声特性等都是应当考虑的，由此反映出了对方案特性评估的全面性要求。此外，以气动特性的分析为典型，体现出了分析方法的层次性；而通过引入其他学科的理论对传统的分析方法进行改进，也为设计支持提供了新的途径。从这些方面可以看出，针对方案特性的分析方法及应用可进行的研究，无论是在广度还是在深度上都相当可观，但在有限的时间内面面俱到地考察各种相关问题显然是不现实的。由于在原型系统中实现比较全面的特性估算和分析功能也并非本论文研究的重点，所以作者只是有选择性地研究了重量特性和隐身特性估算的实现方法，以及如何将SEACD与特定的商品化CFD软件相集成实现气动分析，这三个方面的工作正是本章中论述的主要内容。

6.1 重量估算与重心定位的实现

6.1.1 基本原则与实现措施

重量特性估算的基本任务包括重量估算与重心定位两个方面。在概念设计阶段，二者往往是同时进行的，而且重心位置的确定必然需要以重量的估算为基础。如参考文献[51]中所述，这一阶段的飞机重心定位只涉及到纵向位置 x_{CG} 的确定，其基本公式为

$$x_{CG} = \frac{\sum W_i x_{CGi}}{\sum W_i} \tag{6.1}$$

式中：W_i 和 x_{CGi} 分别为飞机的第 i 个部件或系统的重量和纵向重心位置。由此可见，为了完成全机重量特性的估算，必须首先明确估算这两类项目时所应遵循的基本原则。

对比飞机设计专著和教科书中介绍的各种重量估算方法可见，它们大多建立在对大量现有飞机数据的统计分析基础之上。即便不考虑过于粗略的近似分类重量法[30]，其他的方法在重量计算项目的划分上也是存在出入的，而且具体针对某一部件或系统的估算公式并不统一。由于获取实际飞机的详细重量数据的困难性，以致没有哪一种估算方法能完全保证自己的精度。此外，虽然作者在学士学位论文中就提到了应在设计系统中建立相应的重量数据库，但由于搜集有效而充足的数据来建立这样的数据库并非本研究的重点，所以无法以之为基础在运用神经网络等方法估算重量等方面开展研究[59,60,61,62]。因此，尽管本研究中仍然是利用已有资料中的各种估算公式，但设计系统中的重心估算部分必须能够支持用多种方法估算同一部件或系统的重量，并允许设计者选用其中的一种或对不同估算方法所得的结果通过求平均值

等方式进行综合[30,63]。

对各部件或系统的重心位置同样没有一致性的规定，而且概念设计阶段多数部件的重心位置都是按照粗略的基本范围给出的，尤其是对一些还无法确定其详细位置的分散布置的设备和系统，如液压系统等。在参考文献[64]所述的研究中，对常规布局的民用运输机的各部件和系统都设定了重心变动范围并据此分析全机重心的变动范围。尽管这种处理方法所得的结果更有希望覆盖飞机的实际重心，但由于飞行过程中各种状态的变化本身就会造成重心位置变动，且考虑到便于重心标识的需要，所以本研究中仍采用对某一部件或系统取一确定的重心位置的方法，同时允许设计者通过设定估算时对应的飞行状态、燃油状态等来对比估算结果。当然，由于时间等方面的限制，本研究中所考虑的可设状态都是大致性的，并未试图根据飞行过程中燃油的消耗、武器的投放和其他因素的影响绘制出反映重心变化的重心包线。

在系统中实现重量特性估算功能时，除了遵循估算重量和重心位置时应把握的基本原则外，还应当保证相应的模块能够在设计过程中动态而稳定地发挥作用。由于设计的迭代性和循环性，支持系统中处理的方案将被频繁地加以修正，所以重量特性估算的对象必须是与不断变化的方案相一致的，这种逻辑性主要体现在如下两点：首先，在估算某一部件或系统的重量所需的设计信息不具备的情况下，系统应当自动避开不必要的计算，例如在完成油箱的设计和布置之前不应允许计算燃油系统重量；其次，如果由于方案的变动使得先前具备的设计信息不再具备，则进行新的计算时应能及时地更新计算项目。

基于上述的考虑，同时结合第2章所述SEACD面向对象的特点，重量特性估算部分采用了如图6.1所示的组织结构。图中的重量特性类用于存储全机的重量特性估算结果，它也是设计信息的组成部分；重量特性估算类封装了各种可供选用的估算方法，将其独立出来定义不仅是因为在进行估算时需要用到设计信息其他部分的内容，更是为了便于集中地管理可选的估算方法并在进一步的研究中加以扩充；估算设置类对应于一个对话框，它是设计者选用方法、设置状态和了解计算结果的控制界面。图中的重心标识并非专门的类，而是定义在负责SEACD草图板显示的一个类中的函数，用于在草图板中用箭头的形式标出各大类和全机的重心位置，以及机翼的气动焦点位置，从而在设计过程中为方案变化对重心的影响提供动态而直接的反馈。

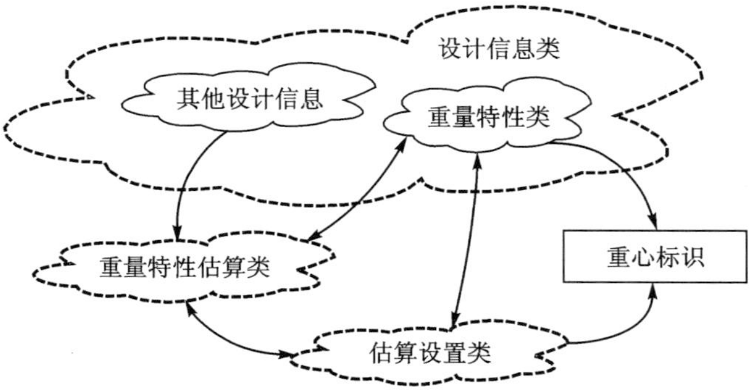

图6.1　重量特性估算部分的基本结构

重量特性类中不仅包含了最终的全机重量特性估算结果，更重要的是定义了一个由指向重量特性单元类的指针组成的链表。链表中的每个元素都对应着某一个部件或系统的重量特性，而这又是与重量特性单元类中的各成员变量一致的，即包括如下主要内容：

$$\{\text{ItemName}, \text{MeIndex}, \text{WeightValue}, \text{CGValue}, \text{FactorW}, \text{FactorCG}\} \tag{6.2}$$

式中：ItemName 为该部件或系统的名称，MeIndex 表示估算时所选的方法（也可用于说明是取所有可选方法的算术平均），WeightValue 和 CGValue 分别表示根据所选方法算出的重量和重心的数值，FactorW 和 FactorCG 则是分别对应于这两项估算结果的修正系数。对于机身、机翼等结构部件而言，依据 FactorW 对重量进行修正，即为考虑采用新材料等方面的影响的“软糖系数”法[30]。通过动态地增减链表中的元素，重量特性中的内容就可以及时地反映出方案的变化。例如，将三翼面布局改为正常式布局而去掉了鸭翼后，系统会将已经建立的鸭翼重量特性单元屏蔽，从而保证估算结果与当前设计一致。

6.1.2　重量分类与方法选用

通过综合参考文献[30,51,52,64,65,66]的论述并考查获取计算所需参数的难易程度，本研究中将需要估算重量特性的部件和系统分为如图 6.2 所示的结构、推进系统、设备与子系统、有效载荷和燃油 5 个大类以及分属它们的若干具体项目。出于为下一章所述的方案优化做准备的考虑，目前作者在 SEACD 中只实现了与战斗机和属于通用航空飞机的喷气式公务机有关的重量特性估算。表 6.1 和表 6.2 分别列出了对这两种类型的飞机进行估算时可以选用的各种方法。由于与各种方法对应的估算公式过于繁杂，而且不同文献中所采用的单位制、参数标识等都不尽一致，所以两个表中只是列出了各种方法的出处。对于表中的内容还需要做如下几点说明：

① 在对战斗机应用参考文献[52]中的方法时，目前只采用了根据美国空军战斗机的数据统计出的公式；对公务机应用参考文献[65]中的方法时，除了对飞控系统用的是其中介绍的 GD 法外，其余三项在估算时用的都是 Torenbeek 法。

② 由于参考文献[52]中估算起落架重量时没有对前起落架和主起落架等加以区分，所以在用到该方法时是按照参考文献[51]中陆基型飞机前、主起落架和拦阻装置各自所占的总重的比例进行的重量分配。

③ 在计算战斗机的动力装置重量时，由于所用参考文献[51]中所指的这部分重量即为除发动机交付重量以外的动力装置重量，所以对更细致的进气系统、尾喷管、启动系统等就未作进一步的考虑；对公务机而言，所用参考文献[30]的方法中计算的即为发动机安装总重，所以动力装置一项也没有再单列。

④ 计算燃油系统的重量时认为所有的油箱均为整体式。

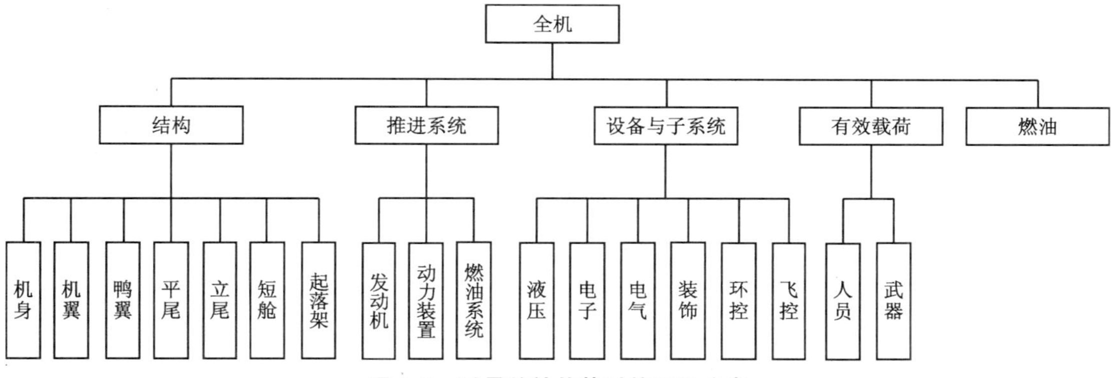

图 6.2　重量特性估算时的项目分类

⑤ 各部件重心位置的确定主要依据了参考文献[30]和[65]。由于标准部件自身的重心位置是在发动机或装载数据库中给定的，所以其实际重心位置结合在方案中的布置情况可以确定，只是人员因无法布置而只能依靠座椅来确定大致的重心位置。

表 6.1 已实现的战斗机重量特性估算方法

所属类型	项 目	可选方法出处			重心位置
		参考文献[30]	参考文献[52]	参考文献[51]	
结构	机翼	√	√		40 %MAC 长
	平尾/鸭翼	√	√		40 %MAC 长
	立尾	√	√		40 %MAC 长
	机身	√	√		40 %～50 %机身长
	起落架	√	√	√	由布置情况确定
推进系统	发动机	—	—	—	由布置情况和发动机参数确定
	燃油系统	√	√		由油箱的布置确定
	动力装置			√	由发动机的布置确定
固定设备	液压	√	√		40 %～50 %机身长
	电子	√			
	电气		√		
	环控	√		√	
	装饰	√			
	飞控	√		√	
有效载荷	人员	√			由座椅的位置与参数确定
	武器	—	—	—	由布置情况和自身参数确定

表 6.2 已实现的公务机重量特性估算方法

所属类型	项 目	可选方法出处		重心位置
		参考文献[30]	参考文献[65]	
结构	机翼	√		40 %MAC 长
	平尾/鸭翼	√		40 %MAC 长
	立尾	√		40 %MAC 长
	机身		√	40 %～50 %机身长
	短舱		√	40 %短舱长
	起落架		√	由布置情况确定
推进系统	发动机	√		由布置情况和发动机参数确定
	燃油系统	√		由油箱的布置确定
固定设备	液压	√		40 %～50 %机身长
	电子	√		
	电气	√		
	环控	√		
	装饰	√		
	飞控		√	
有效载荷	人员	√		由座椅的位置与参数确定

在表 6.1 和表 6.2 中并未列出燃油重量特性的估算方法，这是因为在本研究中这一项目是根据方案中实际建立的机身油箱和机翼油箱确定的。设方案中共有 m 个机身油箱和 n 个机翼油箱，且所用燃油的密度为 ρ_{Fuel}，则所有燃油的总重量 W_{Fuel} 和纵向重心位置 x_{CGFuel} 可以分别表示为

$$W_{\mathrm{Fuel}} = \rho_{\mathrm{Fuel}}\left(\sum_{i=1}^{m} V_{\mathrm{F}i} + \sum_{j=1}^{n} V_{\mathrm{W}j}\right) \tag{6.3}$$

$$x_{\mathrm{CGFuel}} = \frac{\rho_{\mathrm{Fuel}}\left(\sum_{i=1}^{m}(V_{\mathrm{F}i}x_{\mathrm{CGF}i}) + \sum_{j=1}^{n} V_{\mathrm{W}j}x_{\mathrm{CGF}j}\right)}{W_{\mathrm{Fuel}}} \tag{6.4}$$

式中：$V_{\mathrm{F}i}$ 和 $x_{\mathrm{CGF}i}$ 分别为第 i 个机身油箱的容积和重心位置，$V_{\mathrm{W}j}$ 和 $x_{\mathrm{CGW}j}$ 分别为第 j 个机翼油箱的容积和重心位置。

利用第 5 章中提出的基于面元的几何特性估算方法，可以估算出机身油箱和机翼油箱沿纵向的横截面积分布(见图 6.3)。由于对油箱而言不必考虑与其他部件的相交，所以根据估算出的某一油箱横截面积分布曲线积分所得到的即为其真实容积，而通过简单的迭代计算，还可以得到位于其站位前后限之间的重心位置。

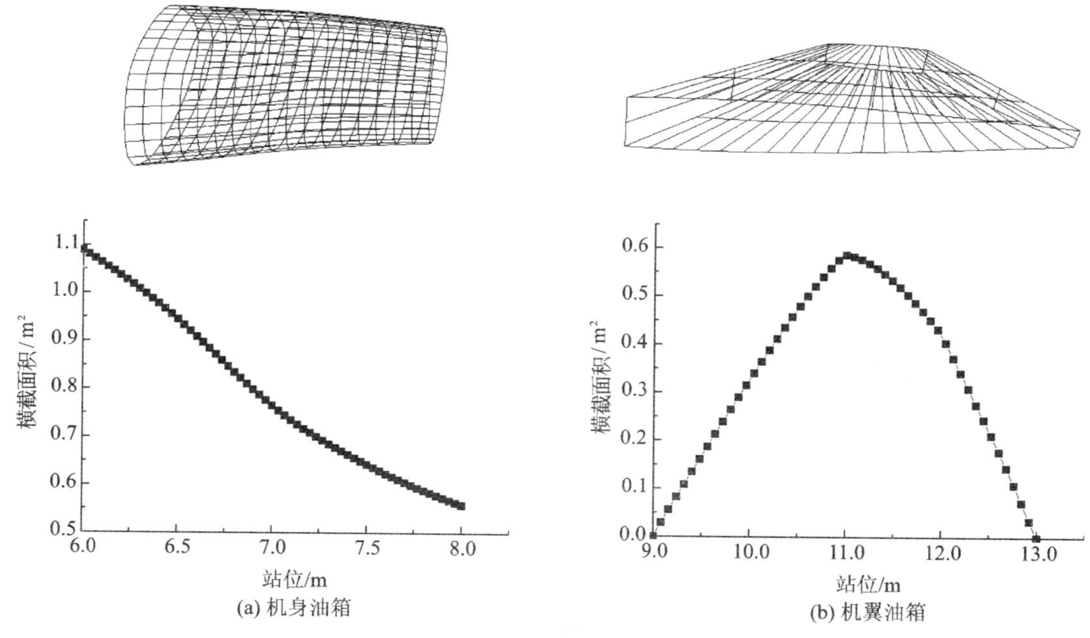

图 6.3 油箱三维模型及其横截面积分布示例

6.1.3 所需参数的分类与确定方式

尽管本书中不再列举已有参考文献中的具体公式，但在实现重量特性估算的过程中必须考虑到如何获取这些公式中所需的各种参数。事实上，即便只是在本研究中用到的公式所涉及的参数就已达到 100 个左右，逐一说明它们无疑是非常繁琐的。根据这些参数的特点和确定方式的不同，作者将它们大致划分为如下三类：

第一类是估算时从已有的设计信息中自动获取的参数。这些设计信息不仅包括部件的信息，还包括设计要求和定参数信息等部分的内容。例如，机翼（在估算时用的是等效出的参考机翼）的展弦比、面积等属于前者，而初估起飞重量、极限过载、最大速度等则属于后者。也就是说，虽然在输入设计要求和对某一部件进行设计与修改等情况下，通常只须用到设计信息中与之相对应的一部分，但在进行重量特性估算时，必须将设计信息作为一个整体加以利用。

除了可以从已有的设计信息中直接获取的参数外，还有一些在估算时用到的参数是需要进行一定的统计或计算才能得到的。例如，机身长度和宽度的确定需要统计属于机身的各个子部件的轮廓线或实际曲面的数据，而机翼的 25 %或 50 %弦线后掠角也是需要从已有的平面参数算出的。在更为复杂的情况下，计算某些参数时需要同时用到多个部件的信息，如在进行平尾尾力臂的计算时就需要以机翼和平尾的 MAC 计算结果为基础。此外，无论估算公式中涉及的参数数目有多少，对于一些概念或处理方面的细节问题都必须有足够的重视。举例而言，估算鸭翼的重量时可以沿用平尾的估算公式，但在确定前者的 MAC 等参数时只考虑外露的部分，而对于后者则需要首先将其延伸到飞机对称面[51]。

第二类参数是需要设计者通过 GUI 提供的。由于原型系统目前的功能尚未达到完备的程度，所以无法保证所需的所有参数都能从设计信息中直接或间接地获取。例如，在利用参考文献[30]中的方法估算飞控系统的重量时需要用到操纵面的总面积，而这在不具备操纵面设计功能的情况下就只能依靠设计者输入。另一些需要通过 GUI 提供的参数则是在部件设计等过程中难以确定的，如飞控系统余度数[51]和未装机的电子设备重量[52]等。

第三类参数是估算公式中大量出现的各种修正因数。这些因数中有的反映了材料等因素的影响（这种情况下其作用类似于“软糖系数”），如复合材料修正因数；有的则反映了方案的布局形式和结构等方面的特点，如机种因数和机翼变后掠修正因数等[30,51,52]。事实上，从确定方式上来说，这些因数也可以分别归入前述的两类，所以此处不再过多地举例。

为了减少设计者输入数据的工作量，并且便于在优化等过程中实现特性估算的自动进行，应当尽可能地提高可从设计信息中自动提取的参数所占的比重，这主要依赖于设计信息的进一步完善。当然，作者在选用各种参考文献中提供的估算公式时，也考虑了它们所需参数的细致程度，而且在有多种可选方法估算同一项目的重量时，将需要单独输入参数较少者作为了缺省的方法。

对于无法从设计信息中获取的参数，设计者可以通过与估算设置类对应的对话框进行输入。这一对话框不仅可以显示出当前方案中可计算重量特性的各个项目，更为重要的作用在于提供了具体项目、各大类和全机三个层次上的交互式设置功能（见图 6.4）。在具体项目层次的设置上，除了输入估算该部件或系统重量特性时所需的某些参数外，还可以选择方法和设定修正系数；在各大类层次上，设计者可以更改标识的颜色以便于区别，对燃油还可以改变其密度；在全机层次上，飞行状态（亚声速或超声速）、燃油状态（满载或耗尽）及武器状态（是否完全投放）的设置可以从整体上改变重心或机翼气动焦点位置，从而便于比较和评估飞机的静稳定裕度等特性。需要说明的是，由于本研究中无法通过完善的气动特性估算确定出全机的气动焦点位置，所以此处对静稳定裕度的评估只能是将全机重心相对于机翼 MAC 的位置作为参考[33]。

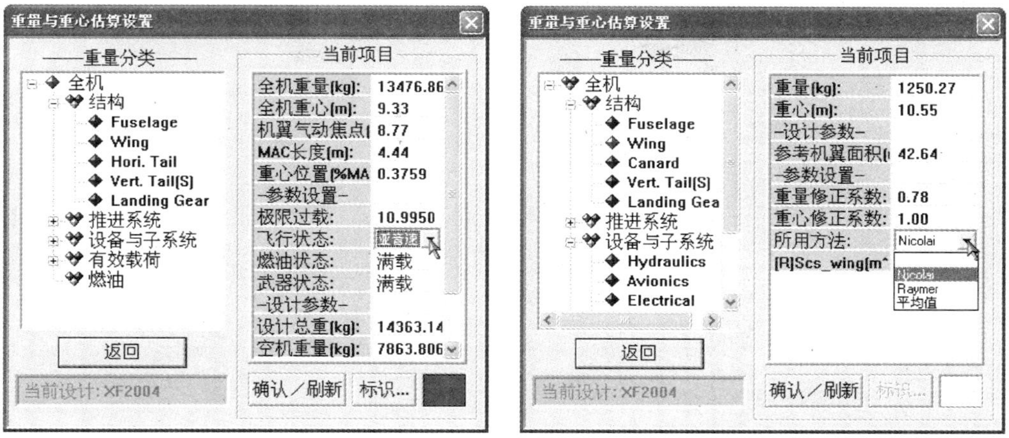

(a) 对全机项目的设置　　　　(b) 对某一具体项目的设置

图 6.4　重量与重心估算设置对话框

6.1.4　重量特性估算示例

由于难以根据现有实际飞机的数据细致地对比重量与重心估算结果，在确保所用的各个估算公式正确性的前提下，本研究着重验证了 SEACD 中的这部分功能在方案动态变化过程中的适应性与实时性。以第 3 章中用于初步定参数示例的方案 XF2004 为目标，并且取其任务分析所得起飞总重 W_{TO}＝14 363.140 2 kg。表 6.3 列出了在系统一次运行期间，将正常式布局改变为前掠加鸭翼式布局过程中的 8 个典型状态及相应的重量特性估算结果，其中全机重心的位置是按照机翼 MAC 最前端到重心的距离占 MAC 总长的比例给出的。图 6.5 中的(a)和(b)分别对应于表中的第 4 和第 5 个状态，从中可以更直观地看出重心与机翼气动焦点位置的变化。为了便于说明方案变化的连续性，方案中机翼油箱和导弹的位置随着机翼的变化而自动调整，且在武器全投放状态下，只是不计导弹重量而并不将其从方案中去除。

表 6.3　方案变化过程中的重量特性估算结果

状态编号	布局形式	飞行状态	燃　油	武　器	起落架	全机重量/kg	全机重心位置	机翼气动焦点位置/m
1	正常式	亚声速	满载	满载	放下	13 477.861 1	37.58 %MAC	8.77
2	正常式	亚声速	耗尽	满载	放下	8 171.917 5	41.35 %MAC	8.77
3	正常式	亚声速	满载	全投放	收起	13 007.861 1	37.11 %MAC	8.77
4	正常式	超声速	满载	满载	收起	13 467.861 1	37.59 %MAC	9.88
5	前掠	超声速	满载	满载	收起	13 364.501 5	14.75 %MAC	10.96
6	前掠	亚声速	满载	全投放	收起	12 895.561 5	14.77 %MAC	9.95
7	前掠	亚声速	耗尽	满载	放下	8 414.984 0	12.66 %MAC	9.95
8	前掠	亚声速	满载	满载	放下	13 364.501 5	14.73 %MAC	9.95

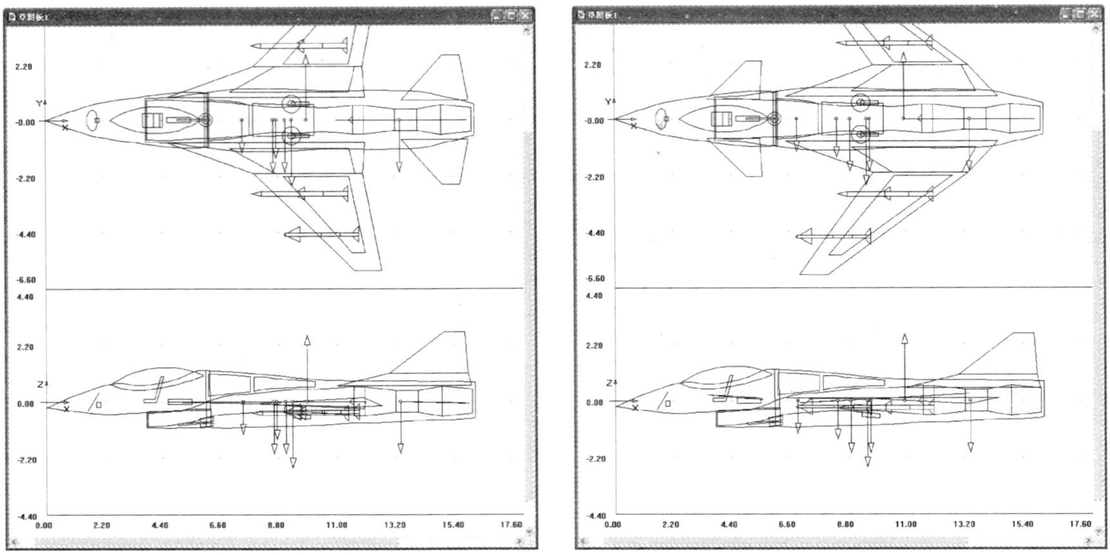

(a) 正常式布局　　(b) 前掠翼加鸭翼布局

图 6.5　方案变化对重量特性的影响示例

由于各状态下的相关参数过于繁多，表 6.3 只列出了其中最基本的部分，具体计算各个项目时所用的方法、需要输入的参数和修正系数等不再说明。在表中所列的状态中，状态 1 和状态 8 下所得的全机重量分别对应于两种布局形式下的起飞重量。虽然它们的值与初始的 W_{TO} 有较大的差异，但这是因为目前在 SEACD 中无法对机炮、供弹装置和炮弹进行建模，以致无法在估算时将它们作为方案的一部分计入有效载荷重量。按照 XF2004 设计要求中的数据增加了这部分的重量(645.38 kg)后，两种布局形式下的起飞总重与 W_{TO} 间的相对误差将分别减小为－1.68 %和－2.46 %。为了弥补系统中建模功能不足等原因对重量特性估算造成的影响，在下一步的工作中将允许设计者在系统自动识别出的可计算项目基础上，自行增加新的重量特性单元。此外，由于对前掠翼、三翼面这样的布局形式缺乏充足的统计数据，因此在实际应用中对它们进行估算时，还必须对各种公式进行慎重的修正。考虑到这已超出了本研究的范围，所以此处不作进一步的讨论。

重量特性估算结果与初步定参数所得的 W_{TO} 等参数值的对比，可为方案的评估和改进提供重要的依据，而且由于很多的重量估算公式中都以 W_{TO} 为参数，所以在重量分类项目足够充分的情况下，可以考虑像任务分析时那样将估算所得的起飞总重作为变量进行迭代计算。在 SEACD 中进行的试算表明，这种迭代即便是采用最简单的迭代式，也可以保证起飞总重的值很快地收敛。

6.2　RCS 估算功能的融合

在作为 SEACD 开发基础的 RCSPlus 系统中，不仅提供了比较丰富的隐身特性估算和分析方法，而且具备了计算结果的显示、处理和以数据库的形式进行管理等多方面的功能。为了避免混淆，无论是最初的设计要求输入，还是方案建模与调整，乃至几何特性、重量特性的估算等等，SEACD 中的这些功能是完全与 RCSPlus 的功能相独立的，尽管二者使用了共同的底层程序框架和某些数据类。事实上，由于目前作者在 SEACD 中并未屏蔽 RCSPlus 原有的菜单和对话框，所以这两个系统甚至可以看作是在同一应用程序下扮演的不同角色。

为了实现对设计方案隐身特性的评估，直接利用 RCSPlus 中的已有功能无疑会大大提高研究的效率，而且在分析的可靠性上也更有保证。因此，在本研究中一方面确定了需要将哪些与隐身特性有关的功能作为 SEACD 的组成部分，另一方面则通过具体的措施实现了对它们的融合。

分析方法的选定是确定所需融合的功能中最为关键的一步。与气动分析方法的层次性相类似，各种 RCS 分析方法在精度、所需计算成本等方面也有明显的差异。参考文献[4]的绪论部分就对高频近似方法、矩量法和时域有限差分法这三类比较常用的方法进行了归纳和对比。RCSPlus 中提供的物理光学法是一种典型的高频近似方法。如参考文献[2]中所述，该算法的基本积分表达形式只有在计算目标为平板、圆柱和轴向入射的球冠等情况下才能严格计算。因此，在对复杂曲面应用物理光学法时，一般需要首先将其离散为简单的四边形或三角形平板，进而按照电磁波的高频特性对各个平板的计算结果进行相位叠加[1]。对于每一个多边形平板，可以根据下式或类似表达式进行计算[2]：

$$\sqrt{\sigma} = -\frac{\hat{n}\cdot\hat{e}_r\times\hat{h}_i}{\sqrt{\pi}T}e^{jk\bar{r}_o\cdot\bar{w}}\sum_{m=1}^{M}(\hat{p}\cdot\bar{a}_m)e^{jk\bar{r}_m\cdot\bar{w}}\frac{\sin\left(\frac{1}{2}k\bar{a}_m\cdot\bar{w}\right)}{\frac{1}{2}k\bar{a}_m\cdot\bar{w}} \tag{6.5}$$

式中：σ 为平板的双站 RCS，k 为波数，$\hat{i}$ 为电磁波入射方向，$\bar{w}=\hat{i}-\hat{s}$（$\hat{s}$ 为电磁波散射方向），$\hat{h}$ 为磁场方向，T 为 $\bar{w}$ 在平板平面上的投影长度，M 为平板边缘的数目，$\hat{n}$ 为被照射平板表面的法线方向矢量，$\hat{e}_r$ 为远场接收器电极化方向上的单位矢量，$\bar{r}_o$ 为在平板上或平板附近一源点的位置矢量，$\bar{r}_m$ 为第 m 个边缘中点的位置矢量。

$\hat{p}=\hat{n}\times\bar{w}/|\hat{n}\times\bar{w}|$，为垂直于 $\bar{w}$ 的平板平面上的单位矢量。

$\bar{a}_m$ 为描述平板第 m 个边缘的长度和取向的矢量，这些边缘从头到尾沿周界分布。

相对于高频近似方法，矩量法和时域有限差分法的难度更大，而且所需的计算成本也要高昂得多。例如，将矩量法用于求解高频散射问题时，需要求解非常庞大的线性方程组；以最普遍的 Maxwell 方程为出发点的时域有限差分法虽然适用于对各种复杂目标的模拟，但在实际处理全机 RCS 预估这样的问题时还有很大的困难[4]，以致于在短期内还难以应用于概念设计阶段。鉴于此，本研究中只将物理光学法加入到了 SEACD 中以实现对方案的 RCS 估算。当然，在今后的工作中还可以通过增加几何绕射、射线追踪[3]等高频近似方法对这一部分功能加以完善。

在确定了所用的估算方法后，需要将方案中各个部件的曲面模型转换为 RCSPlus 已有的函数可处理的目标。由于本研究中在建模时直接利用了构造 RCS 计算目标曲面的数据类，所以这种转换是易于实现的。在选定了若干需要估算 RCS 的部件后，它们的曲面信息将被复制给指向 RCS 计算目标类的一个指针，而与估算有关的函数紧接着就会从这一指针所能引用的数据中提取相应的曲面信息作为参数进行计算。由于在设计过程很可能需要多次估算方案的 RCS，而在两次估算之间方案很可能已经发生了变化，所以一次估算完毕后指向计算目标类的指针中的曲面信息将被清除。这不仅可以避免发生混乱，同时也能节省程序运行期间的内存开销。为了便于设计者交互式地选定需要计算的部件，在 SEACD 中提供了如图 6.6 所示的对话框界面，通过它还可以对估算时的波长、目标俯仰角等参数进行设置。

如前所述，物理光学法的计算是针对构成曲面的每个多边形单元进行的。尽管目前在 SEACD 中已经可以通过设置网格密度来增加表示某一曲面的多边形单元数，进而提高估算的精度，但部件间的相交显然还会使估算结果出现误差。因为时间等方面的限制，作者对此并未进行深入的研究，但在下一步的工作中可以验证将第 5 章中提出的特征点准则应用到 RCS

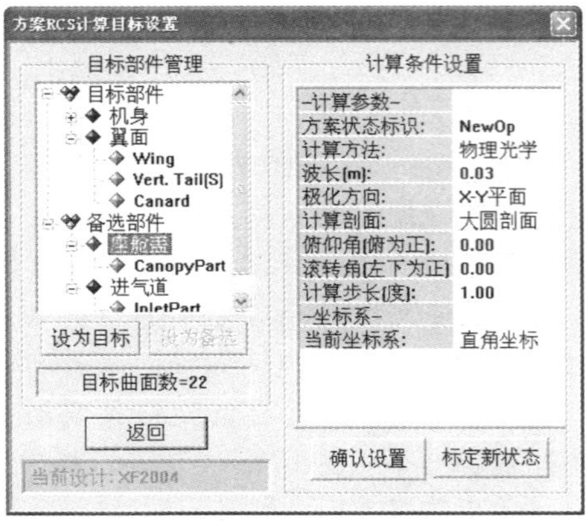

图 6.6　方案 RCS 计算目标设置对话框

估算中的有效性。然而，即便剔除掉了被完全遮盖的单元，在估算时还应当考虑部件间相互遮挡的影响。由于这种影响与电磁波的入射角度等因素相直接关，所以处理起来难度将会更大。

除了利用物理光学法进行估算外，SEACD 还通过在程序中“截获”相关函数等方法，实现了在直角和极坐标系上显示方案 RCS 估算结果，并且增加了专门的对话框对结果曲线进行管理和针对某一曲线计算给定扇区内的算术与几何平均值。进一步地，通过在程序中加以控制，草图板中的方案二维表示和 RCS 估算结果显示是可以相互切换的，二者间不会发生冲突（见图 6.7）。这样，RCS 估算就能很自然地被作为对初始方案进行特性评估的一部分，从而达到与 SEACD 这一设计支持系统相融合的目的。

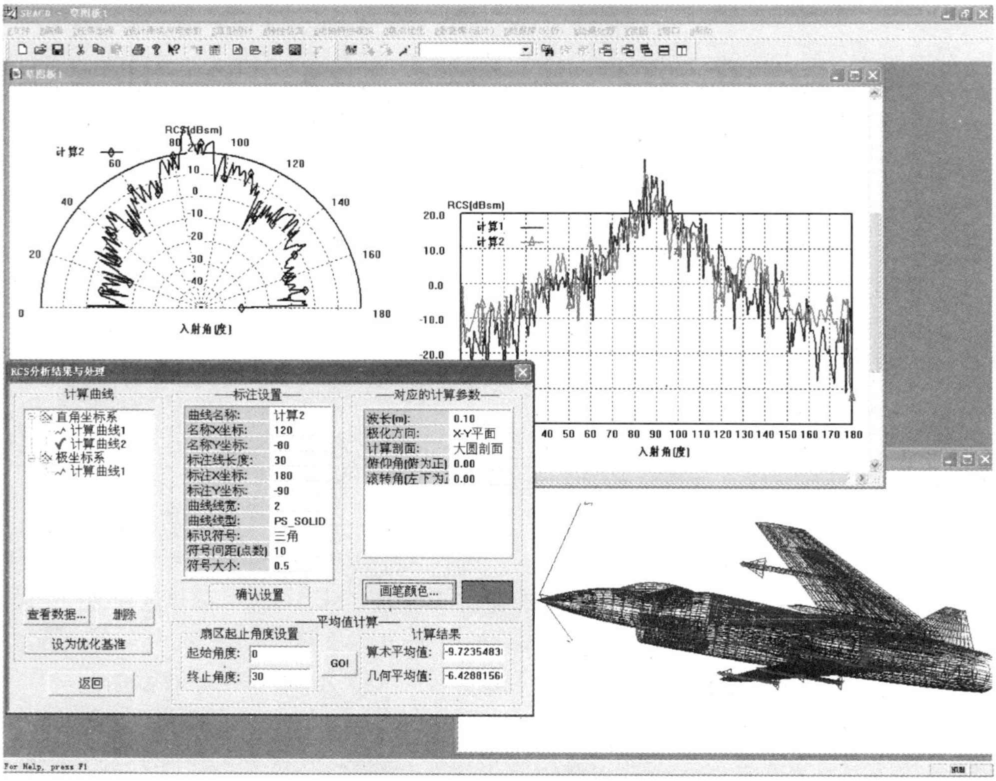

图 6.7　在 SEACD 中进行的方案 RCS 估算

6.3　方案的 CFD 气动分析

评估方案的气动特性是概念设计中的重要任务，各种最初一级的近似方法及工程估算方法在这一阶段得到了广泛的应用。然而，对于不断增多的非常规布局飞机，这些建立在已有实验曲线和经验公式基础上的方法的适用性将受到很大的限制。另一方面，得益于设计支持系统的建立和使用，提出和构造各种非常规布局的方案变得更为容易，而对它们进行气动分析必然是概念设计中不可回避的问题。正因如此，作者虽然没有将实现各种气动估算方法作为本研究的内容，但在将 CFD 的理论与工具应用于概念机方案的气动分析方面开展了一定的工作。从提高设计支持的集成性的角度出发，这部分工作重点在于选取和集成已有的成熟 CFD 工具而非自行编写计算程序。

根据概念设计阶段的特点，气动分析的计算效率无疑是至关重要的。就这一点而言，将采用面元法的工具与设计支持系统相集成应当是理想的选择。尽管面元法在参考文献[67]中被作为物理近似方法而与求解 Euler 方程和 Navier - Stokes 方程的精确计算方法相区分，但它同时也属于线性计算流体力学的范畴，并且已经在现代飞机设计中发挥出了重要的作用[68]。参考文献[69]中就列举了 PANAIR、HISSS、VSAERO、QUADPAN 及 MACAERO 等广为采用的面元法计算工具。但是，在应用面元法时虽然不需要形成空间网格，却要求对飞机的外形进行细致的描述，而这恰恰是建立概念机的粗略模型时难以满足的。以作者所能接触到的面元法软件 VSAERO 和 USAERO 为例，在其中计算的模型都需要首先通过前处理软件 Spin 进行细致的修形和表面网格划分。在这种情况下，通过使用面元法获得的计算效率上的收益将很可能因前处理的繁琐而被抵消掉。进一步地，由于设计支持系统中可以通过方便地对方案进行修正，所以在对每个不同的方案进行前处理时，如果不能遵循一套相对固定的原则自动完成，那么所需的开销将令设计者难以接受，而且无法保证方案优化的顺利进行。

前处理的问题对求解 Navier - Stokes 方程的各种 CFD 工具，如 FLUENT、CFX 等同样存在，而且在与这些工具配套的前处理软件中不仅需要生成表面网格，还需要构造出复杂的结构化或非结构化空间网格。显然，要求概念机设计者掌握复杂的网格划分方法和技巧是不合理的，而且求解 Navier - Stokes 方程所需的时间和资源也过于高昂。

经过比较和权衡，MGAERO[70]这一求解 Euler 方程的 CFD 软件因其在如下方面的特点而在本研究中得到了应用。首先，MGAERO 中计算的一个模型可以是多个相互相交的部件的组合，这种方式与 SEACD 等设计系统中对方案三维模型的定义是类似的。其次，MGAERO 对模型预处理时所需的表面网格也是按照每个部件分别给出的，且可自动剔除物面内的网格节点，从而最大限度地避免了在计算前对方案的模型进行繁琐的修形。再次，MGAERO 在求解时使用的是局部嵌套的多重 Cartesian 空间网格，而且在划分这些网格时从最高一级的层(level)到各层中的各个块(block)，以至最基本的一个网格单元(cell)，都可以遵循一些基本的原则，从而使根据方案模型自动划分 Cartesian 网格成为了可能。最后，除了表面网格和空间网格外，MGAERO 求解时还需要指定某一状态下的马赫数 Ma、迎角和雷诺数 Re 等条件，以及计算每一层时的迭代步数，而这些参数都是比较容易给出的。

由于 MGAERO 运行于 Unix 或 Linux 操作系统下，所以在本研究中为使用它而专门配备了一台装有 Athlon 1600+ CPU 和 768M RAM 的个人计算机。在这样的条件下，用版本号为 3.1.4 的 MGAERO 对一个具有 6 层 Cartesian 网格(约 700 000 个单元)且各层迭代次数之和在 200 次左右的模型进行预处理和实际求解,总共需要约 1 个小时。由此可见,尽管依靠 MGAERO 计算出比较完整的气动特性曲线所需的代价并不小,但将其用于评价方案在某些特定状态下的气动特性仍是可以接受的。

为了实现 MGAERO 与 SEACD 的集成,必须根据方案模型确定出表面网格和 Cartesian 网格,这部分工作是通过与北京航空航天大学的王钢林博士的合作完成的。其中,作者的任务在于准备表面网格和从方案信息中提取出诸如半展长、机身长度和各翼段信息等基本参数,而王钢林博士则实现了根据给出的若干基本参数自动划分 Cartesian 网格[54]。事实上,尽管作者接触到 MGAERO 是在几何建模方面的研究已完成之后,但却发现这一软件中三种标准部件类型(BODY、WING 和 PYLON)与 SEACD 中的机身类部件、水平翼面和垂直翼面可以完全对应,而且二者中的坐标系定义也是一致的(见图 6.8)。这些共同点使得表面网格的准备显得相对容易,不过仍然必须严格地遵照 MGAERO 所要求的文件格式导出数据,并且对某些特殊情况进行一定的处理。例如,在方案模型中收缩为一点的剖面,应按照一个小的半径值作为圆形剖面给出;而一个在机身对称面一侧不能封闭于对称面上的剖面,只有在添加辅助线段封闭后才能满足 MGAERO 预处理的要求。图 6.9 以一个座舱盖为例显示了对不封闭剖面进行处理的实际效果,这种处理实际上与估算几何特性时应用特征点准则所需的处理是类似的。

以 6.1.4 小节中用于重量特性估算的前掠翼方案为例,图 6.10 显示了它在 SEACD 中的外形三维模型、经 MGAERO 预处理后的表面和空间网格,以及在 Ma 为 0.7、迎角为 5°和 Re 为 1.0×10^{6} 的条件下求解所得的表面压强分布(与 MGAERO 结果有关的图片是在后处理软件 Omni3D 中截取的)。虽然目前 MGAERO 与 SEACD 之间的无缝连接还需要借助将在下一章中介绍的一个支持多学科设计优化的框架系统,但无论是以何种方式实现的集成,将适当的 CFD 工具应用于概念机方案的气动特性评估,都将成为一条有效的设计支持途径。当然,这种支持也应包括通过内嵌分析代码等形式实现对面元法等的集成,从而进一步提高气动分析的效率。

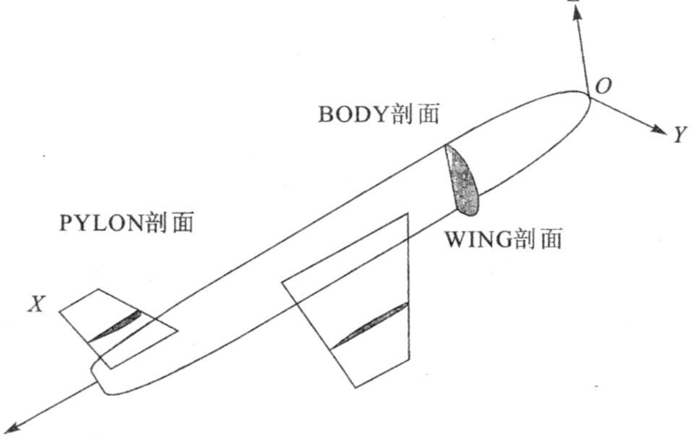

图 6.8 MGAERO 中的标准部件类型和坐标系

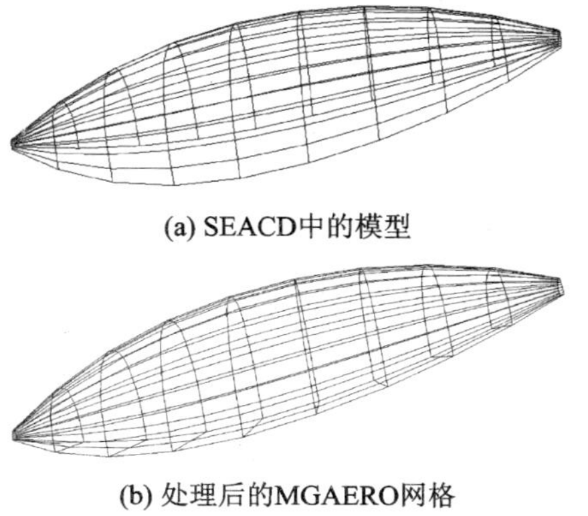

图 6.9 不封闭剖面的处理

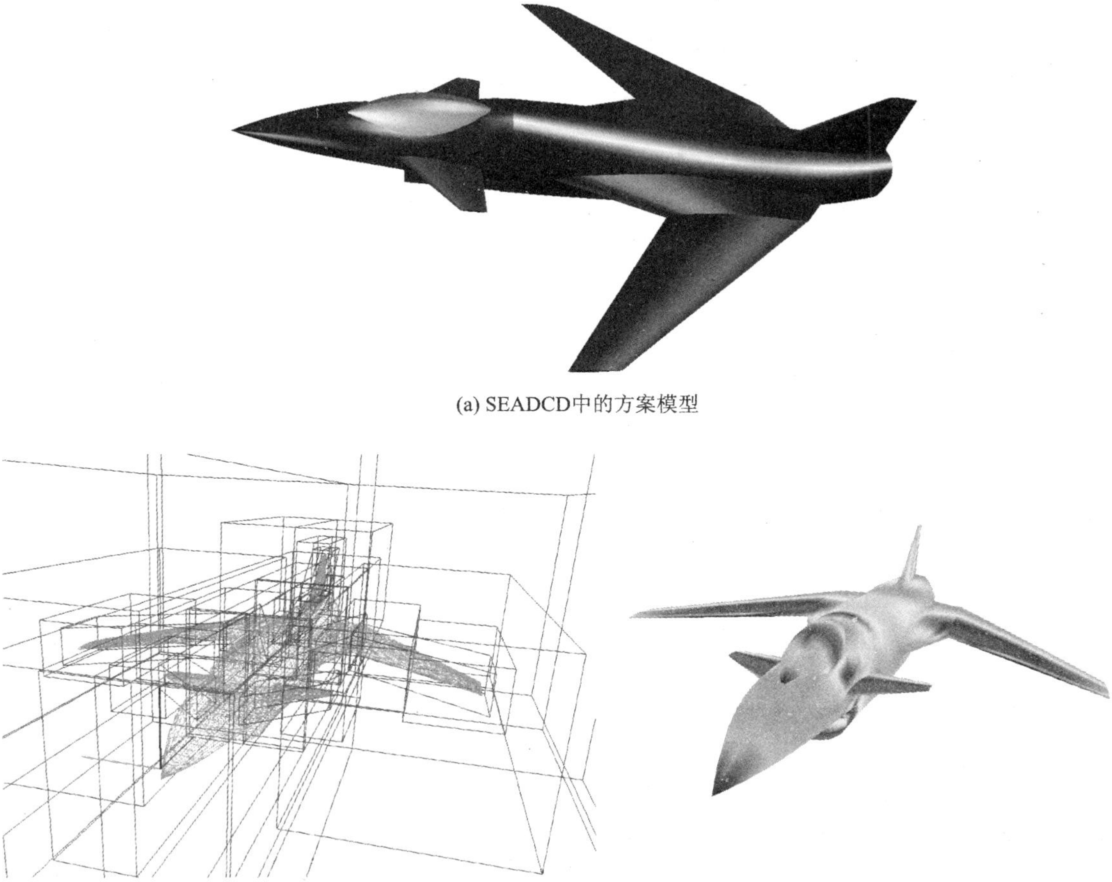

(a) SEADCD中的方案模型

(b) MGAERO预处理后的表面和空间网格　(c) 计算所得的表面压强分布

图 6.10　应用 MGAERO 分析方案的气动特性示例

第 7 章　集成化多学科设计优化初步应用

在过去的 20 余年间，优化技术在提高飞机设计的质量上发挥了重要的作用。尽管在优化，尤其是 MDO 的算法和策略方面已经取得了显著的进展，但飞机设计中的优化并不能仅仅被看作是数学问题，因为设计知识，包括设计者的经验、基本准则、“诀窍(rules of thumb)”等具有着重要的意义。然而，在优化过程中应用设计知识的问题是很少被论及的。

依据概念设计阶段方案的演化过程，经过特性分析和性能估算后的可行方案，在进入到后续的初步设计阶段之前还必须进行优化。参考文献[30]中对毯式图及参数选择矩阵(sizing matrix)这两种概念设计中传统而常用的优化方法作了详细的介绍，特别是说明了在这两种方法中通过变动推重比和翼载荷得到满足设计要求且重量更轻、性能更好的方案的做法。通过对权衡研究的介绍，参考文献[30]中进一步地引出了多变量优化和 MDO 在概念设计中发挥的越来越重要的作用。作为对概念设计全过程进行支持的重要组成部分，作者在本研究范围内对方案优化方面的问题也进行了一定的研究。考虑到为进一步研究奠定基础的需要，此处的重心并未放在参数选择矩阵和毯式图的应用上，而是在于如何通过集成化多学科设计优化(简称集成化 MDO)实现 MDO 在概念设计阶段的应用。

所谓集成化 MDO，就是要通过概念设计支持系统、支持 MDO 的框架性系统[71]和必要的第三方分析工具的集成，使得概念设计阶段的优化不仅能够与方案生成和评估自然衔接，更能充分利用迅速发展的 MDO 方法和策略，以及有效弥补用于学科分析的估算方法的不足。本章中除论述应用集成化 MDO 的必要性外，还将说明集成所用工具的基本措施，以及为提高优化效率所采取的策略。

7.1　典型的优化方法简介

最优化问题的数学模型的一般形式可以写作：

$$\left.\begin{array}{ll}\min f(\boldsymbol{X}), & \boldsymbol{X}\in E^n \\ \text{s.t.}\quad g_i(\boldsymbol{X})=0, & i=1,2,\cdots,m \\ g_j(\boldsymbol{X})\leqslant 0, & j=1,2,\cdots,p\end{array}\right\}\tag{7.1}$$

式中：$f(\boldsymbol{X})$为目标函数，$\boldsymbol{X}$ 表示包含 n 个设计变量且属于 n 维欧氏空间 E^n 的向量，$g_i(\boldsymbol{X})$和 $g_j(\boldsymbol{X})$分别代表等式和不等式约束，m 和 p 均为约束个数，它们之间不需要有任何关系。尽管上式中表示的是求取目标函数的极小值，但求极大值的情况与此并无原则性的差别，因为求 $f(\boldsymbol{X})$的极小值就相当于求 $-f(\boldsymbol{X})$的极大值[72]，即有

$$\min f(\boldsymbol{X}) = -\max[-f(\boldsymbol{X})]\tag{7.2}$$

除了取负外，求极大值的问题还可以通过使用倒数等方法转换为求极小值的问题。因此，为便于讨论，通常在记法上使用求极小值 $\min f(\boldsymbol{X})$的方法。

在没有约束的情况下，求解优化问题的方法包括经典优化理论、线性规划、非线性规划等解析法，以及直接搜索和梯度导向等需要进行迭代的数值解法。其中以梯度导向为基础的方

法主要适用于连续可导的目标函数，因为这些方法都需要求出目标函数的梯度。也就是说，对 n 维非线性函数 $f(\boldsymbol{X})$，需要确定其梯度：

$$\nabla f(\boldsymbol{X})=\frac{\partial f}{\partial \boldsymbol{X}}=\left[\frac{\partial f}{\partial x_1},\frac{\partial f}{\partial x_2},\cdots,\frac{\partial f}{\partial x_n}\right]^{\mathrm{T}} \tag{7.3}$$

对于存在约束的最优化问题，可以用间接法将约束条件转换为无约束问题的求解，或者采用将约束条件参与问题的求解的直接法。常用的罚函数法就是一种间接法，其基本做法是根据约束，在原目标函数上增加一个带有很大正数（称为罚因子）的罚项，从而构造出新的目标函数（称为罚函数）。通过在寻优迭代过程中不断增大罚因子，将使得罚函数的无约束极小点收敛到原问题的极小点上。在直接法中，可行方向法是经常用到的。它是将约束非线性问题限制在约束之内进行线性逼近的方法，其基本思想在于寻找一个可行方向和一个合适的步长因子进行细微的搜索，得到的新迭代点既可行，又使目标函数有所改善。在这一方法中，同样需要计算目标函数的梯度。

随着优化问题复杂性的不断增加，目标函数和约束条件不仅可能是非线性和离散的，而且可能是多峰值的，这些情况都使得在概念设计中应用较多的梯度导向方法显得愈加难以适用。为此，具有全局寻优能力的搜索算法发挥出了越来越重要的作用，而遗传算法正是这类算法中的典型算法之一。尽管属于随机优化算法，遗传算法并不是进行简单的随机比较搜索，而是通过模拟生物在自然环境中的遗传和进化过程，将问题的求解表示成“染色体”的适者生存过程，并且使“染色体”群经过一代代的进化最终收敛到“最适应环境”的个体，从而得到问题的最优解或满意解[73,74]。图7.1表示了遗传算法的运算过程，其中的 $P(t)$ 代表第 t 代群体，而选择(selection)、交叉(crossover)、变异(mutation)是遗传算法中的三种基本操作（又称遗传算子）。由于具有不依赖于问题的具体领域和鲁棒性强等特点，遗传算法已经作为一种求解复杂系统优化问题的通用框架，广泛应用于函数优化、组合优化、机器人学、机器学习等众多的学科[74,75]。在基本遗传算法基础上进行的改进也是不胜枚举，例如能够随适应度改变交叉和变异概率的自适应遗传算法、采用踏脚石群体模型(stepping - stone model)、岛屿群体模型(island model)和邻居群体模型(neighborhood model)的并行遗传算法，以及为防止早熟现象而在单机上进行的伪并行遗传算法等等[73-75]。

遗传算法并不是通过模拟生化进化过程提出的唯一一种优化算法，此外还有进化策略(Evolution Strategy,ES)和进化规划(Evolutionary Programming,EP)[74-78]。从更广的范围来看，这些进化算法可以归入智能优化算法（或称计算智能[78,79]）的范畴，而其他的智能优化算法还包括模拟退火(Simulated Annealing,SA)算法、禁忌搜索和神经网络优化算法等。其中，模拟退火的出发点在于对物理中固体物质的退火过程与一般优化组合问题之间的相似性的利用：在某一初温下，伴随温度参数的不断下降，结合概率突跳特性在解空间中随机寻找目标的全局最优解，即在局部优解能概率性地跳出并最终趋于全局最优[73]。

对于式(7.1)所表示的单目标优化问题，有针对性地运用各种优化算法通常可以确定出最优解。然而，在实际工程问题中普遍存在的是多目标最优化问题，而且MDO显然问题也是多目标的。结合参考文献[72]和[74]中的论述，这类问题的一般描述形式可写作：

$$\left.\begin{aligned}&\mathrm{V-min}[f_1(\boldsymbol{X}),f_1(\boldsymbol{X}),\cdots,f_p(\boldsymbol{X})]^{\mathrm{T}},\qquad \boldsymbol{X}\in E^n\\&\mathrm{s.t}\qquad \boldsymbol{X}\subseteq R^m\end{aligned}\right\} \tag{7.4}$$

式中：V - min 表示向量极小化，即向量目标中的各个子目标函数都应尽可能地极小化，$\boldsymbol{X}\subseteq R^m$

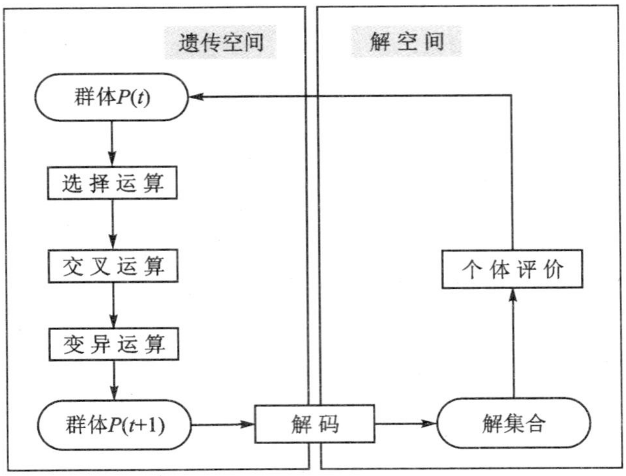

图 7.1　遗传算法的运算过程示意

则是多目标优化模型的约束集。由于各个子目标间可能存在的相互冲突，要同时使多个子目标都一起达到最优，在绝大多数情况下都是不可能的，因此在多目标优化时，只能寻求满足约束集的 Pareto 最优解，或称非劣解。也就是说，在大多数情况下求解多目标优化问题所能得到的是由一个“不坏”的 Pareto 解构成的集合。在实际中处理时，可以采用的方法包括加权组合法、极大极小法、理性点法[72,74,80,81]，以及使用模糊数学的多目标模糊优化模型[67]等等。其中的加权组合法是应用起来较为简便的，其实质就是通过权重系数的使用将各个子目标函数线性加权为一个统一的目标，从而将多目标优化问题转换为单目标优化问题。在规格化加权时，统一的目标函数（或称全局准则，global criteria[82]）可写作：

$$F(\boldsymbol{X}) = \sum_{i=1}^{p} w_i f_i(\boldsymbol{X}) \tag{7.5}$$

且有

$$\sum_{i=1}^{p} w_i = 1 \tag{7.6}$$

除了各种优化算法外，设计试验（Design Of Experiment，DOE）和各种近似模型在优化时也经常用到。在处理大规模的优化问题时，设计变量的数目往往会非常庞大，DOE 的作用就在于通过辨识对目标函数和约束的贡献大小来减少设计变量的数量。近似模型则是用拟合的多项式或其他模型代替需要复杂计算分析的目标和约束函数，从而降低计算成本。响应面（Response Surface，RS）是近似模型中得到应用相对较多的一种，其基本原理在黄俊[83]、李荣顺[84]和 Simpson[85]等人的论文中都有具体的介绍，此处不再赘述。

7.2　采用集成化 MDO 的必要性

尽管大多数计算机辅助飞机概念设计系统都具备一定的优化功能，但随着优化算法和 MDO 策略方面研究的快速发展，试图将大量的优化算法和 MDO 策略包含在一个辅助设计系统中，必然需要很高的研究成本，而且对于面向设计全过程的概念设计支持系统而言，片面地增强优化功能也并非十分必要。在这样的情况下，集成提供较多优化算法和 MDO 策略的专门软件包，尤其是支持 MDO 的框架性系统，将有助于提高概念设计阶段方案优化的效率和质量。参考文献[71]中从体系结构、问题的表述与组织方式、问题执行和信息存取等方面论述了支持 MDO 的框架性系统应具备的功能，并且对 FIDO、iSIGHT、LMS Optimus 和 DAKOTA 这 4 种典型的系统作了详细的介绍。虽然该文中只提及了 FIDO 在高速民用运输机设计中的应用，但在概念设计的优化中利用这类框架系统的潜力显然是值得重视的。

就 MDO 所需的学科分析而言，概念设计系统中通常采用的估算方法在某些情况下难以满足问题求解的需要。例如，根据已有飞机的数据统计出的经验性气动估算公式和曲线，在用于分析非常规布局飞行器的气动特性时必然会有很大的误差。正因如此，将各种成熟的分析工具与设计支持系统集成在一起，将有助于提高 MDO 结果的可靠性。当然，正如第 6 章中介绍 MGAERO 时提到的那样，在选择用于集成的分析工具时应当预估概念机模型的精度、可接受的计算成本等多方面的因素和可能带来的影响。

在集成化 MDO 中，支持 MDO 的框架性系统和第三方分析工具各自发挥着重要的作用，但优化问题的求解必然是紧密围绕设计支持系统中完成的概念机方案进行的，而且这些方案中都包含着大量不同类型的部件，这也是用于概念设计阶段的集成化 MDO 与大多数初步及详细设计阶段的 MDO 研究的主要区别。如参考文献[55]中所述，优化并不产生“新”的设计，它只能是变动已有的初始方案以得到更好或“最好”的优化方案，而概念设计阶段初始方案的多样性与新颖性，还需要依靠具有创造性的设计者和功能强大的支持系统来保证。

事实上，正如协同优化(Collaborative Optimization，CO)[84-92]、并行子空间优化(Concurrent Subspace Optimization，CSSO)[93-96]等 MDO 策略首先在飞机设计领域的研究中被提出一样，充分结合概念设计的特点不仅可以在应用各种优化算法和 MDO 策略时对其进行有益的改进，还有利于发展出新的方法。正因如此，无论是通过集成化 MDO 还是其他的手段，在积极地将 MDO 应用于概念设计的同时，不应忽略对支持系统本身及相关方法的研究。

7.3　集成中各种软件工具的选取

在选取集成化 MDO 所需的三方面软件工具时，SEACD 自然被作为了用于集成的概念设计支持系统；MGAERO 因其在 6.3 节中所列出的各种优点而被作为第三方的气动分析软件，而且在本研究中因条件限制，也仅仅使用了这一种第三方分析工具；上一小节中提到的 iSIGHT[97,98]则是本研究中用于支持 MDO 的框架性系统(见图 7.2)。

作为一个协同驱动产品设计优化的软件，iSIGHT 已经在汽车、电子、航空航天等众多领域得到了广泛的应用[99]。在 iSIGHT 中，优化算法、DOE 和近似模型统称为设计开发技术(design exploration techniques)，其中的优化算法部分包括可行方向法(CONMIN[100])、序列线性规划法、多岛遗传算法、自适应模拟退火和直接启发式搜索等，DOE 方法包括正交排列、中心合成设计和 Latin 超立方法等；近似模型中不仅有响应面模型，还包括 Krging 模型和 Taylor 级数近似等。限于篇幅，本章中除了在 7.2 节中提到的内容外，对这些设计开发技术不作进一步的论述，而且对应用它们时需要在 iSIGHT 中进行的大量参数设置也不作详细的说明。

尽管提供了大量的设计开发技术，但 iSIGHT 并不是一个单纯的优化工具包，流程集成(process integration)是其作为 MDO 框架性系统的另一重要功能。通过在系统中可视化地将各种与优化相关的分析工具定义为“simcode”，iSIGHT 可以在优化过程中根据需要启动和关

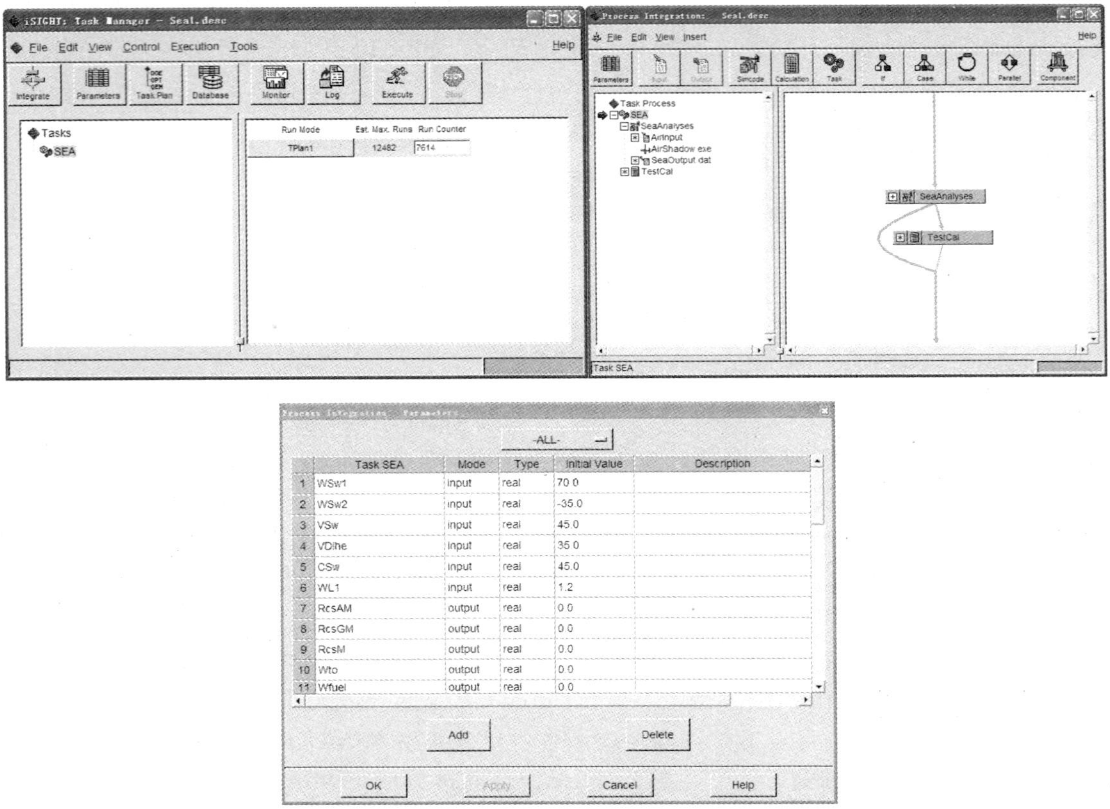

图 7.2　iSIGHT 的部分界面

闭它们。在定义一个“simcode”时，还需要指定与之相关的输入/输出文件，并且利用该软件提供的专用文件解析工具确定优化目标、设计变量和约束等参数，这样 iSIGHT 就可以在优化过程中提取这些参数的值，从而保证优化流程的自动进行。在各种分析工具运行于网络环境中时，iSIGHT 的分布及并行处理功能也能较好地将它们连接起来。此外，iSIGHT 还提供了多准则权衡、专门的多学科优化语言(Multi - Disciplinary Optimization Language，MDOL)及多种可靠性分析方法等功能，但这些在本研究中还没有用到。

7.4　实现集成的基本措施

由于 SEACD 中大多数的分析功能都不能与其统一的系统框架相分离，所以不可能将某一部分的分析功能定义为 iSIGHT 中的“simcode”并单独启动，如果为了运行某一功能而在优化过程中反复地启动和关闭整个系统，则将不可避免地增加计算成本。进一步而言，尽管优化进程由 iSIGHT 控制，但保持被优化的方案所在的 SEACD 程序在这一过程中具有唯一性而非被反复地启动和关闭，也是非常必要的，因为这样将有利于设计者实时地监控方案在优化中的演变，以及更方便地对优化结果进行必要的后处理。

为了解决 iSIGHT 控制优化进程和保持 SEACD 唯一性之间的矛盾，作者编写了一个独立的小程序(称为“信使”)，并且在 iSIGHT 的流程集成中需要用到 SEACD 的地方用它进行替代。通过使用不同的命令行参数，信使程序可以向 SEACD 发送不同的消息以激活相应的分析功能。图 7.3 表示了 SEACD、iSIGHT 和信使程序之间的关系。由图可见，在 iSIGHT 中完全不必定义 SEACD，而是由信使程序充当连接二者的纽带。尽管在流程集成时输入和输出文件被指定给了信使程序，但在实际的优化过程中是由接收到消息后的 SEACD 导入输入文件改变方案并进行所需计算，然后再导出相应的输出文件。由于 iSIGHT 会调整输入文件中的设计变量和评估输出文件中的目标与约束，所以这些文件可以被看作是 SEACD 和 iSIGHT 间的另一种联系方式。虽然图 7.3 中只表示了一个信使程序，但在对应于一个优化任务的流程中完全可以定义多个带有相同或不同参数的“信使”。在单独集成 SEACD 和 iSIGHT 的情况下，图 7.4 表示了一次优化计算过程中的某一状态。该图的右下角是 iSIGHT 的求解监控界面，从中可以反映出设计变量、目标和约束等取值的变化——这也提供了监控方案演变的一种辅助性手段。

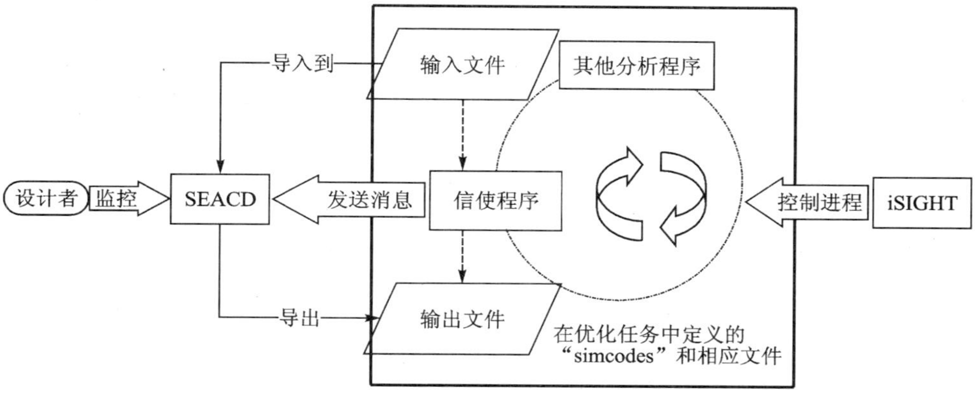

图 7.3　集成化 MDO 中各主要元素间的关系

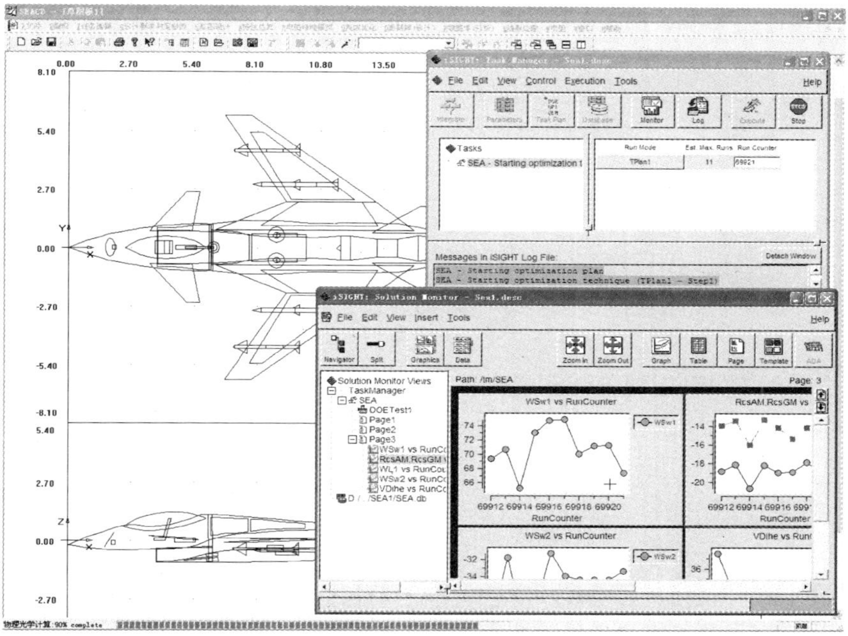

图 7.4　SEACD 与 iSIGHT 相集成进行优化时的情况示例

由于 MGAERO 可以被很方便地定义在一个“simcode”中，SEACD、iSIGHT 和 MGAERO 的集成以上述措施为基础即可以实现。尽管 SEACD 和信使程序运行于 Windows 系统中，而 MGAERO 的运行需要 UNIX 或 Linux 系统，但通过运用 iSIGHT 的分布处理功能，就可以有效地解决因操作系统不同而带来的问题。

7.5 优化策略上的考虑

本研究中的集成化 MDO 涉及的学科包括重量特性、隐身特性和气动特性，其中前两项在 SEACD 中进行估算，而后一项的分析在 MGAERO 中进行。无论在每一类型学科中选择的优化目标数目如何，规格化线性加权法都被用于构造单一的全局准则。由于在所考虑的这三类学科之间没有很强的耦合，而且用于方法验证的优化问题规模较小，所以目前只采取了单级优化(single－level optimization)[84,101]的方法协调各学科分析。也就是说，各学科分析被作为一个整体进行，以得到某一优化任务需要的目标和约束等计算结果——无论该优化任务只包含一个单纯的优化算法还是由多种设计开发技术组合而成。图 7.5 表示了一个优化任务中进行一次循环时的数据流，这一任务包含了 SEACD 和 MGAERO 中的分析。为清晰起见，图 7.5中省略了与 SEACD 相对应的信使程序。

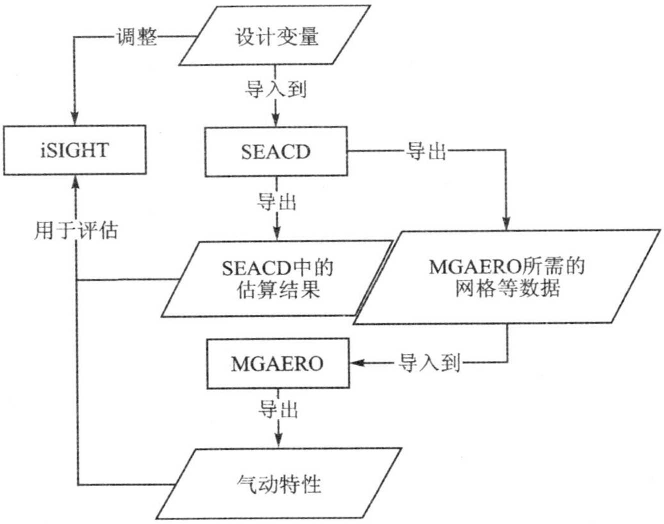

图 7.5 一次优化循环时的数据流

尽管组合使用 DOE、近似模型和优化算法可以大大提高 MDO 的效率[102]，但估算方法和 CFD 数值分析在计算成本上的不平衡性是不能忽略的。如第 6 章所述，在本研究中使用的装备了 Athlon1600＋CPU 和 768MRAM 的个人计算机上，用 MGAERO 对一个具有 6 层 Cartesian 网格(约 700 000 个单元)且各层迭代次数之和在 200 次左右的模型进行计算，大致需要1 个小时，更何况 MGAERO 采用的 Euler 法在计算时间上较之求解 Navier－Stokes 方程等方法已经有了很大优势。与之相对地，SEACD 中的计算所需时间都不会超过数秒。虽然随着软件版本的升级和硬件条件的提高，使用 MGAERO 进行计算所需的时间将可以得到进一步缩短，但是使其与各种估算方法所需的时间处于同一量级无疑是非常困难的。

解决计算成本间不平衡性的方法之一在于首先为不同的学科分析设置不同的优化任务，然后再进行系统级优化。通过运用协同优化等高级的优化策略可以很好地实现这一方法。但是，数目足够多的设计点对任何优化任务而言都是必要的，而这在直接使用每次计算都需要消耗很长时间的分析时将很难满足，因为在概念设计阶段供优化的可行方案数目会比较多，以致相应地用于优化每个方案的时间必然非常有限。

作为节省计算成本和保证计算精度之间的折衷，本研究中采用了对比优化与后续验证相结合的策略确定最优方案。如图7.6所示，首先为加快分析的速度而减少了在优化过程中针对每个方案生成的Cartesian网格的数目，但是对同一个问题应当采用多个优化任务进行对比。每个任务所得的结果将被分别排序，而且各自最靠前的若干个解将被保留下来。图7.6中的X_1、X_2到X_m分别表示的就是任务1、任务2到任务m中保留的解的数目，它们的取值相等与否是根据实际情况确定的。在采用更细密的Cartesian网格对这些保留解进行验证计算后，将结合其他学科分析的已有结果重新评估它们的有效性，并对其中的有效解再次计算全局准则。最后，根据新的全局准则值确定出有效解中的最优者，并将其作为问题的最优解。当然，调整Cartesian网格的数目并不是可以用来控制计算时间的唯一办法。在条件允许的情况下，应当以合适的方式将面元法用于快速分析，进而用Euler法等进行验证。此外，快速分析与后续验证也并不局限于气动分析方面，如物理光学与矩量法的结合对隐身特性分析而言，也就是进行集成化MDO时可能采用的措施之一。

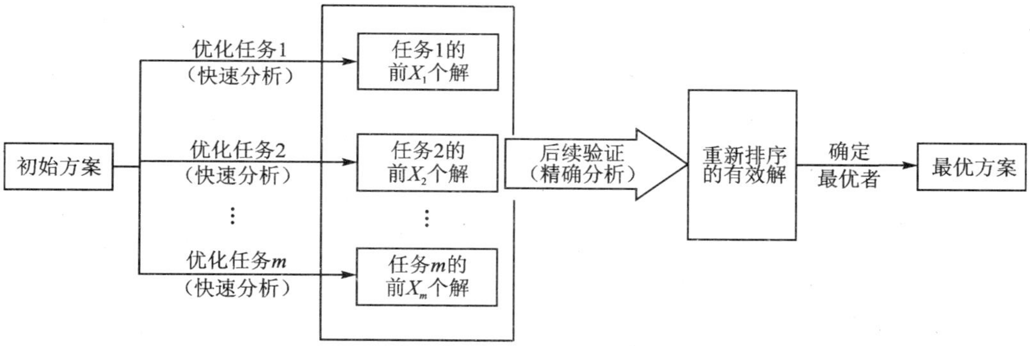

图7.6 对比优化与后续验证相结合策略的基本流程

借助于iSIGHT，对同一问题采用多个不同的优化任务是易于实现的，而且也更有利于找到全局最优解。尽管如此，设计者应当对完成图7.6中整个流程的计算时间进行评估，并将其与只进行一个完全使用精确分析方法的优化任务所需的时间进行比较。事实上，在对比优化后确定的一个保留解经后续验证可能会成为非有效解，而且最终确定的最优解也很难从数学上加以严格的证明。因此，在保证优化效率的前提下，应用于某一特定问题的策略应当视问题的规模和可利用的计算资源而定。

参考文献

[1] 雷鸣. 飞机总体性能分析软件系统结构设计和曲面单元的 RCS 计算[D]. 北京：北京航空航天大学，2000.

[2] 克拉特 E F. 雷达散射截面：预估、测量和减缩[M]. 阮颖铮，译. 北京：电子工业出版社，1988.

[3] 黄沛霖. 大型、复杂耦合散射目标的 RCS 计算方法研究[D]. 北京：北京航空航天大学，2003.

[4] 李军. FDTD 新算法研究及电磁波在多重介质中传播的数值模拟[D]. 北京：北京航空航天大学，2003.

[5] 施法中. 计算机辅助几何设计与非均匀有理 B 样条[M]. 北京：高等教育出版社，2001.

[6] 朱心雄. 自由曲线曲面造型技术[M]. 北京：科学出版社，2000.

[7] Farin G. Curves and Surfaces for Computer Aided Geometric Design：A Practical Guide [M]. 3rd. San Diego：Academic Press，Inc.，1993.

[8] 胡哲源. 掌握 Visual C++—— MFC 程序设计与剖析[M]. 北京：清华大学出版社，2001.

[9] Kruglinski D J. Visual C++技术内幕[M]. 4 版. 潘爱民，王国印，译. 北京：清华大学出版社，1999.

[10] Prebil I，Kaiba P. Objected－Oriented Environment for Design and Production Preparation of Large Rolling Rotational Connections[J]. Advances in Engineering Software，2002，33(3)：131-141.

[11] 陆汝钤. 世纪之交的知识工程与知识科学[M]. 北京：清华大学出版社，2001.

[12] 何炎祥，陈莘萌. Agent 和多 Agent 系统的设计与应用[M]. 武汉：武汉大学出版社，2001.

[13] 史忠植. 智能主体及其应用[M]. 北京：科学出版社，2000.

[14] Nilsson N J. 人工智能[M]. 英文版. 北京：机械工业出版社，1999.

[15] Miao C Y，Goh A，Miao Y，et al. Agent that Models，Reasons and Makes Decisions [J]. 2002，15(3)，203-211.

[16] Vidal J M，Buhler P A，Huhns M N. Inside an Agent[J]. IEEE Internet Computing，2001，5(1)：82-86.

[17] Jennings N R. An Agent－Based Approach for Building Complex Software Systems[J]. Communications of the ACM，2001，44(4)：35-41.

[18] Lees B，Branki C，Aird I. A Framework for Distributed Agent－Based Engineering Design Support[J]. Automation in Construction，2001，10(5)：631-637.

[19] Rosenman M，Wang F. A Component Agent Based Open CAD System for Collaborative Design[J]. Automation in Construction，Fifth International Conference on Digital Dbiect Identifier. 2001，10(5)：383-397.

[20] Kavi K M，Aborizka M，Kung D. A Framework for Designing，Modeling and Analyzing Agent Based Software Systems[C]. // IEEE Proceedings of Fifth International

Conference on Algorithms and Architectures for Parallel Processing. Fifth International Conference on Digital Object Identifier, 2002: 196-200.

[21] 刘志刚，潘和平，李德仁．智能主体主要理论的综述和分析[J]．计算机应用研究，2002，19(7)：1-5.

[22] 余雄庆．基于 Agent 模型的多学科优化设计方法[J]．机械科学与技术，2002，21(5)：844-851.

[23] Deshnukh A, Middelkoop T, Krothapalli A, et al. Multiagent Design Architecture for Intelligent Synthesis Environment[J]. Journal of Aircraft, 2001, 38(2): 215-223.

[24] Deshmukh A, Middelkoop T, Krothapalli A, et al. Multi-Agent Design Architecture for Integrated Design Systems[R]. AIAA Paper 98-0914, 1998.

[25] Torenbeek E. Teaching and Learning Conceptual Design in the CAD Era: Generating Problems and Integrating Solution[R]. AIAA Paper 85-3081, 1985.

[26] 杨华保．战斗机战术技术要求的分析和全机重量的计算[J]．西北工业大学学报，2001，19(2)：238-241.

[27] Francisco R, Jayaram S. An Object-Oriented Method for the Definition of Mission Profile for Aircraft Design[R]. AIAA Paper 94-0867, 1994.

[28] Martens P J. Aircraft Sizing Using Implicit Mission Analysis[R]. AIAA Paper 94. 4406, 1994.

[29] Mattingly J D, Heiser W H, Daley D H. Aircraft Engine Design[M]. AIAA Education Series, New York: AIAA Inc., 1987.

[30] Raymer D P. Aircraft Design: A Conceptual Approach[M]. 3rd ed. Reston: AIAA Inc., 1999.

[31] Roskam J. Airplane Design Part I: Preliminary Sizing of Airplanes[M]. Ottawa: Roskam Aviation and Engineering Corporation, 1985.

[32] Roskam J. Airplane Design Part I: Preliminary Sizing of Airplanes[M]. Ottawa: Roskam Aviation and Engineering Corporation, 1985.

[33] Brandt S A, Stiles R J, Bertin J J, et al. Introduction to Aeronautics: A Design Perspective[M]. AIAA Education Series, Reston: AIAA, Inc., 1997.

[34] Mathews J H. Numerical Methods for Mathematics, Science and Engineering[M]. 2nd ed. Englewood Cliffs: Prentice Hall, 1992. 43-98.

[35] 陆汝铃．世纪之交的知识工程与知识科学[M]．北京：清华大学出版社，2001.

[36] 潘云鹤．智能 CAD 方法与模型[M]．北京：科学出版社，1997.

[37] McGown A, Green G, Rodgers P A. Visible Ideas: Information Patterns of Conceptual Sketch Activity[J]. Design Studies, 1998, 19(4): 431-453.

[38] Eggli L, Hsu C Y, Brüderlin B D, et al. Inferring 3D Models from Freehand Sketches and Constraints[J]. Computer-Aided Design, 1997, 29(2): 101-112.

[39] van Dijk C G C, Mayer A A C. Sketch Input for Conceptual Surface Design[J]. Computer in Industry, 1997, 34(1): 125-137.

[40] 马翠霞．支持概念设计的手势描述和草图设计系统的研究[D]．北京：中国科学院软件

研究所，2003.
[41] 宋保华. 面向产品概念设计的智能草图研究[D]. 西安：西北工业大学，2003.
[42] 胡华强. 基于手绘草图的三维 CAD 系统[D]. 杭州：浙江大学，2004.
[43] Moore W F. A Model for the Configuration Integration Process[R]. AIAA Paper 95-3905,1995
[44] 汪成为，高文，王行仁. 灵境(虚拟现实)技术的理论、实现及应用[M]. 北京：清华大学出版社，1996.
[45] 赵沁平. DVENET 分布式虚拟环境[M]. 北京：科学出版社，2002.
[46] Ackson P. Jane's All the World's Aircraft[M]. London: Jane's Group Limited, 2003.
[47] 中国航空信息中心《世界飞机手册》编写组. 世界飞机手册：2000[M]. 北京：航空工业出版社，2001.
[48] 卢成文. 简明世界飞机手册：1991[M]. 北京：航空工业出版社，1991.
[49] 刘虎. 基于三维数值化实体模型的飞机性能分析研究[D]. 北京：北京航空航天大学，2000.
[50] Eckel B. C++编程思想[M]. 刘宗田，邢大红，孙慧杰，译. 北京：机械工业出版社，2000.
[51] 顾诵芬，解思适. 飞机总体设计[M]. 北京：北京航空航天大学出版社，2001.
[52] Nicolai L M. 飞机设计基本原理[M]. 赵先宁，译. 台北：徐氏基金会，1983.
[53] Isikveren A T. Quasi - Analytical Modeling and Optimisation Techniques for Transport Aircraft Design[D]. Stockholm: Royal Institute of Technology, 2002.
[54] 王钢林. 基于分布式技术的飞机总体虚拟样机设计环境的原型研究[D]. 北京：北京航空航天大学，2003.
[55] Raymer D P. AircraftDesign: A Conceptual Approach [M]. 3rd ed. Reston: AIAA Inc., 1999.
[56] Raymer D P. Vehicle Scaling Laws for Multidisciplinary Optimization: Use of Net Design Volume to Improve Optimization Realism[R]. AIAA Paper 2001-5246,2001.
[57] 孙家广，杨长贵. 计算机图形学[M]. 北京：清华大学出版社，1995.
[58] Hill F S. Computer Graphics: Using OpenGL [M]. Upper Saddle River: Prentice Hall, 2001.
[59] 徐惠明，余雄庆，薛飞. 基于神经网络的飞机主要参数估算方法[J]. 南京航空航天大学学报，2003，35(1)：48-52.
[60] 刘震开，贵中华，蔡青. 人工神经网络在飞机总体外形智能 CAD 中的应用[J]. 航空学报，1998，19(6)：678-684.
[61] Tranchero B, Bargetto R. A Neural Network - Based Approach to the Estimation of the Basic Mass Empty[R]. AIAA Paper 99-0112,1999.
[62] 聂蓉梅，夏人伟，陈万春. 飞行器总体设计中主要参数的神经网络估算[J]. 北京航空航天大学学报，1999，25(6)：655-659.
[63] Yalif G U. The Computer Aided Aircraft - design Package (CAAP)[R]. NASA - CP - 10162 - Vol. 2,1997: 303-314.

[64] Chai S, Crisafulli P, Mason W H. Aircraft Center of Gravity Estimation in Conceptual / Preliminary Design[R]. AIAA Paper 95-3882,1995.
[65] Roskam J. Airplane Design Part V: Component Weight Estimation[M]. Ottawa: Roskam Aviation and Engineering Corporation, 1985.
[66] Kaul R W, Roshsaz K. A Comparative Analysis of the Boeing 727 - 100 Using Three Advanced Design Methodologies[R]. SAE/AIAA Paper 96-5518,1996.
[67] 李敬. 气动力与隐身一体化的飞机外形参数模糊优化[D]. 北京: 北京航空航天大学, 1999.
[68] 朱自强. 应用计算流体力学[M]. 北京: 北京航空航天大学出版社, 1998.
[69] 朱自强, 陈炳永, 李津. 现代飞机设计中的空气动力学[M]. 北京: 北京航空航天大学出版社, 1995.
[70] Analytical Methods, Inc.. MGAERO. Cartesian Mutltigrid Euler Code for Flow Around Arbitrary Configurations, User's Manual, Version 3.1.4[M]. Redmond: Analytical Methods, Inc., 2001.
[71] Salas A O, Townsend J C. Framework Requirements for MDO Application Development[R]. AIAA Paper 98-4740,1998.
[72] 卢险峰. 最优化方法应用基础[M]. 上海: 同济大学出版社, 2003.
[73] 王凌. 智能优化算法及其应用[M]. 北京: 清华大学出版社/施普林格出版社, 2001.
[74] 周明, 孙树栋. 遗传算法原理及应用[M]. 北京: 国防工业出版社, 1999.
[75] 王小平, 曹立明. 遗传算法: 理论、应用及软件实现[M]. 西安: 西安交通大学出版社, 2002.
[76] Whitley D. An Overview of Evolutionary Algorithms: Practical Issues and Common Pitfalls[J]. Information and Software Technology, 2001, 43: 817-831.
[77] Veldhuizen D A V. Multiobjective Evolutionary Algorithms: Classifications, Analyses, and New Innovations[R]. ADA364478, 1999.
[78] 徐宗本, 张讲社, 郑亚林. 计算智能中的仿生学: 理论与算法[M]. 北京: 科学出版社, 2003.
[79] Nirwan A, Edwin H. 用于最优化的计算智能[M]. 李军, 边肇祺, 译. 北京: 清华大学出版社, 1999.
[80] 朱自强, 李海明, 李津, 等. 空气动力学/电磁学双学科优化方法的讨论[J]. 中国科学(E辑), 2000, 30(3): 208-215.
[81] Zhu Z Q, Yu R X, Fu H Y, et al. Numerical Biobjective Optimal Design of Airfoil and Wing[J]. Journal of Aircraft, 2003, 40(3): 600-603.
[82] Raymer D P. Vehicle Scaling Laws for Multidisciplinary Optimization (Preliminary Report)[R]. AIAA Paper 2001-0532,2001.
[83] 黄俊, 武哲, 孙惠中, 等. 飞机总体优化设计的新进展[J]. 航空学报, 2000, 21(6): 481-487.
[84] 李荣顺. 飞机初步设计中的响应面方法[R]. //中国航空科技文献 HJB890710. 北京: 航空航天工业部, 1989.

[85] Simpson T W, Mauery T M, Korte J J, et al. Comparison of Response Surface and Kringing Models for Multidisciplinary Design Optimization[R]. AIAA Paper 98-4755,1998.

[86] Sobieski I P, Kroo I M. Aircraft Design Using Collaborative Optimization[R]. AIAA Paper 96-0715,1996.

[87] Sobieski I P, Manning V M, Kroo I M. Response Surface Estimation and Refinement in Collaborative Optimization[R]. AIAA Paper 98-4753,1998.

[88] Sobieski I P, Kroo I M. Collaborative Optimization Using Response Surface Estimation [J]. Journal of Aircraft, 2000, 38(10): 1931-1938.

[89] 余雄庆，薛飞，穆雪峰，等. 用遗传算法提供高协同优化的可靠性[J]. 中国机械工程，2002, 14(21): 1808-1811.

[90] 李响，李为吉. 基于序列响应面方法的协同优化算法[J]. 西北工业大学学报，2003, 21(1): 79-82.

[91] 李响，李为吉. 基于超球近似子空间的协同优化方法及应用研究[J]. 西北工业大学学报，2003, 21(4): 461-464.

[92] Manning V M. Large-Scale Design of Supersonic Aircraft via Collaborative Optimization[D]. Stanford: Stanford University, 1999.

[93] Renaud J E, Gabriele G A. Improved Coordination in Nonhierarchic System Optimization[J]. AIAA Journal, 1993, 31(12): 2367-2373.

[94] Seller R S, Batill S M, Renaud J E. Response Surface Based, Concurrent Subspace Optimization for Multidisciplinary System Design[R]. AIAA Paper 96-0714,1996.

[95] Stelmack M A. A User-Interactive, Response Surface Approximation Based Framework for Multidisciplinary Design[D]. Notre Dame: University of Notre Dame, 1999.

[96] Sobieszczanski-Sobieski J, Haftka R T. Multidisciplinary Aerospace Design Optimization: Survey of Recent Developments[R]. AIAA Paper 96-0711,1996.

[97] Engineous Software Inc.. iSIGHT User's Guide. Version 7.1[M]. Cary: Engineous Software,Inc., 2002.

[98] Engineous Software Inc.. iSIGHT Reference Guide[M]. Version 7.1. Cary: Engineous Software, Inc., 2002.

[99] 李金从，邓家禔. 多学科优化集成设计框架[J]. 现代制造工程，2003 (3): 77-79.

[100] Jayaram S, Myklebust A, Gelhausen P. ACSYNT— A Standards-Based System for Parametric Computer Aided Conceptual Design of Aircraft[R]. AIAA Paper 92-1268, 1992.

[101] Perez R E, Chung J, Behdinan K. Aircraft Conceptual Design Using Genetic Algorithms[R]. AIAA Paper 2000-4938,2000.

[102] Keane A J. Wing Optimization Using Design of Experiment, Response Surface, and Data Fusion Methods[J]. Journal of Aircraft, 2003,40(4): 741-750.

第二篇

集成化飞机总体设计系统

第 8 章　OpenCADS 的研发背景与系统框架

飞机总体设计是一个集成多学科、综合多种理论与方法的复杂系统工程，一方面需要应用新的现代产品设计方法从本质上提升飞机总体设计水平和设计质量；另一方面，整个设计过程的复杂性决定了集成化飞机总体设计系统的建设是一项长期而艰巨的任务。为此，本章提出采用基于知识的工程与渐进化发展的系统建设指导原则，以期为上述问题的解决起到一定的促进与支持作用。

基于系统建设的指导原则，本章还将就系统的设计展开论述，其中包括系统的定位与技术要求、开放式的体系架构设计、基于多方案的系统数据组织、可扩展的研发层次结构及以它们为基础进行的远程设计方面的初步研究等。

8.1　典型的飞机总体设计集成系统

目前比较典型的商业化集成框架软件包括 ModelCenter（见参考文献[1]）、iSIGHT（见参考文献[2-3]）、VisualDOC（见参考文献[4]）和 DAKOTA（见参考文献[5]）等。

ModelCenter 是由 Phoenix Integration 公司开发的基于 Windows NT 操作系统的 MDO 框架。其特点是：

① 具有良好的用户界面，很容易集成现有的各类遗留程序，且实现分布式计算也很方便，用户只需几天的学习时间就可掌握该软件的使用；

② 通过采用数据流技术，ModelCenter 提供了良好的数据管理和设计过程可视化功能；

③ 提供了几种代理模型生成方法和优化算法；

④ 对几种流行的 CAD 软件提供接口，包括 ProE 和 CATIA 等。

iSIGHT 是美国 Engineous Software 公司开发的基于 Windows NT 和 Unix 平台的多学科设计优化框架。该软件的特点是：

① 提供专用的多学科设计优化语言 MDOL（Multi - Disciplinary Optimization Language）来描述 MDO 问题；

② 具有很好的集成遗留程序的能力；

③ 可在异构计算机环境下实现分布式计算，并支持并行计算；

④ 提供了丰富的优化算法和多种代理模型方法；

⑤ 具有良好的可视化功能；

⑥ 提供了较好的基于稳健性的设计优化和基于可靠性的设计优化的功能。

VisualDOC 是由 Vanderplaats 等开发的可用于 WindowsNT 和 Unix 平台的工程设计优化系统。其特点是：

① 优化算法库采用了设计优化工具 DOT 软件，DOT 已在美国得到广泛的应用，被证明具有较高的可靠性，并且在 VisualDOC 第 3 版中，还增加了遗传算法和 Particle Swarm 优化算法；

② 具有良好的用户界面，可以用类似于电子表格的形式定义优化问题；

③ 提供了几种常用的代理模型技术；

④ 通过使用 VisualScript 模块可集成遗留程序，也为其他商用软件如 Fluent 、ABAQUS 等提供接口；

⑤ 采用数据库技术，提供了良好的数据管理；

⑥ 有很好的设计过程可视化功能，可实时观察目标函数、约束函数、设计变量的状态和变化趋势；

⑦ 支持多处理器计算机的并行计算。

DAKOTA 是 Design Analysis Kit for Optimization and Terascale Application 的缩写，是美国 Sandia 国家实验室开发的基于 Unix 平台的、面向工作站和高性能计算机的通用设计优化框架。其主要特点是：

① 提供丰富的优化算法库，其优化算法库包含了基于梯度计算的非线性规划，无需梯度计算的模式搜索法和遗传算法，含整型和连续型混合设计变量的优化算法；

② 具有很强的代理模型生成功能，DAKOTA 几乎包括了目前主要的代理模型技术；

③ 可用于基于不确定性的优化设计；

④ 支持高性能计算机的并行计算功能；

⑤ 提供对遗留程序的集成功能；

⑥ 对优化设计过程具有一定的可视化功能。

这些商业化集成系统主要用于优化设计，并非针对总体设计；若用于总体设计的具体工作，难免有一些不足之处。因此，有必要在面向飞机总体设计系统建设方面进行更为深入的研究，以推动最终实用的设计系统在我国飞机总体设计中发挥出积极的作用。

值得提出的是，一个具有实用性的飞机设计系统不是少数人或者某一个单位在短时间内就能完成的，必须将各方面的力量综合起来，理论结合工程实际，不断地扩展与完善。换句话说，一个真正的飞机设计系统，不是包含了飞机设计各个任务的具体实现环节，不是一个完全自封闭的设计系统，而是提供了一个设计任务实现的环境和手段，并从整体上对设计与事务进行管理和控制。因此，从这个角度来讲，第一步是要为我们的设计者提供一套可操作性、可展性强，有针对性的框架系统，在此基础上再针对各个专业、综合各方力量并结合实际工程应用进行具体开发或封装，所完成的子系统或工具可以便捷地加入到系统框架中，并在框架所提供的管理下实现和谐、有效的运行，保证数据与模型的统一和关联。

但是，基于一个开放式框架进行系统构建，并不是说每个功能系统都需要从最基层开始，这样将会造成系统功能模块数量的过于庞大，从而引起使用上的混乱。解决的办法之一是定义合理的系统边界，这对于负责物理模型构建的方案设计系统而言更具针对性。倘若将所有部件设计功能独立进行开发，最后再以类似于分析工具的集成方式进行系统组装，这样一方面将难以体现功能模块之间的耦合，另一方面在设计过程中也难以添加知识和经验；同时，过多独立的模块还可能会引起操作上的不便。因此，可以考虑将方案设计中的一些重要功能固化在系统中，以提高操作的便捷性；而对于一些可选项目，则通过开放式接口在后期进行添加。事实上，各个分析仿真工具都是为设计服务的，都以模型为中心；而除了各类分析仿真工具以外，用于设计过程的各类知识和现代设计方法的支持也是非常重要的，基于工程的知识(Knowledge Based Engineering，KBE)便是其中之一。

8.2　集成化飞机总体设计系统指导原则

作为当前国内外的研究热点，KBE 在当前计算机与信息技术飞速发展的推动下，呈现了广阔的发展空间与强劲的后发优势。因此，作者将其作为本篇的集成化飞机总体设计系统的第一个指导原则予以引入。结合飞机总体设计这一业务目标以及 8.1 节中对 KBE 的定义，此处将其分为两个大的类别进行处理，即飞机总体设计相关知识与经验的融合以及综合多种设计、分析、仿真、优化工具的系统集成，而各类别又可以进一步分成若干子项，如表 8.1 所列。

表 8.1　系统中 KBE 应用分类

类　别	项目内容
知识、经验的融合	设计过程中的模型描述
	各种智能支持手段的融合
系统集成	面向模型构建的各类 CAD 系统集成
	面向设计及结果数据的数据管理系统集成
	面向分析、仿真的各类应用工具集成
	面向虚拟现实的各类软件结合系统集成

模型的描述主要是针对飞机部件特点，以及与各类部件设计相关的各项工作所进行的部件特征的数值表达，如在常规的直前后缘机翼描述过程中，直接通过机翼后掠角、尖削比等平面参数，上反角、扭转角等空间参数以及翼型剖面便可完成曲面模型的描述，进一步地可根据需要将前缘演变为一条任意形状的平面曲线，将上反角和扭转角演变为沿翼展的曲线数据点集合，从而形成任意形状的机翼外形曲面。在本篇将要重点阐述的民用飞机的总体设计中，适航条例的引入和应用则作为此部分内容的切入点，从而将方案模型与设计结果的评估相融合，并对设计过程中的决策予以支持，最终达到提高方案设计质量和效率、提升新员工设计水平的目的。

对于综合集成而言，根据针对业务对象的不同，可以将其分成若干子类，其中包括以下几项。

(1) 面向模型构建的各类 CAD 系统软件的集成与数据互访

目前在飞机总体设计过程中的主流三维造型 CAD 系统是 CATIA，而 AutoCAD 等平面绘图功能强大的软件系统在飞机布置、方案三面图的描述等方面同样得到了大量的应用。

(2) 面向数据的各类管理系统的集成

数据管理类系统则主要是各个研究场所所使用的 PLM(Product Life－cycle Management，产品生命周期管理)以及 PDM(Product Data Management，产品数据管理)产品，这类产品管理着型号方案的模型数据，更多地关注与几何相关的图形信息以及各类加工制造信息，而本篇论述的总体设计相关信息中的大部分数据，需要通过另外的数据管理支持手段进行处理，并能与现有数据管理产品进行数据的融合，以保证方案数据管理的统一和规范。

(3) 面向分析和仿真的各类工具性软件系统集成

在 8.1 节中已经提到，面向分析和仿真的各类工具软件的数量是非常庞大且随着计算机和各类学科的发展不断增加的，这也是本篇论述的设计系统需要解决的重点，而各软件的集成和应用应能具有良好的自主性和开放性。

(4) 面向虚拟现实的软硬结合系统的集成

由于价格和其他因素的限制,虚拟现实的部分目前还主要应用于产品后期阶段,但随着相关产品的日益成熟,这一技术同样可以引入总体设计;除了像第 4 章中所述的用于概念构型外,还可以便于对方案进行更全面、综合的评估。

从 8.1 节和以上的论述中可知,整个设计系统的构建和 KBE 技术的应用是一个长期的过程,由此引出本篇的第二个指导原则,即渐进化的发展原则,其主要含义包括如下三点:

① 方案的演变过程是渐进化发展的,即在方案设计过程中,通过多个方案的筛选和多次的综合评估推动方案向细化设计,逐步地逼近设计目标;

② 系统功能和资源的建设是不断完善的;

③ 设计系统所针对的对象是逐步扩展的,此处目标对象主要是指飞机类型,由于不同类型飞机具有其自身的特点,因此在设计系统中与模型相关的系统,尤其在方案设计系统的构建过程中,是需要分类别进行处理的。在针对某一种类型如民用旅客机(这也是 OpenCADS 中的主要研究对象)的系统构建成功后,再逐步扩展到战斗机、无人机、军用运输机等其他类型飞机支持系统的建设。

方案的演变过程是本书中针对总体设计过程最大的一条主线,由此所引出的系统目标对象便可以描述成一个设计任务。所谓设计任务,就是以设计要求为起点,通过多方案的设计和综合评估并最终获取目标方案的整个过程的活动。图 8.1 给出了另一种形式的方案演变历程示意图(以图形化形式表现的效果图可参见图 1.3),其中的每一个节点代表着一个具体方案,而这种直观的多方案宏观表示方法,一方面可以为充满迭代和循环的总体设计过程中的数据管理指明方向,同时也可为多方案的对比评估奠定数据基础。正是这种组织方式,形成了后续本篇中方案描述的数据组织总线,决定着系统的定位和开发。

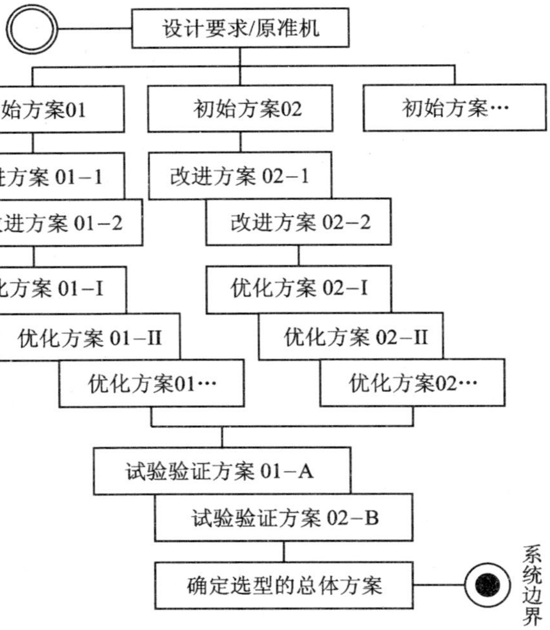

图 8.1 方案演变历程示意图

对于系统功能和资源的逐步完善与发展则可通过图 8.2 进行说明，其中包括三部分内容，即系统自身分阶段的发展、各阶段支持系统所对应的飞机总体设计阶段以及各设计阶段模型的精细程度。图中超出系统边界的部分主要体现了我国飞机设计中现有的工作模式，这个阶段已经属于飞机详细设计阶段，基本采用 CATIA 进行模型的细化和局部小的调整。尽管如此，总体设计系统一方面需要将前期设计数据合理、完整、可靠地传递到后续详细设计阶段，另一方面可通过系统“嫁接”的方式扩大系统的适用范围，比如建立起总体设计系统与 CATIA 之间模型的自然融合与过渡等，限于篇幅，本书未对此部分内容进行深入研究。为了说明系统构建和方案设计的层次性并为系统的渐进化建设作好铺垫，此处是按照将总体设计分为概念设计、方案设计和初步设计三个阶段的方式进行的论述，这种方式可以看做是将第 1 章所述的原国防科工委规定与英美模式的结合。

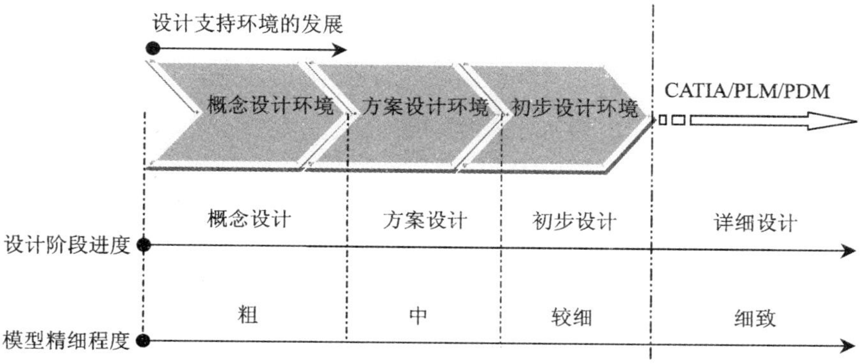

图 8.2 支持系统功能与设计模型的渐进化发展

按照上述对飞机设计过程以及系统建设的划分，并结合本篇研究内容，可进一步从各层次系统的工作特点、系统要求、支持理论等方面作进一步的说明。

1. 概念设计环境

概念设计环境作为第一个层次，主要基于全特征参数化建模，此时的建模速度快、模型精度要求低，主要用于新概念方案的快速生成和全面的特性分析，大部分评估工具也都是基于全特征参数，基本不涉及带网格计算等耗时环节。该层次设计环境对于单个部件而言不需要具备分布式设计功能，但所有的概念方案经过提交以后，都应该放入概念方案库中编序保存并共享。表 8.2 从该层次的工作目的、系统要求、支持理论和系统特点等方面进行了部分归纳。

表 8.2 概念设计环境规划

项　目	内　容
工作目的	获得指定设计要求下的多个设计方案
	获得各个方案初步估算分析结果
	形成初步的分析评估报告

续表 8.2

项　目	内　容
系统要求	可不支持分布式设计
	各个设计部件具有独立设计文件，包括特征参数文件和曲面文件
	可打开或导出部件文件，具备数据透视功能
	在基于特征造型的基础上具备与 CATIA 基础造型类似的功能
	具备交互式操作功能
	具备部件装配能力
支持理论	面向对象编程技术支持
	全特征参数化支持
	飞机设计类框架体系支持
	翼面类部件建模支持
	非翼面类部件建模支持
	图形库开发技术支持
	基于全特征参数的估算理论支持
系统特点	快速成型
	完全基于飞机设计特征参数建模
	完全基于飞机设计特征参数快速分析
	交互式操作
	数据透视
	模型部件间自动化关联

2. 方案设计环境

方案设计环境作为第二个层次，其主要是在概念设计环境的基础上进行进一步的细节部件设计，并主要采用基于网格的计算分析方法和基于分布式的设计方法，还包括结构的设计和分析等。此时的设计工期相比概念设计系统要长，支持分布式设计和远程调用计算。在该层中，将按照工作组进行分类，并以角色进行授权访问，多人属于同一工作组，将对上游筛选出来的概念方案进行进一步的细化设计和分析，设计分析结果更为准确和可靠，但耗时更长。这一轮出来的方案，将初步具备可行性，其工作范围包括：结构布局选择、结构元件设定、传力路线设定、操纵面设计、机翼根部整流设计、机翼稍部整流设计、发动机部件连接面设计（发动机翼吊布置）、其他细部几何设计、气动载荷分析、集中载荷分析、结构设计（包括蒙皮，但不包括结构件的细致结构，如孔、连接等）、结构分析、气动弹性分析、操纵性与稳定性分析、重量重心分析、细致飞行性能分析、指定流程优化（多目标、多变量、多约束优化分析）、系统布置等。相关规划如表 8.3 所列。

表 8.3　方案设计环境规划

工作项目	工作内容
工作目的	获得一个可行方案
	获得方案的细化模型
	获得方案的各种分析结果
	形成方案的结果分析报告
系统要求	支持分布式设计
	支持作业调度系统进行远程调用计算
	各个设计部件具有独立设计文件,包括特征参数文件和曲面文件
	可打开或导出部件文件
	能与 CATIA 之间相互通信
	具备交互式操作功能
	具备部件装配功能
	具备数据透视功能
支持理论	面向对象编程技术支持
	全特征参数化支持
	飞机设计类框架体系支持
	翼尖整流部件建模处理支持
	复杂曲面部件建模支持
	图形库开发技术支持
	基于全特征参数的曲面自动求交处理技术支持
	基于全特征参数的网格自动生成技术支持
	基于表面网格的计算分析理论支持
	基于空间网格的计算分析理论支持
	基于分布式的统一关联模型处理技术支持
系统特点	分布式细致建模
	基于参数和曲面的建模
	具备交互式操作功能
	具备部件装配功能
	具备网格自动处理功能
	统一并基于网络管理的数据模型

3. 初步设计环境

从第二层中所获取的方案已经具备一定的精细程度的;在第三层中,所有的分析和建模将主要针对几何曲面,而淡化飞机设计特征参数的概念。支持环境一方面要提供具有专业特色且更为细致的几何造型功能,另一方面需要与 CATIA 等成熟 CAD 系统进行大量的数据交互,通过利用成熟 CAD 系统的部分功能进一步提升设计环境在飞机设计过程中的应用价值。

这部分功能的实现可通过二次开发技术来完成。同时,虚拟现实等先进评估手段在条件允许的情况下也可以得到大量的应用。此部分相关规划如表 8.4 所列。

表 8.4 初步设计环境规划

项 目	内 容
工作目的	在第二层设计的基础上进行仿真及虚拟现实
	获取方案的效能、费用、安全性等分析结果
	导入已有 CATIA 数模,获取数模物理属性并进行相关分析
	形成方案的结果分析报告
系统要求	支持分布式设计
	支持作业调度系统进行远程调用计算
	各个设计部件具有独立设计文件,包括特征参数文件和曲面文件等
	可打开或导出部件文件及 CATIA 文件
	更为强大的造型技术且与 CATIA 流畅通信
支持理论	面向对象编程技术支持
	曲面文件处理支持
	飞机设计类框架体系支持
	曲面图元捕捉技术支持
	气动仿真技术支持
	性能仿真技术支持
	虚拟现实技术支持
	现有 CAD 系统二次开发技术
	成熟图形接口应用技术
系统特点	具备交互式操作功能
	大量仿真功能
	标准图形接口功能
	非标准图形接口功能

8.3 集成化飞机总体设计系统的框架设计

8.3.1 系统定位与技术要求

本篇研究的内容为集成化飞机总体综合设计系统,该系统能提供资源集成、知识整合的手段,并以此为基础支持设计者很好地完成相关业务的工作环境,并包含若干用于完成各类分项任务的其他系统。结合本篇研究范围,此系统包含如下两层含义:

① 它不是一个具备各项功能的封闭系统,而是提供了一种任务实现的环境和手段。设计者可通过系统将各类软件工具、知识和经验等资源进行有机的整合并加以利用。

② 在已经将各类资源整合的基础上,充分利用系统的各项设计相关支持功能,辅助设计

工作的开展，以进一步提高飞机总体设计的质量和效率。

此处“综合”同样包含两个方面的内容：一是综合利用各类资源以从整体上对飞机总体设计进行支持；二是系统最终的业务将是面向各种类型飞机的设计。

综上所述，本篇中系统定位如下：

① 立足于我国飞机总体设计的特点、现状和条件，借鉴和吸纳国际成熟、先进的飞机设计思想和技术；

② 综合集成不同学科专业的各种建模、计算分析与仿真工具；

③ 融合飞机设计专业知识和现代设计方法；

④ 具备一定的流程管理和控制能力；

⑤ 具备对概念设计、方案设计和初步设计各层级模型支持的能力。

结合 8.1 节中各项阐述内容、系统建设的指导原则以及目前飞机总体设计及其相关技术的发展现状，可拟定出如表 8.5 所列的最终目标系统技术要求，其从系统功能范围、模型构建、集成分析、数据库建设、系统要求、文档管理、安全性以及系统质量等方面进行了说明。正如对指导原则的论述中所提到的一样，整个飞机总体设计支持系统的建设是一个长期而艰巨的任务，单单凭借个人或一个小团队的力量是不可能在短时间内圆满完成的，而需要综合利用各类资源逐步地向最终目标靠近。

表 8.5　系统技术要求

技术类别	技术要求
系统功能	可进行总体布局设计
	可进行气动外形设计与结构布局设计
	可进行发动机选型与起落架选型
	可进行进、排气系统设计
	可进行气动、操稳特性、RCS、重量特性、综合性能等分析
	可进行飞行载荷计算与气动弹性分析
	可进行总体布置协调与飞机总体参数综合优化
	可进行飞机经济性、安全性分析
	可进行基于虚拟现实的各项评估
模型构建	支持快速的创新性新概念设计及其评估
	支持可重复利用已有经验的自上而下的设计建模方法
	支持自下而上的建模方法
	具备从粗到细的各级别设计建模工具
	各专业的设计方案和模型应具有内在的、自动的关联性
	各级设计方案和模型可不通过中间格式直接导入详细设计系统
	模型能进行有效、统一的管理
	模型参数物理属性与飞机总体设计使用参数一致
	能通过统一模型的版本管理，实现设计状态的清晰定义和管理
	实现模型共享
	满足分布式设计
	支持零件库
	具备历史管理机制

续表 8.5

<table>
<tr><th colspan="2">技术类别</th><th>技术要求</th></tr>
<tr><td rowspan="21">集成分析</td><td rowspan="6">气动和操稳</td><td>能集成工程气动估算工具</td></tr>
<tr><td>能集成平面涡格法气动估算工具</td></tr>
<tr><td>能集成面元法气动估算工具</td></tr>
<tr><td>能集成 Euler 方程气动估算工具</td></tr>
<tr><td>能集成 Navier-Stokes 方程气动计算工具</td></tr>
<tr><td>能集成不同级别的操稳分析工具</td></tr>
<tr><td>飞行性能</td><td>能集成各级别的飞行性能分析工具</td></tr>
<tr><td rowspan="2">结构和强度</td><td>能集成柔度矩阵方法结构分析工具</td></tr>
<tr><td>能集成从单梁到全机有限元模型结构分析工具</td></tr>
<tr><td rowspan="2">重量和重心</td><td>能集成工程估算法重量重心估算工具</td></tr>
<tr><td>能集成部件重量重心估算工具</td></tr>
<tr><td>气动弹性</td><td>能集成从平板线性方法到全三维非线性方法的气动弹性分析工具</td></tr>
<tr><td rowspan="2">多学科优化</td><td>能建立一套灵活、易用的多学科优化问题定义环境</td></tr>
<tr><td>能进行多学科综合优化</td></tr>
<tr><td rowspan="4">分析工具运行</td><td>所有分析工具后台运行</td></tr>
<tr><td>终端用户界面统一</td></tr>
<tr><td>能实现分析软件和硬件资源的共享和集中管理</td></tr>
<tr><td>满足异构平台任务调度和分析</td></tr>
<tr><td colspan="2" rowspan="4">数据库</td><td>所包含数据库能够满足设计的需要</td></tr>
<tr><td>在研究过程中积累的数据能够用于实际型号的研制</td></tr>
<tr><td>数据库运行良好</td></tr>
<tr><td>数据库具有并发处理机制</td></tr>
<tr><td colspan="2" rowspan="5">系统使用</td><td>能满足总体设计团队在该系统上以异地方式协同工作</td></tr>
<tr><td>能 100 %无纸化地实现清晰、明确和规范化的 WBS、流程定义、工作流部署和计划进度管理</td></tr>
<tr><td>能在设计过程的任何节点实现设计状态和结果的重现</td></tr>
<tr><td>能在设计全过程实现可视化的、实时的流程监控和统计</td></tr>
<tr><td>适应各种不同类型飞机的设计流程</td></tr>
<tr><td colspan="2" rowspan="2">文档管理</td><td>能实现主要设计节点的自动报表功能</td></tr>
<tr><td>能提供完备的电子版和纸质用户手册</td></tr>
<tr><td colspan="2" rowspan="2">扩展性</td><td>具备新模块的开发环境功能(插件)</td></tr>
<tr><td>具备通用接口</td></tr>
<tr><td colspan="2" rowspan="2">系统安全性</td><td>具备防止非法使用系统的功能</td></tr>
<tr><td>具备一套完整的安全保护机制</td></tr>
<tr><td colspan="2" rowspan="3">整体质量</td><td>系统运行期间的出错率处于专业软件允许的范围之内</td></tr>
<tr><td>具有良好的可维护性</td></tr>
<tr><td>软件用户界面友好,使用方便,具备良好的帮助途径</td></tr>
</table>

8.3.2 "开放式系统"定义

从以上的论述中可以明确，飞机总体设计支持系统是一项复杂的系统工程，需要遵循渐进化发展原则，此时基础底层的建设和系统的开放性便显得尤为重要，而本篇正是以 OpenCADS(Open Conceptual Aircraft Design System，开放式飞机总体设计系统)这一具有开放式体系架构的原型为切入点和理论验证载体，开展飞机总体设计系统的构建和各种支持技术的研究。

此处的开放式包含三方面含义。

(1) 基于设计模型的分析是开放的

在前面的论述中已经提到，用于总体设计中的分析工具类软件数量多，难易程度各异，且很多时候由于保密等因素，系统使用者无法将其所独有的分析工具带出工作场所进行集成，而系统开发者也不可能将系统代码的开发带到系统使用者工作地点。因此，系统必须要具备面向分析的开放性，以适应不断增加的分析工具以及针对设计者现有资源配置情况进行的系统定制。另一方面，针对各专业的软件工具层出不穷，无法在系统构建之初就对这些软件的接口进行固化。

(2) 模型的几何构建是开放的

在具备初始形态的系统中，通常已经具备一定程度的模型几何构建能力，此时还有两方面的问题需要考虑：一是由于使用风格的差异，目前系统中对模型的描述方式可能与某些设计者所习惯的描述方式有所出入；二是当前系统所描述的模型可能未必满足设计者对模型精度的要求。因此，在模型的几何构建方面提供一定的开放性还是很有必要的。

(3) 系统中知识的融合是开放的

系统中知识的融合同样面临两方面的问题：一是面向飞机总体设计的知识是不断发展和更新的，系统必须能够满足这种知识更新所带来的设计约束的调整；二是设计知识和经验还主要抽象地存储于设计者大脑中，或者以纸质形式存放于设计者所在的工作场所，同分析工具的处理一样，这些知识的无形支持需要由设计者在系统开发者的帮助下根据自身的实际需求逐步予以添加，而知识与经验的融合正是提升飞机总体设计质量和减少方案迭代次数的关键因素。因此，系统对于这部分业务的开放性有着重大的意义。

基于功能开放性、集成化的要求，系统的架构与数据管理已经与 SEACD 有着很大的差别。以分析为例，在 SEACD 中各类分析及其数据是在系统中通过代码固化的，而 OpenCADS 中的多数分析是由后期根据设计者的需求动态添加的，这些涉及的数据及其文件格式在系统构建之初是无法完全预料到的，因此，系统必须留出好的接口并提供有效的集成手段予以支持，仅此一项便可对系统的架构产生很大的影响。

8.3.3 系统架构设计

OpenCADS 的软件架构如图 8.3 所示，限于篇幅，图中"其他设计"和"其他工具包"泛指未能详细绘出的各类设计分析学科与各专业的工作内容及其建模/分析工具包。

由图 8.3 可知，OpenCADS 分为资源层、中间层、应用层和管理层 4 个部分，各部分具体描述如表 8.6 所列。

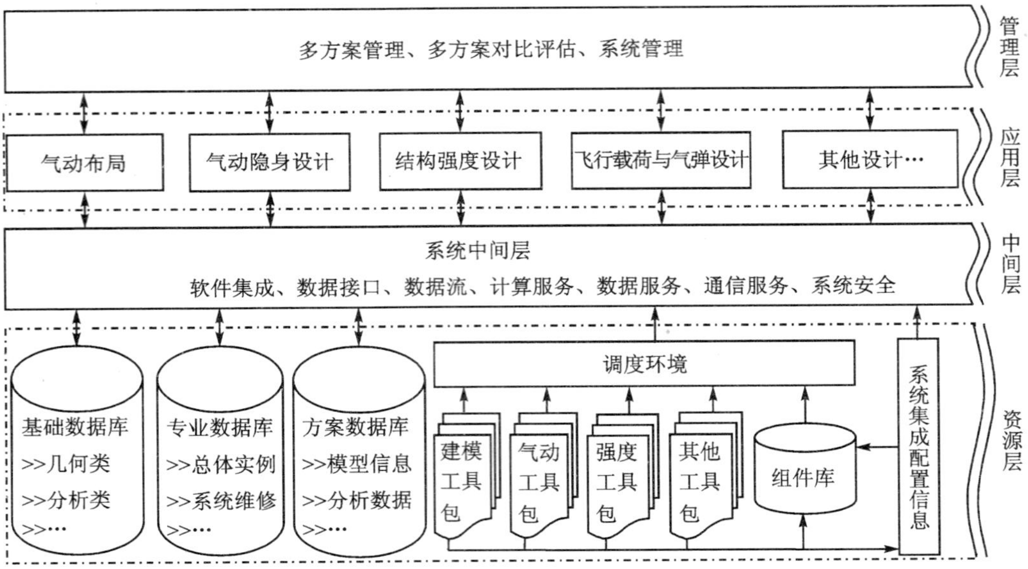

图 8.3 OpenCADS 系统软件架构

表 8.6 系统软件架构层次说明

系统层次	内容描述
管理层	是工程研制项目的运行控制中心,在应用层的基础上实现方案历程管理、多方案对比评估和系统管理等,其特征是面向多个设计方案进行统筹分析
应用层	该层软件由设计人员直接操作,可以根据各自需求通过中间层向资源层提出数据和任务请求,并对资源层所提供的信息进行分析处理,其特征是直接面向工程问题。应用层包括概念设计子系统、气动隐身设计子系统、结构强度设计子系统、飞行载荷与气动弹性设计子系统等
中间层	是资源层和应用层之间的纽带,负责连接系统的各个组成部分、数据流的实现、工具软件的集成、软件接口以及各种服务,是系统的中间件和软件总线。中间层在系统中的软件载体为系统数据结构和主控框架
资源层	作为整个系统的基础,资源层包括各类基础数据库、专业数据库、总体方案库以及所有方案设计、气动分析、隐身分析、强度分析、载荷分析和优化等工具包

从图 8.3 中可以看出,资源层、中间层和管理层都具有通用性,而应用层则需要根据飞机类型予以细分,进一步将所有类型飞机设计功能相似的部分抽取出来并作为应用层共用的部分,从而只需针对具体飞机类型再进行部分开发,便可完成设计环境的构建。图 8.4 以另一种方式给出了 OpenCADS 系统的架构体系,而表 8.7 则给出了本篇中所涉及并实现的一些与架构中各部分所对应的软件系统。由此可知,应用层和资源层是不断完善和发展的,而对于方案设计系统中的通用设计部分则可以相对固化。正因如此,本篇研究中将机翼等对各类型飞机设计都适用的部分功能单独进行了梳理,并在第 9 章中对此进行了详细的论述。第 10 章则探讨了如何在通用部件设计功能的基础上,融合民用飞机的设计特点,以形成民用飞机方案设计系统。

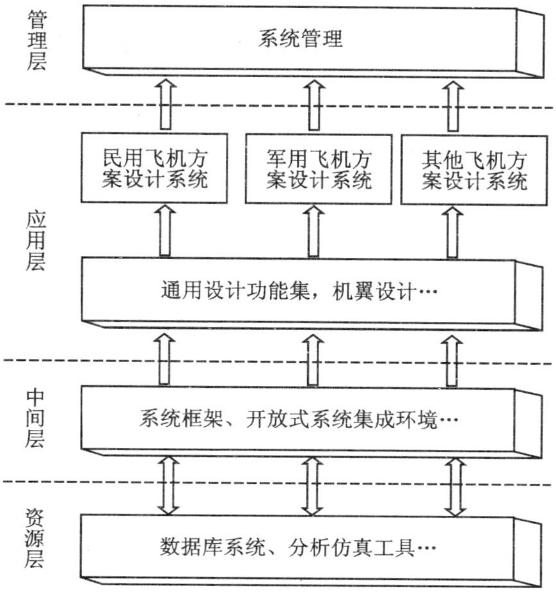

图 8.4　OpenCADS 软件架构层次示意

表 8.7　OpenCADS 各层次部分软件系统

软件层次	软件名称	说　明
管理层	OpenCADS. Task	方案历程管理系统
	OpenCADS. Login	登录面板
	OpenCADS. Manager	系统用户管理系统
	OpenCADS. Check	方案审批系统
应用层	OpenCADS. Design	方案设计系统
中间层	OpenCADS. Dev	开放式系统集成环境
资源层	RAirfoilDB 等	各类数据库管理系统
	AAAWeight 等	各类分析仿真软件

基于对软件架构的定义以及飞机总体设计对支持系统的需求，OpenCADS 硬件架构如图 8.5 所示。

系统的硬件架构主要由方案数据库服务器、基础数据库服务器、专业数据库服务器、计算服务器、协同层服务器、设计终端、管理终端以及高速网络设备构成。设计数据及过程信息运行于方案数据库服务器上，负责存储、管理和共享方案信息。各种计算分析软件运行于计算服务器上，负责建模、计算、优化任务的执行。协同层运行于协同层服务器上，负责执行和监控系统中的工作流、工作状态、项目评估等。应用系统运行于各种终端设备上，直接面向设计、开发人员。高速网络设备是系统的通信基础。需要说明的是，限于篇幅，本篇只针对基于分布式的设计模式进行了初步的探讨，相关部分内容在后续章节会进行阐述，但是在现已实现功能的构建过程中，作者仍然将上述内容作为考虑范畴并预留出一定的接口。

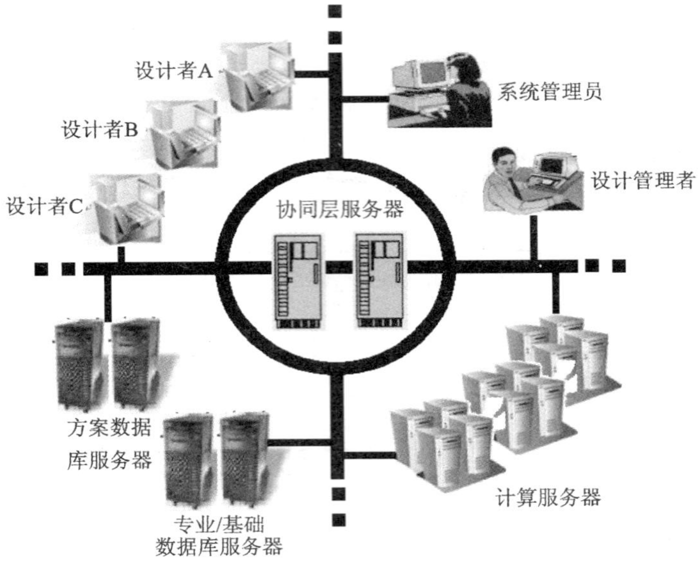

图 8.5 OpenCADS 系统硬件架构

8.3.4 开放式系统集成

作为系统开放性的体现，面向分析与功能模块的集成是本篇研究的重点之一，其包括两部分内容，即分析资源与功能模块自身的开发以及针对这些资源进行集成所采取的若干策略。分析资源与功能模块的开发将在后续章节中进行更为详细的阐述，而对于现有资源集成策略的思考，则需要从组成系统的各功能实体的组织与表现形式切入。

按照规模大小的不同，设计环境中的功能实体单元分为子系统、组件、模块等几种形式，其相互关系如图 8.6 所示（“*”表示 1 个以上，“2..*”表示 2 个以上）。

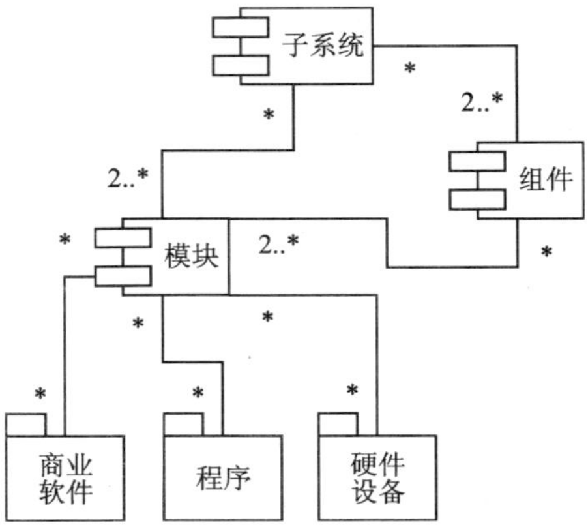

图 8.6 子系统、组件、模块的相互关系

- 模块是能够独立地提供设计环境中的一种完整的单一功能的实体单元。它是各种实体单元中规模最小的一种形式，由数量不确定的程序、商业软件以及可能的相应硬件所组成，而其中任何一个单独的组成部分都不能完成为设计环境直接提供完整的单一功能的任务。

- 组件是能够在给定足够条件下，独立地完成一项或多项专门任务的实体单元。它的规模大于模块，一般由若干个模块所组成。特别地，各种专业（例如：气动专业、结构专业等等）的设计分析在设计环境中都表现为专门的任务，因此这些功能在设计环境中都将以功能性设计分析组件的形式提供。
- 子系统是规模较大的能够独立地实现设计环境中的完整一大类功能的实体单元，例如数据管理维护功能、系统安全功能、虚拟现实功能等等。子系统是设计环境中规模最大的一种实体单元，根据情况的不同，它可能由若干个组件组成，也可能直接由若干个模块组成，还可能由若干个组件和模块混合组成。

子系统、组件、模块组合在一起，相互之间维持着通信，形成一个有机的整体，为飞机总体设计系统提供支持。在进行设计环境系统的布置和设置时，即主要通过不同子系统、组件和模块的形式而完成。而各功能模块独立的存在方式，也为团队的开发以及系统的稳健性铺平了道路。

另一方面，可以将实体单元抽象成如图 8.7 所示的形式，即通过若干输入文件→执行环节→若干输出文件的方式进行描述。基于这种表达方式，本篇通过如图 8.8 所示的方式完成对各独立实体的集成，其中 H 和 T 均为设计环节中的某个功能实体，而且 T 需要接受 H 所传递的数据。为规范系统集成接口，约定不管原实体是什么形式，均以功能组件方式统一进行包装，并由包装后的功能组件负责对数据的访问，而访问的实现则是通过临时数据区中临时配置文件完成的。临时配置文件记录了主系统为调用该功能组件所传递的消息，从而可以间接地通知当前执行的功能组件应该到系统数据区中的哪个具体位置进行数据的查找。以 H 组件的执行为例，当主系统（如方案设计系统）发出调用指令后，H 组件将首先从临时配置文件中获取当前需要处理的文件路径及名称等信息，进而从数据区提取对应的数据。需要说明的是，当主系统发出调用指令并写好临时配置文件后，就不再过问具体的执行过程了，而这部分工作则完全移交给组件自身进行处理。正是这种机制，可以很好地将主系统与各功能实体的运行分离开来，从而为多人协同开发、基于计算服务器的远程执行以及针对设计者具体需求的定制等奠定了基础。

图 8.7　功能实体的统一表示

针对图 8.8 所示系统集成方式还有几点需要说明。

首先是资源区。该部分表征了设计分析过程中所需要用到的工具软件，如气动力分析软件、重量分析软件等，这些实体一般在客户端或者服务器上进行安装。

其次是方案数据区。方案数据区记录了具体方案的信息，包含了最为重要的设计结果数据，此部分内容在下一节再结合任务信息等进行阐述。

再次是接口组件区。对于接口组件区，通过图 8.8 可以明确，其包含两类组件：一类是直接调用的用于执行应用程序的组件，称为执行组件；另一类则用做组件之间的数据转换，称为数据转换组件。每两个具有数据传递的执行组件之间，必须拥有一个数据转换组件以保证数据的传递。由于组件区中的各项内容与设计者具体使用系统时的配置相关，因此，本篇将这部

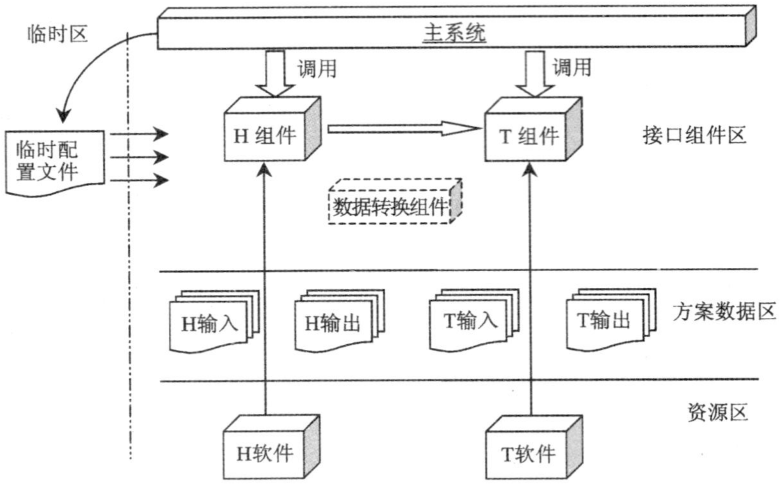

图 8.8 基于功能实体的系统开放式集成逻辑

分作为资源并采用一个名称为 Resource 的文件夹进行管理，并将其存放到安装目录下。

图 8.9 给出了包含系统其他子系统、组件或配置文件的安装目录结构。从图中可知，除考虑本篇后续会重点阐述的民用飞机总体设计相关理论及支持系统外，开放的架构也为战斗机、无人机以及军用运输机等其他类型飞机的设计系统的开发预留了空间。

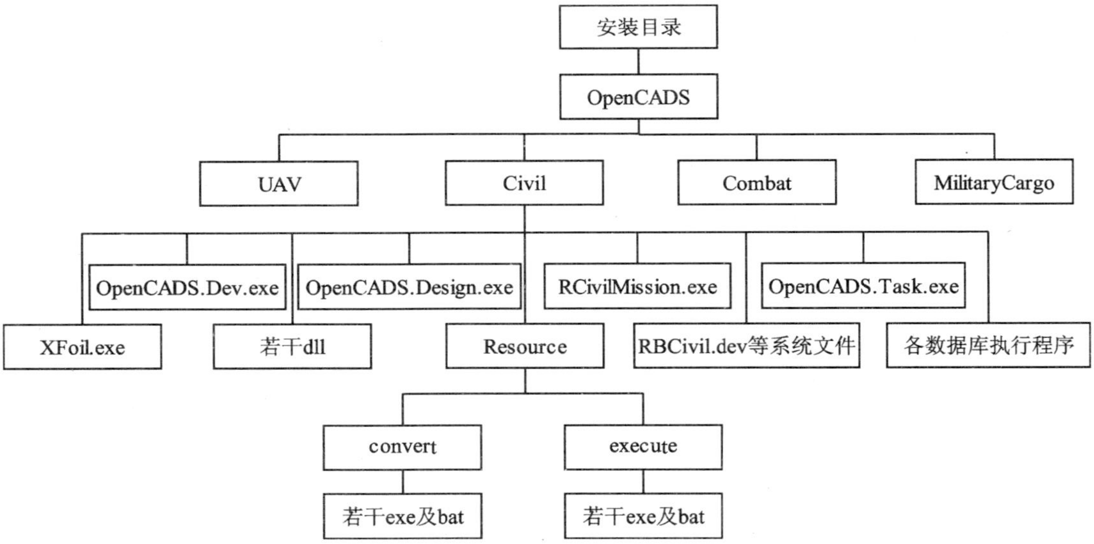

图 8.9 OpenCADS 系统安装目录结构

从本章系统建设指导原则和系统定义部分的描述可知，对于同一类分析如重量或者气动，会对应着多个软件工具/功能实体，当需要集成的对象较多时，直接通过图 8.8 所示集成方式进行处理，将会使系统数据的管理和流程的定义变得异常复杂。为此，本篇提出采用节点的方式进行零散实体的管理，即将同类别的功能实体归入一类，如将各种重量分析工具归为重量分析类等，同时以节点和流程的方式进行各个类别的管理。基于这种处理方式，将图 8.8 中的 H

和 T 扩展为 H1、H2 和 T1、T2 四个组件并将 H1、H2 归为 A 类(即 A 节点),将 T1、T2 归为 B 类(即 B 节点),同时假定 H1、H2 与 T1、T2 之间分别存在数据传递关系,由此可得到如图 8.10所示的集成逻辑图。同功能组件的定义一样,此处同样采用执行节点和数据转换节点进行处理,A 到 B 的数据转换节点包含了 H1、H2 到 T1、T2 的 4 个转换组件。

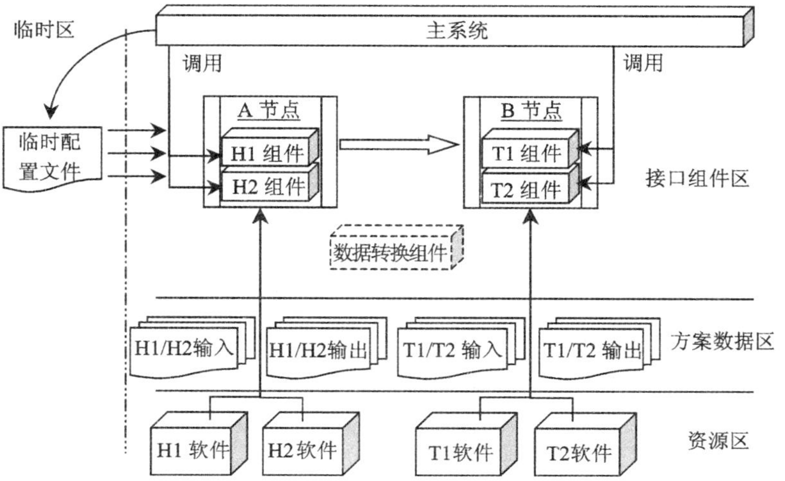

图 8.10 基于节点的系统开放式集成逻辑

对于组件区中 A 和 B 节点以及其中连接关系的管理,是通过作为系统中间层系统之一的开放式系统集成与流程定义环境 OpenCADS. Dev 来完成的,如图 8.11 所示。

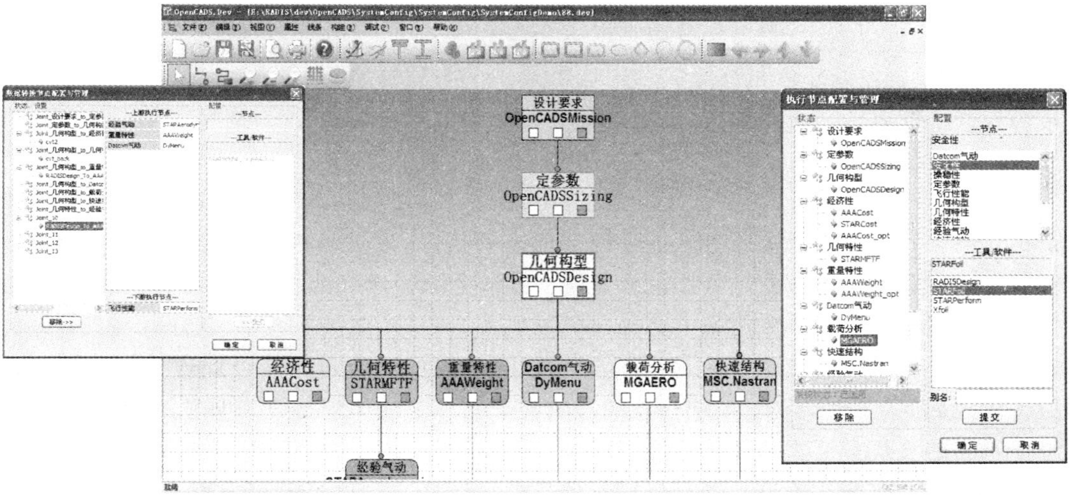

图 8.11 开放式系统集成与流程定义环境

8.3.5 基于多方案的系统数据组织逻辑

在系统建设指导原则的论述中提到,本篇所针对的业务对象是飞机总体设计任务,而不是一个单一的飞机方案,设计系统应当能支持方案的发展及其相关数据的管理。对于一个设计任务而言，除了包括设计所对应的设计要求等基本层次的信息外，还包括大量的飞机方案信息，而单个飞机方案则又包括模型和分析数据等。图 8.12 给出了某个设计任务下的飞机数据组织体系以及每部分数据所对应的系统，括号中内容表示文件、文件夹或子系统名称。

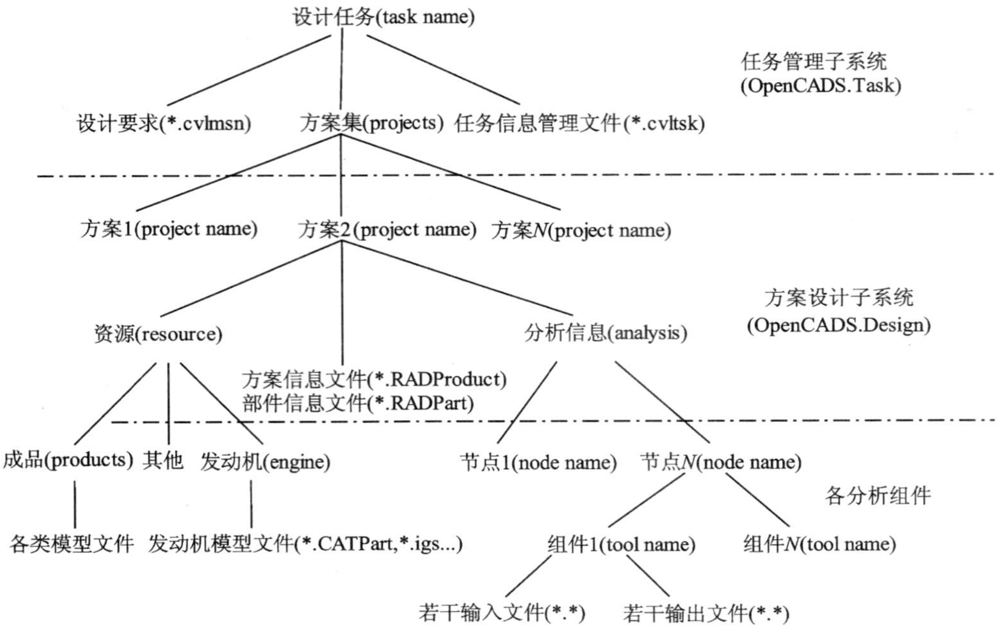

图 8.12　任务数据组织结构以及与应用系统的对应关系

从图 8.12 可以看出，整个任务数据的组织被分成了三个层次，各层次说明如下：

① 最底层为各类分析和资源信息。这类数据的直接使用者是各分析组件。由于分析组件是通过开放的方式动态添加的，因此这部分信息的有无也是动态的，而与原始设计系统的构建无关。

② 中间层为方案信息。单个方案除了分析信息外，还包括一些资源信息，这里的资源信息是指方案设计过程中所需要导入的外部几何模型信息，如发动机、座椅和各类成品设备等。这一层次数据的直接操作者是方案设计系统 OpenCADS. Design。作为本篇研究的重点，方案设计系统的主要任务是构建用于方案描述的飞机各个部件，在该环境中，设计者与支持系统之间的交互将得到最大程度的体现，而各学科知识和经验的融合也正是以此作为切入点进行处理的。正因如此，飞机类别对系统构建的影响在该系统中的体现是最为明显的，原型构建时需要根据不同的飞机类型进行设计系统的开发。图 8.13 给出了方案设计系统的主界面，在后续章节中将会进一步阐述。这类系统对模型信息的存储是通过后缀名为 RADProduct 和 RADPart 的文件进行存储和管理的，前者用于整体方案模型的描述，后者则用于部件信息的管理。为了避免方案模型随着设计系统版本升级而引起兼容性相关问题，OpenCADS 中绝大部分文件都采用具有良好兼容性的 XML 格式进行处理。

③ 最上层为任务层。一个设计任务管理着多个方案，而对方案信息的访问则通过任务信息管理文件进行。在表现形式上，任务管理系统通过演变历程的方式对方案进行管理，历程中的最小节点便为一个具体方案。这种处理方式不仅可以直观地对方案主要信息数据进行管理

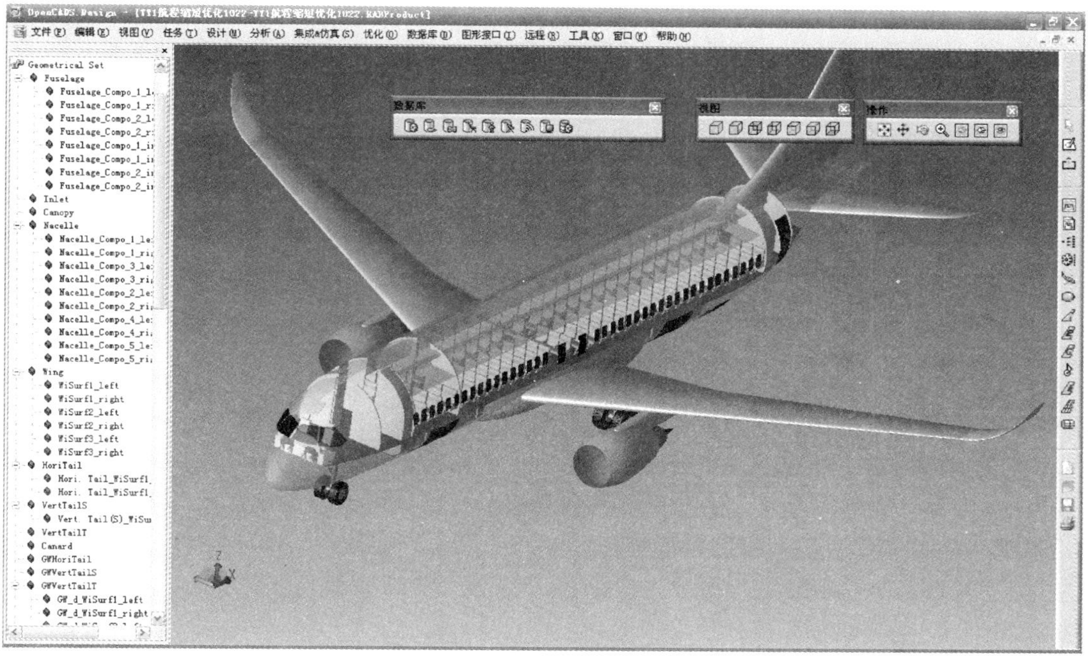

图 8.13　方案设计系统主界面

和查看，而且也为多方案综合对比评估奠定了基础。图 8.14 便为目前已实现的任务管理系统主界面，限于篇幅，系统目前只能对历程中各个方案节点的部分主要几何信息进行查看和管理，而分析类信息和多方案对比评估等则作为下一步需要研究和实现的内容。除方案信息以外，任务中还需要包括针对该任务的设计要求及其相关的各类文档。

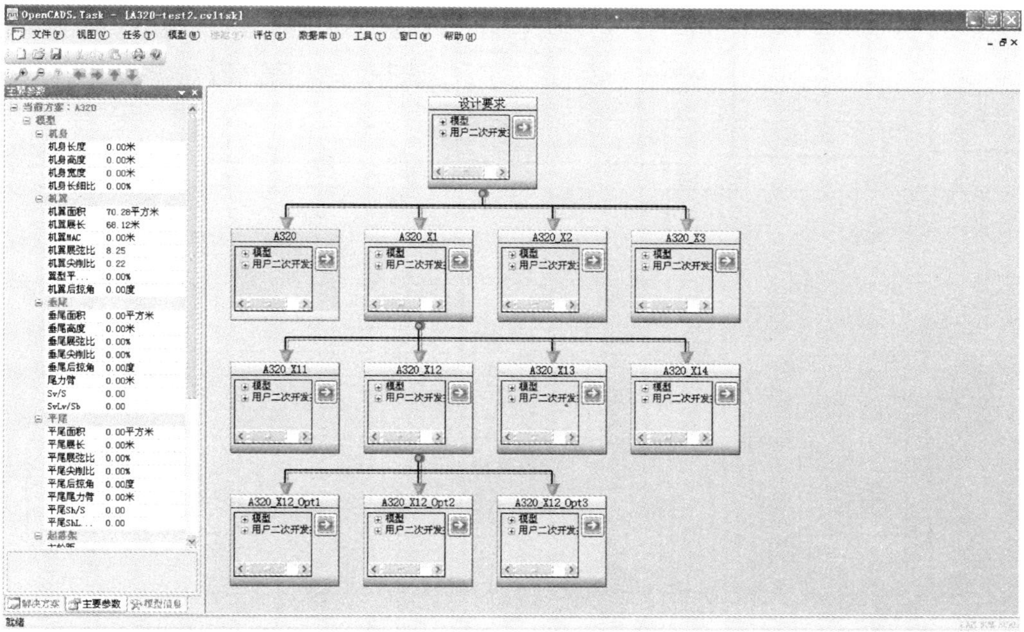

图 8.14　任务管理系统主界面

需要说明的是，图 8.12 所示的各类数据是可以独立进行使用的，比如可以将某个设计方案所对应信息（方案文件夹）单独拿出来并通过方案设计系统进行处理。正是通过这种数据分合自如的处理方式，在方案设计时，便可以根据需要将数据及其所对应的工作进行分解，从而满足多人协同工作的需要。同时，这种机制也为系统自身的开发带来了便捷，开发者对相互分解后的功能模块进行处理，而不会对系统其他部分的开发带来影响。

8.3.6 可扩展的研发层次结构

从上一小节的论述中可知，通过开放式集成环境以及底层数据的组织结构可以完成系统各个子系统和功能组件的整合，融合以后的系统、子系统或组件之间必然存在着大量的数据交流，若对相关数据不进行合理管理，势必会阻碍系统的开发，降低系统的稳定性和可靠性。为此，本篇提出采用如下处理办法：

① 在将每一个实体单元分为操作界面和底层数据结构两部分的前提下，采用可扩展并具有层次的动态链接库进行数据结构的管理；

② 飞机自身部件的描述及组织方式以其部件之间的连接和装配关系进行处理。该项内容将在第 9、10 章中的相关部分予以说明。

以所有实体单元的底层动态链接库为基础，可设计出如图 8.15 所示的目前整个系统的核心数据组织结构及其层次关系。

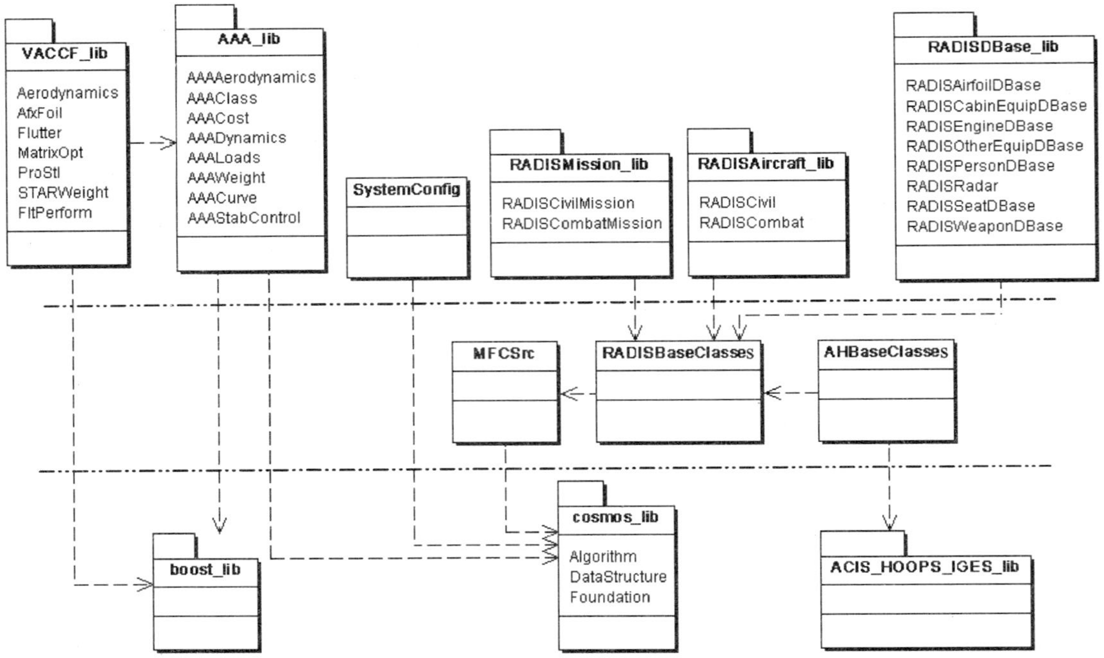

图 8.15 OpenCADS 中核心数据的组织结构及层次关系

可以看出，整个数据结构体系共分为三层，各层说明如下：

① 最底层为系统所采用的基础库。其中包括标准的 boost 库（boost_lib）、成熟的图形系

统基础库(ACIS_HOOPS_IGES_lib)和王钢林在构建虚拟样机设计环境时所搭建的用于基本数据结构描述和基础操作的库(cosmos_lib)。该层次各库由第三方提供,作者及所在团队不能进行更改。

② 中间层次是将各类通用代码沉淀下来所形成的结果。这部分包括以 MFC 为基础所实现的针对文件、文件夹、字符串等操作的各类动态链接库(MFCSrc)、对几何造型相关内容进行封装的基础类库(AHBaseClasses)以及系统构建所需要的所有基础信息类库(RADISBaseClasses)。对几何造型部分的封装主要是通过对底层 ACIS_HOOPS_IGES_lib 相关函数的调用完成的,这部分功能库需要依赖于各个基础信息类,而在代表基础信息类的 RADISBaseClasses 中,除对点、线、矢量、属性等基础数据结构的管理外,还包括机身段、翼段等部件单元及全机基类的定义。这部分对系统后期的扩展尤为关键,因此对其修改需要经过严格的分析和评估方可进行,因为这可能会引起上层应用于各个系统的数据结构发生调整。

③ 最上面的层次是系统各个应用程序直接使用的各类动态链接库。其包括各类自行开发的工程特性分析工具包(VACCF_lib、AAA_lib)、用于开放式系统集成环境 OpenCADS.Dev 构建的底层库(SystemConfig)、用于设计要求及相关信息管理的基础库(RADISMission_lib)、用于飞机及其部件描述的 RADISAircraft_lib 以及用于数据底层结构描述的 RADISDBase_lib。

从上述描述可以看出,在基础代码沉淀的基础上可以很好地进行系统功能的扩展,这种开放的数据组织结构,也成为整个系统正常工作的关键所在。

8.3.7 远程设计的初步研究

从前面的论述中可以看出,无论是系统架构、集成接口、数据管理还是系统数据结构的定义,这些关乎系统可持续发展的关键技术和策略都将其所辖部分尽可能地进行了分解,这些处理措施在很大程度上为系统基于网络的应用模式奠定了基础。作为初步的尝试,作者提出了如下远程模式下的系统数据组织逻辑,即将所有数据存放到服务器上,通过统一的用户终端系统 OpenCADS.Login 进行身份验证,并根据当前用户权限,允许系统使用者直接进入自己对应的工作环境。比如,方案设计人员登录后将直接进入方案设计系统并选择方案实例后开始工作,而设计总师等设计管理者则可以在登录后进入任务管理系统并对当前任务的进度、各方案状态、人员工作情况等作大概的了解,以指导任务的分配和资源的调度。

在方案设计的过程中,若设计者直接操作方案数据库中的相关信息,则可能由于个人的误操作而带来无法挽回的损失,比如设计者无心修改了某项记录,或者得到了一个不合理的设计数据,这些都将为任务的顺利完成带来隐患。为此,本篇提出采用审批作为缓冲,以避免设计者直接操作数据库数据。此时,设计者所操作的方案直接来自于方案数据库,但操作完成后所提交的方案则进入待批方案集中,以待设计管理者进行审批,认定修改无误后方可入库。对于需要从数据库中提取的文件,则通过一个文件属性表进行辅助判别当前用户是否具有对文件的操作权限,相关审批操作是通过结果审批系统 OpenCADS.Check 完成的。经过实际使用证明,以图 8.16 进行远程方案设计是有效的。

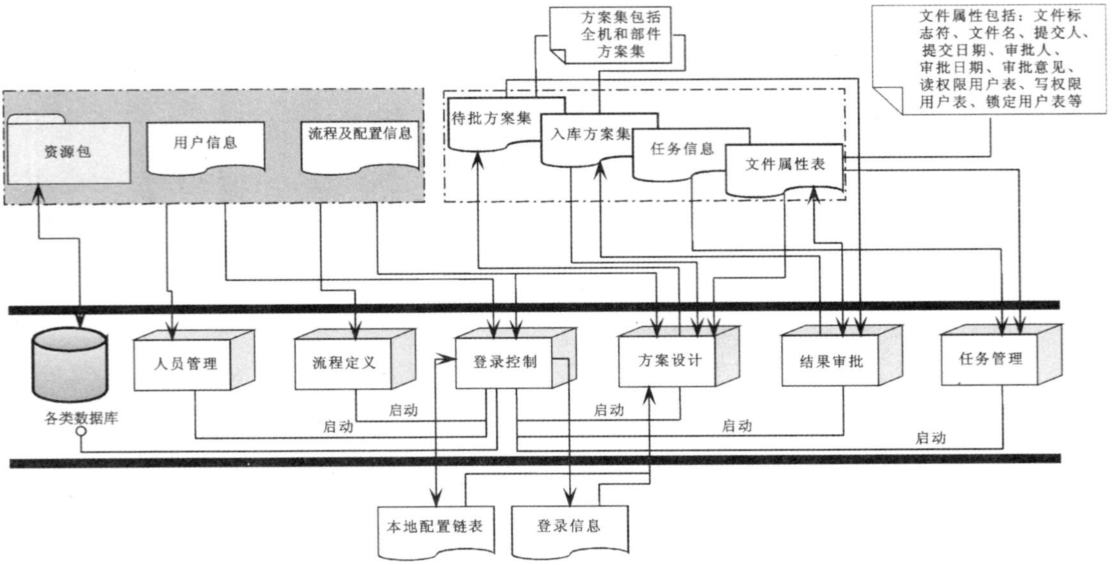

图 8.16 OpenCADS 在远程操作模式下的数据组织逻辑

第 9 章　基于 ACIS 的通用类部件建模

建立飞机及其部件空间外形和构成的数学模型是飞机总体设计过程中的一个重要步骤，同时也是飞机总体设计的基础。在具有了对飞机这一设计对象唯一、准确、确定的模型描述之后，其他各类设计分析工作才能够顺利、有效地进行和完成。在实际工程应用中，飞机总体设计所采用的建模工具主要是一些商品化的 CAD 软件，诸如 CATIA、UG、Pro/E 等，这些软件具有广泛的业务对象，并侧重于飞机及其零部件的制造问题。对总体设计而言，大量的分析、反复的迭代是必不可少的，这其中需要对方案进行频繁的修改，而应用这些 CAD 软件在进行方案修改时，由于是面向大量的曲面外形，其势必会浪费大量的时间和精力，也不能很快反映设计者的意图。因此，本章针对飞机设计和构型特点，提出开发专用的计算机辅助飞机方案设计系统，以支持设计者快速完成设计意图的体现，并为后续各类分析、评估、多学科设计优化以及 KBE 方法的应用奠定基础。

本章将首先介绍 ACIS 造型平台及基于部件特征的模型构建方法，这也是 OpenCADS 相对于 SEACD 在几何建模技术上最大的改进。本章还针对几类与飞机类型特征关系不大、具有通用性的典型部件进行参数化描述，这些部件包括机翼、机翼结构、机翼整体油箱、成品布置等。这部分内容属于系统中的公共资源，后续各面向具体飞机类型如民用飞机的设计系统，都可以方便地继承这类资源以减少功能块的重复建设。

9.1　ACIS 造型平台与基于部件特征的模型构建方法

9.1.1　ACIS 造型平台

作为集设计、分析、仿真和优化于一体的计算机辅助飞机总体设计系统，其各部分有机集成的连接纽带是统一的数据模型。模型的构建、渲染和接口处理水平通常决定着系统的实用性、可扩展性及应用范围，而与模型密切相关的图形应用及开发技术的选择则通常是系统研发成败的关键。本研究选用 ACIS 为图形核心并通过 HOOPS 进行模型渲染。

ACIS 是美国 Spatial Technology 公司推出的三维几何造型引擎，它集线框、曲面和实体造型于一体，并允许这三种表示共存于统一的数据结构中。许多著名的大型系统都是以 ACIS 为造型内核，如 AutoCAD、CADKEY、Mechanical Desktop、Bravo、TriSpectives、TurboCAD、Solid Modeler、Vellum Solid 等。

9.1.2　基于部件特征的模型构建方法

一个典型的 ACIS 模型由几何（geometry）、拓扑（topology）和属性（attribute）构成，这三个组成元素统一由基础的抽象类 ENTITY 所派生。虽然 ENTITY 本身不代表任何对象，但在ENTITY中定义了它所有描述实体的子类应具有的数据和方法。ACIS的拓扑包括BODY(体)、LUMP(块)、SHELL(壳)、SUBSHELL(子壳)、FACE(面)、LOOP(环)、WIRE(线框)、COEDGE(公共边)、EDGE(边)和VERTEX(顶点)。它们继承了ENTITY的所有性质,并增加了专有的数据结构及访问这些数据的接口。ACIS将线框、曲面(SURFACE)和实体(SOLID)存储在统一的数据结构中,这种共存机制使ACIS支持混合维模型和各种非流型模型。图9.1描述了拓扑对象间的关系以及拓扑与几何间的关系。

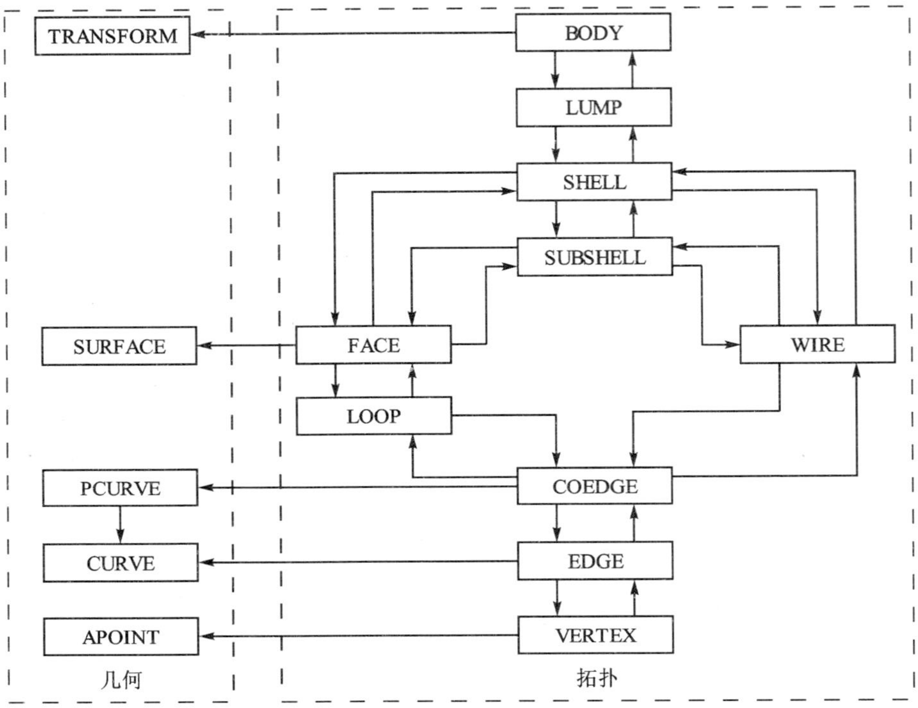

图9.1　ACIS模型数据结构

在概念上,体是模型中的最高层次,可以为一个物理意义上的实体或薄片,或者为多个线条组成的环,也可以是空间上不相连的块。块代表着一个空间上有界且相连的区域,是在1~3维空间相连的点集。壳在正常情况下是一个完整物体的封闭边界,一个连通的物体有一个外壳和若干个可能的内壳,后者构成体内空腔的边界。面是空间一张几何面的有界部分,它的边界由一个或多个环组成,环是面边界的连通部分,一般是封闭的。边是一条空间曲线的有界部分。

基于以上描述并结合几何造型方法及飞机方案模型的特点,本研究中将部件的几何描述大致分为4种类型:曲面类、实体类、开口类和组合类。

(1) 曲面类

曲面类部件主要由自定义或标准剖面放样完成造型,其主要代表有机翼、尾翼、机身、短舱等。图9.2描述了典型曲面构建元素,当原始数据中少于两个空间剖面时,造型失败;当剖面个数等于或大于2个且不包含导向线信息时,将根据自由边界采用多截面造型方式进行处理;当剖面个数合理且具备有效的导向线时,曲面将以第一个剖面为起点沿导向线进行放样。在曲面构建的原始数据中，剖面和导向线都是三维的，导向线必须经过剖面上的某一点。为了保证曲面本身或者与其他部件连接处的造型质量，需要对剖面和导向线的切向矢量加以控制，通常情况下只需要对端点切向矢量进行调整即可。为了扩大模型构建的适用范围，图 9.2 中所对应的剖面和导向线都采用了多段线的描述方式。所谓多段线，就是由一系列曲线首尾相连所形成的一条组合曲线。采用多段线的描述方式可以表达诸如直角或平面到曲面的拐角等斜率急剧变化的几何部位，也可保证模型的局部几何不会因为另一段曲线上数据点的调整而被修改。与此同时，除非模型要求，采用太多的曲线分段会让模型不光滑，从而远离设计者的设计意图。因此，曲线段数量需要根据模型自身的几何特点予以设置。

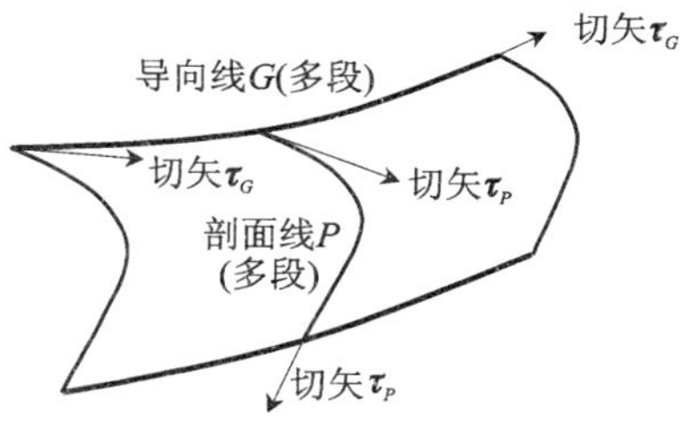

图 9.2　曲面构建元素

(2) 实体类

实体类部件在表现形式上为独立的实体，主要根据拉伸、旋转等方式完成造型，这类部件包括各类结构件、自定义的起落架模型、客舱内部简化设施、舱段隔板等。用于拉伸的基准平面由一条闭合的多段线围成，当曲线不封闭时，实体构建失败。这类实体的基本单元构建相对简单，但通常情况下需要进行实体的几何运算。比如机翼结构中加强翼肋的造型，由于翼肋剖面并不是规则的矩形，因此无法将翼肋进行整体拉伸，需要在单独构建缘条和腹板后再进行布尔运算，而缘条和腹板的构建则直接拉伸即可。拉伸基准平面则主要根据所描述对象的特点进行选取，多数情况下可以采用多种方式进行实体构建，并可根据所构建的模型方便地获取部件的重量、重心、惯性矩等质量特性，为方案的分析和评估奠定基础。具体各实体类部件的构建在后续相关章节中再进行阐述。

(3) 开口类

开口类部件在最终模型表述的本质上也是曲面或实体，因为多数开口类部件是以某一现有曲面或实体为基础经过一系列几何运算形成的，故与单个曲面和实体不同的是，开口类部件的描述参数除了驱动自身几何的构型之外，还影响到用于开口的原始部件，通常在开口本身的几何描述要求不是很高的情况下，可直接在原始部件上进行开口的切割。这类部件如飞机风挡、客舱舷窗、货舱舱门、起落架舱门、应急出口、登机舱门等。图 9.3 为典型的开口构建过程，FACE_ORG 即为原始部件曲面，BODY 是以开口形状为基础沿开口法向拉伸所生成的临时实体，二者求交可获得开口几何 FACE_PORT；作布尔减运算可获得具有开口的部件曲面 FACE_CVT，组合 FACE_CVT 和 FACE_PORT 可完成开口部件的构建。值得注意的是，临时实体的生成方式直接影响到开口的构建质量，若临时实体拉伸长度过大，则在实体与曲面不止一次相交时，可能会生成预期之外的开口，从而造成模型的异常。因此，临时实体拉伸长度需要一定的控制，最好以最小能完成布尔运算的长度进行处理。同时，临时实体的拉伸方向也是值得考虑的，尤其是对围成开口的边所对应的数据点不在一个平面上的情况，此时需要构造出一个临时平面并沿该平面法向方向进行拉伸，相关内容在第 10 章风挡设计中将详细阐述。

(4) 组合类

组合类部件通常相对复杂，这类部件一般由 3 个或者 3 个以上的曲面或者实体组成，但在模型的描述上一般又以整体的方式进行处理，其典型部件如需要导入的起落架、发动机和各种需要用于布置的成品设备。这类部件通常并不在 OpenCADS. Design 中进行造型，而是在其

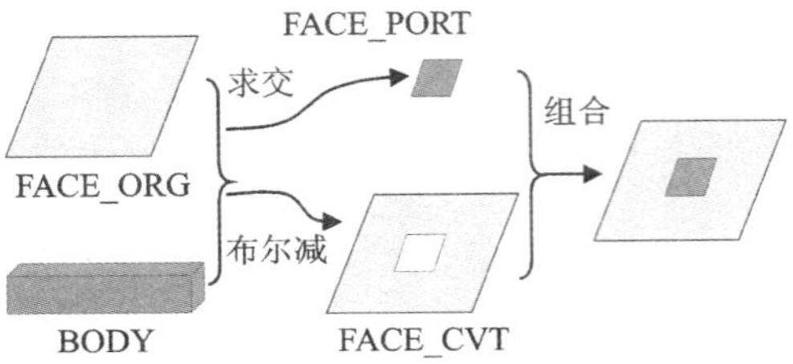

图 9.3　典型开口构建过程

他的 CAD 系统中完成构建并通过成熟的图形数据接口进入设计系统，在设计系统中原则上不能对其进行几何更改，只能整体性地进行平移和旋转。这部分的实现主要通过 InterOp 所提供的数据接口函数予以完成，目前已实现的图形数据接口包括 IGS、SAT、CATPart、CATProduct、STL 等。

9.2　翼面类部件参数化建模

9.2.1　翼面类部件描述方法

在 OpenCADS. Design 中，翼面类部件包括机翼、水平尾翼、垂直尾翼、鸭翼及通用翼面等，如图 9.4 所示。参考第一篇中的定义方式，单个翼面由一个或多个翼段组成，而作为翼面的基本构成单元，翼段通过尖削比、后掠角、根弦长、半展长等平面形状参数，根部和梢部翼型以及上反角、扭转角等空间定义参数进行描述，通过这种方式所描述的翼段，其前后缘均为直线，各个参数具有明确的物理意义。而在参考文献[6]中，除了对直线前后缘翼段进行描述外，还提出了采用放样的方式实现曲线前后缘翼段和翼梢整流部分的构建。综合以上论述及参考文献[6]中对翼面类部件的阐述，本研究中对翼段的描述如下：

① 翼段分为直线前后缘翼段和曲线前后缘翼段两种方式，由设计者根据需要进行选用。

② 翼段空间信息的描述中，采用单个上反角和扭转角过于局限，为了扩大其适用范围，上反角以一条沿展向变化的曲线进行定义，其横坐标为展向站位，纵坐标为对应站位上的上反角。为了适应翼展变化所带来的影响，展向站位采用相对参数进行定义，翼段根部为 0，梢部为 1。扭转角以同样的方式进行处理，如图 9.5 所示。

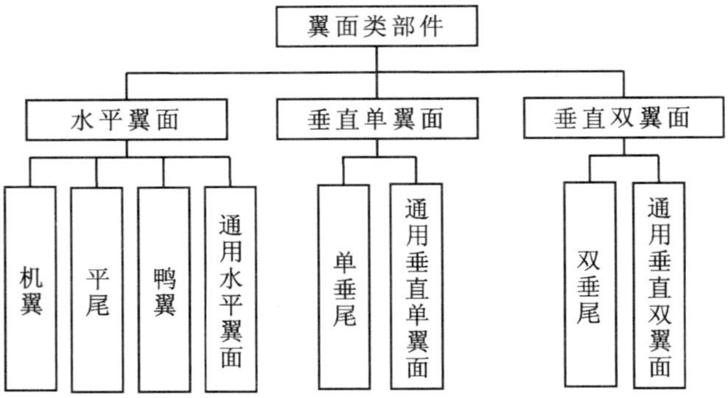

图 9.4　翼面类部件的组成

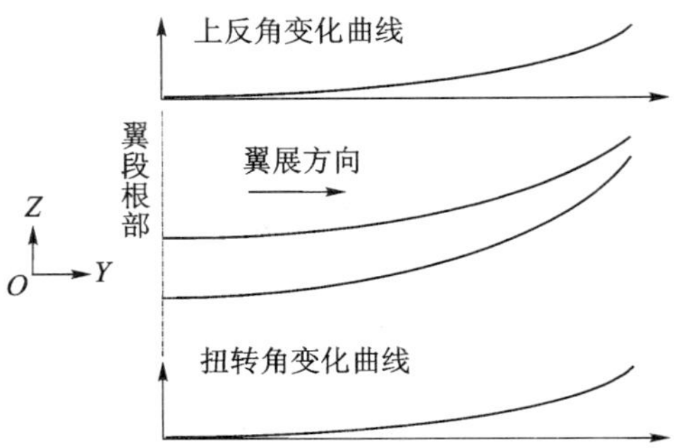

图 9.5　翼段上反和扭转信息描述

③ 翼段描述中除了根部和梢部翼型外，还包括中间根据需要所插入的若干翼型，而各个翼型的站位同样采用相对参数进行定义。这种多翼剖面的描述方式对于曲线前后缘翼段的构建非常有效，在曲率大的地方通常需要添加翼剖面，以保证建模的美观和设计的合理性。

对于一个由多个翼段组成的翼面而言，各个相连接翼段参数关联的合理性是非常重要的，内翼段（靠近机身）梢部前缘点、翼型、剖面扭转角与外翼段（远离机身）根部对应参数应该一致，甚至上反角也应该相同，以保证分翼段造型时两个翼段曲面的光滑过渡。综合以上论述，直线前后缘翼段可以采用表 9.1 所列参数（打“√”为控制参数）进行描述；而对于曲线前后缘翼段，尖削比和后掠角等用于梯形平面描述的参数将不再适用，取而代之的是前缘曲线和后缘曲线，其参数定义如表 9.2 所列。尽管曲线前后缘翼段从理论上能描述出任何形状的翼面，但对于诸如前缘以某个角度急剧变化的情况（前缘由两条曲率不同的直线组成），曲线前后缘翼段造型方式未必合理，因此，在构建一个翼面时，很有可能需要采用多个翼段并结合曲线前后缘构建方式以获得最佳的设计效果，由此需要对前后缘为曲线的这种特殊翼段作进一步的论述。由于前后缘曲线定义比较自由，暂且将二者在梢部的数据点连线定义为梢弦长，其数值则很有可能为 0 或一个非常小的量，此时若在该翼段外再添加一个新的翼段，则新翼段定义所需数据意义不明确且难以保证两个翼段曲面过渡的光滑。因此，设计者最好将曲线前后缘翼段作为最外的翼段参与构型。

表 9.1　直线前后缘翼段描述参数

参　数	水平翼面		垂直单翼面		垂直双翼面	
	首翼段	其他翼段	首翼段	其他翼段	首翼段	其他翼段
尖削比	√	√	√	√	√	√
后掠角	√	√	√	√	√	√
根弦长	√		√		√	
半展长	√	√	√	√	√	√
展弦比						
安装角	√	√				
扭转角	√	√				
扭转角曲线	√	√				
上(下)反/外倾角	√	√			√	√
上(下)反角曲线	√	√				
稍弦长						
根部前缘坐标	√		√		√	
稍部前缘坐标						
各站位翼型	√	√	√	√	√	√

表 9.2 曲线前后缘翼段描述参数

参 数	水平翼段	垂直单翼段	垂直双翼段
前缘平面曲线	√	√	√
后缘平面曲线	√	√	√
根弦长	√	√	√
半展长	√	√	√
展弦比			
安装角	√		
扭转角	√		
扭转角曲线	√		
上(下)反/外倾角	√		√
上(下)反角曲线	√		
稍弦长			
根部前缘坐标	√	√	√
稍部前缘坐标			
各站位翼型	√	√	√

在许多类翼面部件距飞机中轴线最远的外侧，基于气动等多方面因素的考虑，一般都需要对翼尖部分进行处理。参考文献[6]列举了对翼尖部分所采取的常用处理方式，包括圆形、尖形，切尖、霍纳式、下垂式、上翘、端板、小翼等，而参考文献[7]进一步将其归纳为如图 9.6 所示的 5 种基本类型。结合之前对翼段的定义，这些类型翼尖的描述均可以直接通过添加新的翼段予以完成，其中 I 和 IV 采用直线前后缘翼段，II、III 和 V 采用曲线前后缘翼段。在处理过程中，翼梢小翼以独立的翼面进行定义，而对于霍纳式这种下表面“切去下部”的翼梢处理方式将在以后进行研究。

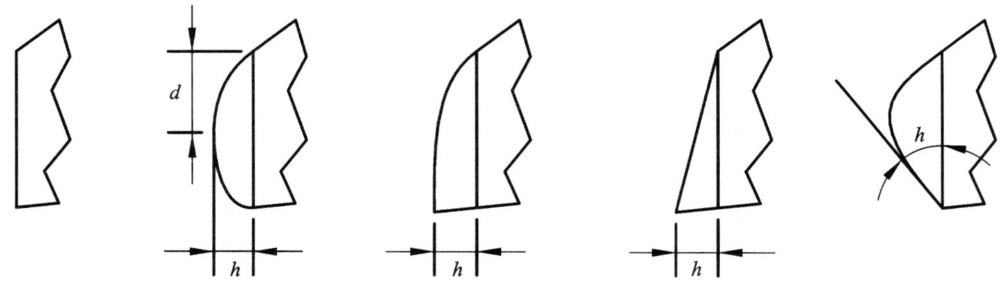

(a) I型 (b) II型 (c) III型 (d) IV型 (e) V型

图 9.6 翼梢整流罩及参数

9.2.2　翼型数据库的建立

作为构成翼段的基本元素之一，翼型起着翼面类部件二维到三维的连接作用，其信息主要由基本几何参数及气动力特性两部分组成。基本几何参数包括翼型上下翼面数据点、前缘半径、最大相对厚度、最大相对厚度所在位置、最大相对弯度、最大相对弯度所在位置等，而气动力特性则包括升力、阻力、力矩等基本气动力特性曲线以及由此得到的最大升力系数、升力线斜率等特征数据。

将若干翼型以链表形式有机地组织起来便形成了翼型数据库。图 9.7 描述了 OpenCADS. Design 中翼型数据库类（CRAirfoilDBase）、翼型信息管理类（CRBAirfoil）、翼型某条件下气动力数据管理类（CRBAirfoilAero）以及相关的曲线、数据点类之间的大致关系。通过这种面向对象的数据组织方式，在必要的时候可以方便地对翼型数据库进行扩展以添加新的数据项目。需要指出的是，单个翼型气动力数据可能包含多种气动力数据来源，如基于 CFD 软件的计算结果、基于风洞的实验结果等等。为此，在气动力特性信息的组织上，系统采用以 CRBAirfoilAero 类为节点的链表进行数据的管理，其中，基于 XFoil 翼型气动力分析程序的计算结果便是其中之一。

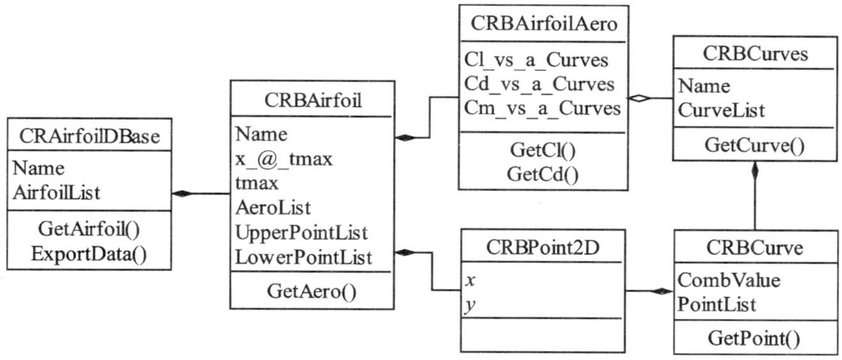

图 9.7　与翼型相关各数据类之间的关系

XFoil 软件由美国麻省理工学院的 Drela 博士开发，适用于亚声速翼型的分析和设计，分析结果包括升力、阻力、力矩、压力分布等，其应用模式为 DOS 系统下的命令行操作。为了降低软件的使用门槛、增加其可集成性以及数据的可视化，此处将 XFoil 程序进行了重新封装，暂且将软件命名为 STARFoil。图 9.8 给出了 STARFoil 的主界面以及所集成的 XFoil 分析时界面。

在 STARFoil 中，设计者可通过曲线（簇）管理对话框输入翼型数据并可视化地添加计算条件，计算结果反映在主视图中。事实上，现有的翼型分析软件 Profili 也将 XFoil 作了集成，但该软件自成一体，并不提供接口供其他应用程序集成使用；与之不同的是，STARFoil 提供了翼型与分析控制参数多种形式的数据接口，可以方便地将之集成到自己的系统中。正是以这种机制为基础，本研究中在图 9.9 所示的翼型数据库管理系统中完成了 STARFoil 软件的集成，从而使数据的管理和辅助性的分析融为一体。

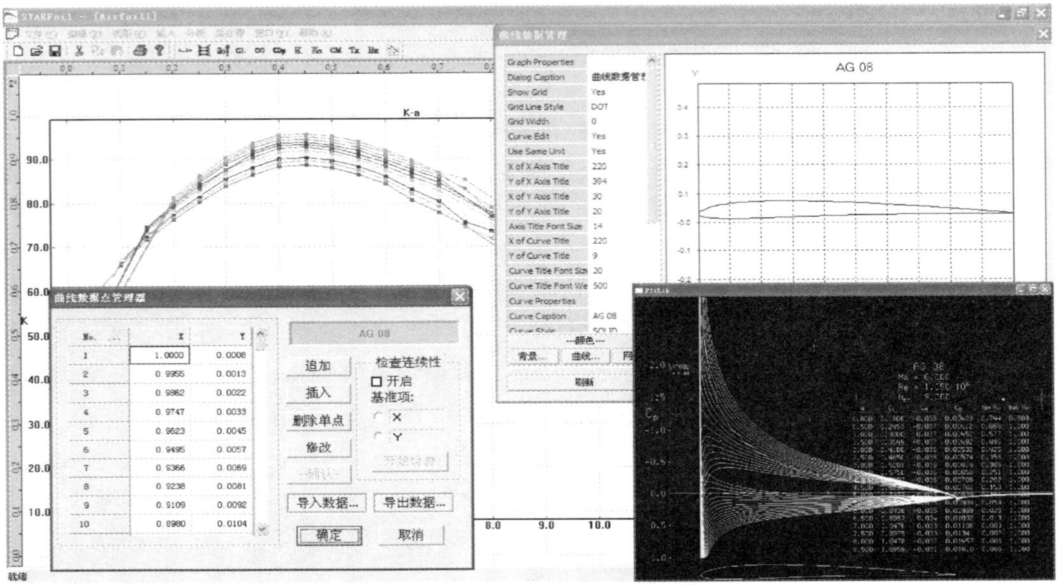

图 9.8　XFoil 集成与分析环境

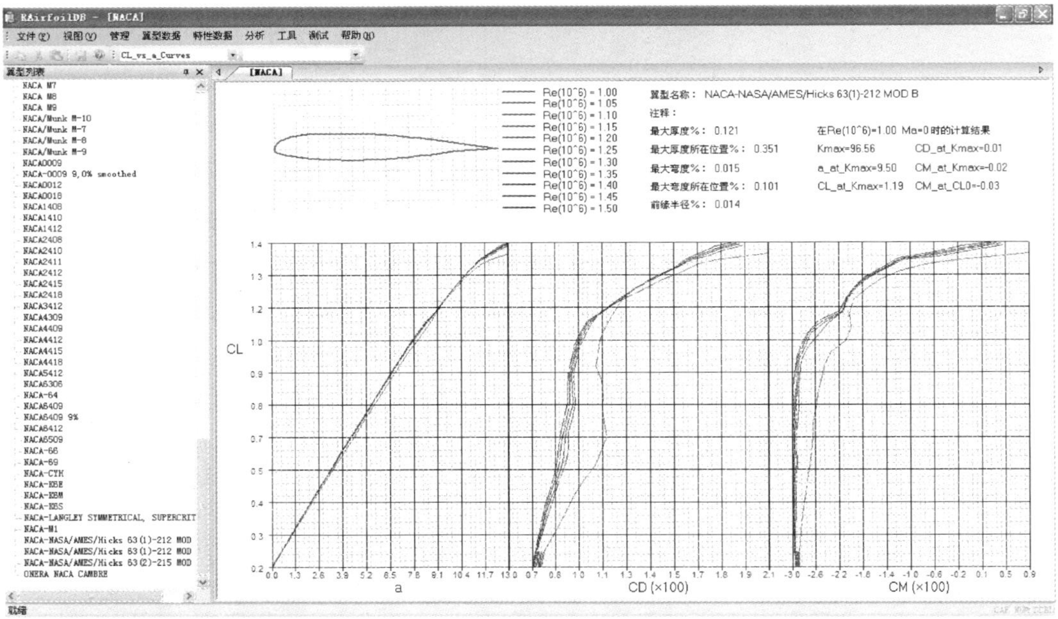

图 9.9　翼型数据库管理界面

9.2.3　翼面类部件建模过程及支持措施

虽然单个翼面类部件在参数描述方式上是相同的，但由于翼面类部件的类别及应用在飞机上的特征具有差异，系统仍然将其分为机翼、尾翼和通用翼面三类予以处理，并分别通过如

图 9.10 所示的独立功能环境为设计者提供支持。对单个翼段而言，其设计首先从平面形状的定义开始。如前所述，平面形状分为两种形式，即直线前后缘和曲线前后缘，设计者在定义翼段具体参数前需要先明确当前处理翼段的平面形式。在之前翼面类部件的定义中曾经建议性地提到，曲线前后缘翼段最好在最后一个翼段（最远离机身的翼段）设计时再予以采用，系统也为此设计了相应的操作控制，若当前所处理翼段非最后一个翼段，则不允许采用曲线前后缘进行描述。对于直前后缘翼段，通过属性列表框相关数据项的参数设置，可快速地完成平面形状的定义；而对于曲线前后缘翼段，后掠角、尖削比等参数自动隐藏，但作为曲线前后缘绘制边界控制的半展长，则还需要进行设置。在展长参数合理的情况下，通过如图 9.11 所示的翼段平面形状定义草图板，可以进行曲线前后缘的设计。

图 9.10　翼面类部件信息管理

在该草图板上，设计者可通过鼠标点击方式完成前后缘数据点的初始定义，并对各个数据点进行交互式调整，或通过如图 9.12 所示的曲线（簇）管理对话框进行数据的精确控制。该对话框中的曲线数据点编辑部分来自于 SEACD，并通过资源封装的方式添加到 OpenCADS. Design 中，其功能包括编辑各个点的坐标值、增减数据点、导入和导出曲线数据等。在系统其他涉及到曲线（簇）数据管理的地方，也将直接采用该对话框进行处理。

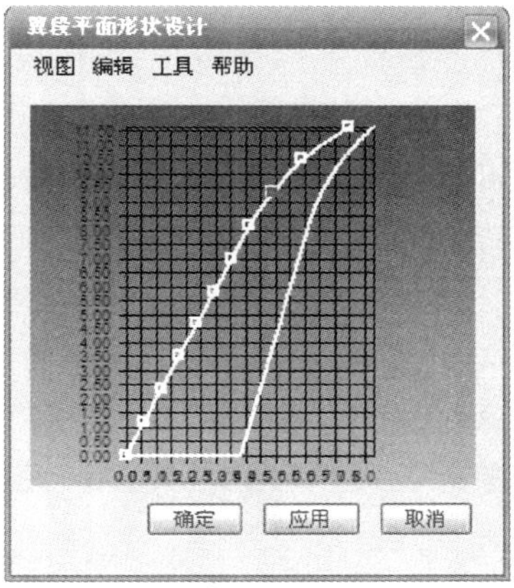

图 9.11　翼段平面形状编辑界面

在平面形状定义过程中，如下几点需要予以说明：

① 为保证翼面设计的合理性，系统自动地对组成翼面的各个翼段参数进行了筛选，并将相应的设置项目进行了屏蔽

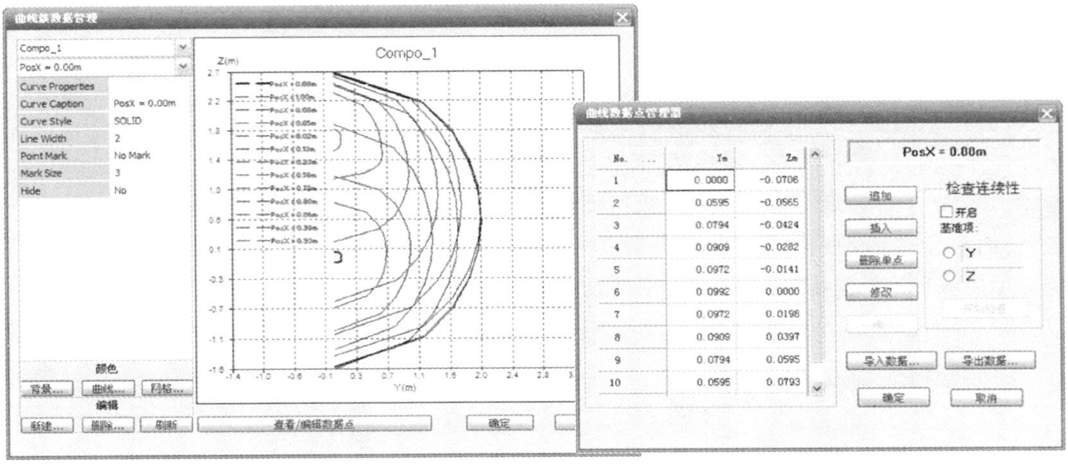

图 9.12 曲线(簇)数据管理对话框

处理，以防止设计者更改参数而出现异常。

② 翼面的各个非设计信息(如参考翼面面积、后掠角、尖削比、平均气动力弦线长等)在其平面参数描述完成后，自动完成数据结果计算，以供分析及方案评估时使用。

③ 翼段上反曲线和扭转曲线通过曲线(簇)管理对话框进行设置，在不需要对上反角和扭转角进行精确控制的情况下，系统允许通过几个简单的参数对各曲线进行快速定义，如上反角通过一个固定参数设置，而扭转角变化曲线则由翼段安装角和梢部扭转角进行描述等。

在平面形状定义完成且参数合理的情况下，可通过如图 9.13(a)所示的对话框进行翼剖面的选用。翼型选用之前需要进行翼剖面相对站位的定义。对一个新建翼段，根部和梢部站位已经进行缺省定义且不可删除。选中某个站位并双击便可进入如图 9.13(b)所示的翼型选用界面，该界面专门针对翼面类部件的设计而开发，与翼型数据库管理系统共用一套数据，具体数据源则是通过如图 9.13(c)所示的数据库配置对话框来指定的。在平面形状和翼剖面信息的支持下，以前后缘为导向线，以缩放后的实际翼型剖面为基准，便可完成单个翼段几何的构建。

在翼面类部件设计中，还有两点需要指出。

一是机翼翼尖的处理。在前面的论述中已经提到机翼翼尖的多种形式及描述方法，但多数可以直接以机翼外翼段进行等效定义。在支持系统中，只将翼梢帆片等特殊形式单独进行设置且自动与机翼参数进行关联。

二是腹鳍等特殊翼面的处理。这类翼面与垂尾类似，但通常是“上大下小”，按照常规翼面定义方式，其尖削比大于 1。为此，本研究中首先以常规的垂尾类部件为基础进行设计，再基于 *XOY* 平面镜像获得所需结果。操作时，设计者按照常规的翼面定义方法进行腹鳍类翼面参数的设置并选中如图 9.10 所示的“腹鳍类翼面”选项即可完成。图 9.14 给出了此类翼面的处理方式及造型效果。

图 9.15 给出了本篇中所实现的某方案翼面类部件建模实例。

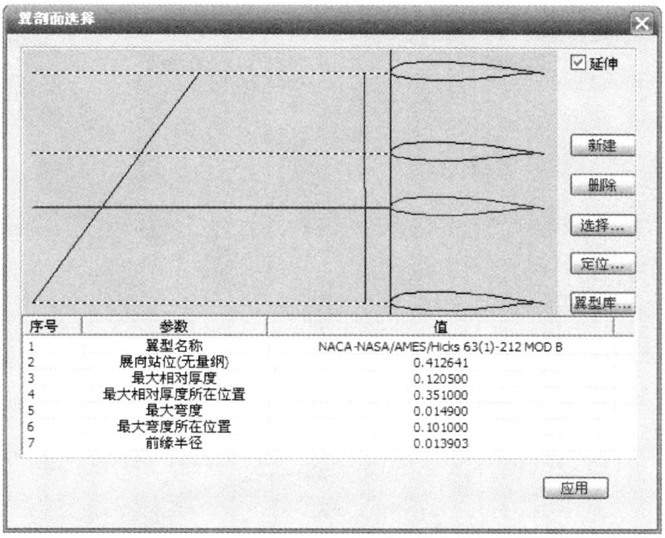

(a) 翼段翼型选用与管理对话框

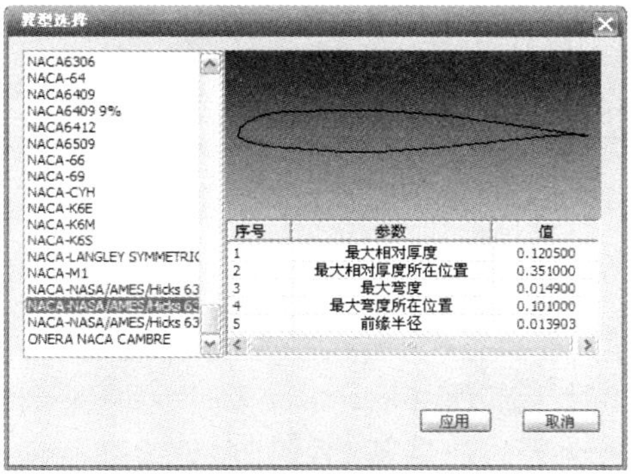

(b) 翼型数据库访问接口界面

(c) 数据库配置界面

图 9.13　翼型选用各相关操作界面

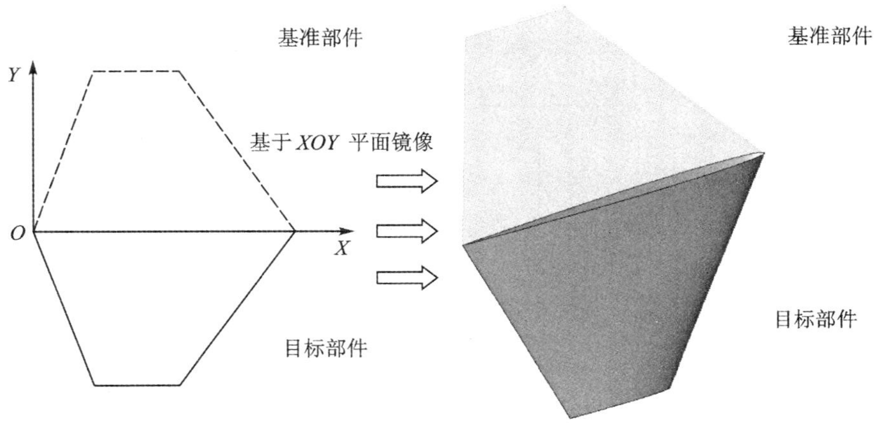

图 9.14　腹鳍类翼面构建逻辑

图 9.15 翼面类部件建模实例

9.3 机翼结构及整体油箱参数化快速设计

9.3.1 机翼结构参数化描述方式

在方案设计阶段，机翼主承力结构的初步设计与布置也是非常重要的，相关设计结果信息不仅可以作为强度、气动弹性等与结构相关分析学科的数据基础，同时，更为准确的结构重量数据也可为后续的各类特性评估奠定良好的基础。

综合参考文献[8-10]，本研究中将结构件分为翼梁、墙、翼肋、桁条和蒙皮等几个大的类别，结构件的定义则采用如图 9.16 所示的坐标体系。

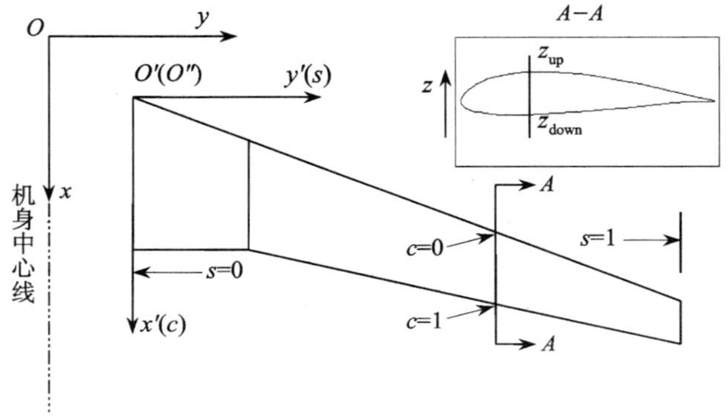

图 9.16 机翼及机翼结构参数化描述的坐标系定义

坐标系 O 为设计空间的三维绝对坐标系，缺省原点为机头最前点；O' 为翼面三维坐标系，原点为翼面根部前缘点；O'' 为翼面二维无量纲坐标系，其包含如下要点：

① 坐标原点与 O' 原点相同，为翼面根部前缘点；

② s 为展向相对站位参数，根部为 0，稍部为 1；

③ c 为给定站位处的弦向相对位置参数，前缘为 0，后缘为 1；

④ 翼平面内单点站位由 (c,s) 进行描述，并结合翼面实际曲面数据，获取该站位处的上下翼表面交点 (x,y,z_{up}) 及 (x,y,z_{down})；

⑤ 单个结构件布置通过一组有序的相对站位点 $\{P_n(c,s)\}$ 实现。

由于翼梁和墙在构型特点上的相似性，本篇中将二者采取统一定义。这类结构件主要由腹板和上下缘条组成，具有贯穿和连接上下翼面的几何特征。其描述的参数包括：

① 用于描述结构件平面信息的相对布置点列表 $\{P_n(c,s)\}$。该列表用于确定结构件在翼平面上的布置位置，根据布置点、机翼外形曲面以及蒙皮信息，可获取该结构件的实际空间尺寸信息。从受力合理性方面考虑，梁/墙通常布置为直线（布置点数 n 为 2），考虑到油箱容积及活动面的布置等因素，结构件可进行适当的弯折（布置点数 $n \geqslant 3$）。

② 归一化型材信息。型材用于定义结构件的剖面形状，梁/墙和桁条统一以如图 9.17 所示的“工”字型材为基准，通过变化参数获取实际需要的剖面形状（如在 $w_2 = w$ 且 $a_2 = 0$ 的情况下，型材演变为“T”形），在结构件实际尺寸发生变化而归一化型材不变的情况下，实际结构件剖面将自动进行调整。

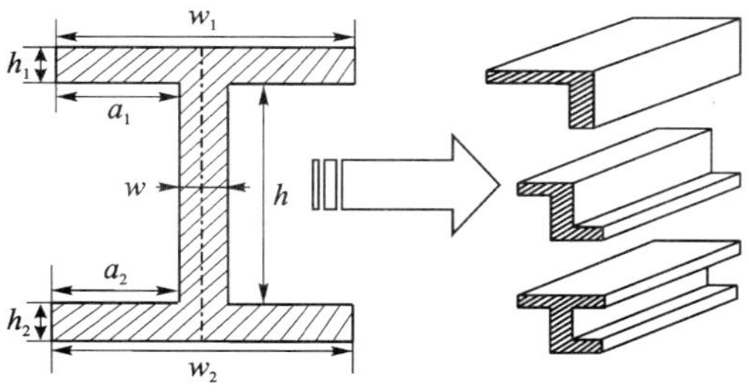

图 9.17　以“工”字为基础的型材定义

③ 结构件材料和编号信息。

基于上述几何描述参数，可通过如图 9.18 所示流程进行模型的构建，其步骤描述如下：

① 根据梁/墙的布置参数获取依赖于机翼曲面的实际上下翼面布置点；

② 从型材库中选择或编辑对应的结构件型材剖面；

③ 在布置点位置根据上下翼面高度差及蒙皮厚度参数，自动缩放型材以形成实际结构件剖面；

④ 以各个剖面角点连接线为导向线，利用 ACIS 实体造型函数生成结构件模型。

翼肋构造上的功用是维持机翼剖面所需的形状。单根翼肋描述参数包括：

① 翼肋起始和终止布置点 $\{P_1(c,s)\}$、$\{P_2(c,s)\}$；

② 翼肋上下缘条形状、面积、腹板厚度 δ，这几部分参数决定了翼肋剖面的基本信息，其相关描述如图 9.19 所示；

③ 翼肋材料和结构件编号信息。

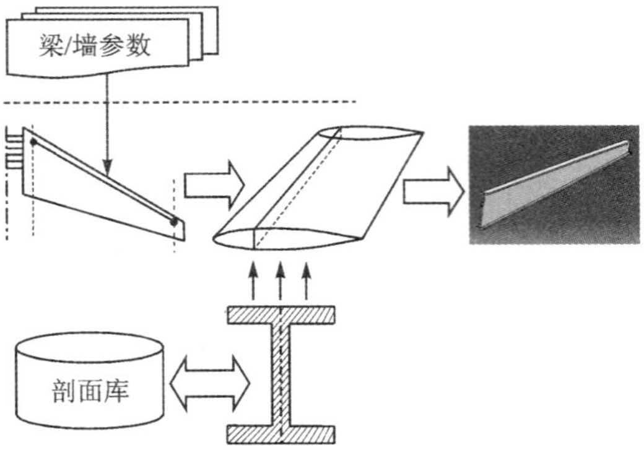

图 9.18 翼梁/墙的几何构建过程

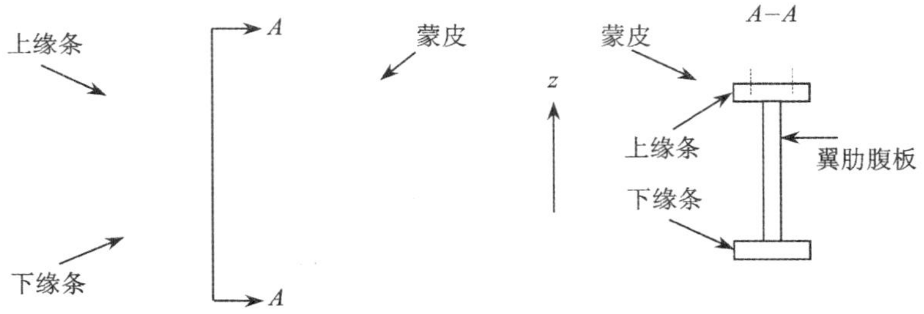

图 9.19 翼肋剖面描述

考虑到翼肋的布置特点，本篇对翼肋采用“翼肋组”的方式进行分组管理。所谓翼肋组，是指具有相同布置特性的多根翼肋的集合，其描述参数包括翼肋数量、翼肋布置方式、所垂直的梁/墙编号(翼肋垂直于梁布置情况)以及翼肋列表信息等。基于翼肋的各部分组成特点，本篇将翼肋上、下缘条和腹板分开进行造型，最后通过实体布尔运算合成一个整体，其构建过程如图 9.20 所示。相关步骤描述如下：

① 根据结构件布置点 $P_1(c,s)$ 和 $P_2(c,s)$ 获取实际翼肋所在剖面形状；

② 根据上下缘条形状和腹板厚度以及翼肋所在剖面，沿展向拉伸生成三个独立的实体模型；

③ 将上下缘条和腹板实体模型组合成翼肋实体模型。

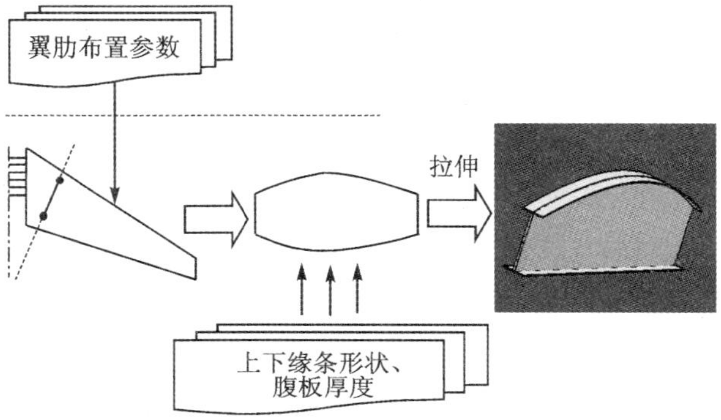

图 9.20 翼肋几何构建过程

桁条与蒙皮和翼肋相连，其描述参数包括：

① 桁条起始和终止布置点 $P_1(c,s)$ 、$P_2(c,s)$ 。

② 起始和终止布置点处桁条高度相对于当地翼面高度差的比例系数 k，该比例系数用于确定桁条实际高度，各相关参数定义如图 9.21 所示，从图中可以明确桁条实际高度 $h=(H-2\xi)k$ 。采用相对参数的好处在于：当机翼外形或蒙皮厚度发生变化时，在比例系数 k 保持一定的情况下，桁条实际高度将自动进行调整，从而为自动化调整和优化提供了保障。

③ 桁条型材、材料和编号信息。

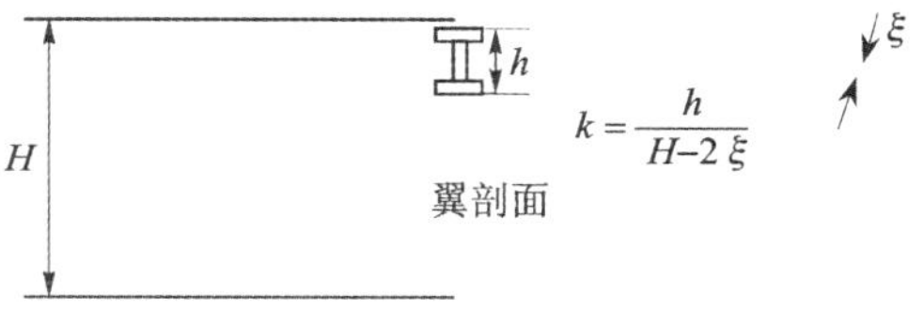

图 9.21　桁条剖面参数定义

同翼肋一样，桁条采用“桁条组”进行管理，单组描述参数包括桁条数量、布置方式、桁条信息列表等。在初步设计时，蒙皮采用等厚度予以考虑，其描述参数包括蒙皮厚度 ξ 以及所选用材料信息。桁条建模过程与梁/墙类似，不同之处在于：梁连接机翼上下蒙皮，而桁条依附于蒙皮，根据桁条起点和终点相对缩放系数，可获取结构件布置点所在高度差及型材剖面的缩放系数。后续步骤与梁/墙建模过程相同。

在对各个结构件参数化描述的基础上，可进行主承力结构的快速布置。结构件布置以机翼平面为基础，主要操作对象为梁/墙、翼肋和桁条。梁通常布置在机翼结构高度较大的位置，在系统中以直线或折线进行处理。翼肋包括顺气流布置和正交（指垂直于某一梁/墙）布置两种情况，以翼肋组为单位，设计者可方便地实现翼肋的混合布置。桁条也包括两种布置方式，即聚交式布置（等百分比线布置）和平行（平行于某一梁/墙）布置。图 9.22 给出了本研究中已初步实现的部分民用飞机典型结构件布置形式。

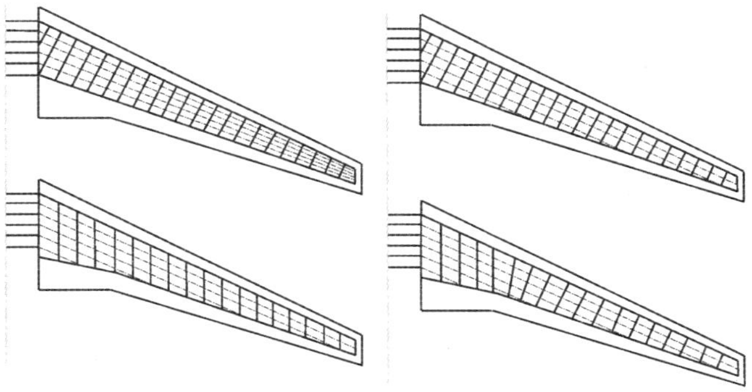

图 9.22　OpenCADS. Design 中部分结构件布置形式

9.3.2　机翼结构及油箱设计过程与支持措施

在 OpenCADS. Design 中，机翼结构的设计是从结构件布置开始的。在机翼外形曲面已经具备的基础上，系统为设计者提供了如下 3 种相关的支持措施：

① 直接采用缺省数据形成初始结构布置形式，其中桁条采用聚交式布置，翼肋采用顺气流布置，而翼梁则采用常用的双梁形式且后梁具有一定的弯折；

② 直接连接现有方案实例库，对现有飞机结构布置方案进行选用；

③ 以点绘方式在机翼平面草图板上绘制需要的各类结构件。

同前述设计中的交互式处理机制一样，设计者可以方便地在如图 9.23 所示机翼结构快速布置的草图板上进行各个结构件的位置调整或通过定位点对结构件进行精确定位。

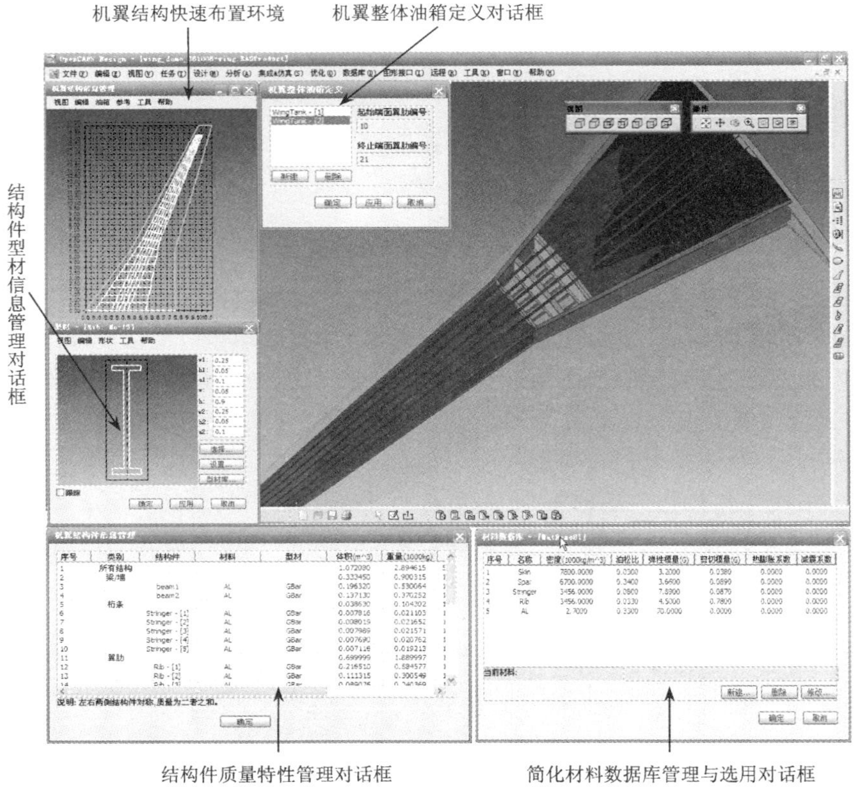

图 9.23　机翼结构与整体油箱设计环境

此处需要指出的是，部分结构件之间通常还会存在一定的逻辑联系，如部分翼肋与后梁垂直或者翼肋与机身轴线平行等。为了不破坏其中的连接关系，系统将翼梁作为引导翼肋布置参数变化的基础因素，在翼梁发生变化时，所有与之相关的翼肋将根据所定义的连接关系自动调整。

选中某结构件后，便可通过如图 9.23 所示的型材信息管理对话框对其剖面进行设计。此处，设计者可通过选用标准“工”字、“J”字或“T”字等型材进行剖面的快速设置，并通过编辑框进行参数项的细化调整。结构件材料的定义则是通过如图 9.23 所示的简化材料库及其访问接口予以实现的。在该数据库中，单项材料项目参数包括材料名称、密度、泊松比、弹性模量、剪切模量、热膨胀系数等，这些参数一方面为结构件质量特性计算提供原始信息，另一方面也为后续的结构有限元分析奠定了基础。由于结构件数量较多，设计者按照以上方式对各个结构件一一进行设置则显得过于繁杂，为此，系统以结构件类型为出发点，让设计者以批处理方式对同类结构件进行统一快速设置，最后再对个别需要调整的元素进行处理，比如，选中某个翼肋，在该翼肋材料和剖面已经具备的情况下，通过“应用到所有同类构件”，系统便将当前翼肋信息复制给所有翼肋类结构件。在上一节所述理论的支持下，所有结构件以实体模式最终在三维环境中显示，借助于ACIS底层几何处理功能，可以方便地计算出各个结构件的体积、重量、质心、惯性矩、张量等信息，在此基础上，由下式可进一步获取机翼结构质量特性：

$$\left.\begin{aligned}&W_{\text{struc}}=\sum W_i\\&x_{\text{CG}}=\frac{\sum W_i x_{\text{CG}i}}{\sum W_i},\quad y_{\text{CG}}=\frac{\sum W_i y_{\text{CG}i}}{\sum W_i},\quad z_{\text{CG}}=\frac{\sum W_i z_{\text{CG}i}}{\sum W_i}\end{aligned}\right\}\tag{9.1}$$

式中：W_i 和 $x_{\text{CG}i}$、$y_{\text{CG}i}$、$z_{\text{CG}i}$ 分别为第 i 个结构件的重量和重心位置，所得结果通过如图9.23所示结构质量特性对话框进行管理。

在机翼结构已经具备的基础上，可便捷地完成以结构件为密封边界的机翼整体油箱的设计。单个整体油箱通常由前梁、后梁、翼肋和蒙皮围成，其构型完全依赖于结构件几何。作为初步的研究，油箱描述参数包括：起始梁/墙编号、终止梁/墙编号、起始翼肋编号和终止翼肋编号，系统根据编号自动获取结构件信息，并以此为边界生成油箱模型，支持系统则通过如图9.23所示的整体油箱定义对话框为设计者提供交互式参数设置环境。与结构质量特性计算一样，油箱的容积特性也可以方便地获取。对于更为复杂的油箱定义，在后续的研究中再予以考虑。

9.3.3 机翼结构及油箱的自动化调整

综合上述描述，OpenCADS. Design中机翼结构及整体油箱建模过程可用图9.24予以说明。

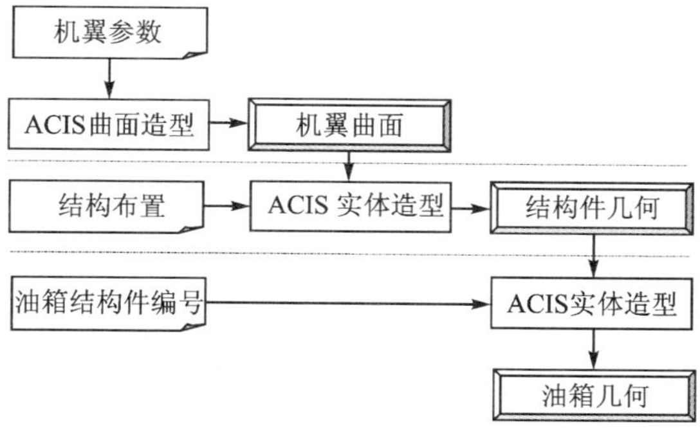

图9.24 OpenCADS. Design中机翼结构及整体油箱构建逻辑

可以看出，整个过程分为三个层次：① 最底层为油箱建模，模型输入为用于油箱密封的结构件编号及结构件信息；② 中间层为结构件建模，模型输入为结构布置参数和机翼曲面；③ 最上层为机翼曲面建模，模型输入为机翼参数信息。假定机翼描述参数为 $W\{w_1,w_2,\cdots,w_n\}$，结构布置描述参数为 $S\{s_1,s_2,\cdots,s_m\}$，油箱相关信息为 $T\{t_1,t_2,\cdots,t_k\}$，机翼、结构和油箱的几何则由下式进行描述：

$$\left.\begin{aligned}G_{\text{w}}&=f(W)\\G_{\text{s}}&=f(G_{\text{w}},S)\Rightarrow f(W,S)\\G_{\text{t}}&=f(G_{\text{s}},T)\Rightarrow f(W,S,T)\end{aligned}\right\}\tag{9.2}$$

式中：G_{w} 为机翼几何，G_{s} 为机翼结构几何，G_{t} 为机翼整体油箱几何。从以上对各项目数据结构的描述可知，W、S 和 T 并无数据间的耦合，从而可实现两个层级的自动化调整过程：

① 结构件参数 S 发生变化时，在油箱描述参数 T 不变的情况下，油箱几何 G_t 及其容积等信息将自动发生相应变化；

② 机翼描述参数 W 变化时，在结构描述参数 S 和油箱参数 T 不变的情况下，结构几何 G_s 和油箱几何 G_t 将自动进行更新，二者所关联的质量和容积特性也相应地予以调整。

9.3.4 机翼结构及油箱设计与自动化调整示例

为说明理论方法的有效性，本篇以某飞机机翼外形参数为出发点完成了机翼结构和整体油箱的设计、质量特性计算以及结构的自动化调整。结构设计步骤如下：① 交互式结构件布置；② 结构件剖面设计；③ 结构件材料设置；④ 机翼结构模型构建；⑤ 交互式机翼整体油箱设计；⑥ 机翼整体油箱模型构建。

图 9.25 给出了当前机翼在翼肋混合布置形式下的结构与油箱建模结果及其质量特性。图 9.26 则给出了翼肋顺气流布置形式下，机翼外翼段后掠角由原始的 27°修改为 35°后，其对应的结构与整体油箱发生自动化调整的结果，相关质量特性数据如表 9.3 所列。需要说明的是，由于结构质量特性数据与结构实体有直接的物理对应关系，在结构建模准确的前提下，质量特性数据是可靠的。

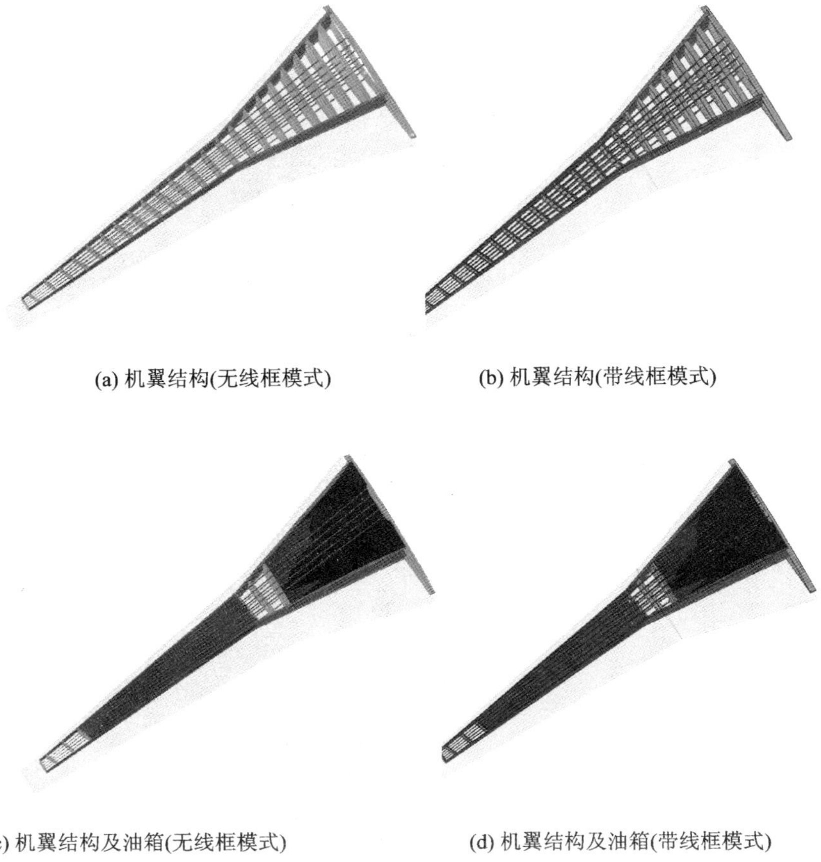

(a) 机翼结构(无线框模式)　(b) 机翼结构(带线框模式)

(c) 机翼结构及油箱(无线框模式)　(d) 机翼结构及油箱(带线框模式)

图 9.25 翼肋混合布置机翼结构设计实例

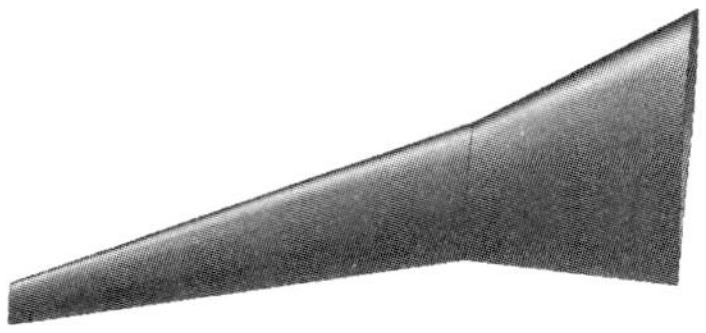

(a-1) 修改前机翼曲面外形

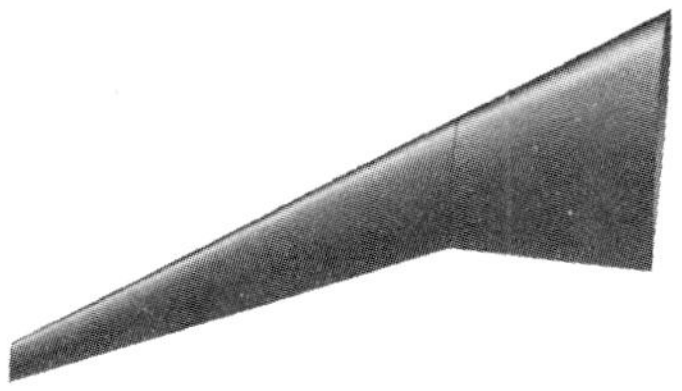

(b-1) 修改后机翼曲面外形

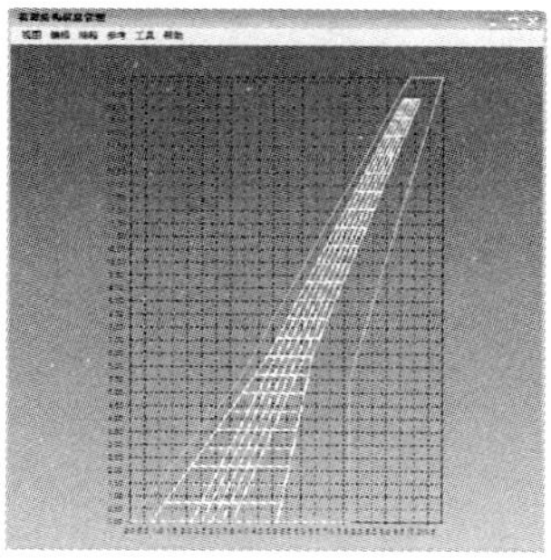

(a—2) 修改前机翼结构布置

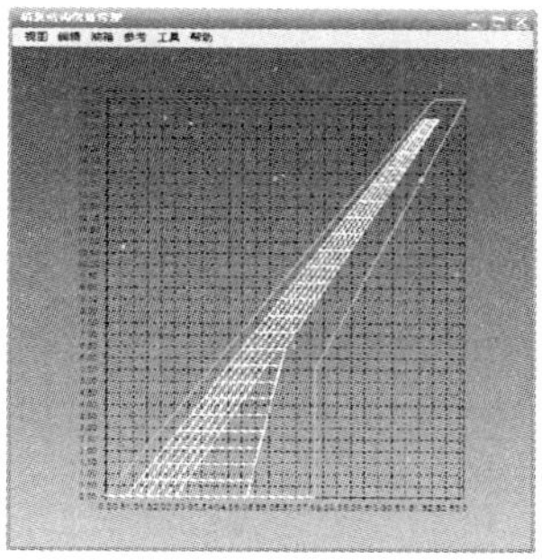

(b—2) 修改后机翼结构布置

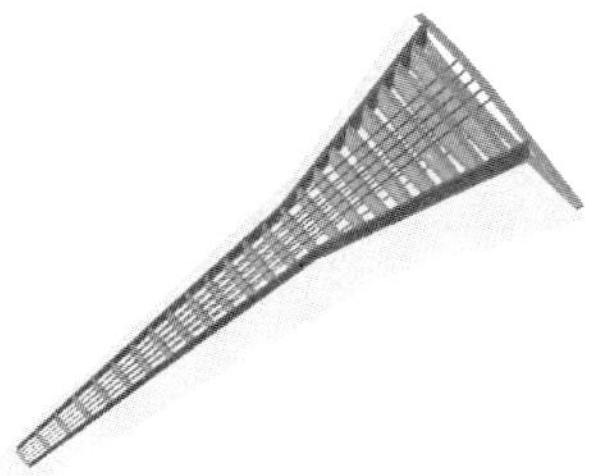

(a-3) 修改前机翼结构实体模型

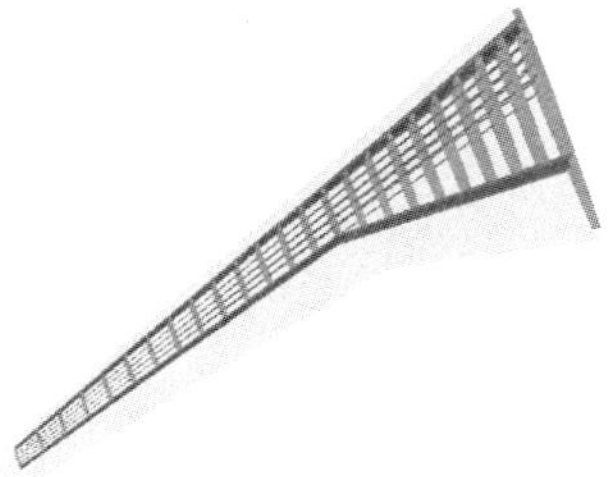

(b-3) 修改后机翼结构实体模型

(a-4) 修改前机翼结构及油箱实体模型

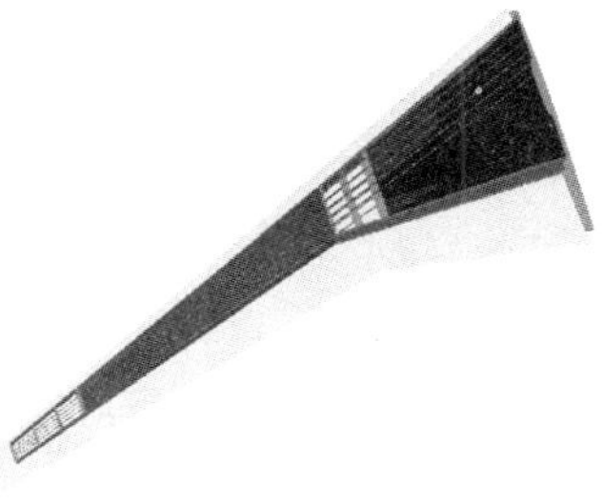

(b-4) 修改后机翼结构及油箱实体模型

图 9.26 机翼外形修改所引起的结构及油箱的自动化调整

表 9.3 机翼外形修改前后结构及油箱的质量特性计算结果

实例状态	结构体积/m^3	结构质量/kg	油箱容积/m^3
修改前	1.081 634	2 920.413	13.792 6
修改后	1.079 869	2 915.647	13.753 6

9.4　其他部件设计

9.4.1　成品部件布置

从类别范围的定义上，成品部件不仅包括雷达、传感器等现有电子电气设备，也包括设计者根据需要所构建的其他数字模型。这类部件从物理描述上主要包括重量、重心、惯性矩等质量特性以及某些功能特性(如雷达的作用距离、扫描范围等)，而其几何则通常出自于诸如CATIA、UG等成熟的CAD系统，并以数据文件的方式进行存储和管理。在成品布置中，系统的主要任务就是能将这些设计者现有的模型资源自由地导入到系统统一工作环境并作为方案的一部分参与各类分析和评估。需要指出的是，所导入部件必须尽可能地保证模型原始几何形态(如曲面、实体等)，且通常只用于布置而不允许再进行自身几何的修改。为此，本研究中提供如下解决方案：

① 成品部件模型通过成熟的图形接口进行导入，目前可接受的图形格式包括IGS、CATPart、CATProduct、STL、SAT等，这些接口的开发均基于InterOp接口底层开发组件，以此为基础可开发出更多、更实用的图形接口，以提高OpenCADS. Design对现有CAD系统的兼容程度；

② 所导入部件以一个独立的实体链表进行存储并以整体方式进行渲染，从而在界面上避免了设计者对该部件进行操作而引起设计异常。

成品部件的布置通过如图9.27所示的对话框进行。

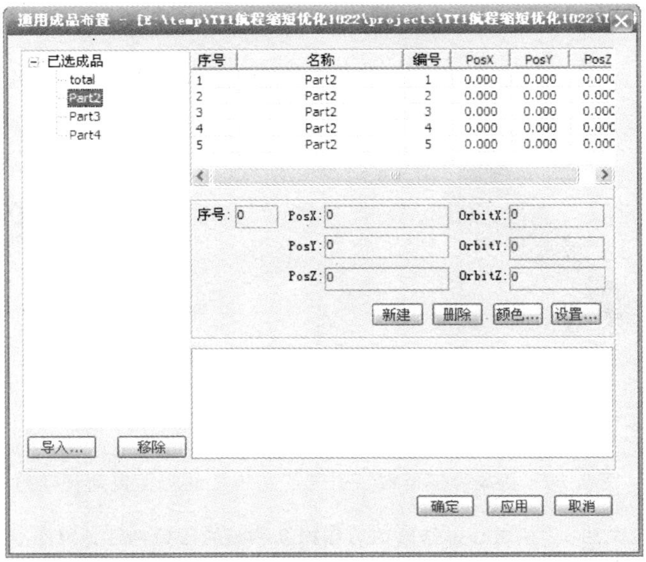

图9.27　成品布置对话框

由于成品部件的形体都是在自身的局部坐标系中定义的，所以将它们用于布置时需要给出定义于形体上的基准点的实际坐标，从而将形体中各数据点坐标转换到全局坐标系中去以便显示。除确定位置外，设计者还可在三维环境中交互式地进行成品部件属性的设置，如颜色、可见性、透明度等。如果设计过程中改变了成品部件的选用情况，如调整了采用的数量、去除了某种成品或对当前选用项目进行重命名，系统会自动地对成品部件的布置情况进行调整，这些保证系统逻辑性的措施是通过运用面向对象编程和一定技巧实现的，在本书中限于篇幅将不进行详细的论述。

事实上，此部分功能不仅对现有成品设备的布置提供支持，同时对于某些特殊问题的处理上也是适用的。以典型民用运输飞机通过内部调整改装成公务机为例，由于现阶段 OpenCADS. Design 自身功能的发展限制，在现有的客舱布置环境中进行公务机的布置会比较复杂，甚至有可能无法实现设计者所追求的内部效果。在这种情况下，可首先将舱内包括座椅在内的各个设施在 CATIA 等成熟 CAD 系统中进行构建，然后通过该功能进行导入并合理布置。图 9.28 给出了在 CATIA 中所构建的模型布置在驾驶舱内的情况。

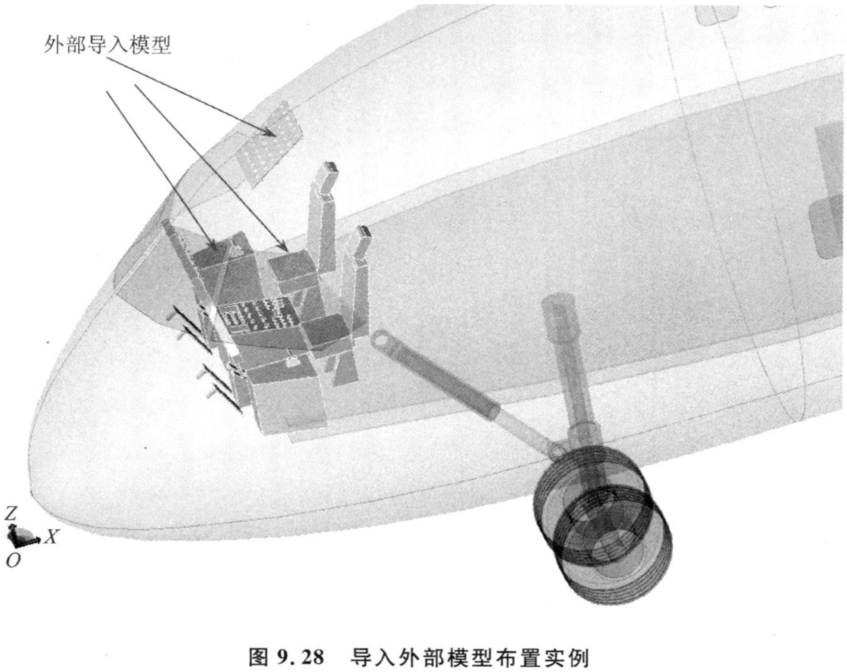

图 9.28　导入外部模型布置实例

9.4.2　起落架描述与简化

在 OpenCADS. Design 中，起落架的参数化描述与设计支持包括三个方面的内容，即起落架总体布置参数的确定、前/主起落架具体参数设置以及从现有总体模型中提取以用于支持设计参数选取的参考数据信息。起落架总体布置参数包括主轮纵向位置、前主轮距、主轮距、前起竖向（*Z* 向）位置和主起纵向位置等。对于起落架具体模型的设计，此处采用同 SEACD 中对起落架描述类似的处理办法，即采用一些主要设计参数进行起落架模型的控制，而其更为细致的局部造型则通过约定的系列规则予以完成。即便如此，OpenCADS. Design 中还有如下两点区别于 SEACD：

① 对起落架形式进行了定义，在数据结构的定义上是将每一种类型的起落架作为一个节

点进行管理。

② 对起落架参数的定义进行分层。对模型起主要作用的总体参数作为第一层，该层参数的改变将引起起落架模型大的变化；而对于其他单个部件的尺寸定义则作为第二层参数进行管理。对于支柱式起落架，第一层描述参数包括轮胎直径、轮胎宽度、缓冲器行程、停机压缩量、起落架高度等；第二层描述参数则包括外筒直径、内筒直径、轮轴直径、机身接头直径等。为了简化设计者的操作，在第一层参数已经具备的情况下，系统可缺省地根据内部约定生成第二层参数。

对于起落架的收起状态（是否收起）、收起方向（向前、向后、向内、向外）以及收起角度等，此处也进行了定义。相关界面如图 9.29 所示。

图 9.29　起落架快速设计与布置支持环境

第 10 章　民用飞机参数化构型设计与布置

由于不同类型飞机具有其自身的构型特点，因此，要为某一类飞机提供全面的模型构建支持，除了上一章所描述的诸如机翼、起落架等通用部件设计环境以外，系统还需要提供针对飞机部件特征的设计支持措施。与 SEACD 主要提供通用化的建模方法不同的是，OpenCADS. Design 将民用旅客机的快速设计作为系统建设的切入点，以期为我国民用飞机的设计与研制起到更多的支持作用。

对于民用飞机而言，具有特征性的部件包括机身及其剖面构型、客舱、货舱、风挡等。本章的主要任务是对各个部件进行参数化的描述，并以此为基础形成相对完整的民用飞机快速设计支持环境。部件参数化的另一个作用是为部件间的自动化调整奠定基础，正是基于这种处理原则，在设计者快速表达构思的过程中，可以尽可能地保证方案的合理性，同时也减少了设计者的重复性劳动。在本章的末尾将给出若干相对完整的民用飞机方案。

10.1　机身剖面构型设计

10.1.1　基础项目定义及数据管理

在进行机身剖面构型设计之前，需要首先对各类基础项目进行定义。基础项目主要包括座椅、人体、集装箱/货物托盘和行李箱等，这些项目一方面作为剖面构型的依据，同时也作为构型完成后的剖面合理性检查。

在 OpenCADS. Design 中，座椅信息的来源包括两种途径：完全参数化自定义座椅和选用一个现有的座椅模型。前者对座椅尺寸进行自行定义并可根据需要修改座椅信息，后者只能对设计模型进行查看和整体处理，不能对细节进行调整。但不论哪种方式，一个座椅的信息都包活基本参数和几何模型两部分。自定义座椅的基本参数主要是如图 10.1 所示的各类尺寸数据，而模型则根据尺寸数据进行参数化构建，这类模型相对简单，且容易与系统中现有的模型进行统一存储，便于管理。现有座椅的基本参数除了各类基本的几何尺寸外，还包括座椅的其他信息，如座椅类型、制造商、主要部件材料、重量、造价、可靠性、可维修性等等，其对应模型通常太复杂以至于无法用全参数化进行描述；而更接近于真实座椅，通过图形接口导入系统后又会在一定程度上影响到系统的运行速度，因此 OpenCADS. Design 主要应用于后期的模型处理和各类仿真。

将这两种定义方式的座椅所需要的数据通过一个面向对象的座椅管理类统一描述，可以减少座椅定义方式所引起的数据混乱。以座椅管理类为基础，将多种座椅信息以链表的方式组织起来即构成了座椅数据库。目前 OpenCADS. Design 采用文件形式进行数据库信息的管理，通过文件作为中间媒介，同时将数据库本身管理与数据库信息的选用二者分离开来，这样一方面保证了数据的安全性，另一方面也为系统的多人协同开发带来了方便。

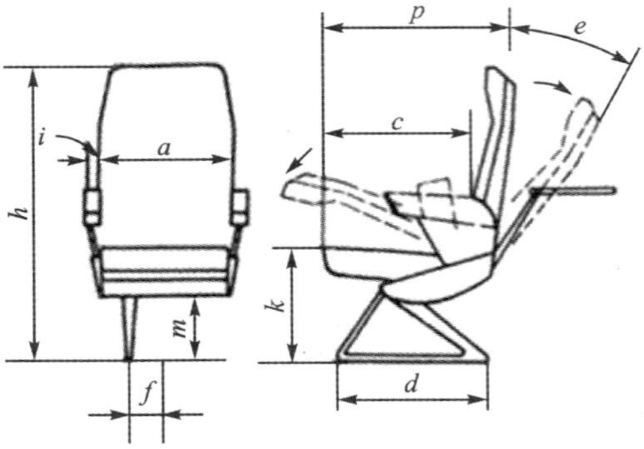

图 10.1 座椅参数化定义示意图

座椅数据库的管理是通过如图 10.2 所示的独立应用系统进行的。考虑到数据库的应用范围不仅仅限于民用飞机设计环境，因此在系统中将座椅分为了普通座椅和弹射座椅两个大类，二者在参数描述上是不相同的。进一步地，系统将上述提到的座椅基本信息分为了主要参数、基本参数和技术参数三个部分，这种分类方法主要是让独立构建的所有数据库在信息描述上基本保持一致。

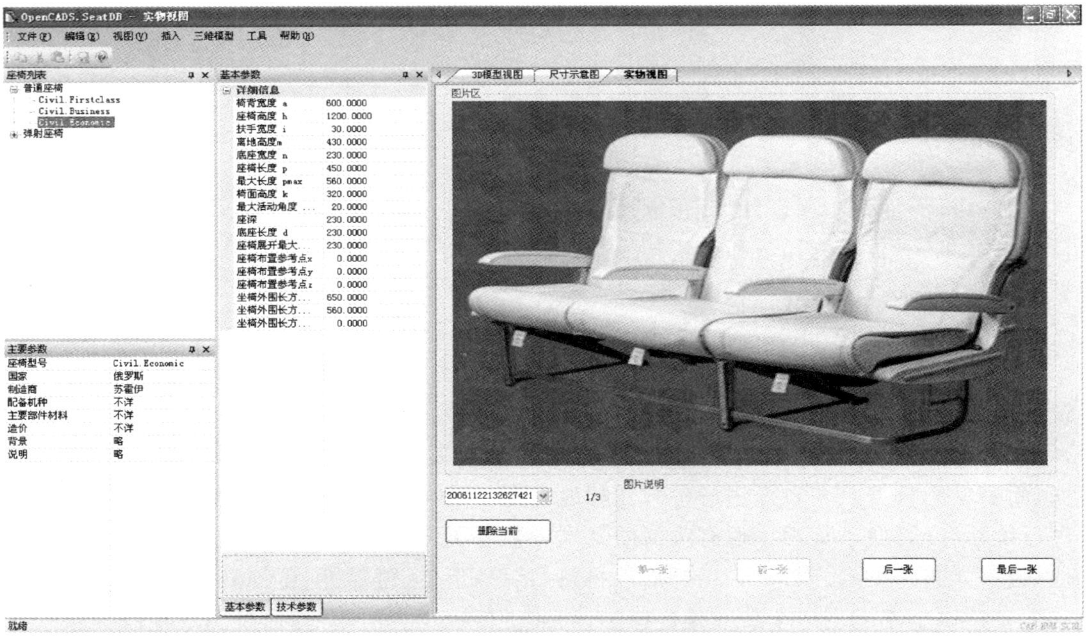

图 10.2 座椅数据库管理系统

人体尺寸是确定乘客座椅、过道和客舱尺寸的主要因素，其参数化定义如图 10.3 所示，各参数项缺省值根据参考文献[10]所提供的人体尺寸进行设置。在机身剖面构型中，人体以平面方式参与设计和剖面合理性检查，不涉及到三维构型，在后续的设计和评估中，可通过图形接口在需要用到三维模型的时候导入现有设计结果。

对于集装箱或货物托盘，采用图 10.4 进行统一的参数化定义，以此定义方式为基础，可方便地对各类标准集装箱或货物托盘进行描述。为了方便选用，在数据描述上已经将国际航空运输协会(IATA)所指定的部分 LD 标准集装箱尺寸信息进行了预置，设计者只需要选择集装箱的标志即可获取相关的各项尺寸数据。

行李箱没有标准的定义，本研究中简单地采用长方形进行二维描述，在行李架的设计过程中将主要用于设计合理性的检查。

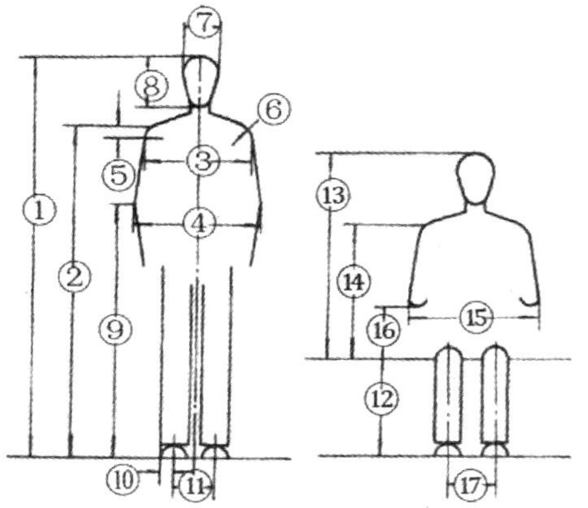

图 10.3　人体参数化定义示意图

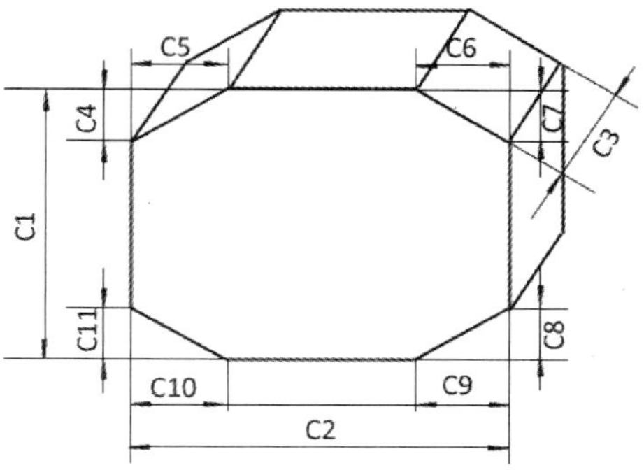

图 10.4　集装箱参数化定义示意图

10.1.2　机身剖面构型设计支持措施

结合参考文献[9-11]和本研究中支持系统的特点，机身剖面构型设计按照如图 10.5 所示流程进行。在设计过程中，设计者与支持系统之间的交互式操作将得到充分的体现。

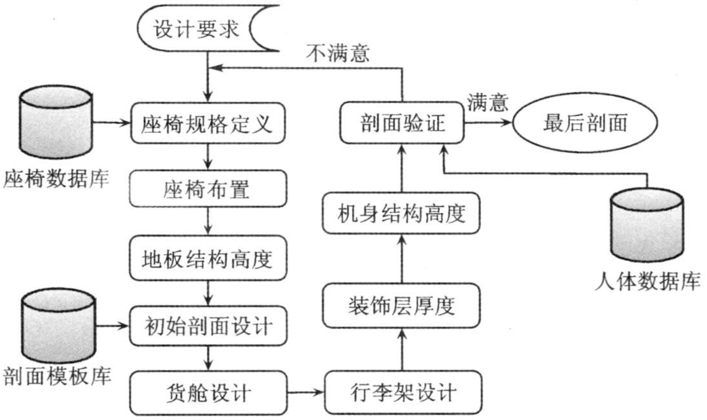

图 10.5　剖面构型设计流程

如前所述，座椅可通过参数自定义或从座椅数据库中选择现有座椅的方式获取，其平面数据主要用于剖面宽度的确定。相关座椅数据的设置是通过如图 10.6 所示的对话框来进行的，在单个座椅规格定义时，可采用缺省设置获取初始的座椅尺寸，在后续设计过程中再予以调整则会显得更加方便。座椅并排形式可通过预定义或自定义方式进行，系统根据座级的不同，对常用布置形式进行了预置，包括“2－2、3－3、2－3－2、2－4－2、3－4－3”(其中的 2、3、4 均表示相连的座椅数)等等。自定义座椅布置时系统最多允许定义 5 组相连的座椅数(即 4 个通道),布置方式从左到右(即从 $-Y$ 到 $+Y$)。过道宽度和座椅扶手到侧壁的间距直接通过文本框输入。

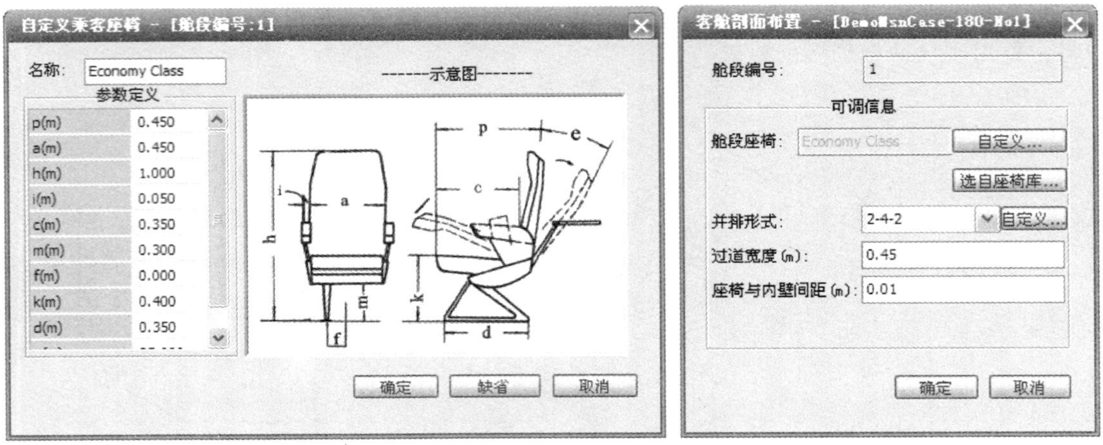

图 10.6 剖面座椅布置对话框

基于并排座椅布置数据可获取机身当量直径 D_{ef},其数值可采用下式获取:

$$D_{ef} = D_{ws} + 2C_{sw} + 2T_{tp} + 2H_{fw} \tag{10.1}$$

式中:D_{ws} 为并排座椅最大宽度,根据座椅布置形式和过道宽度可以获取;C_{sw} 为座椅扶手与侧壁间隙;T_{tp} 为客舱装饰层厚度,缺省参数为 26 mm,可通过参数对话框进行调整;H_{fw} 为机身框结构高度,缺省值为 85 mm,也可通过参数对话框进行设置。

以机身当量直径为基础,通过经验曲线变化规律可获取客舱地板结构高度,在客舱并排座椅设计完成后,将自动获取计算出该数值并刷新数据显示。为了提高数据设置的灵活性,系统允许设计者对客舱地板结构高度进行单独的设置,但座椅并排布置参数发生变化后,该值将重新进行计算。初步剖面构型时,设计者可直接采用缺省处理,当座椅并排布置参数完全确定后,再根据需要进行调整。

在地板结构高度和座椅并排布置形式具备的情况下便可进行剖面的初始设计,设计时主要采用模板的方式进行。结合目前大多数民用飞机采用圆或多圆剖面的特点,系统将这两种剖面采用参数化方式进行了定义。对圆而言,直接采用直径和圆心 Z 向坐标进行定义即可,圆心 Z 向坐标主要用于绘图起点的确定,与剖面具体形状没有必然关系。多圆剖面定义及实现如图 10.7 所示,此处如下几点需要予以说明:① 圆心 o_1 和 o_1 的 Y 向坐标相同,对单机身旅客机该值为 0;② 圆 3 与圆 1 和圆 2 分别内切;③ 圆心 o_3 根据三个圆的相对关系自动确定。更为复杂的剖面可以类似方式予以实现。

剖面初始设计完成后的所有信息将在如图 10.8 所示的剖面草图设计环境中得到直观的表达。

此时货舱的信息也以缺省方式完成了初步的布置。货舱由两组竖线、一条水平线和剖面进行简单的描述,竖线表征货舱侧壁,水平线则表示货舱地板上表面。设计者可用鼠标选取其中的竖线或者水平线后以拖动的方式进行交互式快速调整,调整过程中左右两侧的货舱侧壁以剖面中心线完全对称并自动调整,侧壁的上端面与地板下表面自动相接,下端面则自动被剖面截断。在交互式调整过程中,这种自动处理的规则将实时予以应用。货舱地板只能进行上下移动,其两端也自动被剖面截断。以上交互式调整方式也适合于客舱地板,选中地板后进行交互式 Z 向高度快速调整时,地板两端将完全附着在剖面上,货舱侧壁也将随着地板的调整

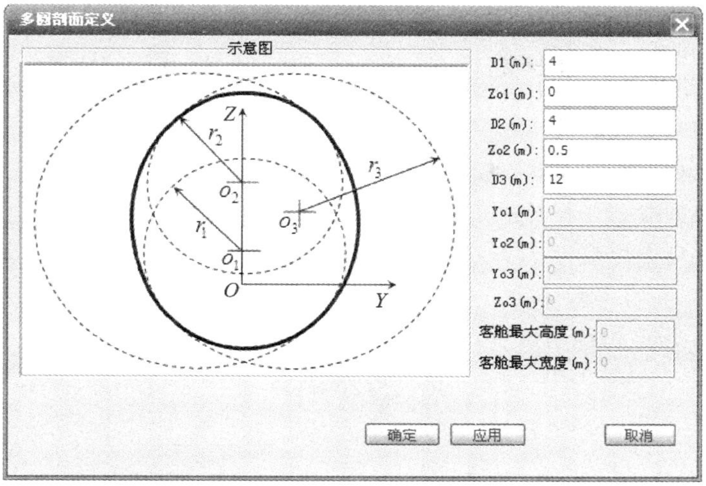

图 10.7　多圆剖面设置对话框

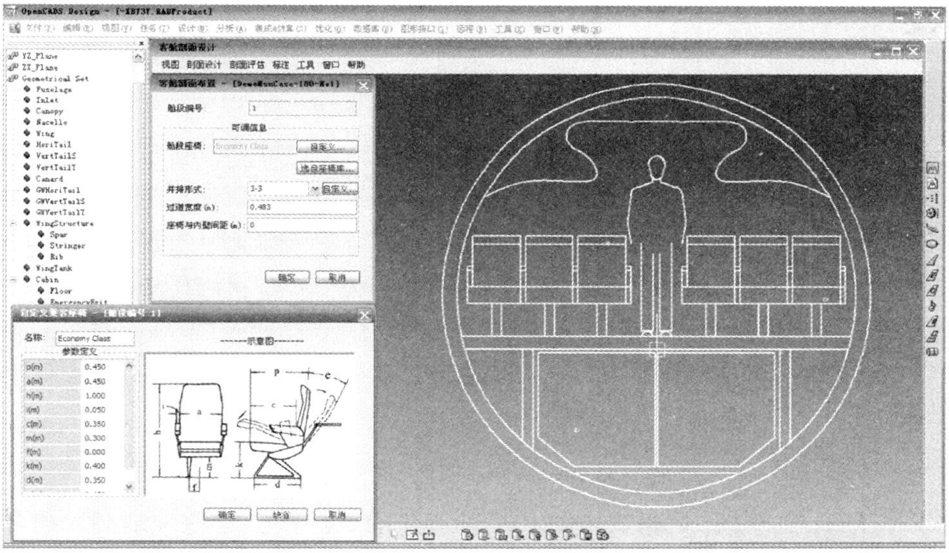

图 10.8　剖面草图设计环境

而自动发生变化。

在 OpenCADS. Design 中，行李架采用一条样条线进行描述，且约定行李架沿剖面中心线左右对称，在设计时只进行右侧部分（$Y>0$）的设计，左侧部分采用镜像方式处理。通常情况下，行李架一侧在剖面中心线上，另一侧在剖面线上，这种原则在系统中进行了自动处理，即设计者在行李架剖面曲线设计时，左侧端点必须在剖面中线上，而右侧端点必须在剖面上。当交互式鼠标点选方式进行行李架剖面设计时，若第一个数据点 $P_1(x,y)$ 不在剖面中线上，则系统自动在数据点链表的前端添加一个与第一个数据点 Y 值相同但 X 为 0 的数据点 $P_0(0,y)$；同样，若最后一个点不在剖面上，则系统自动在数据点链表后端添加一个数据点，该点为最后一个点 Y 值所在水平直线与剖面线的交点。为了提高行李架剖面设计的精确性，在交互式设计过程中，设计者可开启坐标跟踪功能以随时查看设计点坐标位置的具体数值，这些曲线数据也可以用曲线（簇）数据点管理器进行精确调整。

初始剖面设计完成后，剖面的进一步调整和参数修改是借助于系列检查项目进行的。用于剖面合理性检查的项目包括人体、集装箱/货物托盘和行李箱。人体主要用于过道宽度和侧壁间隙的检查，设计者可根据如图 10.9 所示对话框进行人体参数定义，根据需要选择站立或坐姿形式。在剖面草图绘制环境中，可选中参数化人体模型并拖动到过道或靠侧壁的座椅上进行相关的合理性检查。集装箱/货物托盘主要用于货舱检查并用于指导剖面的设计，设计者也可直接通过下拉列表框进行标准集装箱/货物托盘的选取。所选集装箱/货物托盘同样可以在剖面草图绘制环境中以拖动的方式进行相关的检查。行李箱直接采用宽度和高度进行定义，并通过拖动方式对行李架的设计进行检查。

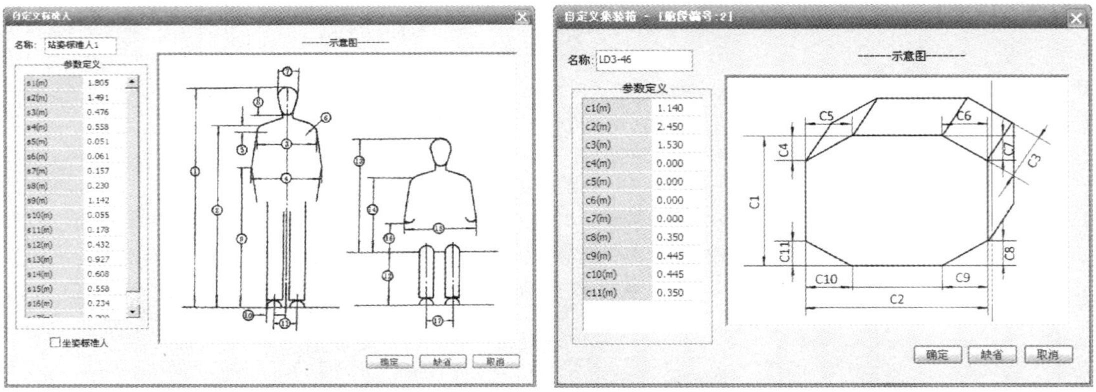

图 10.9　人体与集装箱设置对话框

10.2　机身类部件建模

10.2.1　机身类子部件数据定义

在 SEACD 中，机身、短舱、进气道和座舱盖等由于构型特点上的相似性而被纳入机身类部件范畴。结合民用飞机部件组成的特点，本研究中的机身类部件主要包括机身、短舱以及具有类似构建方式的通用部件。

与 SEACD 的处理方式一样，本章中也将针对组成各种机身类部件的基本元素——子部件进行论述，并将子部件按照几何特性分为 I 型和 II 型两类，I 型子部件自身对称于 *XOZ* 平面，II 型子部件具有两个相互分离但也对称于 *XOZ* 平面的部分。在子部件轮廓线的定义方面，OpenCADS. Design 在如下几方面区别于 SEACD 中同类部件的处理方式：

① OpenCADS. Design 中的轮廓线不仅表征了子部件在各个方向上的边界，而且还作为导向线参与子部件的几何构型，相关内容在后续剖面设置时会进一步论述。

② OpenCADS. Design 中的单条轮廓线定义为三维曲线，单个数据点包含 *X*、*Y*、*Z* 三个方向上的数据，因此，在草图板上，左视图中将不只是包含上下轮廓线数据点，同时还包含左右轮廓在左视图中的投影。

③ 单个子部件采用长度和定位点而不采用前后站位进行定义。所谓定位点，是指子部件

相对于全局建模零点的位置点，所以每个子部件其实都用一个属于自己的相对坐标系，在所有子部件设计完成后再根据定位点进行整体部件的组装。

图 10.10 描述了 OpenCADS. Design 中子部件的定义和表示方法，表 10.1 列出了轮廓线标识的含义以及轮廓线所属子部件的类型，可以看出，在单个视图（左视图/俯视图）中，左右和上下轮廓线都需要进行表达。需要说明的是，在飞机的部件中，上下轮廓线的 Y 向坐标一般都是处于部件自身的对称面上，即在子部件相对坐标系中 Y 为 0，在俯视图中形成一条与对称轴重合的直线。由于飞机部件的对称性，左右轮廓线在左视图中的投影也应该是重合的，在轮廓线调整过程中需要保证这种关联逻辑。为了保证部件站位前后限统一以及部件长度调整的便捷性，OpenCADS. Design 中采用部件长度参数作为进行部件轮廓控制的基本要素，所有部件的轮廓线长度都等于部件长度且以部件相对坐标系的零点为起点，以部件后边界线为终点。部件后边界线的另一个作用是部件长度的交互式设置，设计者选用边界后可以鼠标拖动方式对部件在 X 方向进行缩放，缩放过程中各数据点及部件长度将自动进行调整。

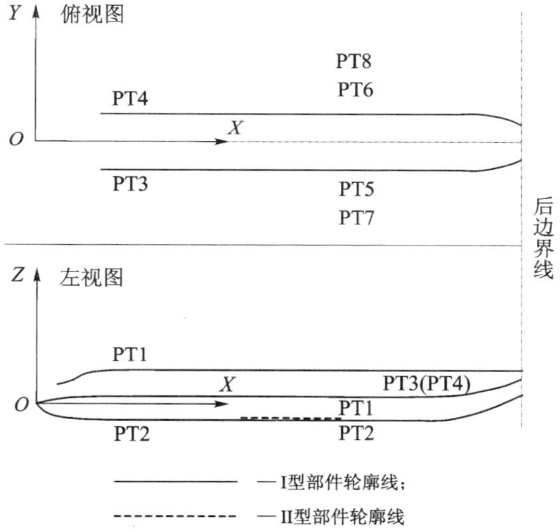

图 10.10　子部件轮廓线定义

表 10.1　部件轮廓线标识的含义及所属子部件类型

轮廓线标识	所属视图	含　义	所属子部件类型
PT1	左视图	以 Z 向上确定的上部轮廓线	I 型、II 型
PT2	左视图	以 Z 向上确定的下部轮廓线	I 型、II 型
PT3	俯视图	机身对称面左侧轮廓线	I 型
PT4	俯视图	机身对称面右侧轮廓线	I 型
PT5	俯视图	机身对称面左侧靠近对称面轮廓线	II 型
PT6	俯视图	机身对称面右侧靠近对称面轮廓线	II 型
PT7	俯视图	机身对称面左侧远离对称面轮廓线	II 型
PT8	俯视图	机身对称面右侧远离对称面轮廓线	II 型

在子部件轮廓线已经全部具备的情况下，某框对站位处的 Y、Z 向边界便形成了“边界矩形”(boundary rectangle)，图 10.11 以图 10.10 所示部件为例对边界矩形进行了定义。

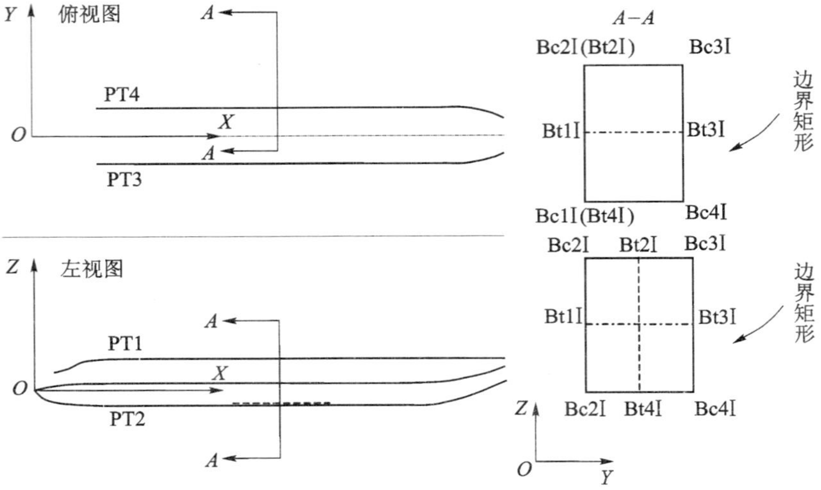

图 10.11 Ⅰ型和Ⅱ型子部件边界矩形的定义

此处有如下两点需要说明：

① 子部件某处站位采用相对参数进行定义，子部件起点为 0，终点为 1，这种处理方式对于后续的剖面参数自动化调整有利，更为详细的说明将在后续的部件轮廓自动化调整中予以论述。

② 在边界矩形中，除了四个矩形角点外，还包括矩形各条边上的一些辅助数据点(见图 10.11中的 Bt1I 到 Bt4I)，这些数据点是当前站位下左右轮廓的 Z 向坐标点和上下轮廓的 Y 向坐标点。对于 I 型子部件，Bt2I 和 Bc2I 重合，Bt4I 和 Bc1I 重合，Bt1I 与 Bt3I 在竖直方向的数值相等且介于 Bc1I 和 Bc2I 之间，Bt3I 介于 Bc3I 和 Bc4I 之间。对于 II 型部件，Bt2II 在 Bc2II 和 Bc3II 之间，Bt4II 在 Bc3II 和 Bc4II 之间。

与 SEACD 类似，OpenCADS. Design 同样采用归一化方式进行剖面定义，所给定归一化剖面在边界矩形的约束下通过坐标转换成实际构型剖面。在转换过程中，要求剖面不仅要完全约束在边界矩形中，同时还必须经过边界矩形边上的辅助数据点，这样操作的主要目的在于保证轮廓线经过剖面上的数据点以避免造型失败，同时也可有效地防止因剖面数据不合理而造成曲面扭曲的情况(在 SEACD 的模型构建过程中未采用导向线，因剖面不合理而造成曲面扭曲的情况比较容易出现)。

综合上述的描述，OpenCADS. Design 中一个子部件的构建需要通过如下几个步骤实现：

① 在草图板上俯视图模式下交互式绘制子部件右侧轮廓线，此时左侧轮廓线自动镜像生成并自动获取部件长度；

② 在左视图中绘制上下轮廓线并根据需要调整左/右轮廓线各数据点的 Z 向坐标；

③ 定义一系列相对站位；

④ 为每个相对站位选取或设计归一化剖面；

⑤ 以经过实际剖面的轮廓线为导向线生成子部件右侧曲面；

⑥ 镜像生成左侧曲面。

10.2.2　模型构建及支持措施

前面所述机身剖面实质上是针对飞机中机身而言的。中机身剖面构型一旦确定，在没有经过仔细论证的情况下，原则上是不允许随意修改的。为了保证设计方案的合理性，OpenCADS. Design 规定中机身剖面构型的修改只能在剖面构型设计环境中进行。在机身剖面构型设计或修改完成后，若当前中机身部件(对于整个机身而言，子部件起点和终点实际站位分别在整个机身中点的左右两侧)已经存在，在剖面设计功能未被锁定的情况下，系统将自动对中机身部件的所有剖面进行调整。反之，若当前还没有机身部件(即全新设计)，系统则会自动根据当前剖面情况生成一个缺省的机身子部件，该子部件以当前剖面为基础，沿 X 方向拉伸一定长度并最终形成一个封闭的曲面。子部件长度与剖面座椅并排布置参数和设计要求中所规定的经济级客舱布局乘客数量有关，可由下式进行初步确定：

$$L_{\mathrm{cabin}} = \frac{N_{\mathrm{pass}}}{N_{\mathrm{arr}}} \cdot L_{\mathrm{pitch}} + L_{\mathrm{lose}} \tag{10.2}$$

式中：L_{cabin}为初步长度，此处用做中机身长度的初始值；N_{pass}为设计要求所规定的单座级布局乘客数量；N_{arr}为剖面构型中所确定的单排座椅数量；L_{pitch}为座椅排距，参考文献[11]对客舱相关数据的统计值中，L_{pitch}缺省值为 0.813 m；L_{lose}为考虑到客舱服务区域(供应食品、厕所和衣帽柜)以及在入口和应急出口舱门附近必须预计到的某些“丢失空间”，缺省值取为 10.5 m。

根据公式计算得到的初始子部件长度可能并不很合理，系统允许设计者在后续的设计过程中对该子部件长度进行调整。上述所生成的机身子部件信息将自动加载到如图 10.12 所示的机身类部件信息管理对话框中，而包括前机身、后机身、短舱等其他机身类部件的创建和整体性参数修改也将在该对话框中进行。可以看出，各机身类子部件是以整体形式进行管理的，每个部件都以自身坐标系进行设计，并最终通过定位点进行全机组装。在前面已经提到，由剖面构型所确定的机身子部件是不允许在剖面构型环境之外任何地方进行剖面修改的，其控制措施是通过添加“锁定部件”这一标识性的开关来实现的。

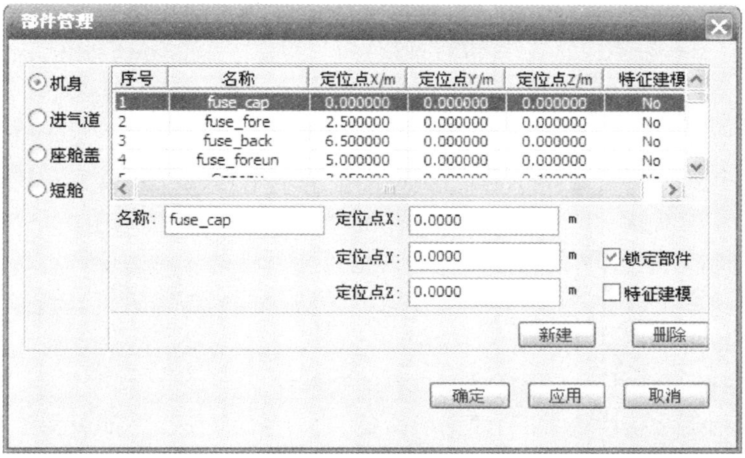

图 10.12　机身类部件管理对话框

机身类部件轮廓线的设计和管理是通过如图10.13所示的子部件草图绘制环境进行的。

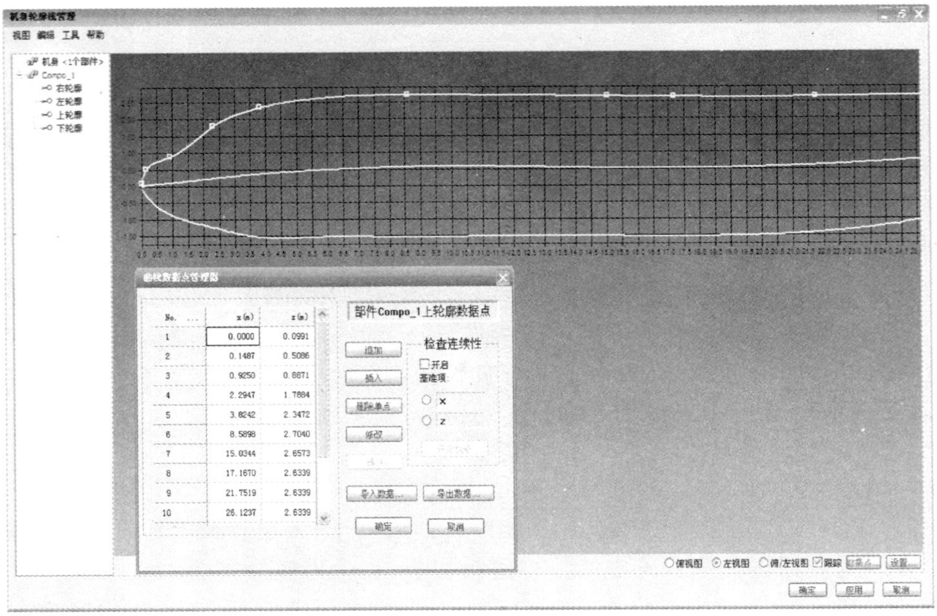

图10.13 机身类子部件轮廓线绘制环境

在该环境中，设计者可以完全采用交互式的鼠标点击和拖动操作方式完成对数据的创建和修改。图中左侧列出了所有机身子部件及其各轮廓，选择右轮廓，在俯视图模式下直接用鼠标点击完成右廓线数据点的创建，左右侧轮廓始终以 *XOZ* 平面为对称面。子部件长度和对应的轮廓线绘图区也随之生成，随后的上下视图将以该绘图区为边界进行控制，这样有效地保证了各轮廓线端面的一致性。在调整时，可对某轮廓线进行整体上下移动，也可对选中的单个数据点进行任意移动；而选中右侧端面则可进行部件长度的调整，此时各轮廓线的数据点坐标值自动进行缩放。同机身剖面构型一样，在轮廓线设计过程中，设计者可开启坐标点，根据功能快速获取当前设计信息，同时可通过数据点编辑器进行数据的精细化调整。从上一节的论述中可以明确，上下轮廓线在俯视图中的投影应该是与 *X* 轴重合的直线，而左右轮廓在左视图中的投影则是可以调整的，这些约束及操作规则在支持系统中都得到了体现。

轮廓线构建完成后，便可通过如图10.14(a)所示的草图板进行子部件相对站位的定义。

同本研究中其他草图绘制一样，相对站位的设置也采用交互式调整和精确定位两种方式进行。设计者可首先新建一个站位，此时缺省相对站位为0.5，然后选中某站位对应的标记线沿 *X* 方向进行调整，标记线下的当前站位绝对值可帮助设计者对站位调整数值做出合理的判断。选中某个站位标记线并双击，可进入该标记线所对应的剖面设计环境中，如图10.14(b)所示。图中所示矩形框便是当前站位下的边界矩形，虚线与矩形的交点便是剖面描述辅助数据点，所设计剖面必须经过这些点以保证边界的合理性。

此处剖面的构建包括两种方式，即全新构建和采用现有模板。前者需要设计者在剖面草图板上交互式地进行数据点的创建并通过双击完成设计，后者根据支持系统预置的剖面进行快速定义，所定义剖面亦可进行编辑。目前系统中只包含了归一化圆形剖面模板，该模板对于民用飞机大部分机身类部件剖面适用。在绘制剖面时，系统在如下几方面进行支持：

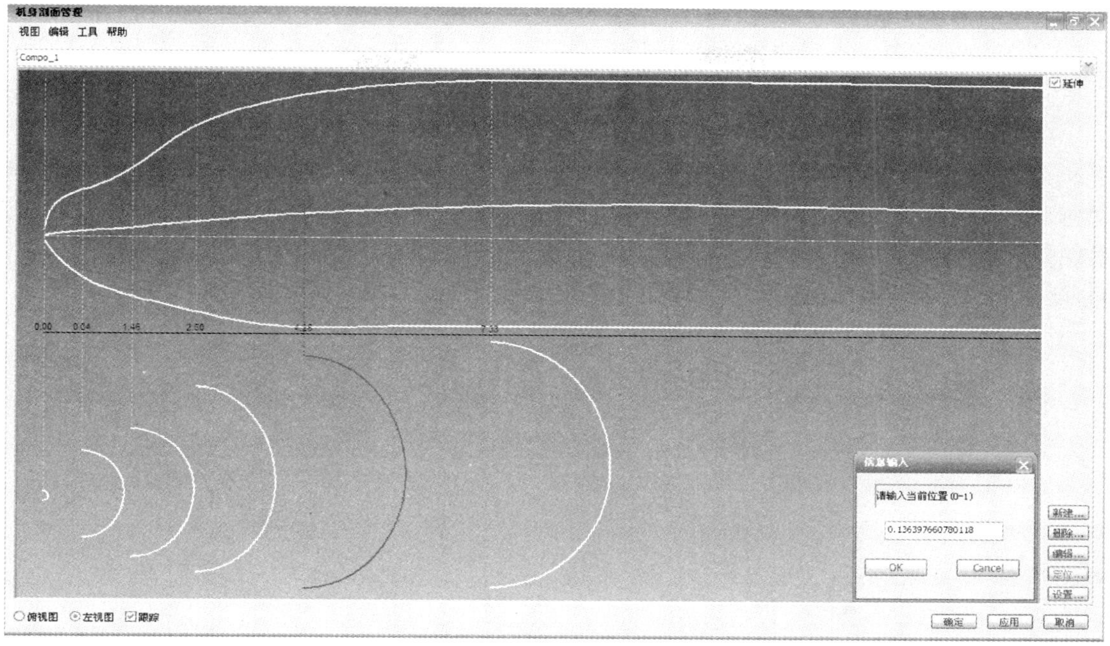

(a) 剖面站位设计环境

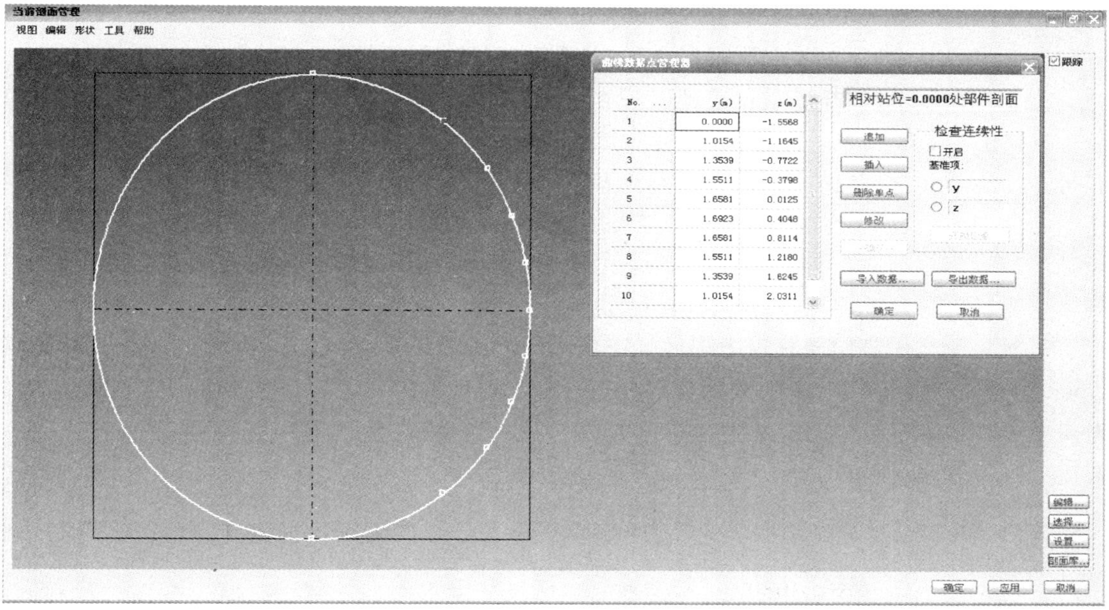

(b) 剖面数据点编辑环境

图 10.14　机身类子部件剖面绘制环境

① 约定数据点按照从上向下（Z 值减小方向）的顺序进行构建。

② 若第一个点不为边界矩形上部辅助数据点，则在曲线链表头部添加与上部辅助数据点数值相同的点。

③ 若数据点创建过程中相邻两点 $P_1(y_1, z_1)$ 和 $P_2(y_2, z_2)$ 相对于边界矩形右侧辅助数

据点 $P_t(y_t, z_t)$ 满足关系式 $z_2 < z_t < z_1$，则将 P_t 插入到 P_1 和 P_2 之间。

④ 若最后一个点不为边界矩形下部辅助数据点，则在曲线链表尾部添加与下部辅助数据点相同的点。

在实际剖面设计过程中，设计者可先采用模板获取初始剖面，然后再根据需要对剖面予以调整。这里需要指出的是，剖面切向矢量对模型的质量有很大的影响，由于本研究中只构建右侧模型而采用镜像方式生成左侧几何，因此要保证左右两侧几何与对称面的交接处曲面的光滑过渡，最好将子部件剖面的切向矢量设置为[0,1,0]，即沿 Y 正向。为对切向矢量的影响进行直观说明，此处给出了某机身子部件切向矢量设置前后的曲面模型对比结果，如图 10.15 所示。

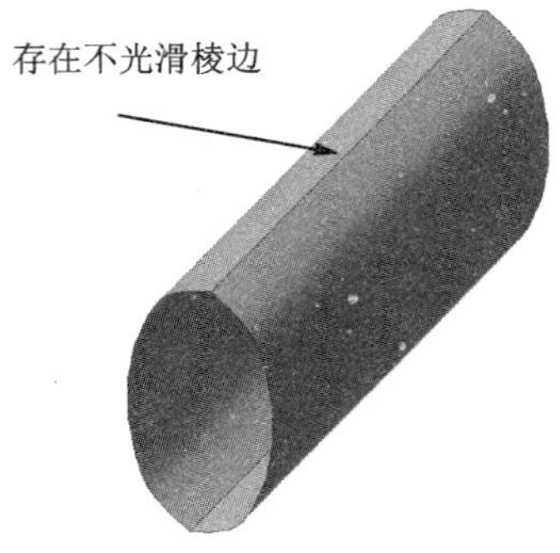

(a) 切向矢量设置前

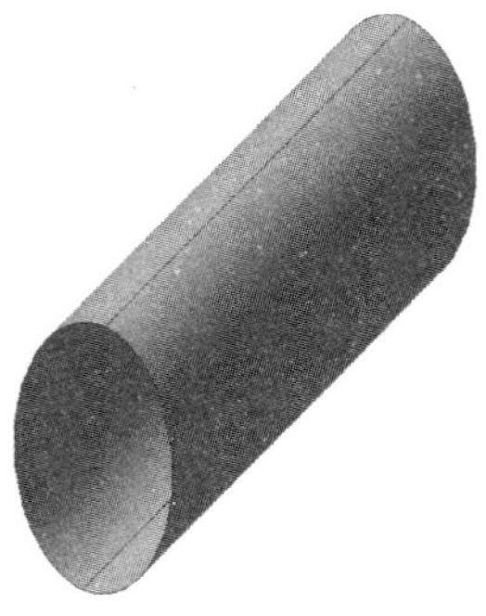

(b) 切向矢量设置后

图 10.15 剖面线切向矢量对模型的影响

在支持系统中，剖面绘制草图板上所获取的剖面信息也实时反映在剖面站位设计环境中，由于采用非模态对话框处理方式，机身轮廓线设计环境、剖面站位设计环境和剖面设计环境三者可在系统中共存，并通过窗口的切换开展不同的设计工作，而通过底层的消息机制又可让各环境中的相关数据和草图自动更新和调整。比如，调整子部件长度，轮廓线发生相应变化，剖面站位绝对值自动改变，而剖面设计环境中的边界矩形和剖面形状也将被刷新。关于自动化调整更为详细的论述将在下一小节中进行。

虽然短舱与机身同属机身类部件且定义和设计过程完全一样，但为了在物理上进行识别，OpenCADS. Design 将二者的设计环境分别进行了处理。上述对轮廓线和剖面的描述主要针对机身子部件，短舱和通用机身类部件的处理方式是类似的。

10.2.3 机身类部件设计中的自动化调整

从上小节的论述中可以得知，在机身类部件设计过程中，子部件轮廓线、剖面站位和剖面形状等特征描述信息需要进行有机的组织和关联以保证设计的合理性，为此，本研究以机身类部件的特征描述为基础，设计了子部件设计过程中的自动化调整方法并在支持系统中进行了实现。

在子部件调整过程中，始终以轮廓线和实际构型剖面为设计终点。单个实际剖面由边界矩形和归一化剖面生成，而边界矩形则由剖面所在站位和轮廓线决定，这种逻辑关系可以抽象地采用如下公式进行表述：

$$\left.\begin{aligned} Y_{comp} &= f_{comp}(X_{prof}, Y_{sec}) \\ Y_{sec} &= f_{sec}(Y_{rect}, X_{sec\_std}) \\ Y_{rect} &= f_{rect}(X_{prof}, Y_{pos}) \\ Y_{pos} &= L_{comp} \cdot X_{pos\_std} \end{aligned}\right\} \Rightarrow Y_{comp} = f(X_{prof}, X_{sec\_std}, X_{pos\_std}) \tag{10.3}$$

式中：Y_{comp} 为机身子部件，Y_{sec} 为实际部件剖面，Y_{rect} 为边界矩形，Y_{pos} 为剖面绝对站位，L_{comp} 为子部件长度，X_{prof}、X_{sec_std} 和 X_{pos_std} 分别为子部件轮廓线、归一化剖面和剖面相对站位。

从以上表述可以得知，一个机身类子部件最终只需要三方面独立的数据进行描述，即部件轮廓线、剖面相对站位和归一化剖面。在以上论述中，子部件轮廓线是以自身相对坐标系进行定义的，即轮廓线的起点 X 坐标都是 0，且剖面站位采用以部件长度为基础的相对值进行处理，部件前端面为 0，后端面为 1。此处还需要特别指出的是，在实际剖面生成过程中，右侧表征子部件左右轮廓边界的辅助数据点起到了非常关键的作用。在处理逻辑上，归一化剖面的 X 最大值点，需要缩放到该辅助数据点上。如此一来，这个特殊的数据点便将剖面分成了若干的小段，且需要对每一个小段进行分别的缩放处理，小段中单个数据点的转换可按如下公式进行：

$$\left.\begin{aligned} x &= x_{std} \cdot X_{limit} \\ y &= y_{std} \cdot Y_{limit} \end{aligned}\right\} \tag{10.4}$$

式中：x_{std} 和 y_{std} 分别为归一化剖面数据点，X_{limit} 和 Y_{limit} 则分别为边界矩形中该段剖面所对应的 X 和 Y 向边界长度。图 10.16 以一个Ⅰ型子部件轮廓线变化所引起的实际剖面调整过程说明了上述处理方式。可以看出，辅助数据点将整个边界矩形分成了两个小矩形，每个小矩形控制了对应曲线段的缩放比例。辅助数据点数值(以左右轮廓线 Z 向坐标值为例)的调整会改变各个小矩形的边界范围，从而改变实际剖面形状，但归一化剖面与辅助数据点的对应关系依然保持。

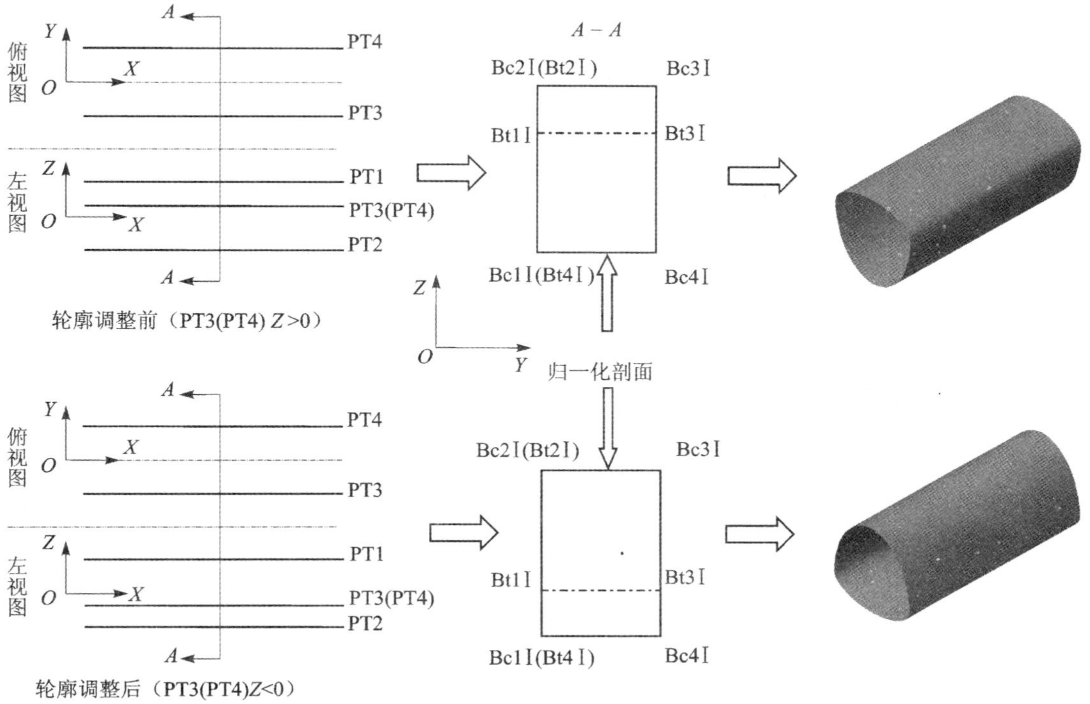

图 10.16　Ⅰ型机身类子部件自动化调整示例

在支持系统中，单个机身类子部件的调整包括部件长度的调整、轮廓线数据点调整、剖面相对站位调整和剖面数据点的调整，各种调整方式的自动化处理均通过上述机制予以实现。以此为基础，系统不仅能在优化等人机交互无法进行的情况下保持方案的合理性，同时也减少了设计者在构造和修改设计方案时的重复性劳动。

10.3 客舱快速布置

10.3.1 参数化客舱描述

客舱布置的基本要求是给乘客提供一个安全、舒适的乘坐环境，并提供相应的餐饮、娱乐服务。舱门、应急出口布置应符合安全标准，乘客服务设施应布置合理。根据参考文献[8-11]的相关描述，客舱布置的主要工作包括：① 乘客座椅布置；② 厨房、卫生间、衣帽间、乘务员座椅数量及位置的确定；③ 舱门、应急出口类型、数量及位置的确定等。

在机身剖面构型的相关论述中已经对并排座椅的布置情况进行了讨论，并将座椅布置形式作为剖面构型设计的关键影响因素之一。需要说明的是，剖面构型设计中的座椅布置形式是以经济舱座椅布置为基础提出的。在机身外形已经具备的基础上进行客舱布置需要考虑如下两个方面的问题：

① 客舱中除经济舱布置外，需要考虑公务舱、头等舱等其他舱段的布置情况，各个舱段之间通过隔板相隔并采用不同的座椅布置形式。头等舱和公务舱为提高乘客的舒适性，将采用更少的并排座椅布置和更大的座椅扶手与侧壁的间隙。

② 考虑到不同航空公司的实际需求情况，客舱布置应该是可调整的，如不同的座椅布置，厨房、卫生间数量的改变，不同客舱之间隔板的移动等。

为此，本研究中提出以布置实例为基础的客舱布置方法。单个实例包括客舱座椅、厨房、厕所、衣帽间、行李架等的布置，而舱门、应急出口、地板等与机身结构息息相关的项目则具有唯一性。图 10.17 描述了 OpenCADS. Design 中涵盖的客舱布置内容及其层次关系。

对参数化客舱而言，坐标体系的定义是非常重要的。图 10.18 给出了本研究中机身及客舱描述的坐标体系。坐标系 $Oxyz$ 为系统模型构建坐标系，管理模型几何的实际信息基准点。$O'x'y'z'$ 为机身绝对坐标系，通常情况下将机头最前点设置为坐标原点。$O''x''y''z''$ 为机身部件坐标系，通过坐标原点在机身绝对坐标系中的位置完成机身各部件的装配。$O'lw$ 为机身二维无量纲坐标系，其说明如下：① 坐标原点与 $O'x'y'z'$ 原点相同；② l 为机身纵向相对站位参数，机身站位前限为 0，站位后限为 1；③ w 为机身横向相对站位参数，机身中线上为 0，右轮廓边界为 1，左轮廓边界为 −1；④ 客舱布置平面内单点相对站位由 (l,w) 进行描述。

下面将以此坐标体系为基础对客舱布置中各个项目的参数化定义方法进行说明。

(1) 客舱装饰层和地板

客舱装饰层是首先需要考虑的项目，其主要通过装饰层厚度进行描述，相关内容在机身剖面构型中已经作了相关阐述。需要指出的是，在某个布置实例中，同样允许调整装饰层厚度以提高设计的灵活性。客舱地板受机身外形和机身结构的限制，其描述参数包括：① 地板结构高度，该参数在机身剖面构型中已经指定，此处不能再进行修改；② 客舱地板 z 向高度值；

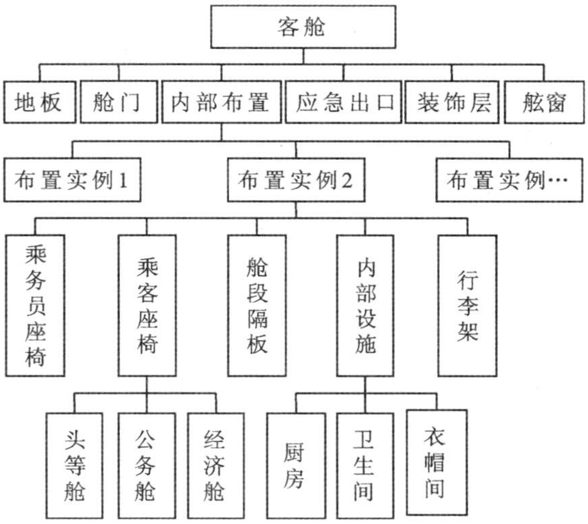

图 10.17　客舱布置内容及其层次关系

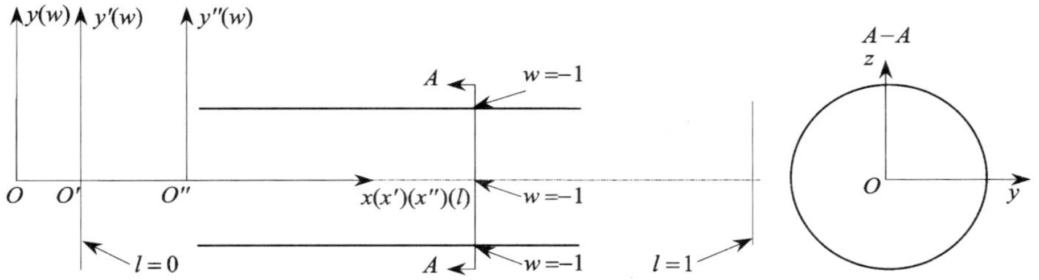

图 10.18　机身及客舱参数化描述的坐标系定义

③ 地板起点相对站位 l_s 和终点相对站位 l_e，这两个相对参数以机身部件为基准进行定义，地板实际起点和终点站位可通过如下公式予以计算：

$$\left.\begin{aligned} L_s &= L_f \cdot l_s + x_{org} \\ L_e &= L_f \cdot l_e + x_{org} \end{aligned}\right\} \tag{10.5}$$

式中：L_f 为机身长度，x_{org} 为机身起点 x 位置坐标。以实际站位为基础可完成地板平面与内部装饰层曲线所相交曲线的计算，如此一来，当机身外形发生变化时，地板实际模型将相应地调整。

(2) 应急出口和舱门

作为民用飞机安全性保障最为重要的设备之一，应急出口必须能满足适航条例所列的各项规定和要求。相关设计内容包括出口类型的选择、数量设定、出口布置以及结合座椅布置所进行的通道宽度的检查等。单个应急出口描述参数包括：① 应急出口编号和类型，编号用于系统对出口的自动识别，类型用于对出口尺寸进行约束，根据参考文献[11]，OpenCADS. Design 中提供了 A、B、C、Ⅰ、Ⅱ、Ⅲ、Ⅳ 7 种可选应急出口类型并以适航条例所规定的条目进行自动约束检查，以保证设计的合理性；② 出口前端相对站位 l_s，该参数与地板起点相对站位参数定义相似；③ 应急出口高度 H 和宽度 W；④ 内、外门槛高度和通道宽度，通道宽度只是用做应急出口的合理性检查。在几何描述方面，舱门与应急出口基本相同且通常作为应急出口进行适航审核，但由于功用上的差异，本研究中仍然将二者分开进行数据定义。在几何造型方面，应急出口和舱门属于典型的开口问题，开口的原始几何模型为机身外形曲面。

(3) 乘客座椅布置

单个乘客座椅布置方案由一系列舱段单元组成，这些舱段按照座级分别属于头等舱、经济舱和公务舱，而同一座级也可以分为不同舱段。单个舱段描述参数包括：① 舱段编号和座级；② 舱段起点和终点相对站位；③ 应用于舱段布置的座椅几何和质量特性信息；④ 舱段座椅并排布置形式；⑤ 座椅扶手和侧壁间隙；⑥ 舱段过道宽度和座椅排距；⑦ 舱段座椅布置前端长度裕量和非整排座椅布置方式；⑧ 座椅布置位置信息链表。为提高布置灵活度，系统允许设计者交互式地进行单个零散座椅的位置调整，从而可在装饰层曲面和舱段边界约束范围内完成任意形式的座椅布置。其中座椅信息可通过座椅数据库直接进行选用，也可参数化自定义座椅尺寸，从而为客舱座椅布置提供更大的自由度，有助于设计者创造性地进行客舱设计。为保证座椅和地板的连接关系，所有座椅 z 向布置坐标依赖于地板上表面 z 向坐标并与地板保持关联。

(4) 乘务员座椅布置

乘务员座椅的布置与零散的乘客座椅布置类似，但与舱段无关，其描述参数包括乘务员座椅信息和布置信息。设计者可以根据需要将乘务员座椅布置在机身内部任何地方，也可将乘务员座椅进行几何上的旋转或者收放操作。

(5) 客舱内部设施布置

OpenCADS. Design 暂时不对客舱内部设施进行细部设计，而将厨房、卫生间和衣帽间等在几何上采用统一描述，在几何构型上也相对简化。单个设施描述参数包括：① 设施编号和设施类型；② 设施起点相对站位；③ 设施沿机身轴线长度和设施宽度。在建模方面，设施几何必须受到内部装饰层曲面的约束，当设施沿翼展方向超出装饰层曲面范围时，多余部分将自动进行布尔运算予以去除；同样，设施上部将完全与装饰层曲面自动进行贴合。为保证几何合理性，系统自动将设施下表面和地板上表面进行关联。

(6) 舱段隔板设计

舱段隔板用于分割不同舱位，其描述参数包括隔板编号、起点相对站位、相对宽度和隔板厚度等。采用相对的站位和宽度参数，有利于实现因机身外形变化所带来的隔板参数自动化调整。隔板几何构型方法与内部设施类似，都需要以装饰层曲面为约束且都采用拉伸方法构建模型。

(7) 行李架设计

行李架剖面形状在机身剖面构型中实现，通过指定行李所需布置范围的起点和终点相对站位实现其几何构建。为提高设计灵活性，系统允许设计者针对每一种座椅布置方案提供一组行李架参数，其剖面采用样条曲线进行定义且提供便捷的交互式调整和精确的数据点定位功能。

(8) 舷窗布置

舷窗一般按适应机身结构框架几何形状定位，虽然 OpenCADS. Design 暂时并不对机身结构相关设计进行支持，但舷窗自身几何信息依然可以在客舱布置中进行初始的体现，以保证设计方案的完整性，待后续机身结构设计功能开发时再将二者进行结合。同客舱内座椅采用分舱段布置一样，舷舱也采用批处理方式并分组进行描述，每一组舷窗描述参数包括舷窗形状

(卵形、圆角矩形等)、舷窗数量、舷窗间距、舷窗门槛高度、舷窗宽度和高度等。

10.3.2　客舱建模过程及支持措施

为完成设计，客舱各个部分相关信息必须在底层数据结构中得到合理的描述。在 OpenCADS. Design 中，通过面向对象的数据组织方式，将客舱各个部分数据描述信息进行有机的整合和管理。图 10.19 描述了客舱数据部分主要数据结构组织逻辑关系，其充分利用了包括继承、多态等在内的面向对象数据管理的特点，使数据组织层次清晰、可扩展性强，也使代码冗余量降到最小。以舱门定义为例，舱门基本包含了应急出口的所有信息，因此，为充分利用现有数据结构，直接将舱门信息管理类 CPort 继承自应急出口信息管理类 CEmergencyExit，而在 CPort 中只需要定义舱门自身特有的属性即可。为保证数据结构自身的独立性和通用性，系统将此部分数据在一个单独的动态链接库中进行定义并提供友好的数据访问接口。

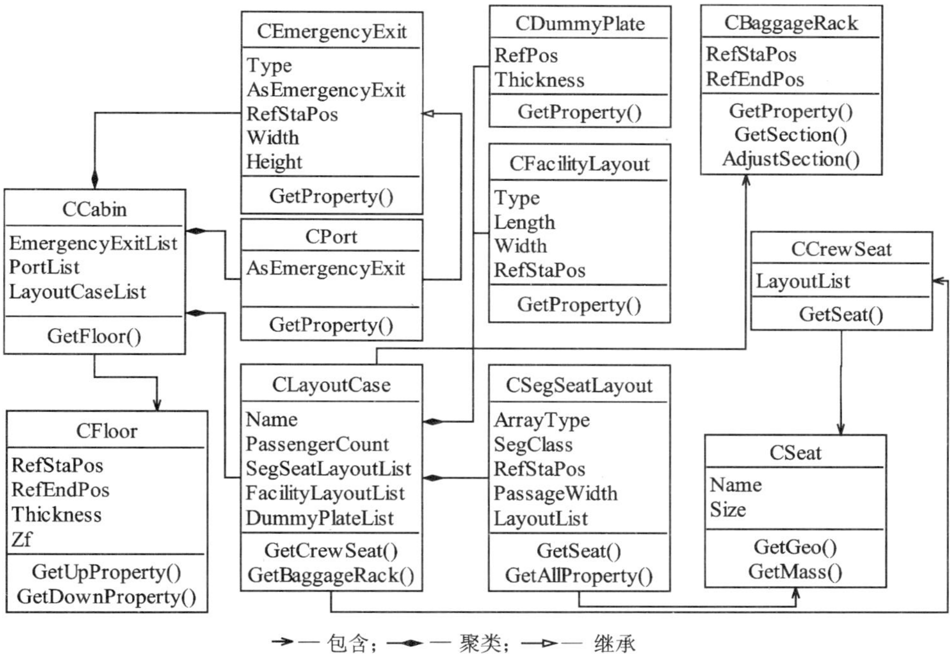

图 10.19　客舱相关数据类组织逻辑关系

实际上，在机身剖面构型的过程中，很大一部分数据都与客舱数据相关联，如机身结构高度、地板高度等等；同时，所完成的剖面又将应用于中机身外形曲面的构建。图 10.20 给出了机身剖面构型所得数据结果与客舱和机身等的数据对应关系。

需要指出的是，OpenCADS. Design 虽然可以独立进行客舱的定义和设计，但仍然将客舱作为机身的一部分来管理，这样有利于机身外形与客舱布置的关联和自动化调整，也为以后的多学科优化做好铺垫。

在以上数据组织关系基础上，可规划出 OpenCADS. Design 客舱设计时的用户交互式操作逻辑，如图 10.21 所示。设计者通过剖面构型设计环境操作剖面构型信息，相关设计结果一方面传递给机身外形，另一方面作为客舱设计的初始设计信息。客舱信息主要通过客舱二维

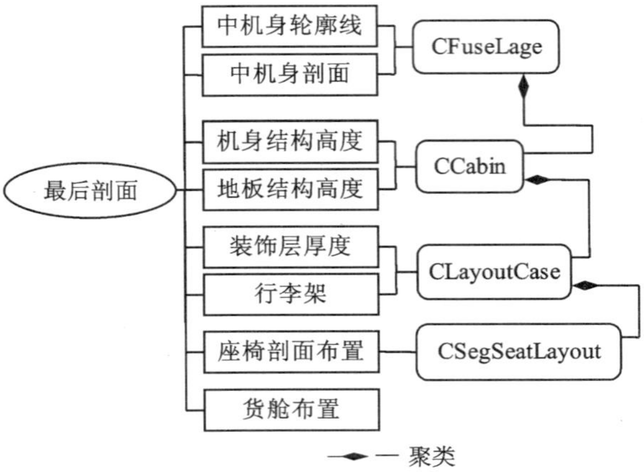

图 10.20　机身剖面与客舱数据之间的应用关系

和三维布置环境进行操作。二维布置环境主要负责客舱各部分的快速设计和快速布置，与客舱信息存在直接的双向传递关系。客舱三维布置环境主要完成客舱模型属性修改、模型三维空间的调整和三维干涉检查等，同时，也为客舱的详细设计提供图形接口。三维修改结果单向传递给客舱信息并接收后台根据客舱信息所生成的三维模型，客舱信息、三维模型和三维交互设计环境形成一个封闭的设计空间。

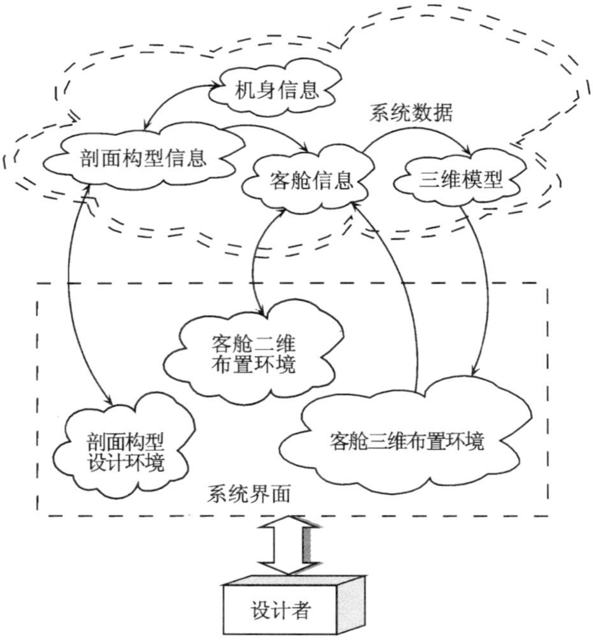

图 10.21　客舱交互式设计逻辑关系

以客舱数据结构、剖面数据应用关系和客舱设计逻辑为出发点，可搭建起客舱布置环境。图 10.22(a)给出了客舱二维布置环境，其三维模型在系统统一的三维交互式设计环境中进行管理。在 OpenCADS. Design 中，客舱的布置从布置实例的选取开始，如图 10.22(b)所示，单个布置实例由乘客数量唯一确定，主导布置实例用于确定机身剖面构型，具有唯一性且不能进行更改。

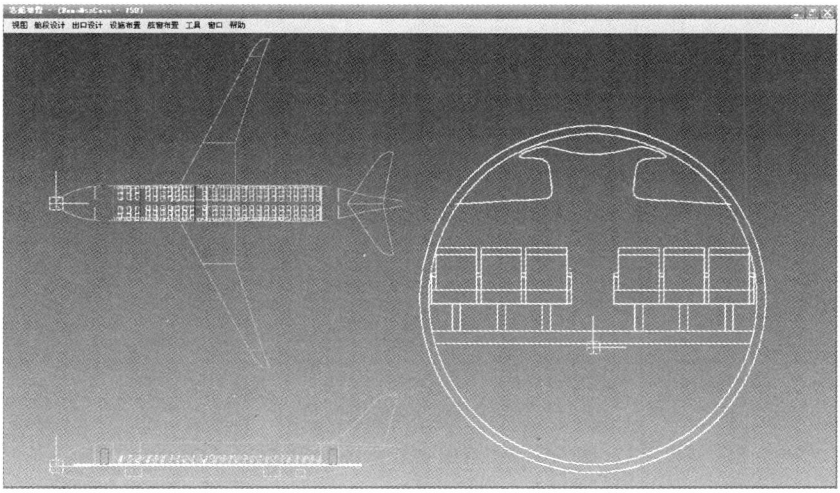

(a) 客舱二维布置环境

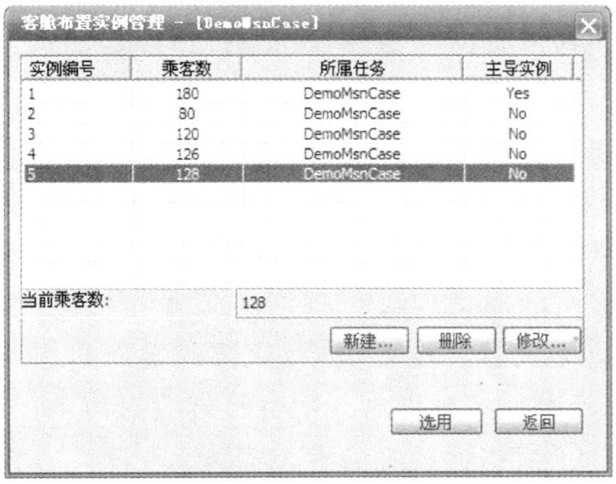

(b) 布置实例管理对话框

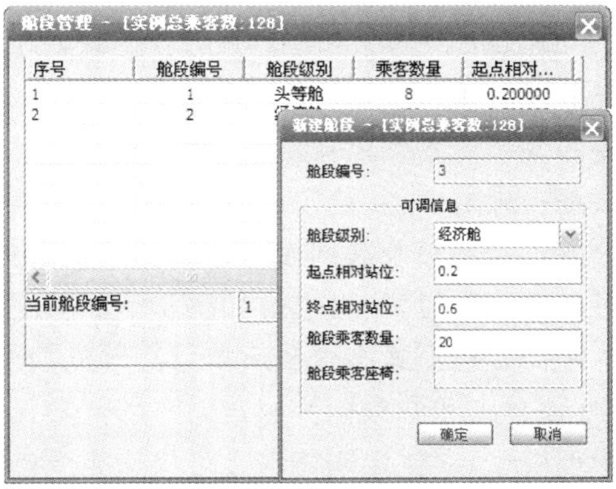

(c) 舱段信息管理对话框

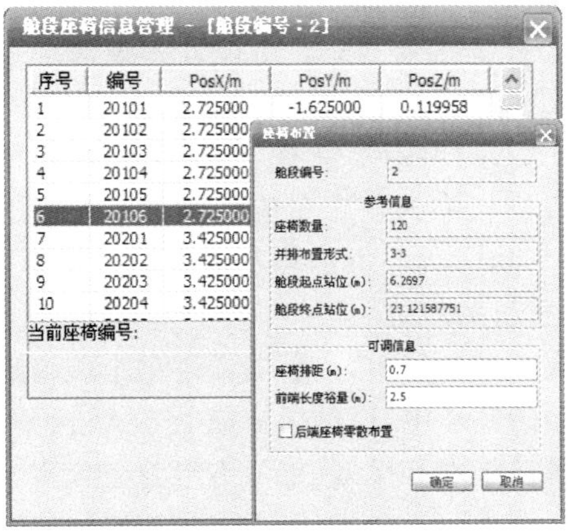

(d) 座椅布置及管理对话框

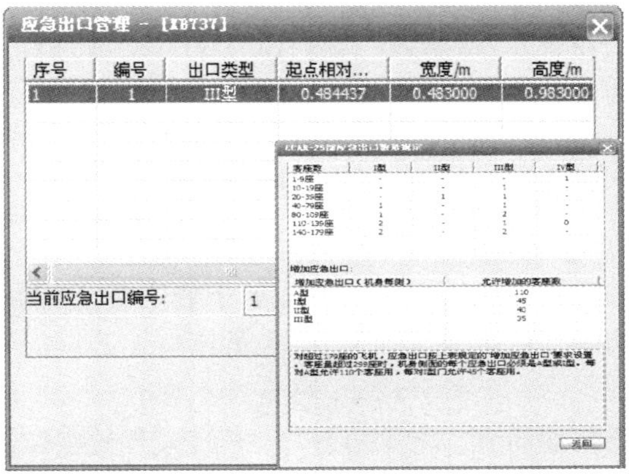

(e) 出口定义及管理对话框

图 10.22　客舱布置相关界面

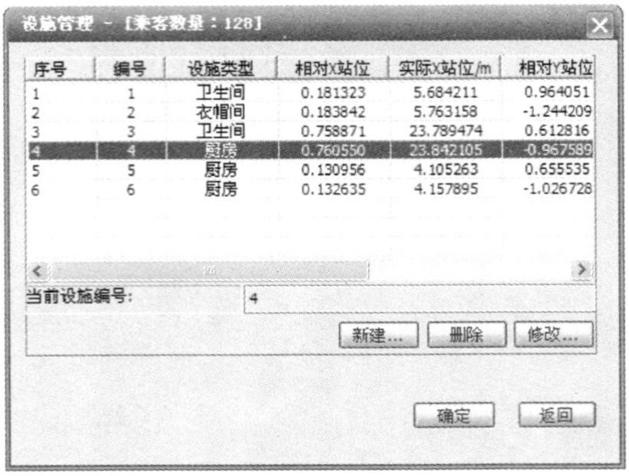

(f) 舱内设施定义及管理对话框

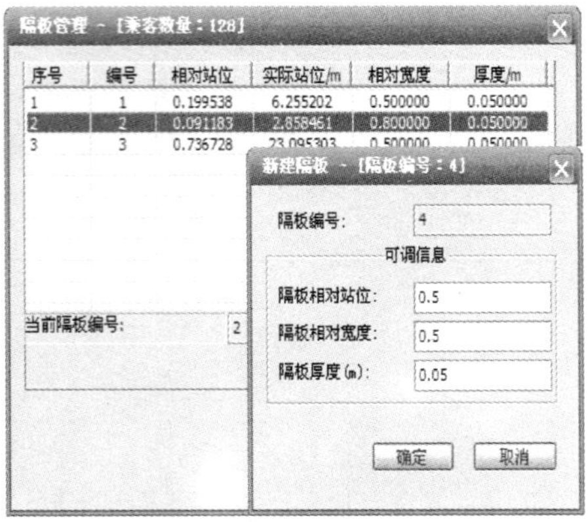

(g) 舱段隔板信息管理对话框

图 10.22 客舱布置相关界面(续)

对于选定的布置实例而言，通过如图 10.22(c)所示的系列对话框可完成舱段的定义和管理。为保证设计方案的合理性，所有舱段所分配的乘客数量之和应与布置实例乘客总数相等，为此，系统提供了专门的乘客数量分配检查功能，在不合理的情况下给出设计异常提示。在客舱二维草图绘制环境中，便捷的交互式处理方法得到了充分的应用，设计者可以方便地选取客舱布置的各个元素并以鼠标拖动的方式进行快速调整，同时通过双击选中项目亦可进入当前项的数据管理对话框，舱段的起始和终止边界的处理便是如此。选中某个舱段，当前舱段中间站位处的机身剖面及其剖面座椅布置形式会自动地呈现出来，供设计时参考。

对于所选定舱段，可通过如图 10.22(d)所示系列对话框进行座椅的布置和管理，布置内容包括座椅并排形式布置和座椅排距等纵向参数的设置。在系统中，座椅的选取包括两种方式，即外部导入和参数化快速定义。外部导入座椅模型不允许对几何进行修改，但具有相对精细的物理模型；参数化座椅定义可快速完成座椅的构建，但模型会相对简单，各设计方式由设计者根据需要予以选用。由于舱段乘客数与单排座椅数量未必能构成整除的关系，因此，零散座椅的布置也是需要考虑的。在系统中通过两种方式对零散座椅进行处理：① 通过指定零散座椅的布置位置(前端/后端)由系统自动地进行单个座椅的布置；② 由设计者灵活地拖动单个座椅进行布置。

应急出口和舱门的布置比较类似，通过如图 10.22(e)所示对话框，可指定开口类型并设置各特征参数。为保证设计的合理性，系统将适航条例相关内容在对应位置可视化地进行了体现，如在应急出口尺寸定义时系统给出 CCAR－25.807 所提供的各类型出口尺寸规定，而在出口数量定义时则引入了适航条例中对应急出口数量的规定。

相对于乘客座椅而言，乘务员座椅无法以批处理方式进行布置，而通常以单个座椅形式进行处理。在初始设计时，也可直接在客舱二维草图绘制环境中，通过鼠标拖动方式进行乘务员座椅的快速布置。同乘客座椅一样，乘务员座椅可来自于现有模型，也可进行参数化定义。

在上小节中已经提到，在初始设计时，包含厨房、卫生间、衣帽间等在内的客舱设施采用统一的简化模型描述方法，并通过如图 10.22(f)所示对话框完成设施的定义及管理。在此处只对设施进行二维平面定义，对应的三维模型将在机身外形、客舱内部装饰层和地板的约束下自动进行构建。

舱段隔板在几何上的描述与客舱内部设施具有相似之处，通过如图 10.22(g)所示对话框进行二维设置后，系统以客舱内部装饰层和地板为约束自动形成隔板几何。在客舱草图板上，可便捷地拖动隔板站位及边界点进行相关参数的调整。

10.3.3　客舱布置中的自动化调整

基于客舱各部分的参数化描述方法、数据组织结构和归一化坐标体系，OpenCADS. Design 将客舱各个部分相关参数进行了关联，以保证客舱某个局部修改后其相关部分自动进行合理调整，从而可大大减少设计人员对模型调整的工作量，提高设计效率，也为优化奠定了基础。图 10.23 给出了客舱主要部分关联关系及自动化调整逻辑(该图中关于基准项、关联项等概念的定义，将在本书第 15 章详细介绍)。

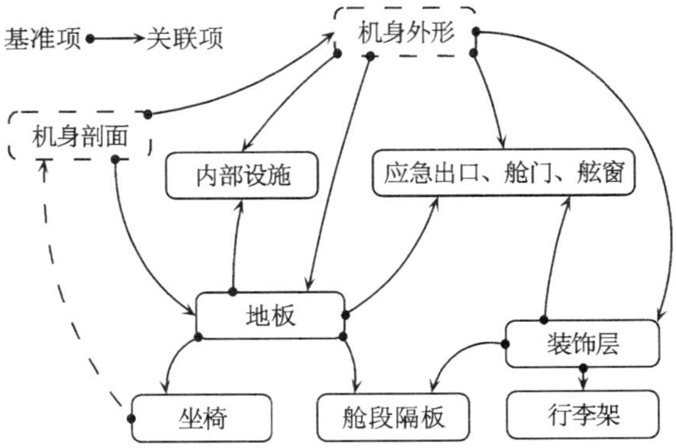

图 10.23　客舱布置中的自动化调整逻辑

图 10.23 从整体上反映出了客舱设计部分的参数关联关系和调整逻辑，一个客舱项目可能会接收多个其他项目参数的修改信息，也可能同时向多个项目发出调整要求。以地板为例，机身剖面的更改将修改地板的 z 向坐标，而机身外形的修改将使地板俯视轮廓发生改变，从而引起地板三维模型的更新。同时，地板的参数变化也将使坐椅、舱段隔板、内部设施、应急出口和舱门等与之在逻辑上相连接的部件发生参数调整。为提高自动化设计程度，系统还允许并排坐椅布置和机身剖面之间的关联和自动化调整，如图 10.23 中虚线所示。这种关联性对剖面设计初期快速调整很有效，但在剖面相对固定的情况下就有些适得其反，为此，系统将之定义为可选项，由设计者在需要的时候开启。需要说明的是，机身外形和机身剖面在剖面构型中进行设计并作为客舱布置的基础，如图 10.23 中虚线框所示。

图 10.24 给出了某设计方案机身地板 z 向坐标调整所引起的客舱自动化调整结果。可以看出，在地板 z 向坐标调整后，与地板相关联的所有乘客座椅、乘务员座椅和厨房、厕所、衣帽间等舱内设施以及舱段隔板都自动发生了变化，这样在很大程度上减少了设计者调整参数所带来的重复性劳动。

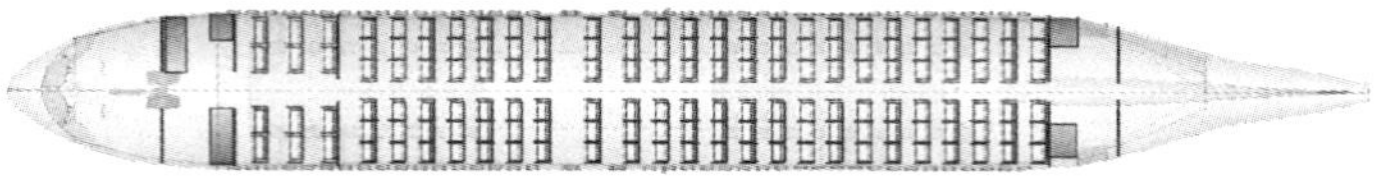

(a) 客舱布置俯视图

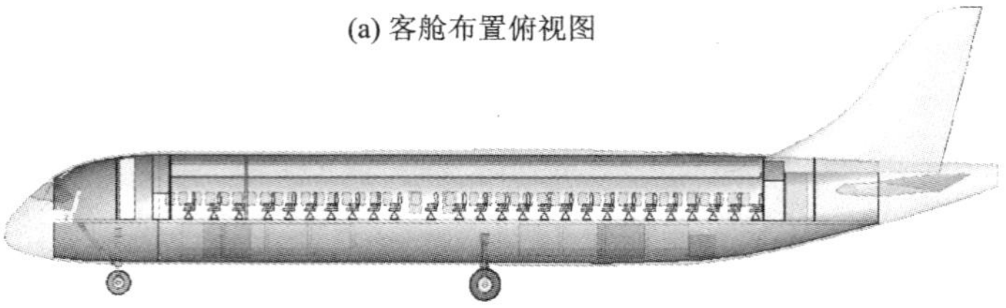

(b) 客舱地板调整前

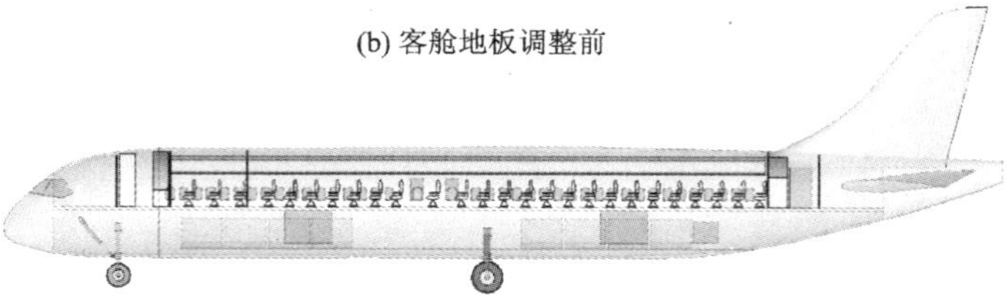

(c) 客舱地板调整后（地板上调）

图 10.24 地板参数变化所引起的客舱自动化调整结果

10.3.4 客舱布置示例

通过客舱参数化描述方法以及 OpenCADS. Design 所提供的相关环境的支持，设计者可以快速地将自己的设计思想表达出来。图 10.25 是在 OpenCADS. Design 系统中所完成的若干布置实例中的两个，方案一为结合公开文献和假设的条件所建立起来的空客 A320 - 200 型飞机典型客舱布置，方案二为自行设计的某双通道客舱布置方案。实际使用证明，客舱描述方法是有效的，系统中各相关功能模块运行可靠，且能在设计过程中起到很好的支持作用。

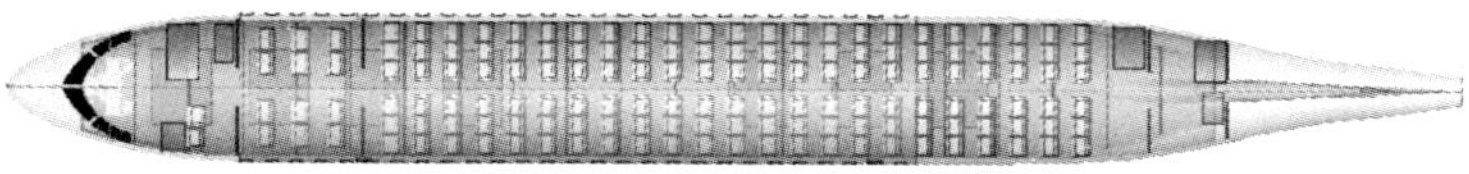

(a-1) 客舱俯视图

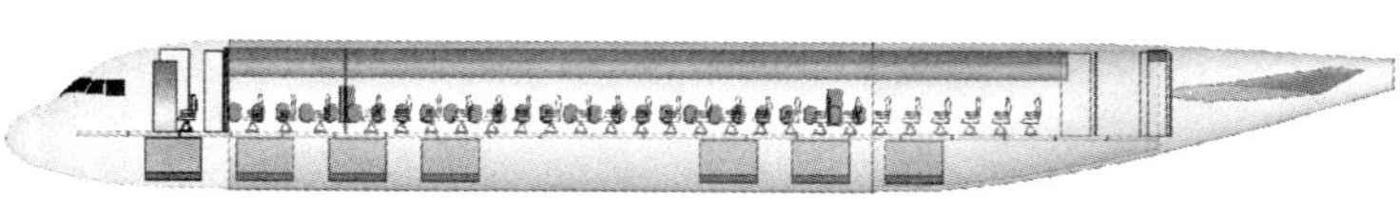

(a-2) 客舱左视图

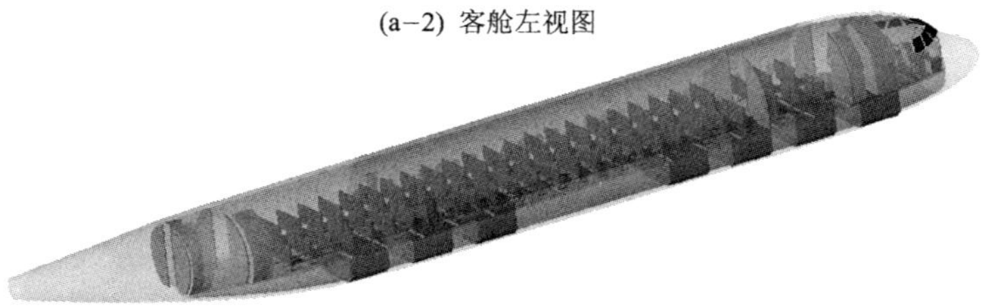

(a-3) 客舱三维模型

(a) 基于OpenCADS.Design所构建的A320-200型飞机典型客舱布置

图 10.25 基于 OpenCADS. Design 的客舱布置实例

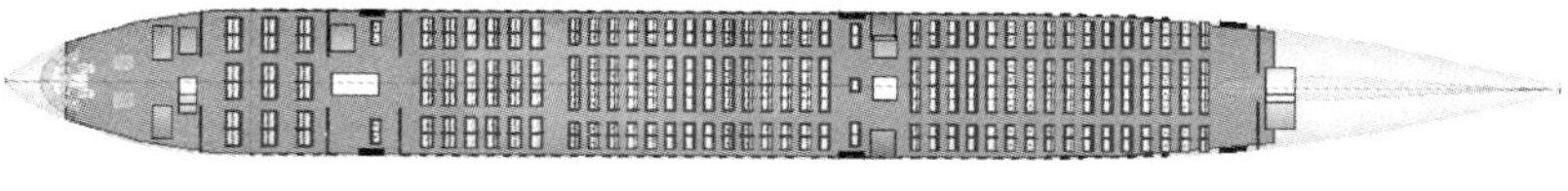

(b-1) 客舱俯视图

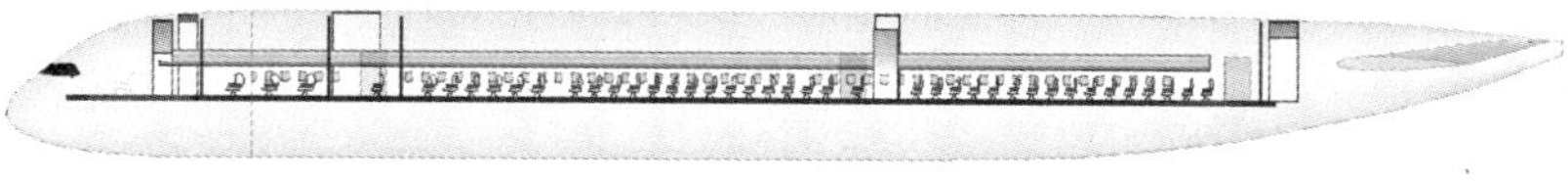

(b-2) 客舱左视图

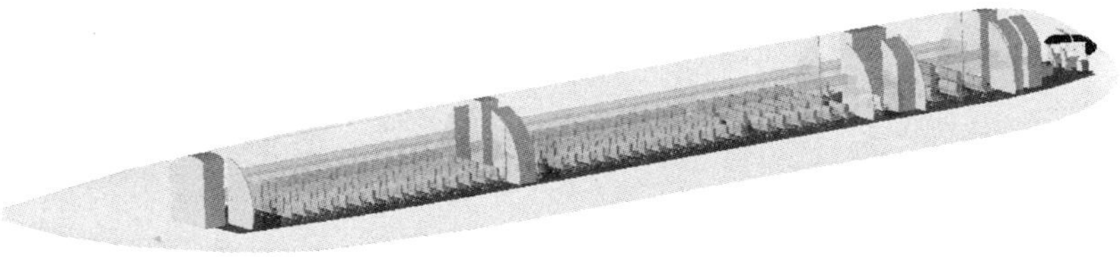

(b-3) 客舱三维模型

(b) 基于OpenCADS.Design所构建的某双通道飞机典型客舱布置

图 10.25　基于 OpenCADS. Design 的客舱布置实例(续)

10.4　其他部件设计

10.4.1　货舱快速布置

与客舱布置一样，货舱也允许设计者在机身确定的情况下进行多个实例的处理，以形成多种不同的布置方案，不同的是前者以乘客数量为标记，而后者则通过集装箱或货物托盘数量进行实例的识别。对于单个货舱的布置，OpenCADS. Design 中同样也采用舱段进行定义。单个舱段描述信息包括：

① 舱段起始和终止相对站位，各站位数值以机身长度为基准并考虑机身最前点坐标，实际站位通过换算获取，相关过程在客舱舱段定义中已进行了论述；

② 舱段编号和集装箱数量；

③ 集装箱布置方式及其排距；

④ 单个集装箱描述信息，此处借助于面向对象编程中类的多态性直接实例化机身剖面构型中所提到的集装箱类。

货舱地板同样采用与客舱地板类似的描述方式，即通过起始相对站位、终止相对站位、地板厚度、z 向高度等进行地板跨度的定义，并通过机身外形约束形成以实体形式存在的地板模型。图 10.26 给出了 OpenCADS. Design 中货舱布置支持环境。

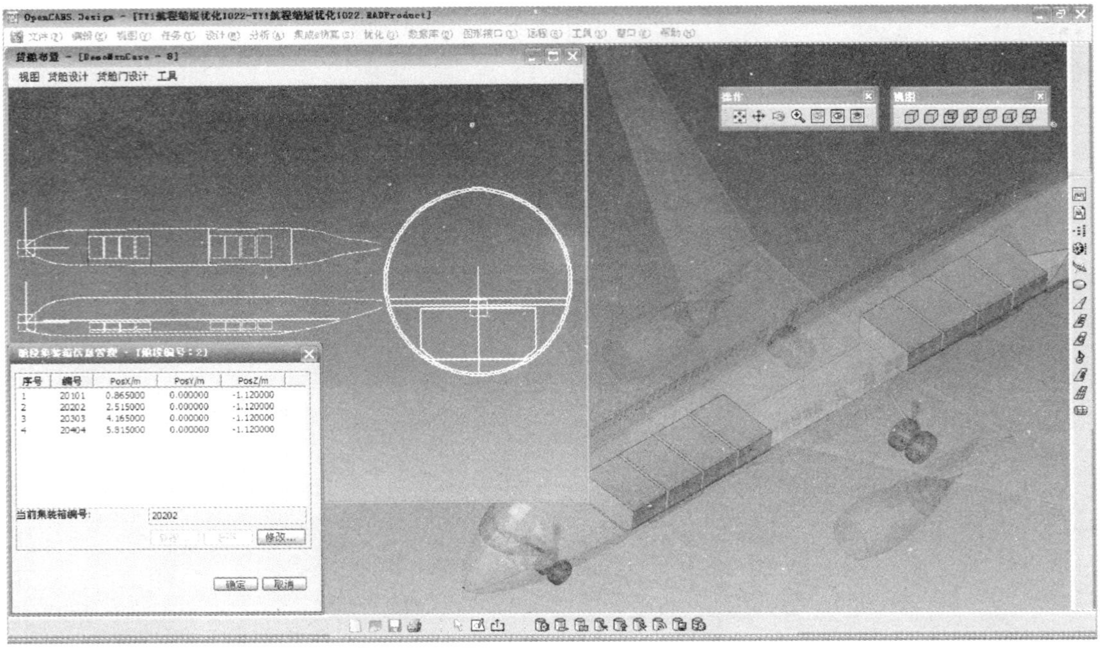

图 10.26　OpenCADS. Design 中货舱布置支持环境

10.4.2　风挡快速设计

风挡的构型设计以机身外形为基础。作为确定外部视界的基准，驾驶员眼位是首先需要确定的。参考文献[10]给出了驾驶员眼位定义的一些准则，在方案设计阶段机头更为细致的部件还不具备的情况下，OpenCADS. Design 中将眼位定义为空间的一个点并由设计者自行进行设置，更多的支持方法将在系统的后续发展过程中逐步添加。

在眼位点已经具备的情况下便可根据视界要求进行风挡的初步构型，视界要求来自于以多个数据点方式定义在一个以左右和上下视界角度组成的二维坐标系上的标准视界图，典型的如 FAR25.777 所建议的标准视界图，以及美国机动车工程师协会(SAE)所推荐的视界图等。同时，定义标准视界图的相关坐标系也作为了风挡设计的基础。

风挡由多块风挡玻璃组成，单块风挡玻璃在视界图上的描述为 3 个或 3 个以上不在一条直线上的二维点序列。借助于视界描述点和设计眼位点，便可在现有的机身外形曲面上找到对应的空间点序列 $P_{3D}\{p_1, p_2, \cdots, p_n\}$，该过程的实现直接以 ACIS 底层求交函数为基础，并通过空间射线与曲面求交完成。在空间点序列基础上便可进行风挡玻璃的三维构型。在本章的 10.1 节中已经对开口的构建做了阐述并在应急出口、舱门等建模中对该过程予以应用，但在此处需指出的是，描述风挡的三维空间点很有可能并不在一个平面上，从而基于这些点无法直接拉伸成一个可与现有曲面求交的实体。对于这种情况，本研究中采用如下处理办法(见图 10.27)，即以描述风挡的三维空间点序列中的任意三个点(暂且取 p_1、p_2 和 p_3)形成一个临时的曲面 S_t，剩下的点 $\{p_4, \cdots, p_n\}$ 则直接投影到曲面 S_t 上形成 $\{p'_4, \cdots, p'_n\}$，如图 10.27 所示，其中 S_{org} 为原始机身外形曲面。风挡玻璃 $S_{windshield}$ 的构建则以点集 $\{p_1, p_2, p_3, p'_4, \cdots, p'_n\}$ 为基础形成实体，并结合前述的开口实现过程便可完成。以上处理办法对于风挡描述数据点个数不是很多(小于或等于 5)且所有数据点大致在一个平面上的情况是适用的;对于其他情况,当数据点个数大于 5 或者数据点不严格在一个平面上时,需要采用最小二乘法等计算方法进行合理的判断并挑选出用于构造临时平面的三个数据点。

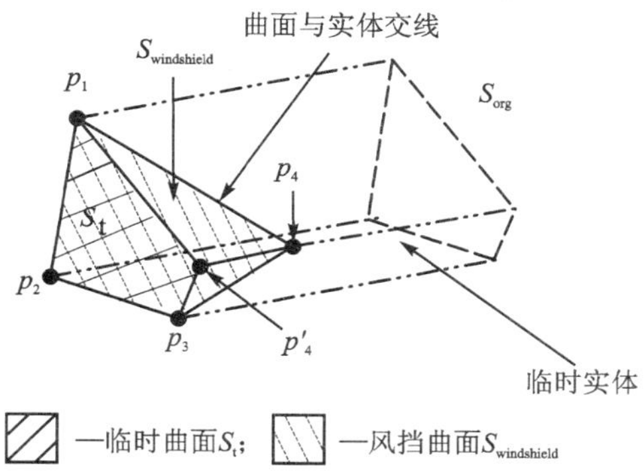

图 10.27　风挡数据点不在同一平面上的处理

图 10.28 给出了以上述理论为基础开发完成的风挡二维草图设计环境。借助于这一支持手段,设计者可便捷地选取标准视界图,并以此为基础通过鼠标点击方式在右侧的视界图坐标系中快速完成风挡的初始构型,所设计结果将实时地反映在左侧的视图中。反之,通过左侧视图交互式的风挡数据调整,也可自动获取当前风挡所对应的视界范围。这种快捷的二维交互式操作模式让设计者可以将构思进行快速的表达,通过数据点编辑器亦可对风挡玻璃进行精确的数据点调整。通过以上方式所构建的风挡模型依赖于机身外形曲面,从而为更为复杂的风挡玻璃的描述以及风挡的改进带来困难,相关内容将在以后予以研究。

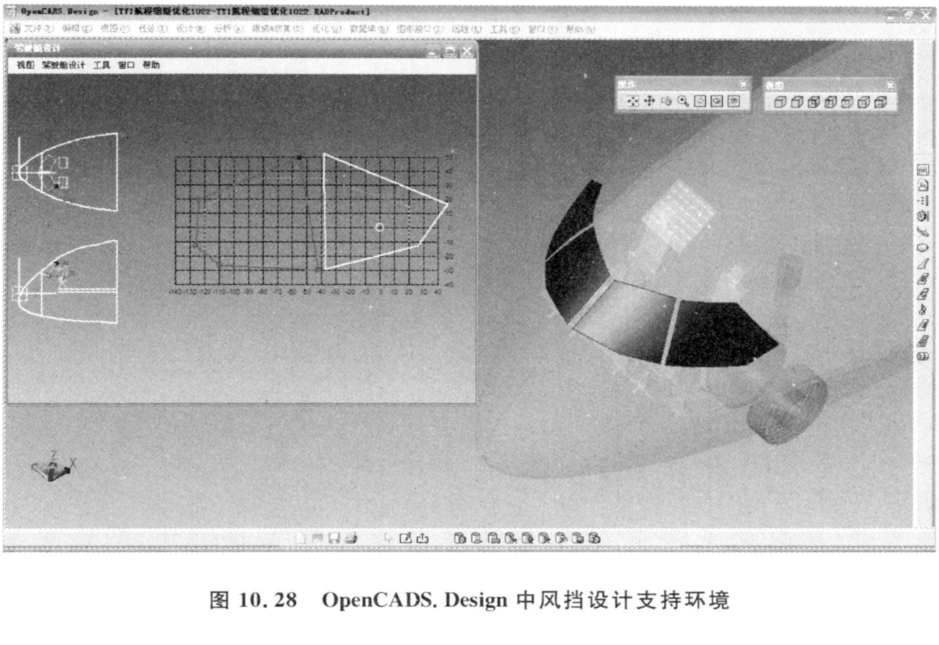

图 10.28　OpenCADS. Design 中风挡设计支持环境

10.5 设计方案示例

为说明本篇中方案参数化建模方法的有效性以及 OpenCADS. Design 系统中相关部分操作的可靠性，结合公开文献中的资料和假设的条件，建立了大量的初始设计方案，图 10.29～图 10.32展示了其中较为典型的 4 个。这 4 个方案中既包括诸如 A320－200 这类现有成功案例，也包括自行设计的方案，而且在客舱的布置形式、结构和起落架的布置等方面都有所区别。通过实际的使用证明，OpenCADS. Design 中方案建模的效率很高，一个全新的初始设计方案可在一到两个工作日内完成，同时由于采用参数化数据描述和管理方式，飞机的系列型方案设计和后续的评估也将得到更好的支持。

为保证模型数据的可延续性及更大程度地发挥模型在各类分析仿真中的作用，借助于现有成熟的图形接口技术，OpenCADS. Design 完成了诸如 IGS、CATPart、CATProduct 等格式的图形数据接口开发，以更大程度地体现系统的实用价值。图 10.33 给出了图 10.29 所示方案传入 CATIA 后的实际效果。

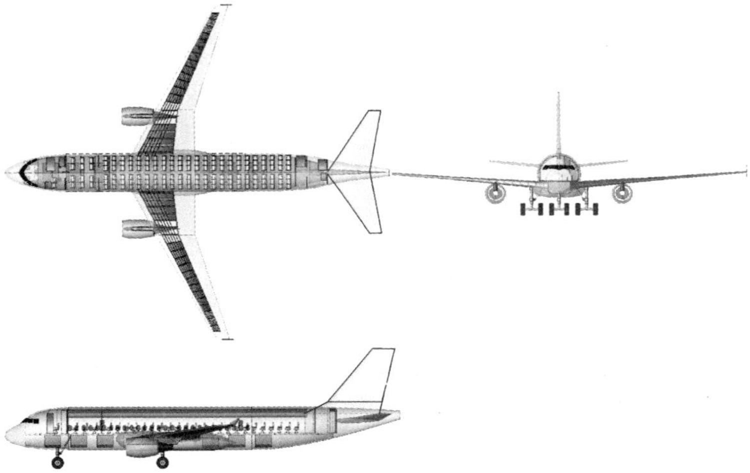

(a) 方案三视图

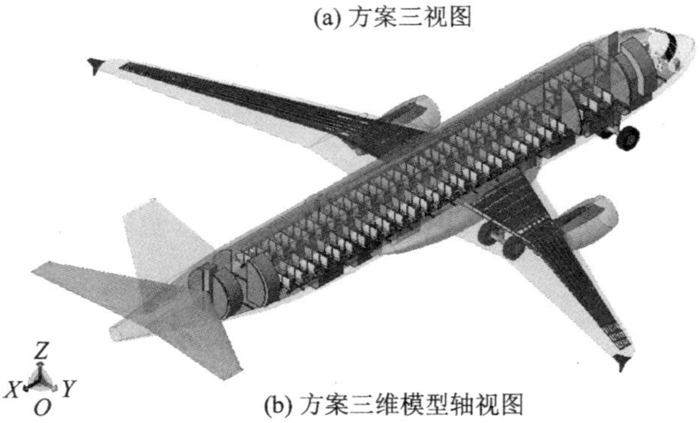

(b) 方案三维模型轴视图

图 10.29 在 OpenCADS. Design 中构建的空客 A320－200 型飞机

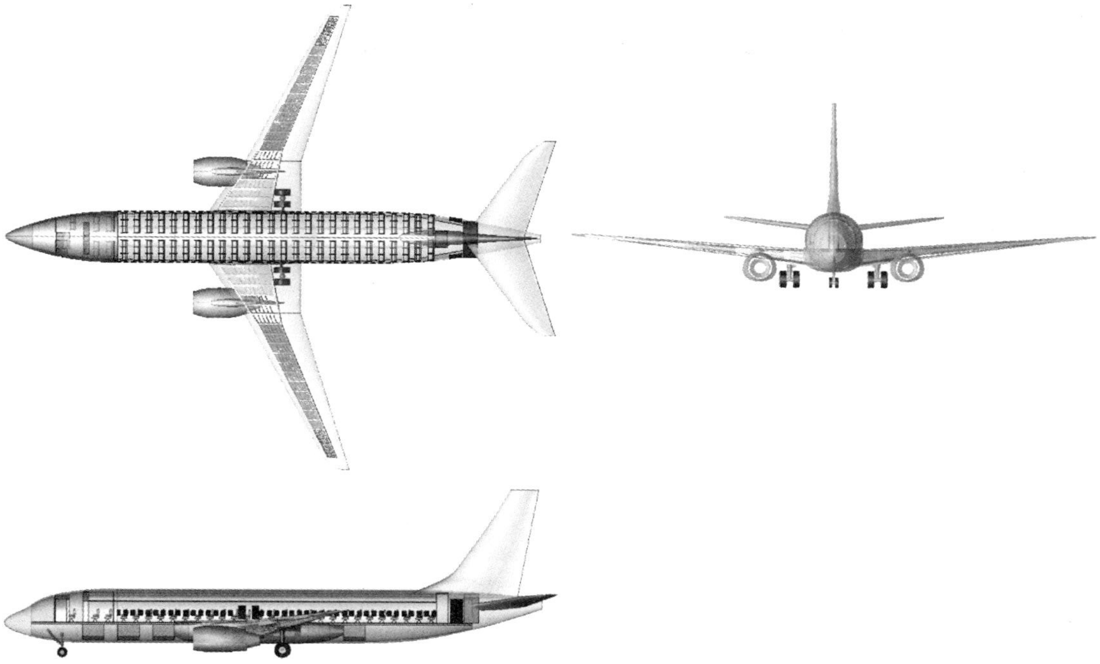

(a) 方案三视图

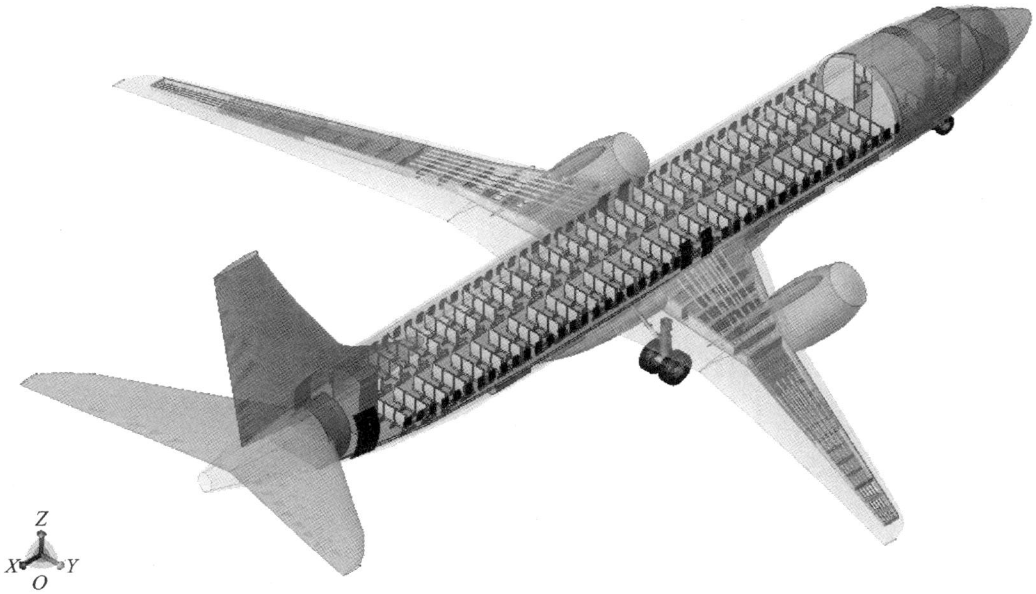

(b) 方案三维模型轴视图

图 10.30　在 OpenCADS. Design 中构建的 B737 - 800 型飞机

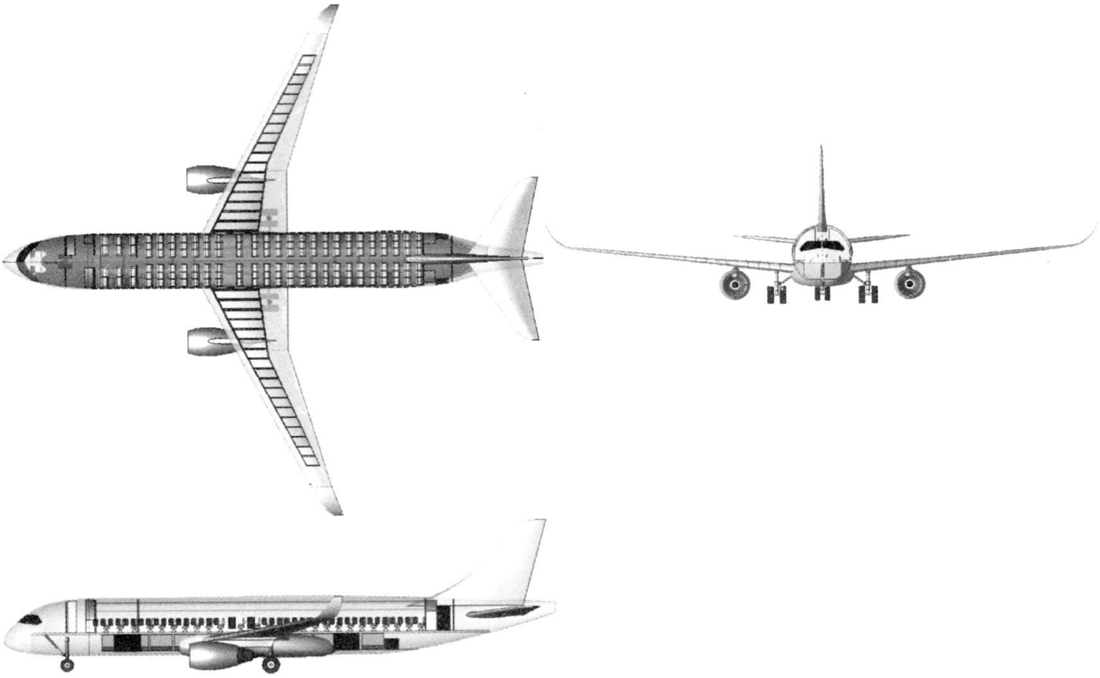

(a) 方案三视图

(b) 方案三维模型轴视图

图 10.31 某单通道旅客机方案 CAX1

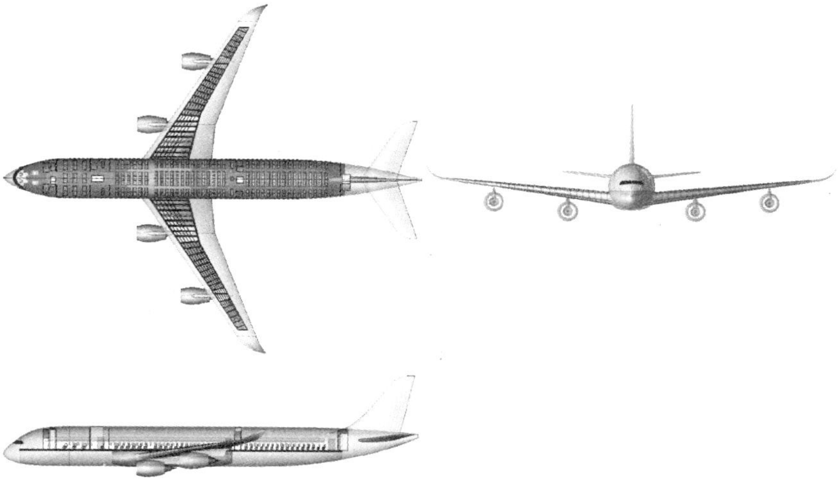

(a) 方案三视图

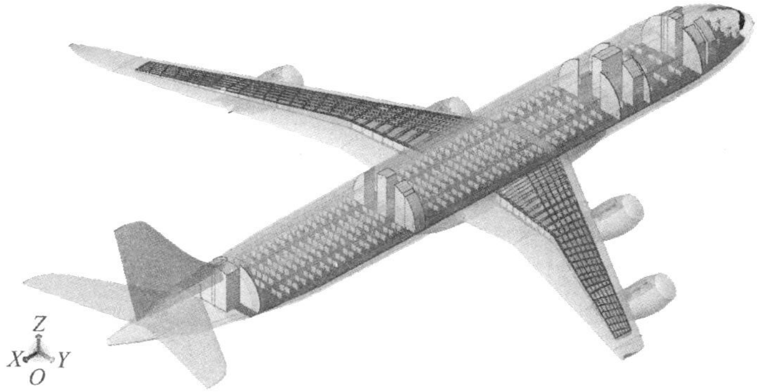

(b) 方案三维模型轴视图

图 10.32　某双通道旅客机方案 CAX2

图 10.33　方案模型传入 CATIA 后的效果图

第11章 层次化集成特性分析与优化

作为评估设计方案可行性的手段和进一步优化的基础，对方案的各种特性进行一系列的分析和评估是不可或缺的。正如在对系统建设指导原则的论述中所提到的一样，全面的特性分析和评估是一个长期发展和不断完善的过程，而作为集成分析的切入点，本篇只是选择性地研究了工程重量、费用等方法的实现，以及如何将OpenCADS.Design与商品化MSC.Nastran相集成实现结构有限元分析，与PANAIR、CFX等相集成实现气动分析等内容。

作为对飞机总体设计过程进行支持的重要组成部分，作者在OpenCADS.Design的开发中对集成化MDO也做了更深入的研究。除优化算法自身以外，对相关各类软件的工具选择通常也对目标的实现起着非常关键的作用，为此，本章将首先对于组成集成化MDO所需的软件工具进行了分析和选取，在此基础上结合前面几个章节相关内容对集成优化的实现措施进行阐述，最后将以一个典型优化问题为例对各类方法和措施的有效性进行验证。

11.1 集成层次与实现措施

应用于飞机总体设计的分析与评估类工具是很多的，根据软件自身的特点、对输入数据的要求、计算精度和适用范围，可以进一步将其分为两种类型，即可以根据机翼面积、机身长度等物理参数，快速进行特性评估的工程特性分析类和以几何曲面、实体或有限元为基础所进行的现有商业软件的集成。前者如快速的工程重量分析、快速气动力分析、费用分析、飞行性能分析等等，特点是计算速度快，所应用的方法通常为一些经验性公式。后者除了引言中所提到的MSC.Nastran、PANAIR、CFX之外，还包括用于气动力分析与仿真的MGAero、Fluent，以及应用于结构有限元分析的ANSYS等等，且随着信息与计算技术的发展以及硬件设备性能的提高，这类工具性软件会进一步发展和完善。这类软件通常需要针对模型和计算结果进行专门的前后处理，其核心求解器通常独立，这为基于网络的远程计算奠定了基础。事实上，像Fluent、CFX等软件已经可以实现远程的集中计算。

另一方面，从计算速度上以及对模型的造型质量等方面，可以将对现有商业软件的集成分为两类：一类是计算速度快，对模型质量要求不是很高的分析类工具软件，如MSC.Nastran、PANAIR等；而另一类则是求解过程长、对模型精度要求较高，但分析更为精确的大型软件，如Fluent、CFX等。在以前的研究中，这类耗时的软件系统一般不会被应用于充满迭代的设计前期，一方面是受硬件条件的限制而导致的分析求解周期过长，另一方面是其分析的前后处理过程也异常地复杂。然而随着计算机硬件水平、集中计算模式和三维图形技术的发展，这类工具逐步应用于飞机设计前期，可以得到很好的收益。

综合上述相关阐述，可以将分析分为三个层次，即基于经验公式且求解速度快的工程快速分析（A类）、基于非精细模型几何且求解速度中等的现有系统集成分析（B类）以及基于精细模型几何同时求解周期长的精确分析（C类）。这种分层关系也体现了设计模型从粗到细、方案由简单到复杂的渐进化发展过程。

实际上，通过第 8 章所述开放式系统集成环境 OpenCADS. Dev 是可以完成上述三个层次所有分析类工具的集成的，然而在系统操作的便捷性，尤其是针对需要和模型几何进行交互的 B 与 C 类工具等的使用，以及运行速度方面，也会暴露出一些问题，如在使用通过集成接口完成的基于 PANAIR 进行气动力分析的时候，系统需要首先根据当前的几何模型从数据结构中提取数据并导出求解所需表面网格文件，然后再发送计算指令，最后 PANAIR 需要先解析前处理文件方可进行分析。基于以上分析，本篇采用如下策略对 A、B、C 三个层次分析工具进行集成：

① 对于 A 类工具软件，直接采用 OpenCADS. Dev 所提供的接口进行集成。

② 对于 B 类软件，直接在方案设计系统 OpenCADS. Design 中进行功能的融合，这样可以通过第 8 章所论述的数据结构组织关系，让信息的传递通过类的实例而非文件进行传递。同样以 PANAIR 的集成为例，图 11.1 描述了基于 OpenCADS. Dev 和融入 OpenCADS. Design 两种不同集成方式下的系统工作及其数据传递关系。减少对表面网格文件的读/写，一方面可以提高速度，另一方面保证了数据的可靠性和安全性。

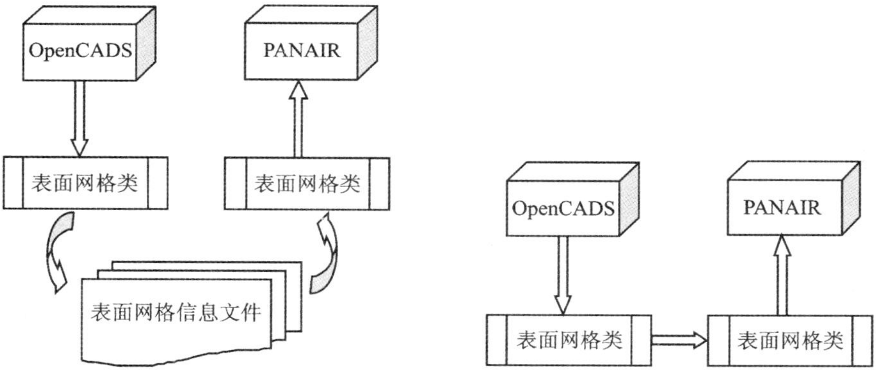

(a) 通过开放式接口集成　　(b) 直接通过方案设计系统集成

图 11.1　两种 PANAIR 软件集成方式

③ 对于 C 类软件，在模型不是很复杂的情况下，采用与 B 类软件同样的处理方式是可以的；但对于模型需要进一步处理的情况，则可以借助于现有的一些专门针对这类软件的处理环境。比如借助于具有良好扩展性和脚本操作功能的 Workbench 集成分析与仿真环境，可以方便地将设计系统所完成方案以实体模式转换成所需要的分析模型，进而通过系统自身的功能进行 CFX 等软件的集成，而涉及对 Workbench 的集成则只需要编写简单的脚本即可实现。通过这种方式，一方面可以很好地为设计系统分担负载，同时也让各专业设计者在自己熟悉的环境中开展工作。

表 11.1 概括性地给出了系统分析层次的定义以及所采用的集成策略。

表 11.1　分析软件层次与集成策略

分析层次	软件示例	模型要求	分析速度	集成方式
A 类	工程重量分析	飞机物理参数	快	通过 OpenCADS 集成接口
B 类	PANAIR	中等模型要求	中等	与方案设计系统融合
C 类	CFX	模型要求较高	慢	通过 Workbench 等

11.2 工程化快速特性分析

11.2.1 分析方法选取及实现措施

在充满迭代的飞机总体设计的前期，初始设计方案的数量一般较多且方案自身的模型精度并不高，此时运用一些快速的工程估算方法对各类特性进行初步的评估将起到很好的辅助决策作用，如AAA软件采用的 *Airplane Design*[12] 系列书籍中的各种工程估算方法就是非常工程实用化的参考。在本研究中，一方面综合选取 *Airplane Design*、Datcom（Missile Datco，参考文献[13-15]）、《飞行性能计算手册》等资料中的工程估算方法，另一方面考虑到进行系统集成的需要（这也是与SEACD中将各分析模块固化在主程序模式的最大区别），开发了一套由一系列相对独立的功能模块组成的飞机总体设计工程特性分析功能库（见表11.2）。

表 11.2 飞机总体设计工程特性分析功能库模块清单

组件名称	功能说明
AAAWeight	*Airplane Design* 方法重量估算
AAACost	*Airplane Design* 方法费用估算
AAALoads	*Airplane Design* 方法载荷估算
AAADynamic	*Airplane Design* 方法动力学特性估算
AAAStabControl	*Airplane Design* 方法操稳特性估算
STARAero	工程气动力估算
STARFoil	基于XFoil程序翼型气动力分析
STARWeight	工程重量估算
FltPerform	飞行性能快速分析
IntDatcom	集成Datcom气动力估算
STAREngine	工程发动机特性分析
⋮	⋮

需要说明的是，对于如此大量功能组件的开发必须要具有一系列合理的代码开发规范和代码组织方式，为此，作者根据华为等大公司对软件代码的开发要求拟写了《软件开发代码规范》，并采用第8章中所提到的基于动态链接库的方式将底层核心代码和应用界面分离开来，这样不仅有助于代码的管理和适应不同对象对功能组件的使用，同时也为功能组件的多人协作开发带来了方便。表11.3便给出了单个功能组件开发完成后需要具备的成果清单。

表 11.3 飞机总体设计工程特性分析功能库建设成果清单(部分)

类 型	名 称	使用工具	数 量	单 位	备 注
Solution	AAA****	VC	1	个	所有源代码
Debug Library	libAAA****d.lib	C++	1	个	连接时调用
Release Library	libAAA****.lib	C++	1	个	连接时调用

续表 11.3

类　型	名　称	使用工具	数　量	单　位	备　注
Debug Dll	libAAA * * * * d. dll	C++	1	个	执行时调用
Release Dll	libAAA * * * * . dll	C++	1	个	执行时调用
Header Files	———. h	C++	>1	个	库调用时包含
GUI Debug Library	glibAAA * * * * d. lib	VC	1	个	所有界面资源
GUI Release Library	glibAAA * * * * . lib	VC	1	个	所有界面资源
GUI Debug Dll	glibAAA * * * * d. dll	VC	1	个	执行时调用
GUI Release Dll	glibAAA * * * * . dll	VC	1	个	执行时调用
GUI Header Files	————. h	VC	>1	个	界面库调用
执行程序	————. exe	VC	1	个	多种运行方式
算法手册	* * * * 算法手册. doc	word	1	份	全部算法内容
用户手册	* * * * 用户手册. doc	word	1	份	针对执行程序
库使用手册	* * * * 库使用手册. doc	word	1	份	针对库的使用
库开发文档	* * * * (文件夹)	Together	1	份	类及变量说明
测试文档	* * * * 测试文档. doc	word	1	份	各模块测试

图 11.2 则从应用层次方面对单个功能组件的开发提出了要求，表 11.4 给出了相关说明。

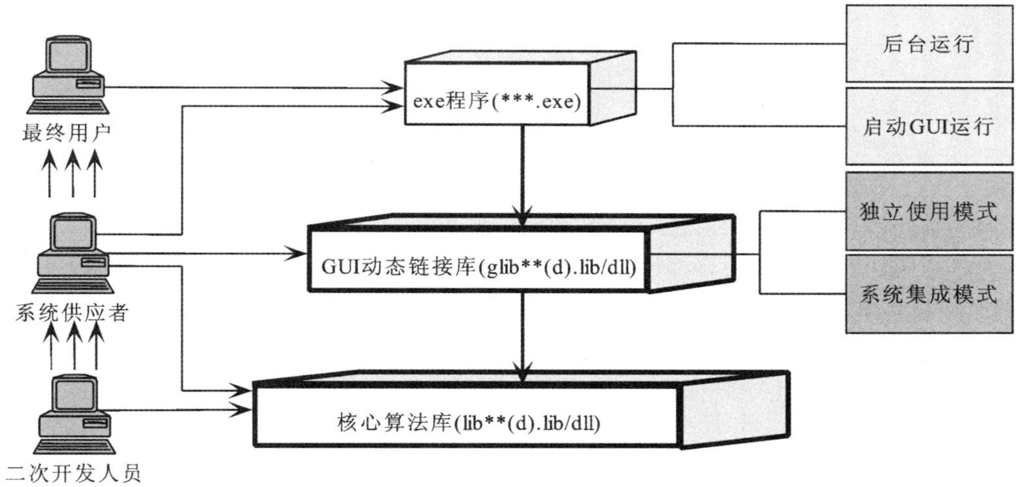

图 11.2　单个组件应用的层次结构

表 11.4　单个组件应用的层次结构说明

应用对象	说　明
Exe 执行程序	该部分是模块的最终表现形式，也是最终设计者最容易使用的模式。可执行程序包括后台运行和 GUI 运行两种模式，后台运行模式在执行后将不出现界面，运行完毕后关闭程序，这种模式主要适用于优化的情况(调用计算算法)。GUI 运行模式在执行后将出现独立的模块使用界面(包括第二层的两种 GUI 模式，考虑到使用者的操作习惯，先只实现带输入和输出的独立使用模式的 GUI 可执行程序)，这种模式主要适合于最终设计者对该模块的独立使用和集成平台开发商通过文件形式对设计分析模块的集成情况

续表 11.4

应用对象	说　明
GUI 动态链接库	用来封装该一个或几个模块的 GUI 资源，目前采用 VC 的 MFC 进行开发。同一个模块将包含独立使用模式资源和系统集成模式资源。独立使用模式资源的 GUI 中将包含所有的输入参数和输出参数部分，这和 AAA 中各个模块的表现形式具有类似的地方，但大量的设计参数无疑让使用者感到麻烦。因此，该模块还需要提供一种不太适合独立使用的模块表现形式，即系统集成模式，该模式的 GUI 资源如对话框等，只包含用户所关心的结果数据，而输入数据在进行系统集成时完全已经封装在后台，设计者只需关心方案的设计和分析结果，而不必去理会大量的重复输入操作。该部分要求使用者具有一定的软件开发能力，但要求不高，这部分主要是系统开发者所使用。为了使设计系统使用起来更加具有整体的感觉，GUI 动态链接库将是一个很好的选择
核心算法库	用来封装该模块所采用的计算方法，采用 C＋＋语言及标准库，不涉及 GUI 相关元素。表现形式为动态链接库且一组相同类别的模块采用一个动态链接库，这是每个模块必须完成的核心部分。对于该算法库，使用者需要具备一定的程序开发能力，并能很好地使用该模块所提供的开发文档。从这一点来说，它的使用者主要就是使用该算法进行模块二次开发的人员或者软件开发工程师

通过以上所述方式并基于不断完善的开发机制所完成的飞机总体设计功能库将包含如下特点：

① 各个分析模块将可以独立使用。

② 各个模块通过不同的接口实现在不同层次上自由的集成。使用者可通过功能库所提供的接口形式实现集成源代码、集成 GUI 设计库或者直接调用执行程序等多种使用方式。

③ 各个模块预留优化和敏度分析接口，使用者不用去了解整个优化的配置情况，而只需关心其中的设计约束等设计相关环节。同时，可迅速地将功能库中的一个或者多个模块集成起来并借助于优化框架进行局部/全局多学科设计优化和敏度分析。

④ 各个模块具备自身的算法说明、变量说明、使用说明、类框架体系、类开发帮助等全套支持文档，为设计者在选用这些设计功能模块时提供帮助。

可以说，实施完成的功能库，就会像是一个工厂的零件库，使用者只需要在零件库中找到自己需要的零部件，再组装起来形成自己的机器，并保证机器的正常运转即可。同时，开放式的功能库构建允许设计者加入自己的方法和功能库，从而让这些基础建设不断地丰富和完善，在设计实践中真正发挥出作用。

基于上述针对飞机总体设计分析功能库开发的实现措施，可以开发出质量高、运行可靠的各个功能组件。作为示例，下文将对重量和费用估算两个方面进行阐述。需要说明的是，作者并未对各个算法本身进行处理，而只是对现有成果进行了综合或者直接采用现有分析方法。此处对功能组件的描述主要基于如下两点考虑：一是对基于各类“规范”所完成功能组件的可靠性、易用性等进行验证，二是为后续的优化奠定基础。

11.2.2 工程重量估算

本研究中将重量分为结构、固定设备、推进装置、燃油和装载五个大类及若干小类，如图 11.3所示。其中装载将只包含乘客及其行李，而机组成员及其行李则包含在固定设备的使用项目中。燃油重量一方面可通过估算以飞机起飞总重为基础的估算公式获取，同时也可以根据第 9 章所得的方案油箱容积、燃油密度和油箱装载状态，通过简单计算得到，这里的油箱装载状态表示当前燃油所占整个油箱的比例系数，由设计者根据实际情况进行指定。但这种基于实际几何的方法相对于重量中其他各项所采用的估算方法而言显得有些不协调，因此在方法选择方面，系统的缺省仍为估算方法，以保持分析的一致性，不过随着重量分类和计算的进一步细化，此方法会逐步被引入。

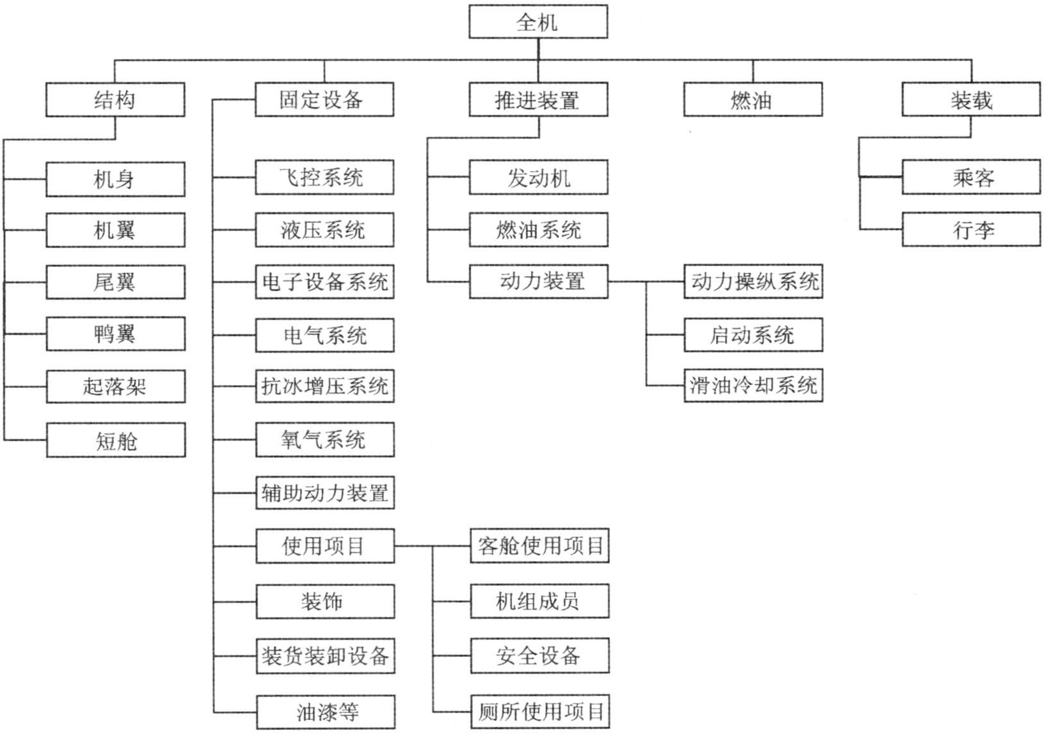

图 11.3　重量特性估算时的项目分类

在计算公式中，固定设备重量、结构重量和推进装置重量都随起飞总重和空机重量而变化，同时，燃油系统重量根据设计要求的任务燃油系数、备用燃油系数和死油系数计算得到。因此，在进行部件重量计算时，需要迭代方可求解出正确的起飞总重、空机重量及各个部件/系统重量，这相当于求解如下方程组：

$$\left.\begin{aligned} W_E &= f_{\text{structure}}(W_{TO}, W_E) + f_{\text{fix}}(W_{TO}, W_E) + f_{pp}(W_{TO}, W_E) \\ W_{TO} &= W_E + W_f + W_{PL} \end{aligned}\right\} \tag{11.1}$$

式中：$W_f = W_{f.used} + W_{f.res} + W_{tfo}$，为燃油重量；$W_{f.used} = W_{TO}(1 - M_{ff})$，为可用燃油重量；$W_{f.res} = W_{f.used} \cdot M_{f.res}$，为备用燃油重量；$W_{tfo} = W_{TO} \cdot M_{tfo}$，为死油重量；$M_{ff}$ 为任务燃油系数；$M_{f.res}$ 为备用燃油系数；M_{tfo} 为死油系数。W_E 为空机重量；W_{PL} 为装载重量；W_{TO} 为起飞总重；$f_{\text{structure}}$ 为结构重量计算函数；f_{fix} 为固定设备重量计算函数；f_{pp} 为推进装置重量计算函数。

由方程 11.1 的第二个方程可得

$$W_E = W_{TO} - W_{PL} - f_f(W_{TO}) \tag{11.2}$$

因此，方程组等价于

$$W_{TO}=f_{structure}(W_{TO})+f_{fix}(W_{TO})+f_{pp}(W_{TO})+f_{f}(W_{TO})+W_{PL}=f(W_{TO}) \tag{11.3}$$

对于该非线性方程，本研究采用二分法进行求解，并通过中间过程曲线观察参数收敛的情况。

一般而言，各子项重量都会提供多种估算方法，典型的折中方法是取所有估算方法所获得结果的平均值。由于进行各个部件重量估算时所采用的是基于现有飞机统计数据所拟合出来的近似公式，因此，对于一些新颖的飞机或者一些新技术的融入（如复合材料），如果仍然使用上述公式，就会出现错误的结果。对于这种情况，系统采用“软糖系数”来修正统计公式估算的结果（“软糖系数”是一个可变的常数，用它来乘以估算值，可以得到正确的结果）。表 11.5 给出了一些典型的“软糖系数”（见参考文献[6]）。

表 11.5 典型的“软糖系数”

种　类	重量类别	“软糖系数”
先进的复合材料	机翼	0.78
	尾翼	0.75
	机身/短舱	0.85
	起落架	0.88
	进气道	0.75
支撑机翼	机翼	0.82
木质机身	机身	1.60
钢管机身	机身	1.80
水上飞机船身	机身	1.25

以重量分析算法为基础并结合上一节中对功能组件的构建方式和相对的各类规范，可形成包括动态链接库、相关文档以及执行程序等开发成果。图 11.4 给出了以使用文档方式体现的重量分析底层核心算法库和相关说明。而图 11.5 则反映了系统集成接口、方案设计系统与功能组件之间的融合关系，从图中可以看出，重量分析组件是以独立的软件形态存在的（软件名称为 AAAWeight），并通过开放式系统集成环境 OpenCADS. Dev 融入到方案设计系统中，所集成结果以动态菜单形式在 OpenCADS. Design 中予以体现（见图 11.5），从而可以方便地进行调用。

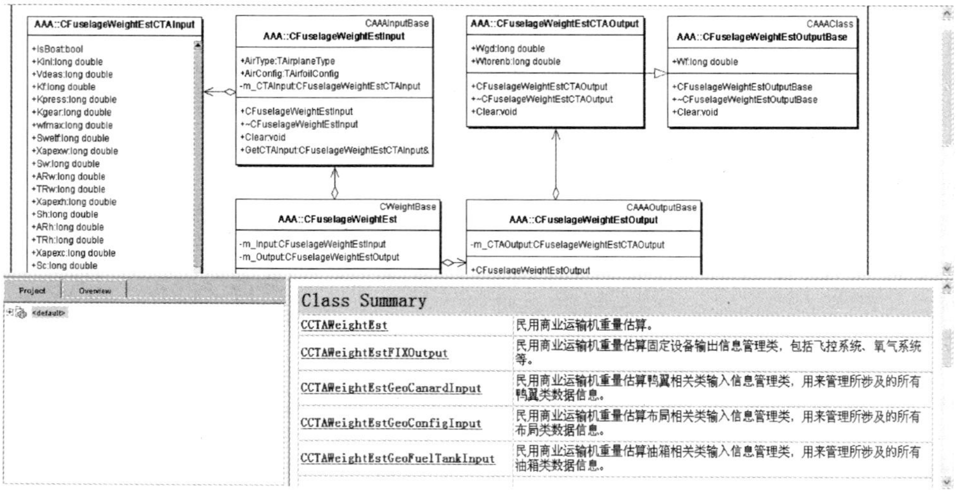

图 11.4 重量分析核心算法库结构及说明文档

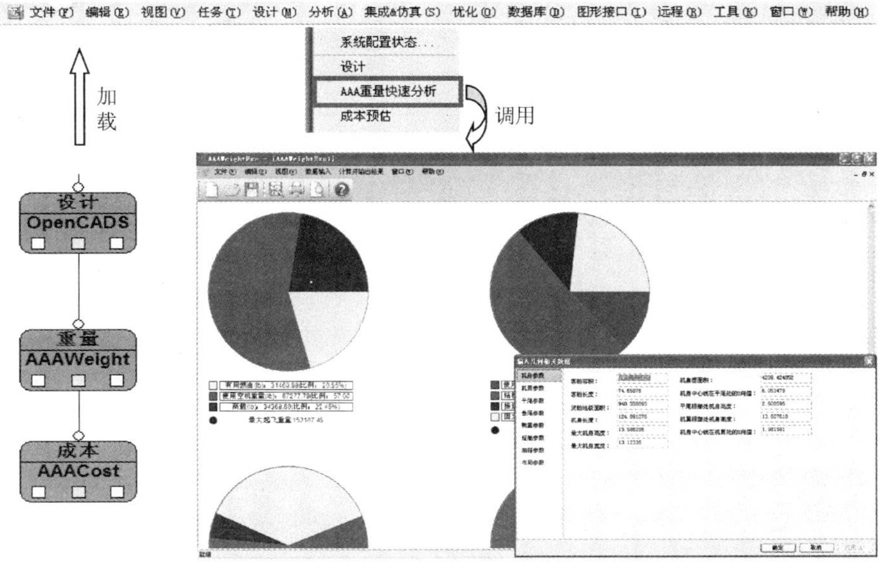

图 11.5 重量分析组件界面及其集成逻辑

当然，组件自身的计算准确性是必须要进行验证的。为此，本研究以 OpenCADS. Design 中所构建的 B737－800 型飞机(可参见图 10.30)为例分别在 AAA 软件和自行开发的组件中进行了重量估算，在两种方法所采用的计算输入条件完全一致的情况下，计算结果及相关对比如表 11.6 所列。从表中数据可知，本研究的重量分析模块计算结果与 AAA 软件对应项目的计算结果在整体上基本相同，但存在少许误差。经过进一步分析发现，引起误差的根本原因是尾翼重量项有所出入，由此引起包含该项目的结构重量、使用空机重量、起飞总重等均有不同程度的差异，经作者多次验算以及通过多种方式对计算公式的检查均未发现问题。此外，AAAWeight 计算的最大起飞总重结果与参考文献[11]所提供的结果相比，具有 5.64 %的误差，这和估算公式本身是有关系的。整体而言，AAAWeigh 组件在飞机总体设计前期还是有一定实用价值的。需要说明的是，本节除了阐述功能组件自身的可靠性之外，更进一步的研究在于验证以上组件封装方法、各类开发原则与支持措施、基于 OpenCADS. Dev 的集成措施以及后续优化措施的可行性，因此，此处针对组件计算精度不再进行深入研究。

表 11.6 重量分析结果对比

计算项目	本研究结果	AAA 结果	实际数据
最大起飞总重/kg	73 804.94	73 938.71	78 220
使用空机重量/kg/所占比例/%	37 739.01/51.13	37 780.69/51.10	41 480.00/53.03
结构重量/kg/所占比例/%	17 151.20/23.24	17 280.80/23.37	—
有用燃油重量/kg/所占比例/%	18 496.36/25.06	18 498.45/25.01	—
机翼重量/kg/所占比例/%	4 435.183/6.009	4 436.231/6.000	—
机身重量/kg/所占比例/%	6 118.123/8.289	6 119.678/8.277	—
尾翼/kg/所占比例/%	1 786.764/2.421	1 908.782/2.582	—

续表 11.6

计算项目	本研究结果	AAA 结果	实际数据
起落架重量/kg/所占比例/%	3 017.247/4.088	3 019.236/4.083	—
短舱重量/kg/所占比例/%	1 793.969/2.431	1 796.876/2.430	—
推进装置重量/kg/所占比例/%	5 784.657/7.838	5 785.645/7.825	—
固定设备重量/kg/所占比例/%	9 449.895/12.809	9 450.987/12.782	—

11.2.3 工程费用估算

与重量分析组件一样，工程费用估算同样采用 *Airplane Design* 中的方法，即把 LCC(Lift Cycle Cost，全寿命周期成本)分为 RDTE(Research，Development，Test and Evaluation，研究，发展，试验和评估)成本、置购与加工制造成本、使用成本以及回收处理成本四个大类及所属的若干小类，如图 11.6(a)所示，而设计者较为关心的直接使用成本所包含的项目由图 11.6(b)进行表示。图 11.7 则给出了费用分析组件的主界面。

在费用分析的若干输入参数中，与重量相关的各类参数起着非常关键的作用，这部分参数应该直接来自于重量分析结果，而这种数据自动传递的实现则是通过开放式系统集成环境 OpenCADS. Dev 完成的。通过将上一小节所述的重量分析组件与此处的费用分析组件应用在同一套分析流程中，便可完成方案设计到重量再到费用的评估过程，而整个过程在如图 11.2所示的功能组件自由表现形式的支持下，是可以随着方案的改变而自动进行的，这为后续的优化奠定了基础，同时也进一步体现了构建飞机总体设计功能库的意义所在。当然，由于 *Airplane Design* 最早编著于 20 世纪 80 年代，其部分参考数据或公式可能并不很适合于现代飞机设计，如各种金融利率、劳动力成本等。对于此类问题，该组件的解决办法是以开放的接口形式为设计者提供自由的输入。

基于上述说明，此处以方案 CAX1(见图 10.31)为例分别进行了基于 AAAWeight 的重量和基于本小节方法的费用分析，并以同一套费用分析的输入数据在 AAA 软件中进行了计算，相关计算结果如表 11.7 所列。由于实际飞机成本数据获取难度较大，因此本篇只将该功能组件与原 AAA 软件相关计算结果进行了对比，并认为 AAA 计算结果已具有一定的可靠性和工程实用价值。从表中数据可以看出，二者分析结果是基本一致的。

表 11.7 费用分析结果对比

计算项目	本研究计算结果	AAA 计算结果	相对误差/%
全寿命周期成本/百万美元	115 287.70	115 288.01	0.000 27
RDTE 成本/百万美元	1 381.68	1 380.97	0.051 41
购置及制造成本/百万美元	9 435.78	9 435.65	0.001 38
使用成本/百万美元	103 317.36	103 316.43	0.000 90
回收处理成本/百万美元	1 152.88	1 153.12	0.020 81
直接使用成本/(美元·海里$^{-1}$)	15.92	15.88	0.252 00
飞行使用成本/(美元·海里$^{-1}$)	6.45	6.44	0.155 00

续表 11.7

计算项目	本研究计算结果	AAA 计算结果	相对误差/%
维修成本/(美元·海里$^{-1}$)	3.23	3.21	0.623 00
折旧成本/(美元·海里$^{-1}$)	4.98	4.97	0.201 00
酬金成本/(美元·海里$^{-1}$)	0.14	0.14	0.000 00
利息费成本/(美元·海里$^{-1}$)	1.12	1.12	0.000 00

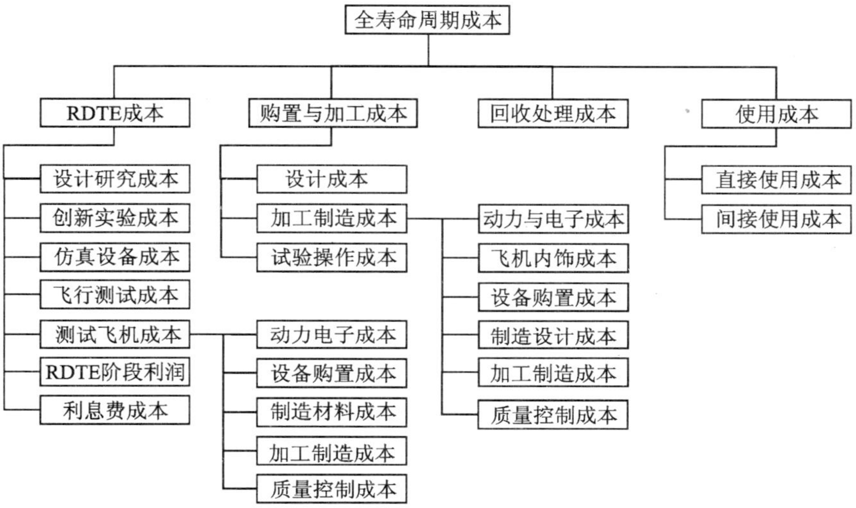

(a) 全寿命周期成本分类

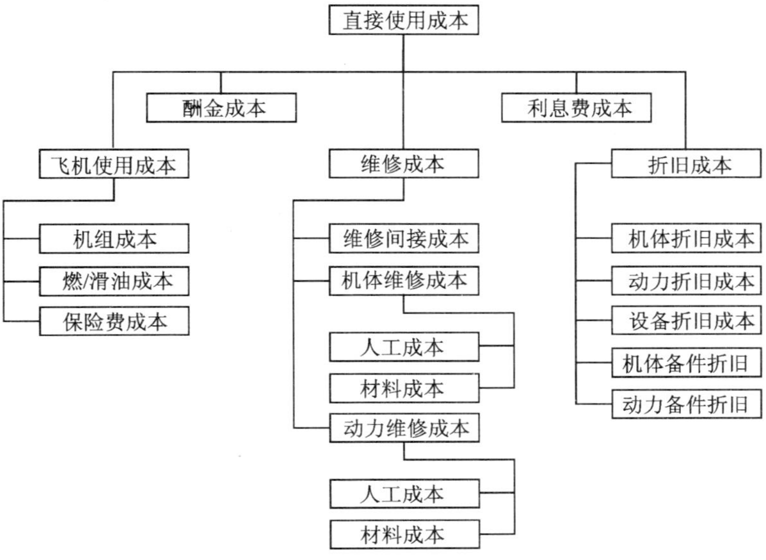

(b) 直接使用成本分类

图 11.6　费用估算时的项目分类

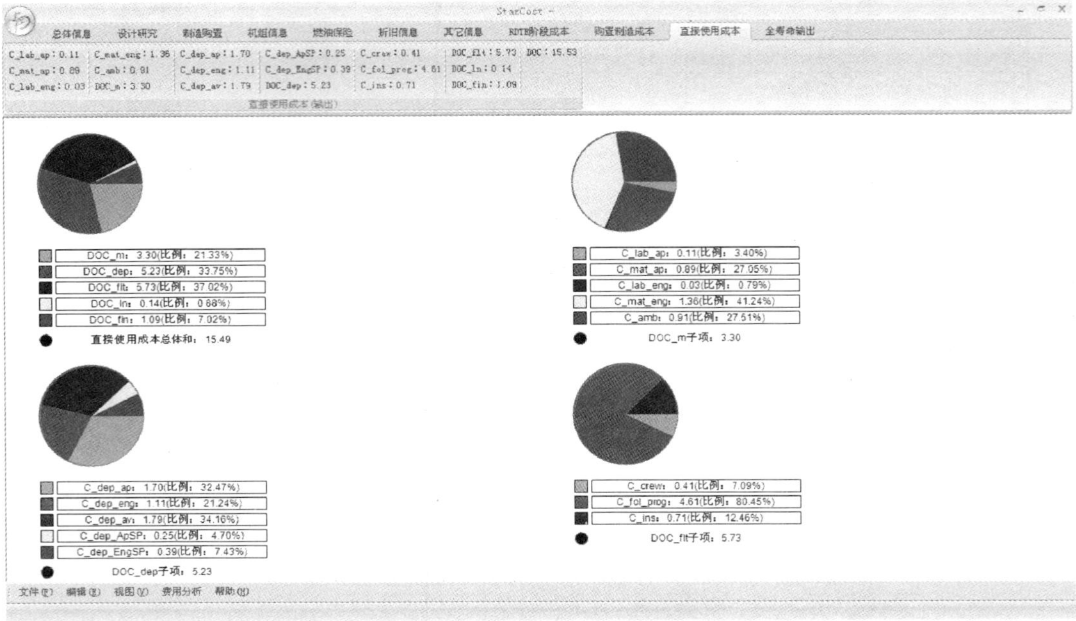

图 11.7　费用分析组件主界面

11.3　结构有限元的初步研究及应用

在上一节中以 A 类分析工具的集成以及其中比较典型的实例——重量和费用分析组件的开发为例进行了阐述，这类工具计算速度快，可以对方案的各项特性进行快速的分析与评估，然而工具自身的分析对象以及相对粗略的计算结果，却会限制其在飞机总体设计中的应用范围和生存周期。随着计算机运行速度以及相关技术的发展，把在第 8 章中所述的 B 类软件工具应用于飞机总体设计将可以有效地弥补 A 类工具的不足，从而让飞机总体设计整个过程得到更有效的支持。

由于此处旨在说明 B 类软件工具在飞机总体设计过程中的支持作用以及方案设计系统中对该类软件集成的有效性，基于时间及其他因素的考虑，本研究只针对结构有限元和基于高阶面元法的气动力分析两部分进行初步的研究，并且研究对象只有机翼及其结构。对于基于 B 类软件工具的全机特性评估功能开发以及组件的工程实用性验证工作将在以后的研究中进行。

11.3.1　机翼结构有限元模型的自动构建

通过第 9 章的论述已经可以快速完成机翼主承力结构的设计与质量特性的计算，由于整个结构及其材料等信息的描述是组织在一系列面向对象且相互关联的类中，而类的管理又是建立在第 8 章所述的动态链接库的基础之上的，因此，以现有实现成果为基础可以方便地实现与结构相关的各类功能，结构有限元的建立便是其中最为典型的一种。

基于机翼结构自身的特点与有限元描述方法，本研究中采用梁和壳单元对结构件进行等效，且在初步研究阶段暂时只针对实际结构节点进行处理，而不考虑有限元网格的进一步细化。其中梁单元主要应用于翼梁或墙的上下缘条、翼肋的上下缘条、桁条等，而翼梁腹板、墙腹板、翼肋腹板以及蒙皮则采用壳单元进行描述。由此可知，一个有限元模型是由很多的梁和壳单元组成的，而这种实际的组成方式在系统数据结构的描述上可以通过链表的形式得到有效的表达。图 11.8 便给出了机翼结构有限元信息管理类及以链表形式组织的其他各相关信息之间的逻辑关系，其中包括类的聚合、继承以及使用等多种形式。

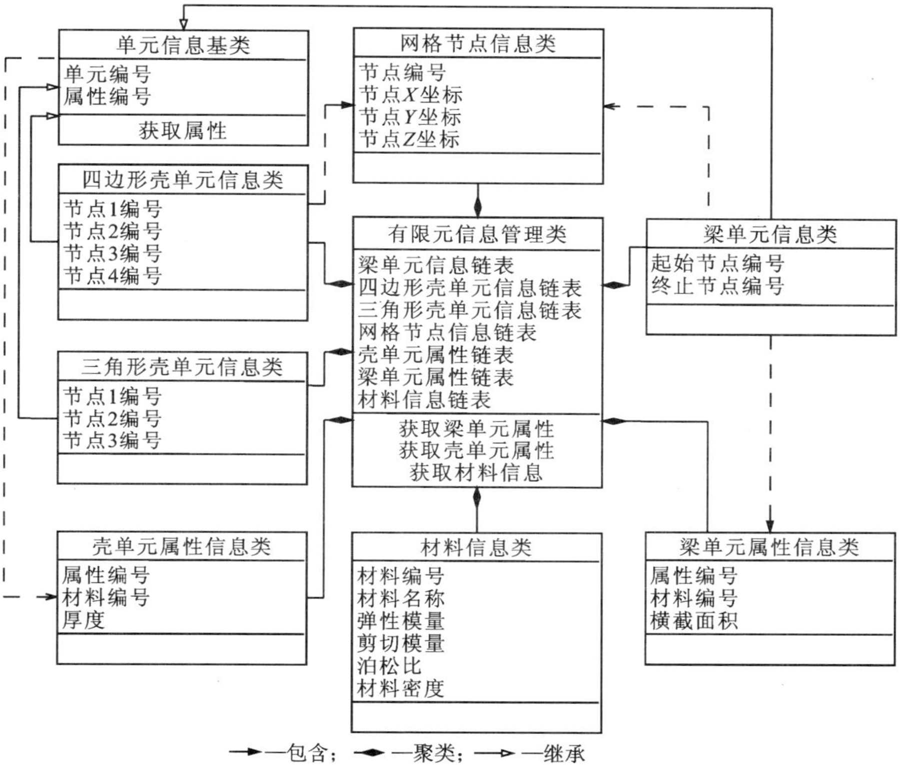

图 11.8　机翼结构有限元信息管理相关类数据结构及其逻辑关系

可以看出，一个有限元单元总体包括编号和属性两个部分，其中编号部分又包括自身单元编号以及描述该单元形状或位置的各节点编号。编号本身只与设计者所定义的规则有关，而实际的几何则通过各编号所对应的节点获取。然而，编号的定义规则对于有限元模型构建的成败与质量是非常关键的，当各类编号随着模型的复杂不断增加时，不合理的规则可能会产生重合的编号，从而引起有限元模型数据混乱，最终导致构建失败。

在第 9 章已经对民用飞机机翼结构布置进行了阐述，并通过设计实例对其可行性进行了验证。在结构平面布置中可以看出，翼肋分别与翼梁、桁条、蒙皮相交而成为各个结构件连接的纽带。为此，本研究以翼肋为基准作为对节点进行编号的切入点，并首先通过翼肋与其他各个结构件的相交关系完成对节点编号的定义，然后再结合各个结构件自身的特点对各个有限元单元及其属性进行处理。

单个节点编号可采用下式予以定义：

$$N_n = nmkt \quad \text{或} \quad N_n = 1\,000n + 1\,00m + 10k + t \tag{11.4}$$

式中：n 表示翼肋编号；m 表示与翼肋相交的结构件类型，前后缘为 9，翼梁或墙为 6，桁条为

0;k 表示相交结构件在其所在类型内的序号,前缘用 1,后缘用 2,翼梁或墙根据自身起点相对站位进行排序处理,桁条则直接采用其编号,这类编号也是根据站位前后来确定的;t 表示翼面类型,对于前后缘上下翼面重合的情况该值取 0,其他情况上翼面取 1,下翼面取 2。图 11.9 示意性地表示了上述节点编号定义规则。

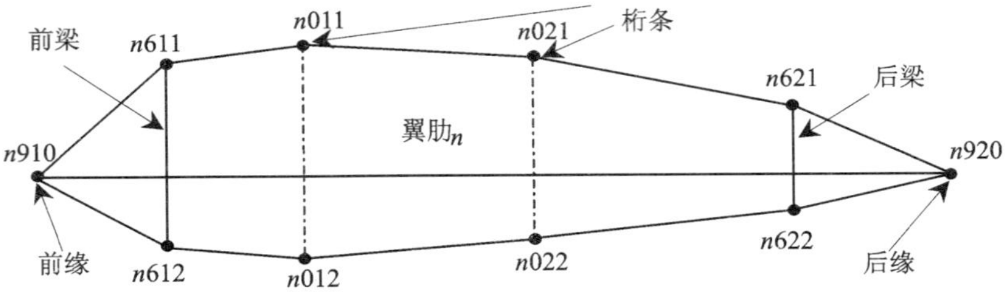

图 11.9 第 n 根翼肋节点编号定义示意

事实上,在编号定义规则中的各类约定数字如 9 或者 6 表征了该公式的适用范围,为了避免编号的重复,以上公式要求翼梁小于 30 根,而上下翼面桁条均小于 60 根,很显然这是满足实际需求的。

基于以上节点定义规则及对各个结构件的描述方式,各个有限元单元的组成节点则可很方便地进行处理,如相邻两个翼肋(翼肋编号分别为 n 和 $n+1$)之间的翼梁上缘条(翼梁编号为 k)梁单元的起始和终止节点就可以表达为 $N_s = 1\,000n + 600 + 10k + 1$ 和 $N_e = 1\,000(n+1) + 600 + 10k + 1$,由此可完成其他单元节点的定义。而对于单元自身编号的定义,则需要结合机翼结构组成特点从单元更为详细的分类开始。对于典型的机翼结构有限元模型单元可以分为如下 5 类:

① 与某个翼肋及相邻纵向构件所围成的翼肋腹板壳单元。其编号定义公式如下:

$$N_n = nmkjht \quad 或 \quad N_n = 100\,000n + 10\,000m + 1\,000k + 100j + 10h + t \tag{11.5}$$

式中:n 表示翼肋编号,从 1 开始;m、j 表示与翼肋相交的结构件类型;k、h 表示结构件在其所在类型内的序号,前缘用 1,后缘用 2,翼梁、墙和桁条编号同之前所表述的一致;t 同样表示单元位置类型,对翼肋腹板取 0,对上表面蒙皮取 1,对下表面蒙皮取 2。

② 与某个翼肋及相邻纵向构件所围成的翼肋缘条梁单元。其编号定义公式如下:

$$N_n = nmkjht \quad 或 \quad N_n = 100\,000n + 10\,000m + 1\,000k + 100j + 10h + t \tag{11.6}$$

式中:t 的意义与上述不同,对翼梁上缘条取 1,对下缘条取 2。

③ 与某个翼肋及相邻纵向构件所围成的蒙皮上下壳单元。其定义方式同类型①。

④ 与某个纵向构件及相邻两翼肋所形成的翼梁上下缘条梁单元。其编号定义公式如下:

$$N_k = nmkt \quad 或 \quad N_k = 1\,000n + 100m + 10k + t \tag{11.7}$$

式中:k 为纵向结构件编号,n 为起始翼肋编号。

⑤ 与某根翼梁或墙及相邻两翼肋所形成的腹板壳单元。其编号定义公式如下:

$$N_k = nmk \quad 或 \quad N_k = 100n + 10m + k \tag{11.8}$$

进一步地,可以将有限元单元分为如图 11.10 所示的 11 类具体形式进行处理:① 三角形翼肋腹板壳单元;② 四边形翼肋腹板壳单元;③ 上蒙皮壳单元;④ 下蒙皮壳单元;⑤ 翼梁或墙腹板壳单元;⑥ 翼肋上缘条梁单元;⑦ 翼肋下缘条梁单元;⑧ 翼梁或墙上缘条梁单元;⑨ 翼梁或墙下缘条梁单元;⑩ 上蒙皮桁条梁单元;⑪ 下蒙皮桁条梁单元。表 11.8 给出了这 11 类具体单元的自身编号以及与之对应的节点编号。

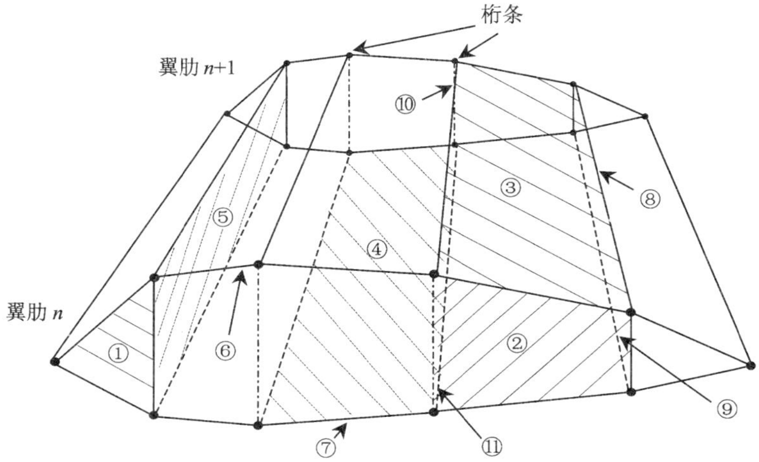

图 11.10　机翼结构有限元单元定义

表 11.8　各有限元单元编号规则及其节点定义

单元类型	单元编号	节点 1 编号	节点 2 编号	节点 3 编号	节点 4 编号
①	$nmkjh0$	$nmk0$	$njh1$	$njh2$	—
②	$nmkjh0$	$nmk2$	$nmk1$	$njh1$	$njh2$
③	$nmkjh1$	$nmk1$	$(n+1)mk1$	$(n+1)jh1$	$njh1$
④	$nmkjh2$	$nmk2$	$(n+1)mk2$	$(n+1)jh2$	$njh2$
⑤	$n6k$	$n6k1$	$(n+1)6k1$	$(n+1)6k2$	$n6k2$
⑥	$nmkjh3$	$nmk1$	$njh1$	—	—
⑦	$nmkjh4$	$nmk2$	$njh2$	—	—
⑧	$n6k1$	$n6k1$	$(n+1)6k1$	—	—
⑨	$n6k2$	$n6k2$	$(n+1)6k2$	—	—
⑩	$n0k1$	$n0k1$	$(n+1)0k1$	—	—
⑪	$n0k2$	$n0k2$	$(n+1)0k2$	—	—

对于单元属性的编号也是需要进行处理的。本研究中暂时不考虑非均匀蒙皮，而采用数字 1 作为蒙皮统一编号。翼肋缘条梁单元、翼肋腹板壳单元的各属性编号统一以该翼肋编号为主，假定翼肋编号为 n，则上缘条编号为 $n+2$，下缘条编号为 $n+50$。之所以扩大编号之间的差异，是为了避免翼肋数量过大时引起编号异常，从此处的定义可以明确，本研究方法最多可以适合于 50 根翼肋。对于其他各个单元属性编号，则采用与单元本身编号相同的办法予以处理，以方便管理。

基于以上编号规则可以得知，对以翼肋为基础进行定义的壳单元编号 $N_n = nmkjht$ 肯定为 6 位或者 7 位数，即值域为 100 000～9 999 999；以翼梁等纵向构件为基础定义的其他壳单元编号 $N_k = nmk$ 肯定为 3 位或者 4 位数，值域为 100～9 999，因此，壳单元编号是不会重复的。而梁单元编号与梁的定义一致，也不会出现重复的情况。为了说明以上处理方法的有效性，作者以第 9 章图 9.26 所示的外翼段后掠角修改前的机翼结构为基础进行了有限元模型的构建，所得结果在 MSC. Patran 中的效果如图 11.11 所示。

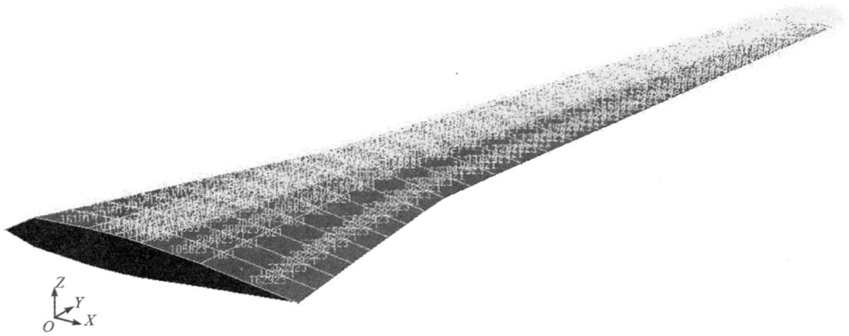

图 11.11 机翼结构有限元模型构建效果

需要说明的是，图中有限元模型的构建是自动完成的，这就使得本研究在第 9 章所论述的机翼外形、机翼结构以及机翼整体油箱等几何信息自动化调整的基础上，融入了有限元的自动生成，从而达到了机翼外形到结构有限元模型的全程自动化处理，为后续对基于结构的分析以及优化奠定了基础，进一步肯定了第 9 章中对机翼结构及其相关信息描述方法和支持措施的意义。

11.3.2 基于结构有限元的应用

在有限元模型已经构建完成的基础上便可进行各类以之为基础的分析。作为相关问题研究的切入点，作者只针对结构的各阶模态计算和气动颤振分析两类问题进行了简单的探讨。

借助于 MSC. Nastran 强大的分析功能以及自动化生成的有限元模型，机翼结构各阶模态的计算是非常简单的，设计者直接在 MSC. Patran 中经过相关操作便可完成计算并获取结果。作为结构有限元的应用示例，此处只给出本节所述机翼结构模型(见图 9.26(a))的各阶模态，如图 11.12 所示。

气动颤振的分析与模态计算不同，除有限元模型以外，图 11.13 所示的各类辅助和控制信息也是必要的，包括分析方法、计算高度、特征值个数、计算速度列表等。为了计算的方便，本研究将颤振分析的相关计算以及对结果的解析过程采用第 8 章所述的动态链接库的形式进行管理，从而可以方便地在设计者需要的地方进行使用，也在很大程度上降低了该功能组件集成的难度，如颤振分析组件在 OpenCADS. Design 中的集成就只用了不到 100 行代码，而其相关的界面操作也是可以独立进行开发的。图 11.14 中的 $V-G$ 图及 $V-W$ 图的相关数据是基于本节所述模型计算得到的。事实上，颤振分析之前是需要在实验数据的支持下通过模态对比分析等方式进行有限元模型的动力学相似等各项评估的，由于本研究旨在说明结构有限元的应用方法，故相关结果验证问题在以后再进行研究，而现有的模态计算功能则可以为相关工作的展开提供支持。

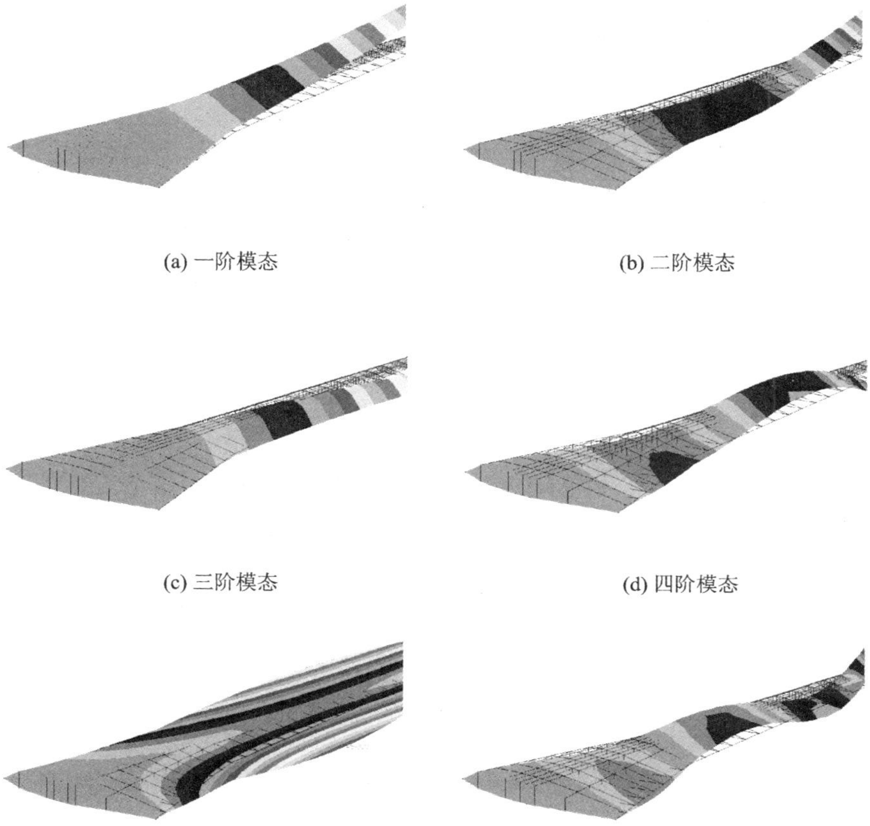

(a) 一阶模态　　(b) 二阶模态

(c) 三阶模态　　(d) 四阶模态

(e) 五阶模态　　(f) 六阶模态

图 11.12　各阶模态计算结果

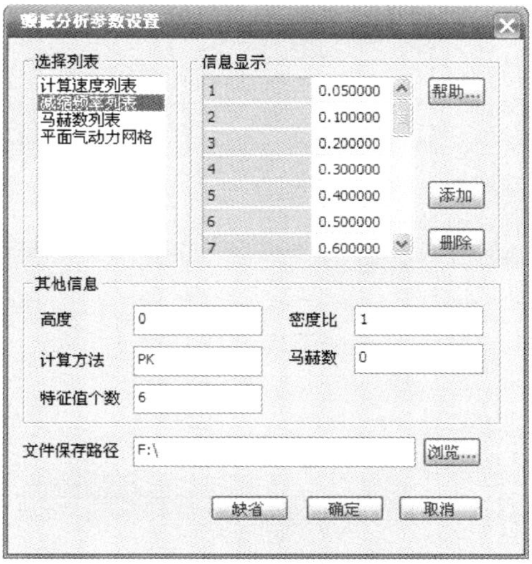

图 11.13　颤振分析参数设置对话框

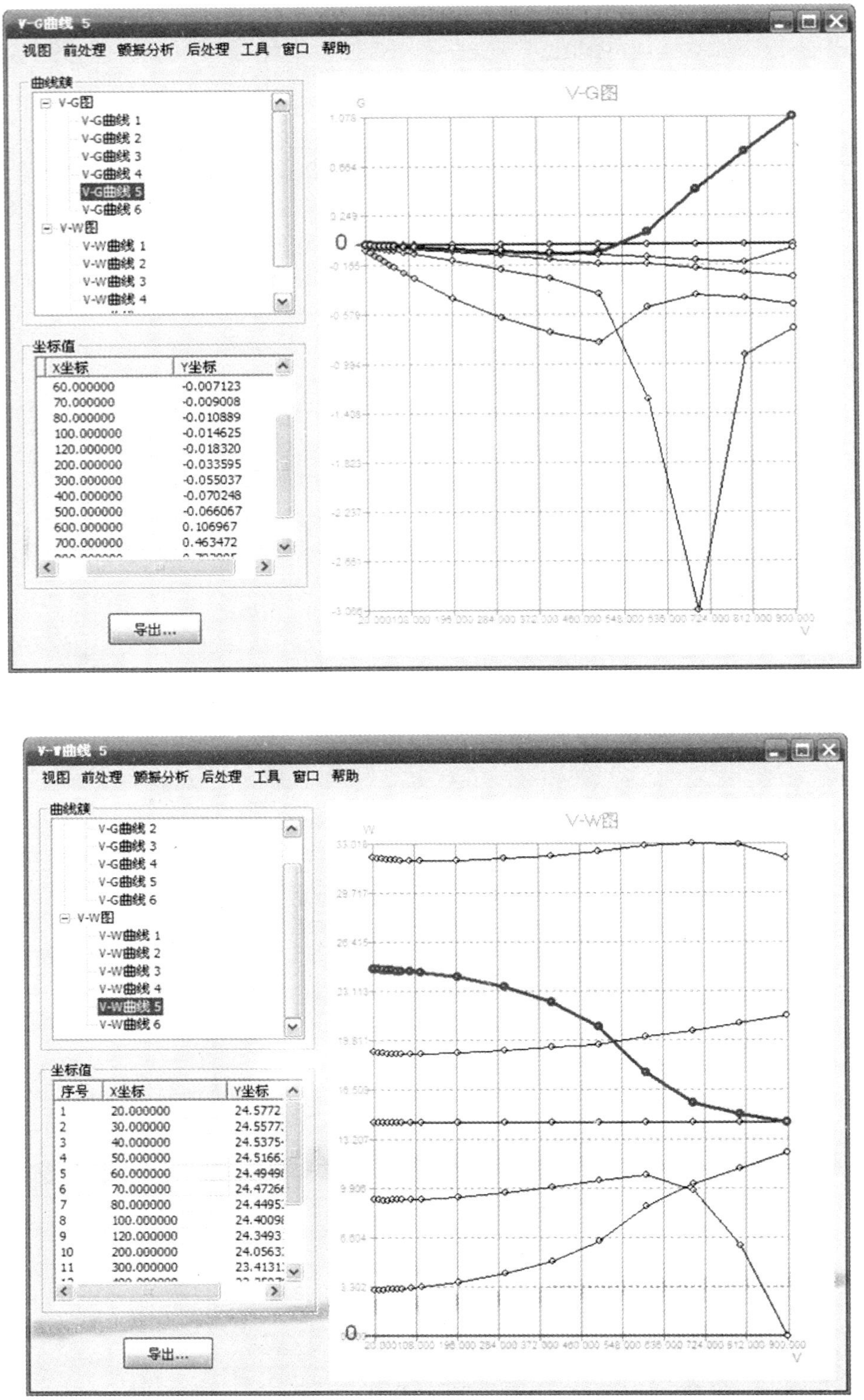

图 11.14 颤振分析管理对话框

11.4　基于高阶面元法的气动力快速分析

11.4.1　PANAIR 软件概述

PANAIR 是一款基于高阶面元法的气动力计算程序，可用于求解任意构型的空气动力学/流体力学问题，其结果适用于在线化位势方程框架内的亚声速或超声速流动，但不适合于跨声速状态流动以及粘性效应和气流分离显著的情况。该程序能预测流经任意三维升力构型在总压和总温为常数的区域内的线性亚声速和超声速无旋流动的性质，其中包括二阶压力系数等表面流动性质、$F_X/F_Y/F_Z/M_X/M_Y/M_Z$ 等三维表面压力和力矩、$C_L/C_{Di}/C_Y$ 等构型上的力和力矩、$C_{F_X}/C_{F_Y}/C_{F_Z}/C_{M_X}/C_{M_Y}/C_{M_Z}$ 等沿用户指定面上的剖面压力和力矩、所有解的流场性质以及所有解在流场中的流线等。而其输出文件的数量也多达几十个，其中主要包括：打印输出，面元中心控制点处的表面流动性质，面元角点处的压力，剖面压力与 X、Y、Z 的关系，剖面力和力矩，整个构型的力和力矩总合，整个构型的面元划分和流场流线轨迹，脱体点流动性质，流场流线性质，气动影响系数，参数化的气动矩阵，奇点强度等等。

需要说明的是，除了输出文件复杂外，对 PANAIR 输入文件的处理也是比较麻烦的，其难点在于输入文件对格式的要求很严格，使用者需要遵循严格的 FORTRAN 格式化输入，因此很容易出现一些难以发现的错误。针对此类问题并结合本研究实际情况，可提供如下两种解决办法：一种办法是采用可以直接为 PANAIR 提供输入文件的 PANIN 程序，该程序的输入文件采用自由格式，可有效地避免因格式死板所导致的错误；另一种办法是以本研究中各个相关描述类为基础，在对曲面进行离散后，通过格式的设置准备输入文件。前者对于常规直线前后缘翼段的处理比较便捷，而对于曲线前后缘或者其他复杂的曲面外形，处理起来则会比较繁琐。由于 OpenCADS 底层由成熟的 ACIS 作支撑，其强大的曲面处理功能正好可以弥补上述缺点，同时考虑到 PANIN 程序的引入会带来分析流程节点的增加从而隐含更多的异常隐患，因此本研究采用第二种办法对输入文件进行处理。

值得强调的是，PANAIR 分析速度很快，对划分为 100 个左右中等表面网格数量的单个机翼曲面，其一个状态点的计算时间在 1 秒左右。这种快速分析的特点以及计算的全面性，使得 PANAIR 可以在充满迭代和循环的飞机总体设计阶段使用，并可进一步用于多学科设计优化之中以解决优化资源需求过多的问题，而这也正是本研究采用 PANAIR 的原因所在。

11.4.2　基于 PANAIR 的计算方法与实现

在第 9 章中对机翼外形曲面的构建进行了详细的阐述，以现有曲面为基础并结合如下处理步骤便可以完成对 PANAIR 输入文件的准备：

① 获取曲面离散数据点。此步操作可通过 ACIS 所提供的曲面离散功能进行处理，也可根据实际系列翼剖面经过重新插值后获取。

② 将曲面离散数据点根据 PANAIR 所规定的格式组织在一个面向对象的类中。由于 PANAIR 输入文件中对表面网格采用组的方式进行管理，且通常一个组代表着一个曲面，因

此，本研究结合第9章中对机翼的定义，将每个翼段数据点分别按组进行存储，以为输入文件的编写做好准备。

③ 结合其他非网格数据编写输入文件。网格数据部分可通过类及类中所标定的格式进行编写，而诸如计算马赫数、迎角、侧滑角、计算类型、各类参考数据等非网格数据，则通过一个控制类进行管理，并逐条写入分析输入文件。

PANAIR 自身的执行是很简单的，但为了保证功能组件形式上的统一以及为后续使用提供便捷，本研究采取了与结构有限元及其分析类似的处理方式，即将 PANAIR 分析相关内容采用一个动态链接库进行封装，从而将其与界面进行了剥离。分析完成后的 C_L、C_D、M_X 等力和力矩信息存放于名为 panair. out 的文本研究件中，通过正则表达式可以方便地对需要的数据进行解析，而这部分操作也同样封装在前述的动态链接库中。

正如对 PANAIR 软件概述中提到的一样，计算结果中是不考虑粘性影响的，因此，还需要对阻力部分进行修正。对于亚声速民用旅客飞机，其阻力可由下式计算得到：

$$C_D = C_{D_0} + C_{D_i} + \Delta C_{D_w} \tag{11.9}$$

式中：C_{D_0} 为由绕外形的压力场和边界层的表面摩擦作用而形成的型阻；C_{D_i} 为产生升力而进行的姿态变化从而使压力变化所产生的升力诱导阻力；ΔC_{D_w} 为流过表面的部分加速气流变为超声速时所产生的激波所引起的波阻。

诱导阻力 C_{D_i} 可以直接通过 PANAIR 计算结果获取。对于激波阻力而言，考虑到一般民航飞机速度不会超过阻力发散马赫数，因此此处考虑采用简单的飞机附加阻力的方法对该值进行处理。这个由于压缩性而附加的阻力系数将在 5～20 个阻力单位之间，考虑到其他阻力的忽略部分，该数值取高位，即 ΔC_{D_w} 为 0.002。与此同时，考虑到后续 PANAIR 气动力分析功能对于其他类型飞机的适用性，本研究通过参考文献[6]所提供的方法对激波阻力在跨声速和超声速的情况也进行了处理。该方法中超声速流激波所带来的波阻采用如下公式计算：

$$C_{D\text{wave}} = \frac{4.5\pi}{S}\left(\frac{A_{\max}}{l}\right)^2 E_{\text{WD}}(0.74 + 0.37\cos\Lambda_{\text{LE}})(1 - 0.3\sqrt{M - M_{C_{D0\max}}}) \tag{11.10}$$

式中：$M_{C_{D0\max}} = \dfrac{1}{\cos^{0.2}\Lambda_{\text{LE}}}$；$E_{\text{WD}}$ 为表征实际飞机横截面积分布与 Sears - Haack 体的一致程度及飞机其他波阻源（如天线、进气道）影响的修正系数，其量值在 2.0 左右。

对跨声速情况则采用如图 11.15 所示的拟合曲线进行插值获取。图中 A 点对应马赫数为 1.2 或稍多，波阻按上述公式计算；B 点对应马赫数为 1.05，波阻与 A 点相同；C 点对应马赫数为 1.0，波阻为 B 点的一半；E 点对应临界马赫数为 $Ma_{\text{crit}} = 1.0 - 0.065\cos^{0.6}\Lambda_{\text{LE}}(100t_c)^{0.6}$，波阻为 0；$D$ 点对应阻力发散马赫数 $Ma_{\text{DD}} = Ma_{\text{crit}} + 0.08$，波阻为 0.002 左右。

对于零升阻力则可以采用下式进行计算：

$$C_{D_0} = C_f \cdot F \cdot Q \cdot \frac{S_{\text{wet}}}{S_{\text{ref}}} + C_{D_{\text{杂项}}} \tag{11.11}$$

式中：$C_f = \dfrac{0.455}{(\lg Re)^{2.58} \cdot (1 + 0.144Ma^2)^{0.65}}$，而如果表面相对粗糙，摩擦阻力系数将比该式给出的高，考虑到这一点，雷诺数使用由下列表达式给出的“截止雷诺数”和基本公式 $Re = \rho Vl/\mu$ 所得结果中的小值（“截止雷诺数”计算中当两个公式相等时，Ma 为 0.875）：

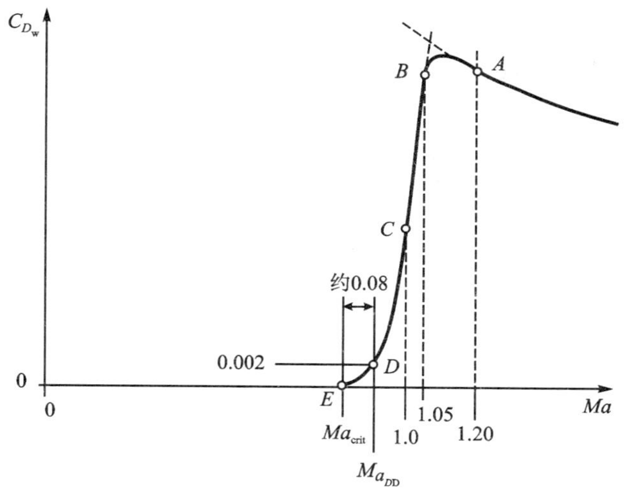

图 11.15　跨声速激波阻力估算

$$\left.\begin{aligned} Re &= 38.21 \cdot \left(\frac{l}{K}\right)^{1.053} && (Ma \leqslant 0.875) \\ Re &= 44.62 \cdot \left(\frac{l}{K}\right)^{1.053} \cdot Ma^{1.16} && (Ma > 0.875) \end{aligned}\right\} \qquad (11.12)$$

式中：K 取铝表面伪装漆对应的数值 0.4×10^{-3} in；l 为机翼平均气动力弦长，计算时需要转换成以英尺为单位；

形状因子 F 根据参考文献[6]采用如下公式获取：

$$F = \left[1 + \frac{0.6}{(x/c)_m} \cdot \left(\frac{t}{c}\right) + 100 \cdot \left(\frac{t}{c}\right)^4\right] \cdot \left[1.34Ma^{0.18} \cdot (\cos \Lambda_m)^{0.28}\right] \qquad (11.13)$$

式中：$(x/c)_m$ 为翼型最大厚度点弦向位置，Λ_m 为最大厚度线的后掠角。

修正因子 Q 对于具有良好翼身结合部整流的下、中单翼，取 1.0；对于没有整流的机翼，取 1.1～1.4；对于常规的设计，取 1.1。

$C_{D_{杂项}}$ 次要项阻力可以达到用上述方法计算出的型阻的 10 %，这种额外阻力是由于附着物、表面缺陷及系统附件安装引起的。本研究中对机翼采用型阻的 6 %。

基于上述方法便可以搭建起一个以机翼为目标对象的完整 PANAIR 集成分析组件，图 11.16便给出了 OpenCADS. Design 中集成 PANAIR 进行气动力分析的部分界面。

11.4.3　结果验证及分析算例

为了验证机翼表面网格划分、阻力修正的有效性以及 PANAIR 计算结果的准确程度，本研究将某飞翼布局方案（命名为 BWB1）在 OpenCADS. Design 中进行了重构，并通过集成 PANAIR 的分析组件完成了方案气动力的计算。由于计算方案也是由基本的翼段组织而成的，因此上述针对机翼的各类处理方法对该方案也是适用的。图 11.17 给出了在马赫数为 0.7、迎角为 0°的情况下，BWB1 基于 FLUENT 非结构网格和本研究方法所计算的结果对比。

可以看出，二者升力线斜率是基本一致的，而本研究方法所完成的阻力部分比 FLUENT 非结构网格所得阻力略小，但整个趋势基本是一致的，其原因可能是本研究中对干扰阻力的影

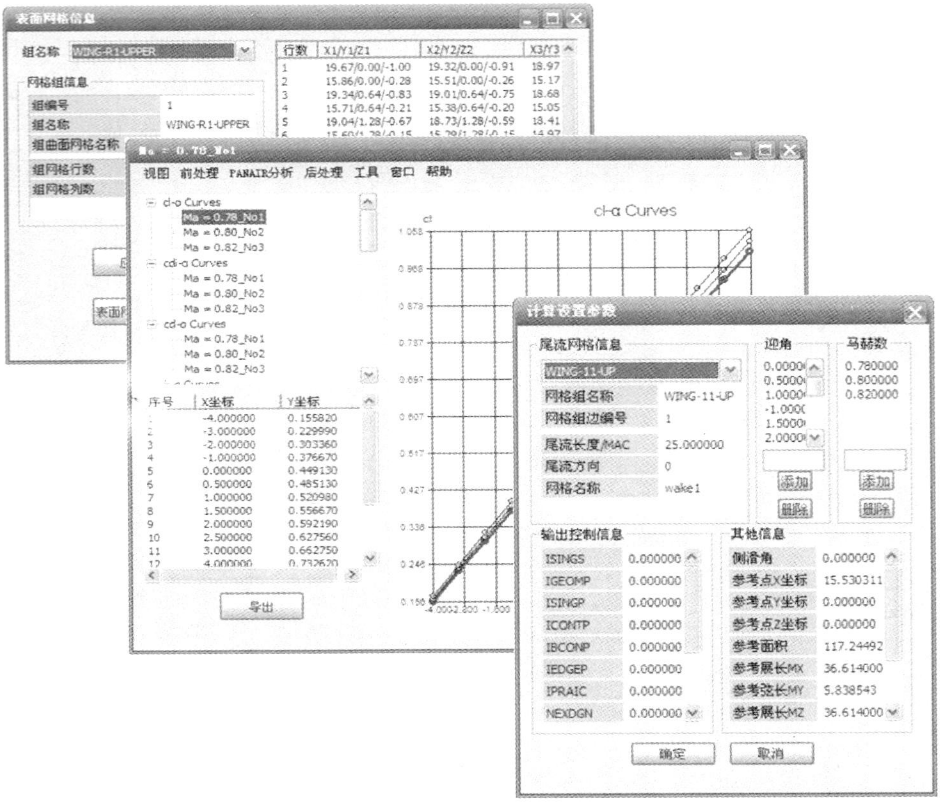

图 11.16　OpenCADS. Design 中 PANAIR 集成分析相关界面

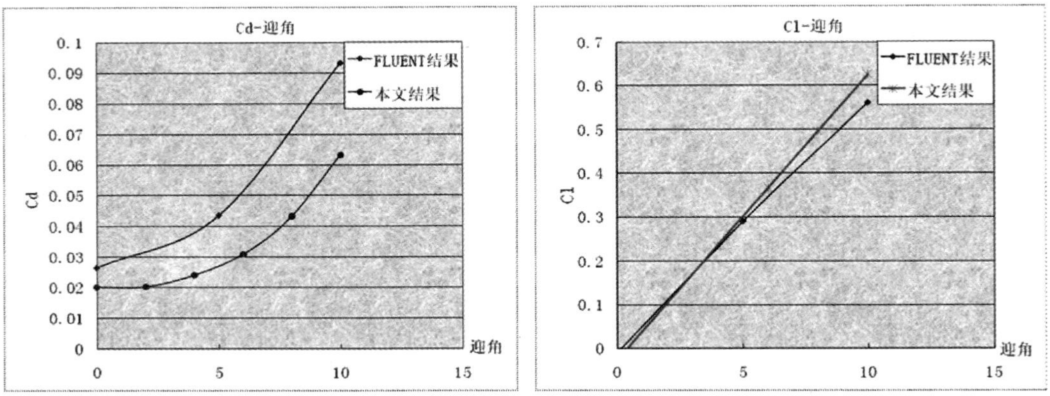

图 11.17　BWB1 方案两种方法气动力分析结果比较

响考虑得不够，鉴于时间及其他方面的考虑，这部分相关内容在以后的研究中再予以进一步处理。综合而言，通过此结果可以得到三方面的结论：

① 本研究对机翼表面网格的划分以及对 PANAIR 分析程序的集成是有效的。

② PANAIR 程序对亚声速小迎角下的升力计算结果还是不错的，由于民用飞机飞行迎角一般都较小，且 PANAIR 相比 FLUENT 等 CFD 软件具有明显的速度优势，因此，将

PANAIR 应用于民用飞机的总体设计中，可以起到很好的辅助作用。

③ 虽然阻力略偏小且可能会带来升阻比偏大等问题，但其趋势是正确的，而优化的目的是使目标结果得到相对的改善，因此将阻力部分应用于优化也是可以接受的。

由于保密等多种因素的限制，作者不能将 BWB1 方案基于此方法得到的所有数据在此进行展示。为此，本研究以 CAX1 方案（见图 10.31）的机翼为目标对象，并利用系统中相关功能进行了系列的气动力分析，图 11.18 给出了目标对象的几何外形以及经过自动化处理的表面网格模型在 MSC. Patran 中的显示效果，图 11.19(a)～图 11.19(c)显示了高度 H 为 11 km、马赫数 Ma 为 0.78 时以该模型为基础所完成的气动力分析曲线，从该图中可以看出，由于安装角（等于 2.51°）的存在，当前机翼的最大升阻比所对应迎角发生在 0°附近。图 11.19(d)则给出了 0°迎角下机翼表面压强分布云图。

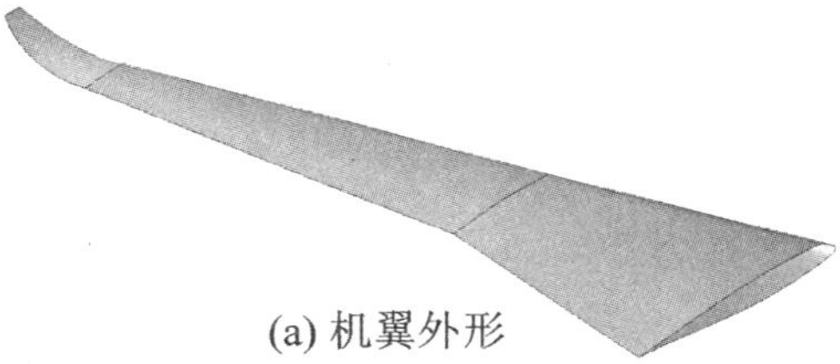

(a) 机翼外形

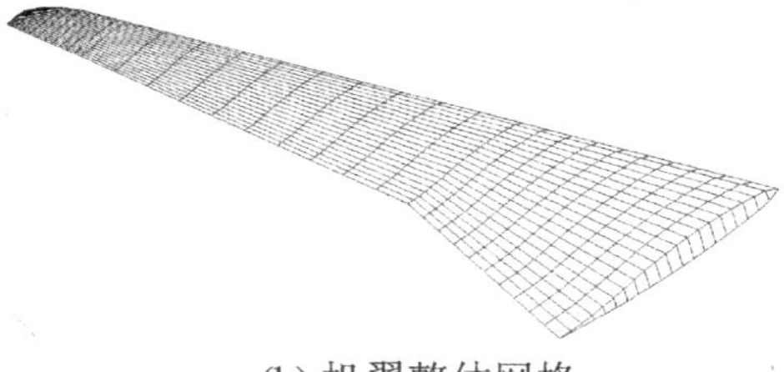

(b) 机翼整体网格

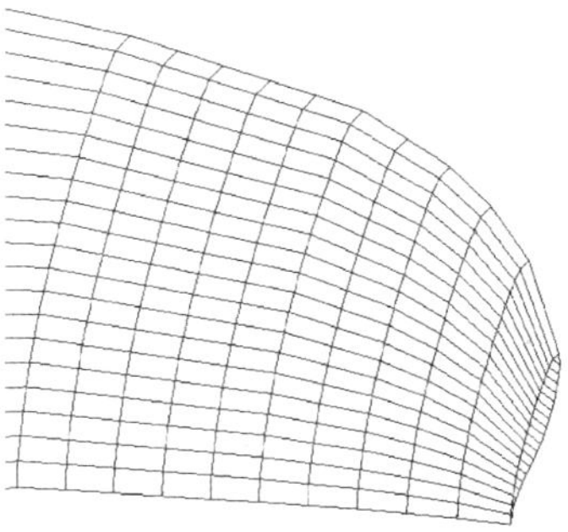

(c) 机翼翼梢网格局部放大

图 11.18　示例机翼的自动化网格划分效果

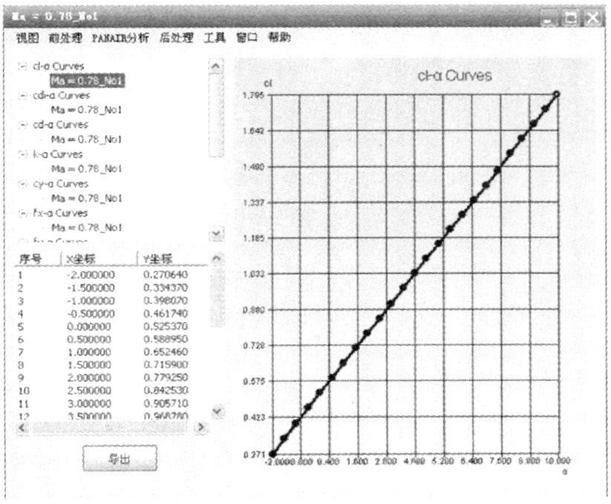

(a) 升力系数随迎角变化曲线

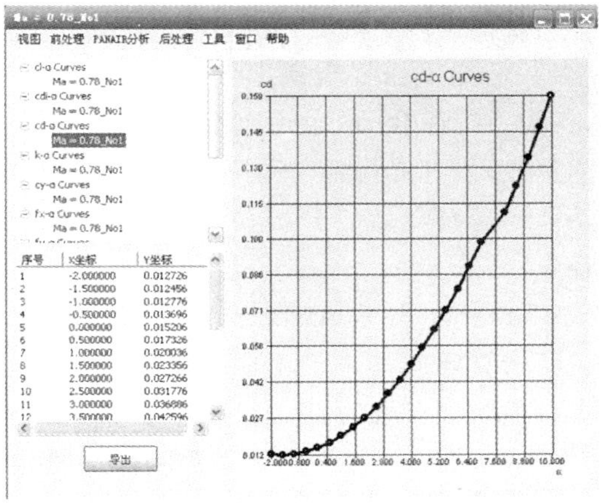

(b) 阻力系数随迎角变化曲线云图

图 11.19　基于 PANAIR 组件的气动力分析结果

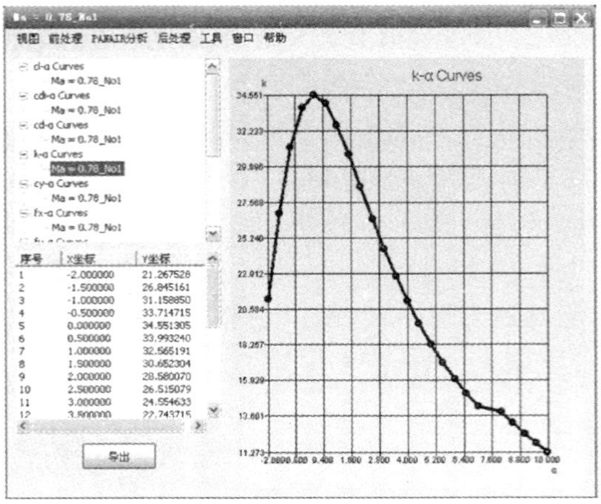

(c) 升阻比随迎角变化曲线

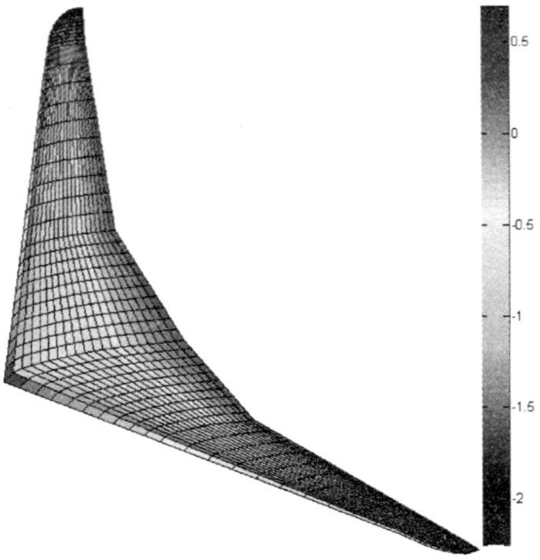

(d) 0°迎角下机翼表面压强分布云图

图 11.19 基于 PANAIR 组件的气动力分析结果(续)

11.5 基于 Workbench 的集成分析

在前文已经提到，随着图形处理技术、计算机及其相关技术的不断发展，以及飞机设计对产品质量要求的不断提高，诸如 CFX、FLUENT、MGAero 等计算结果精度较高的商业工具软件在飞机总体设计阶段具有了应用的可能性。然而，这类软件同时也带来了如下三个问题：

① 软件对模型的要求较高，通常需要采用专门的工具进行复杂的前后处理；

② 软件运行环境可能不统一，部分软件如 MGAero 可以在非 Windows 平台上运行；

③ 分析求解计算量大，通常需要配置专门的计算服务器。

正是由于以上问题，导致多种类似 CAE 软件工具同时使用时会出现模型转换困难的情况，多数情况下需要重新进行建模，这在很大程度上影响了相关工作效率的进一步提高。因此，作为系统综合的 OpenCADS，在自身功能有限的情况下要完成对上述各类高精度 CAE 软件的集成，最好能找到一种第三方的支持手段，以降低本研究自身系统的负担。根据对具备类似功能的现有产品的分析，本研究最终选用 Workbench 作为完成高精度 CAE 工具集成的途径。

Workebench 是 ANSYS 公司用于解决企业产品研发过程中 CAE 软件的异构问题所提出的协同仿真环境。该环境的目标是，通过对产品研发流程中仿真环境的开发与实施，搭建一个具有自主知识产权的、集成多学科异构 CAE 技术的仿真系统，从而让所有与仿真工作相关的人、技术、数据在这个统一环境中协同工作，各类数据之间的交流、通信和共享皆可在这个环境中完成。另一方面，各类 CAE 产品可以拆散形成组件，设计者可以根据自己的研发流程将这些拆散的技术重新组合，并集成为具有自主知识产权的技术，形成既能够充分满足自身的分析需求，又能够充分融入产品研发流程的仿真体系。这类开放的组件集成是通过 Workbench 加载和管理组件的基本框架实现的，各组件通过 Jscript、VBscript 和 HTML 脚本语言组织，使用者可以编制适合自己的应用界面，也可将具有自主知识产权的技术包装成组件从而融入该系统中。

综合以上论述可以明确，将 Workbench 以第三方软件的身份与 OpenCADS 系统进行集成，可以有效地减少设计系统自身所承担的负载，将分析与仿真相关工作合理地分解出去，从而充分发挥各类系统的特点。同时，借助于 Workbench 自身强大的功能，也可以很好地解决上述提到的 CAE 工具在使用过程中的前后处理、异构等关键性问题。

图 11.20 给出了基于 OpenCADS. Design 和 Workbench 进行方案高精度分析和仿真的典型流程，可以看出，系统中的方案设计系统 OpenCADS. Design 的任务只是将设计方案以一种 Workbench 可以接受的方式导出，其后的工作则可以完全交给 Workbench 自身进行处理。

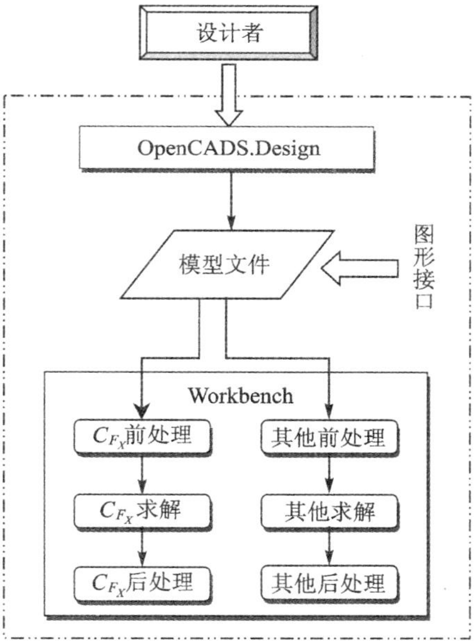

图 11.20　基于 OpenCADS. Design 和 Workbench 的分析与仿真流程

目前 Workbench 可接受包括 CATPart、IGS、SAT 等在内的多种数据格式，借助于本研究所采用的成熟图形接口技术，可以方便地实现方案模型多类数据格式的导出，从而实现与 Workbench 之间的数据连接。图 11.21 便给出了图 10.31 所示方案 CAX1 导入 Workbench 后的实际效果，该模型的 CFX 分析结果如图 11.22 所示。

值得一提的是，包括网格划分和计算的整个过程可以通过脚本自动进行处理，这为飞机总体设计后期方案的多学科优化奠定了基础。当然，并不是随便一个几何模型都能自由地导入 Workbench 中并能进行网格划分以及各类分析，有时候方案会丢失一些部件。事实上，在作者研究将方案导入 Workbench 并进行各类处理的时候，就曾遇到过类似问题，解决办法之一是借助于 ACIS 对几何实体的处理功能，将所有飞机部件转化成实体，再将所有实体通过布尔运算合并成一个统一体，这样就可以方便地将模型导入 Workbench，而这也为流体网格的划分带来了便捷，从这个过程中也进一步体会到了基于成熟图形核心进行系统开发所带来的益处。

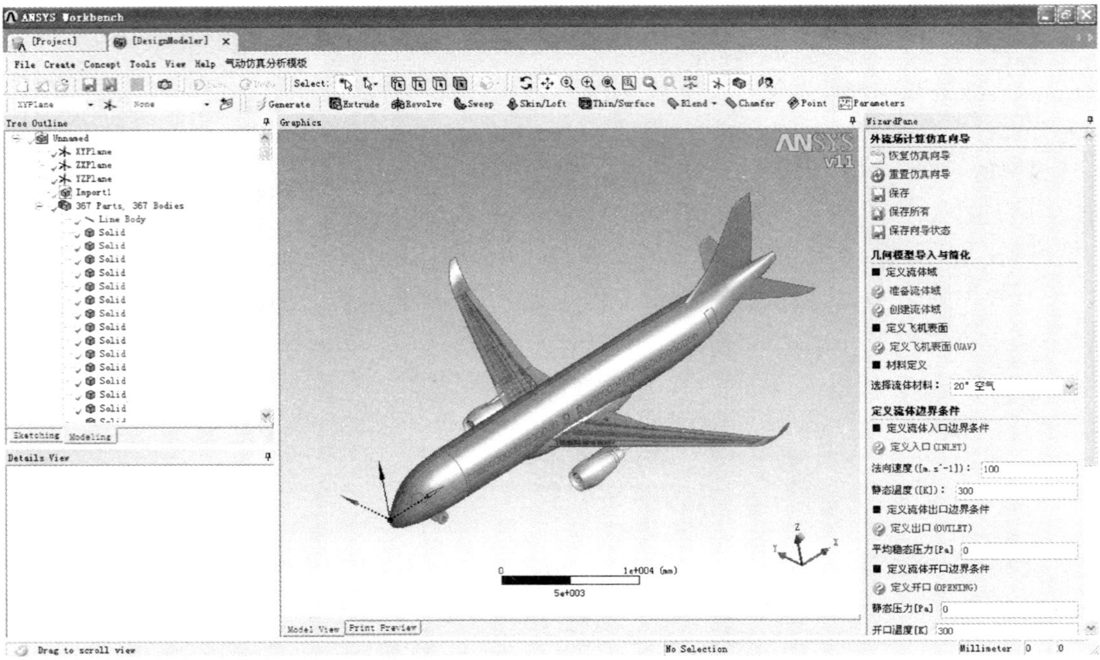

图 11.21 CAX1 方案导入 Workbench 后的效果图

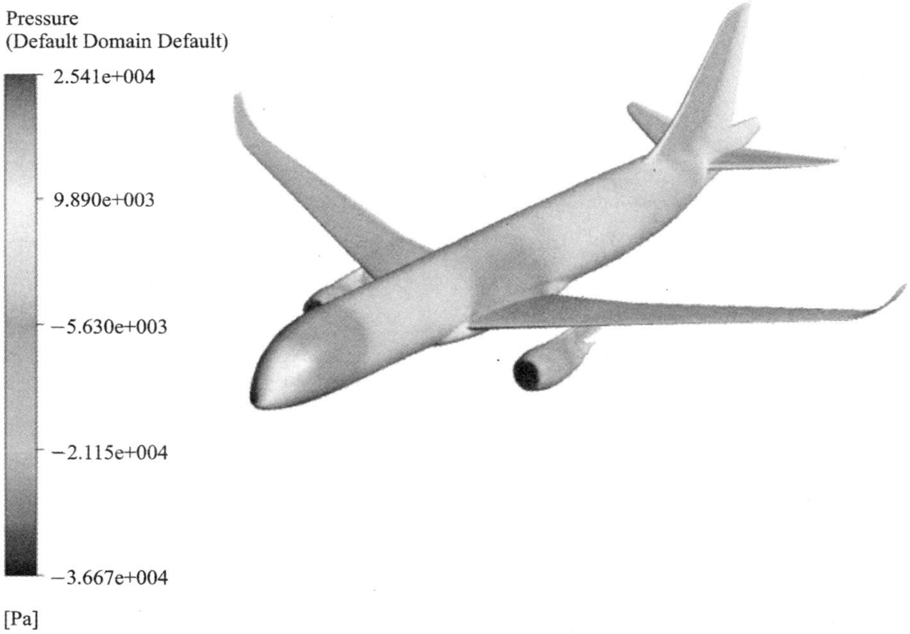

图 11.22 CAX1 方案基于 CFX 的分析结果

11.6　集成化多学科设计优化研究

11.6.1　集成中相关软件工具的选取

在集成化 MDO 的研究中，用于构建设计方案的是具有开放框架特性的 OpenCADS，分析工具则是前文所论述的各类分析软件，其中的部分商用 CAE 软件则是通过 Workbench 集成起来。综合在第 8 章中对各类面向优化的通用集成框架特点的分析，并结合这些框架软件使用的便捷性、本研究侧重点以及软件获取等方面的因素，作者最终选用 ModelCenter（见图 11.23）作为集成化 MDO 研究中的优化引擎和优化集成框架。

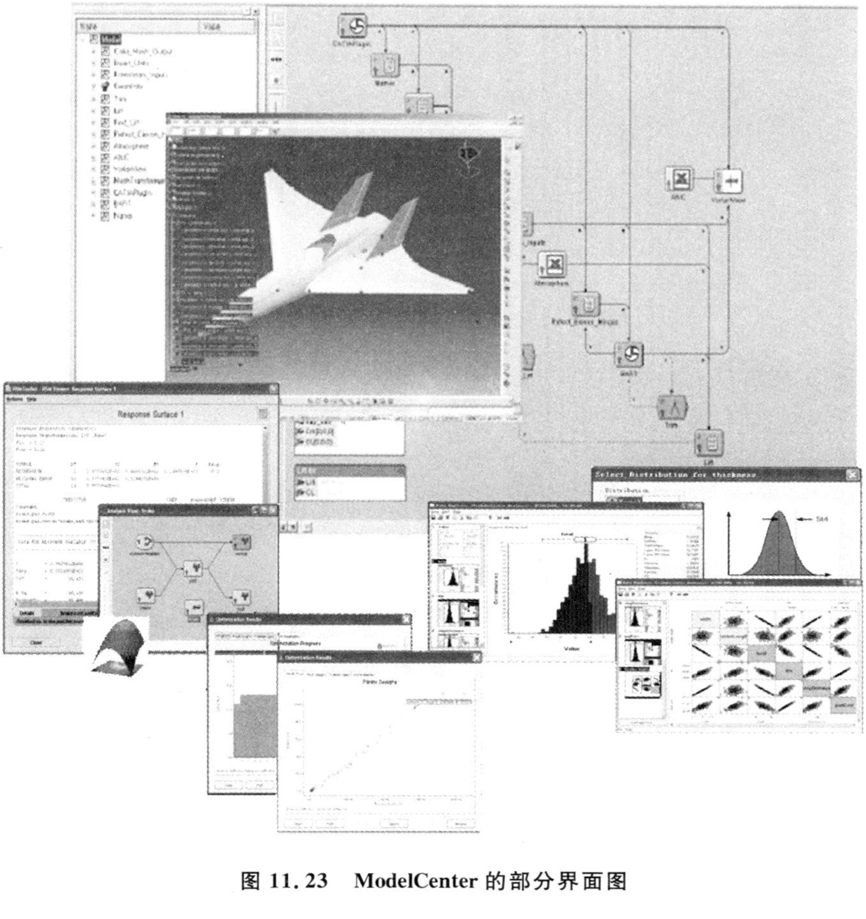

图 11.23　ModelCenter 的部分界面图

11.6.2　集成优化的实现措施

要解决一个集成化 MDO 问题，除了上述各类所选取的软件工具必须具备外，还需要如下三方面支持原则，以保障优化过程的顺利进行。

首先，系统需要具备合理优化流程的构建能力。由于优化问题是多种多样的并在一定程度上具有不确定性，而适用于优化各个环节的软件工具也在不断地发展和更新，因此，不管是优化流程还是各节点所对应软件工具的配置都应该是开放的。通常情况下，一个独立的设计软件如 SEACD 或本篇中的 OpenCADS，为保证自身支持功能的完整性和独立性，都会具有自身的一套设计和分析流程定义环境，或者像 SEACD 那样直接将流程固化在设计系统中，这样的好处是系统使用起来具有很好的整体性，对于开发也更容易。虽然 ModelCenter 这类通用 MDO 集成框架自身已经提供了很好的流程定义和管理功能，但针对这类系统中的流程是无法控制的。因此，为扩大对优化问题的适应范围并为不断发展的新技术做好铺垫，设计系统自身流程定义功能的开放性是很重要的。

对本研究而言，此部分内容是通过 OpenCADS 的流程定义环境 OpenCADS. Dev 予以实现的，在该环境中，设计者可以自由地构建自己的流程并通过接口完成各类工具软件的集成。倘若按照前文根据工具自身的运行特点将 A、B 和 C 类软件工具分为不同的集成方式，即A 类工具采用 OpenCADS 所提供的开放式集成功能进行集成；B 类工具界面操作直接与设计系统进行融合但将求解部分独立管理；C 类工具通过 Workbench 进行集成，这样一来将在集成化 MDO 中出现至少三个流程定义环境：OpenCADS 流程定义环境、Workbench 流程定义环境以及 ModelCenter 流程定义环境，而这三个相关流程在不同设计阶段可能都会使用。为保留各部分功能的完整性和独立性，本研究对集成化 MDO 中这三部分流程的应用采用如下处理办法：依然保持 OpenCADS 和 Workbench 自身对流程定义的独立性，而将两者以整体的方式作为 ModelCenter 中的节点参与优化。在优化过程中，OpenCADS 和 Workbench 分别进行自身的运行并通过成批的输入和输出文件与 ModelCenter 进行交流，而 ModelCenter 也只是将二者视为较大的模块进行数据的绑定及其他相关操作。对于 B 类与设计系统相融合的各类工具，基于其自身求解的独立性，则可以直接在 ModelCenter 的流程进行体现。

其次，方案模型能根据自身关联逻辑进行自动化调整。优化的本质是对产品性能进行改善，而模型自身关联逻辑是保证目标方案合理的重要因素，只有在部件间逻辑关系合理的情况下所得方案才具有参考价值。事实上，在第 9、10 章对机身、客舱、机翼、机翼结构、机翼油箱等各类部件的描述中，作者都曾提到部件之间的自动化调整，如客舱的自动化调整，机翼外形、结构以及油箱的自动化调整等等，这些措施实质上都为此处的优化奠定了很好的基础。

最后，各类分析工具需要具备后台执行能力。由于优化具有自动化执行的特点，各类参与优化的工具软件必须要具有一定后台执行能力，同时需要为外部系统提供数据访问接口。因此在分析类软件中，必须满足优化过程对软件自身组织形式的要求方可予以选用，例如 AAA 软件虽然其自身工程特性估算功能很强大，但该软件自身封闭，各个功能模块并不对外提供接口，因此无法将其应用于集成化 MDO 中。

从以上三点原则的论述中还可以明确，集成化 MDO 功能实质上是对本篇前几章部分内容的总结：开放的流程定义功能是第 8 章所阐述内容的一部分，方案模型的自动化调整在第 9、10 章飞机部件参数化设计中得到了很好的支持，而分析工具适用于优化时的表现形式在之前的集成化多学科特性评估中进行了说明。

在优化流程构建过程中，若直接将 OpenCADS. Design 系统自身看成一个具有输入和输出的典型功能组件，则在优化运行中该系统将反复地启动和关闭，从而造成计算成本的增加，也降低了执行效率。因此，保证优化过程中方案设计系统不被反复启动和关闭是非常必要的，这将有利于设计者实时地监控方案在优化中的演变,同时也可以更方便地对优化结果进行必要的后处理。

为此,作者参考 SEACD 进行 MDO 时的处理方式,编写了一个独立的专门用于为 OpenCADS. Design 发送消息的小程序(同样称为"信使"),在优化流程的定义中直接采用该程序代替 OpenCADS. Design 的执行。与 SEACD 中对信使程序定义不同的是,本研究中信使程序只负责为设计支持系统发送消息,而并不接受各类输入/输出文件,这样处理是因为 OpenCADS. Design 中的各类分析工具是通过开放式接口由设计者根据需要动态添加的,因此无法事先获取所有分析节点的输入/输出文件。各类文件之间的处理是通过集成流程实现的。

图 11.24 描述了集成化 MDO 的流程及各个参与元素之间的逻辑关系。由此可见,优化流程中并不需要定义 OpenCADS. Design,而是由信使程序充当连接二者的纽带。虽然信使程序自身并不接受各类文件,但为了让该程序能在 ModelCenter 的优化流程进行定义,作者将方案输入文件虚拟地与信使程序建立了连接,如图中带箭头的虚线所示。图中 A、B、C 类执行包表征了一系列的执行过程,具体而言,对 A 类系列执行是基于 OpenCADS. Design 开放式系统集成环境的流程进行的,C 类程序根据 Workbench 所定义的流程处理,而 B 类各个程序则直接通过 ModelCenter 流程予以执行。图 11.25 表示了一次优化计算过程中的某一状态。该图下方是 ModelCenter 求解监控界面,从中可以反映出运行进度、设计变量、目标和约束取值等的变化,非常直观。

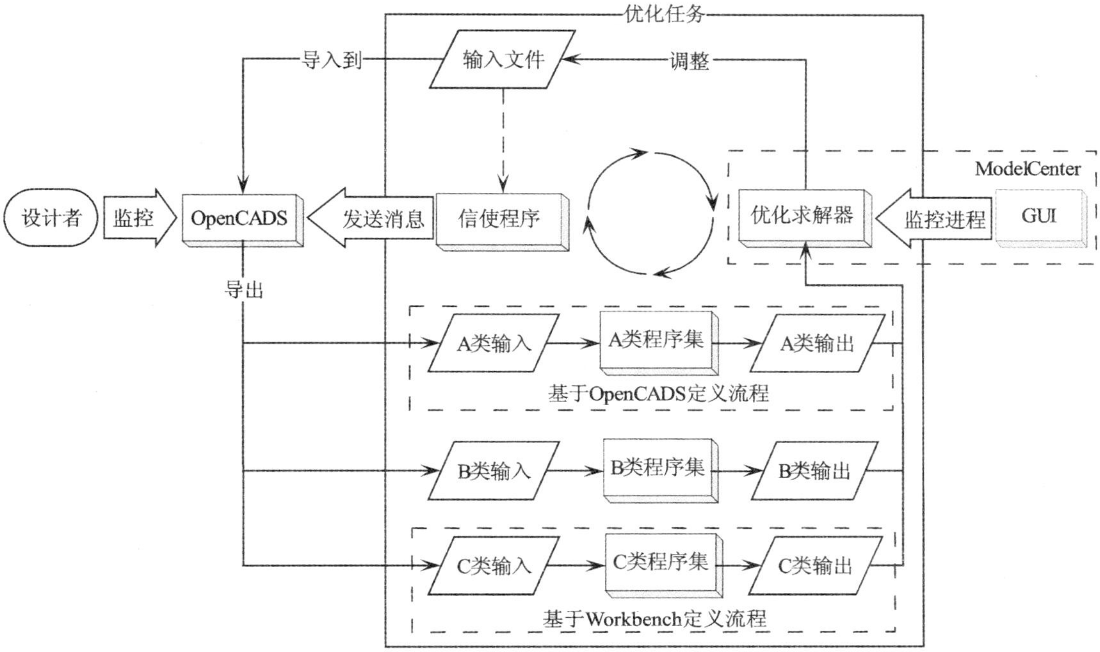

图 11.24　集成优化流程及各主要元素间的关系

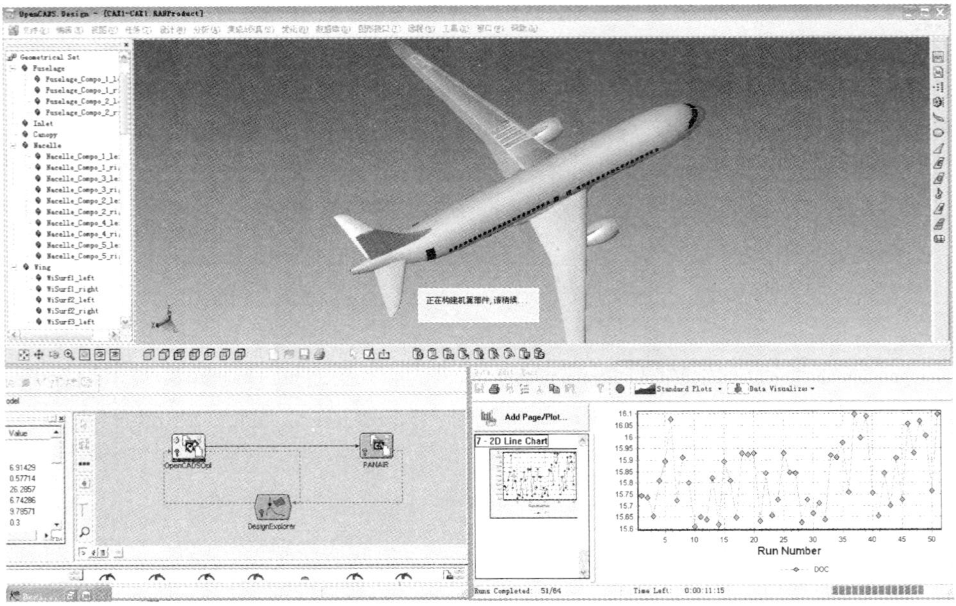

图 11.25　OpenCADS. Design 与 ModelCenter 相集成进行优化时的情况示例

11.6.3　算例与讨论

图 11.26 所示的是本研究完成的一个构想方案(命名为 CAX1,可参见第 10 章图 10.31),对其进行优化的主要目的在于验证为集成 OpenCADS. Design、信使程序、ModelCenter 以及各类分析工具所采取措施的有效性,当然同时也可以验证方案各个部件自动化调整方法的可靠性。

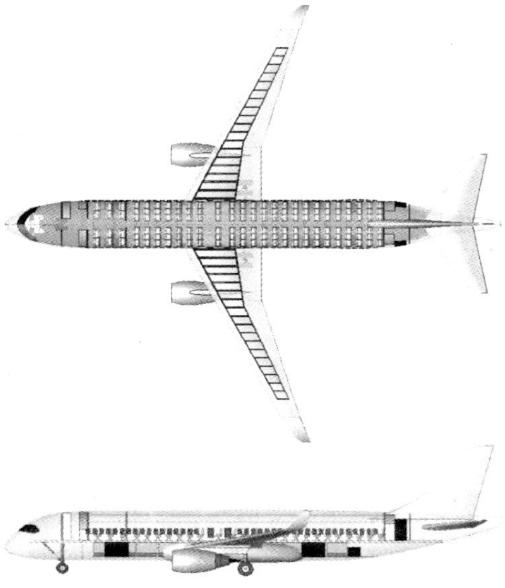

图 11.26　CAX1 初始方案

由于各个分析流程是由设计者根据需要自行定义而非固化在设计系统中的,因此,在正式进入优化之前需要对参与优化的各类工具软件进行配置。表 11.9 给出了本算例中将采用的各工具及其在优化中的作用。可以看出,除 OpenCADS. Design、OpenCADSOpt(信使程序)、ModelCenter 等必要程序以外,前文中所述的 AAAWeight、AAACost(费用分析程序)以及 PANAIR 集成组件均在集成范围之内。其中 AAA-Weight 和 AAACost 属于 A 类软件工具,通过 OpenCADS. Dev 完成自身优化流程的定义,如图 11.27 所示;PANAIR 为 B 类软件工具,虽然界面与 OpenCADS. Design 融合,但分析求解器依然是独立的,其在优化流程中的定义通过 ModelCenter 完成。图 11.28

给出了 OpenCADS. Design 中优化资源配置对话框，而图 11. 29 则给出了本算例一次优化循环时的数据流。

需要特别说明的是，虽然 AAAWeight 和 AAACost 来自于现有方法且能很好地与原软件计算结果吻合，但由于不具备对示例方案进行相关实验验证的条件，所以分析计算的精度并非是本节中关注的重点，并且认为所给出的初始方案已经是可行的。此外，由于直接利用了 ModelCenter 中的优化技术，本研究中对优化算法本身也没有进行深入的探讨。

表 11.9　集成 MDO 算例所选取的软件工具

软件名称	所属类别	软件功能
OpenCADS	设计支持系统	设计支持、构建优化流程、状态监控、分析工具集成
OpenCADSOpt	设计支持系统	代理 OpenCADS. Design 执行操作
ModelCenter	MDO 框架系统	集成优化、构建优化流程、分析工具集成
AAAWeight	分析工具软件	工程重量估算
AAACost	分析工具软件	工程费用估算
PANAIRInterface	分析工具软件	集成 PANAIR 进行气动力分析

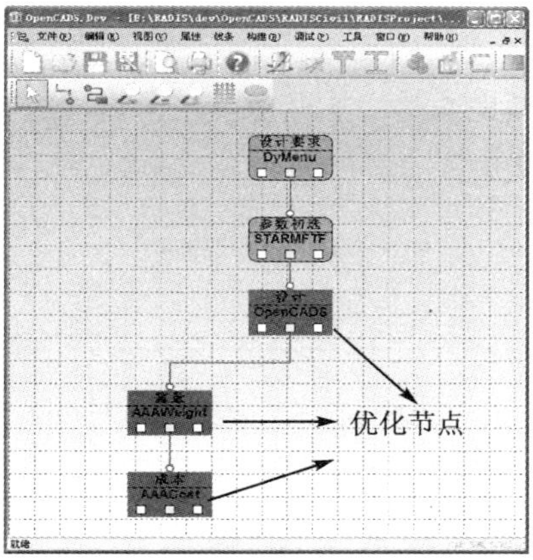

图 11.27　开放式流程定义

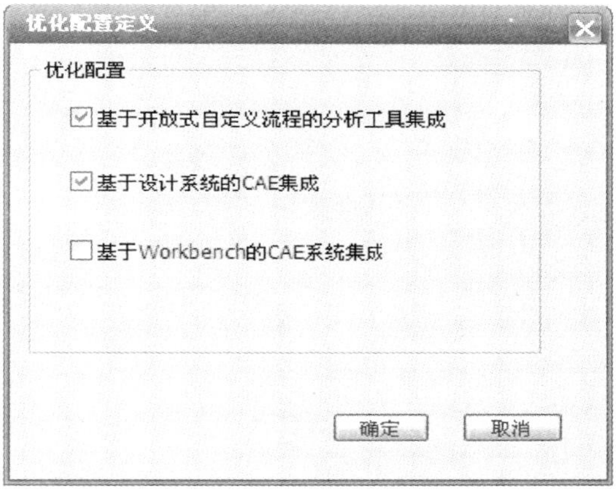

图 11.28　优化资源配置对话框

在本算例中，直接运营成本(Direct Operating Cost，DOC)被选作优化目标，而飞机保持巡航的状态和小的阻力被作为了约束。巡航时飞机竖直方向受力方程为

$$W = C_L \cdot \frac{1}{2}\rho V^2 S \tag{11.14}$$

式中：W 为飞机巡航重量，单位为 lb；ρ 为给定高度(本算例取 11 km)下空气密度，单位为 slug/ft^3；V 为巡航速度，单位为 nmile/h，对应马赫数为 0.78；S 为机翼面积，单位为 ft^3；C_L 为机翼升力系数，根据 PANAIR 组件计算得到。

将当前飞行状态下非固定值提取出来，便可形成保证飞机巡航状态的组合参数 $W/(C_L S) = 1/2\rho V^2$ 。表 11.10 和表 11.11 分别给出了本算例所采用的约束条件与设计变量相关信息。尽管设计要求中的项目尤其是主要的飞行性能常常被作为优化时的约束，但由于目前本研究相

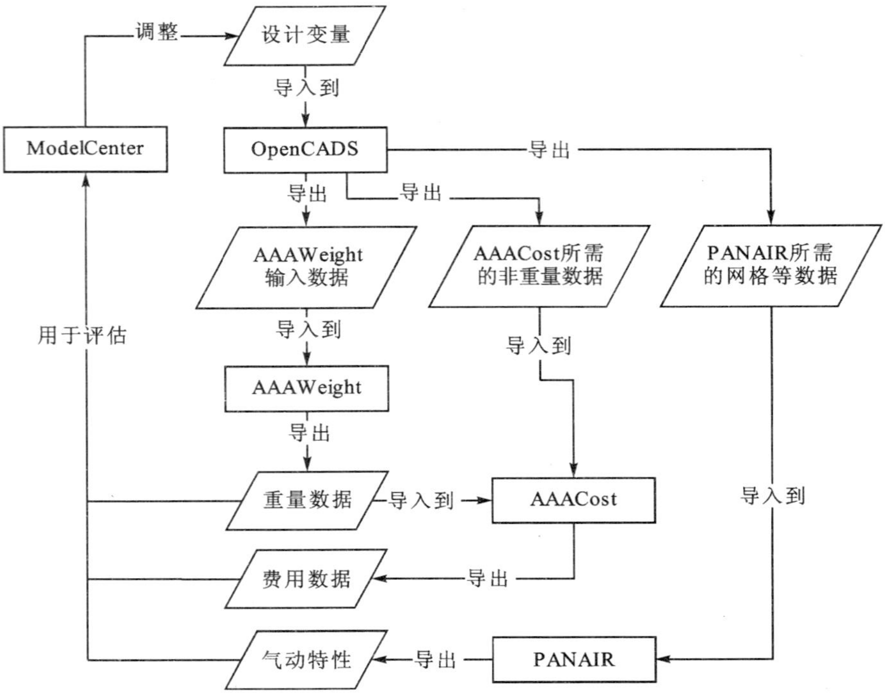

图 11.29　一次优化循环时的数据流

应估算功能的不足，所以只采用了表 11.9 中所列出的两个项目，而且组合参数的选取也是由于目前资源的不完备所采取的折中做法。

表 11.10　优化 CAX1 所采用的约束

约束/单位	初　值	允许的范围
组合参数 $W/(C_LS)/(\mathrm{lb}\cdot\mathrm{ft}^{-2})$	2 377.8	2 100～2 400
机翼阻力系数	0.015 21	小于 0.015 21

表 11.11　CAX1 的设计变量

变量/单位	初　值	变化范围
内翼段半展长/m	6.412	5.2～7.2
内翼段尖削比	0.52	0.44～0.6
内翼段后掠角/(°)	27.39	22～32
内翼段根弦长/m	6.921	6.4～7.12
中间翼段半展长/m	9.84	9～10.5
中间翼段尖削比	0.406	0.3～0.45
中间翼段后掠角/(°)	27.39	22～32

对于优化算法，本研究则直接选用 ModelCenter 所提供的 Boeing 设计探索器，该设计探索器是探索设计空间与完成优化分析的工具包，其核心为 Boeing Phantom Works 的优化技

术，包含经过智能化地应用实验设计、代理模型和梯度优化技术。系统而高效地抽取设计空间样本的高级优化算法，可以实现复杂系统的全局优化。经过在一台普通计算机上进行 93 步共约 1.5 小时的计算，得到目标、设计变量和约束结果如表 11.12 所列。图 11.30～图 11.32 给出了目标和约束在优化过程中的变化及收敛情况，图 11.33 则给出了 CAX1 优化后的方案。

通过对 CAX1 方案的优化，验证了开放式系统架构、组件运行方式以及飞机及其部件自动化调整措施的有效性，尽管算例中只融合重量、费用和 PANAIR 等程序，但基于开放式系统架构的支持，可以很方便地将更多的程序集成起来以服务于设计。

表 11.12　CAX1 初始方案与优化方案的主要数据

类　别	参数/单位	变化范围	初始方案	优化方案
优化目标	DOC/($\$ \cdot nmile^{-1}$)	—	15.919 1	15.618 3
设计变量	内翼段半展长/m	5.2～7.2	6.412	5.2
	内翼段尖削比	0.44～0.6	0.52	0.596 563
	内翼段后掠角/(°)	22～32	27.39	22
	内翼段根弦长/m	6.4～7.12	6.921	7.2
	中间翼段半展长/m	9～10.5	9.84	9
	中间翼段尖削比	0.3～0.45	0.406	0.3
	中间翼段后掠角/(°)	22～32	27.39	22
约束	组合参数 $W/(C_L \cdot S)/(lb \cdot ft^{-2})$	2 100～2 400	2 377.8	2 336.104
	机翼阻力系数	小于 0.015 21	0.015 21	0.015 004

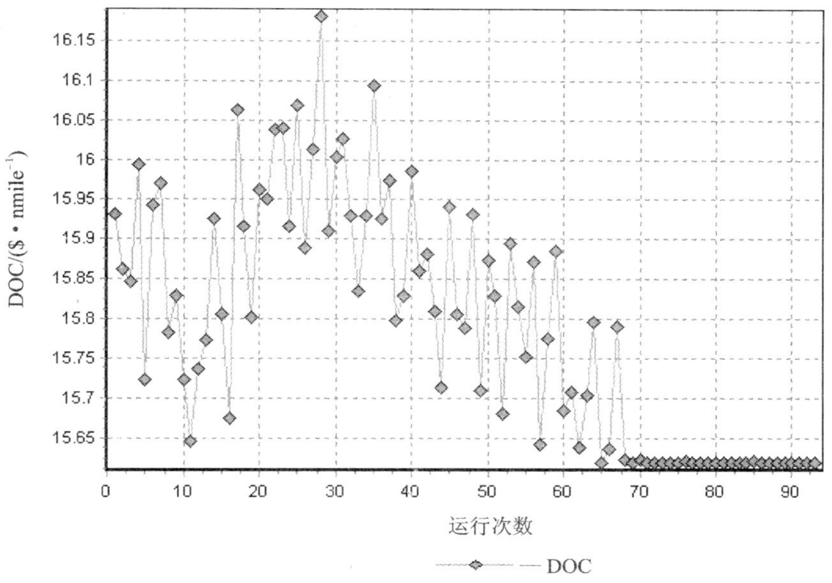

图 11.30　CAX1 方案优化过程中目标的变化

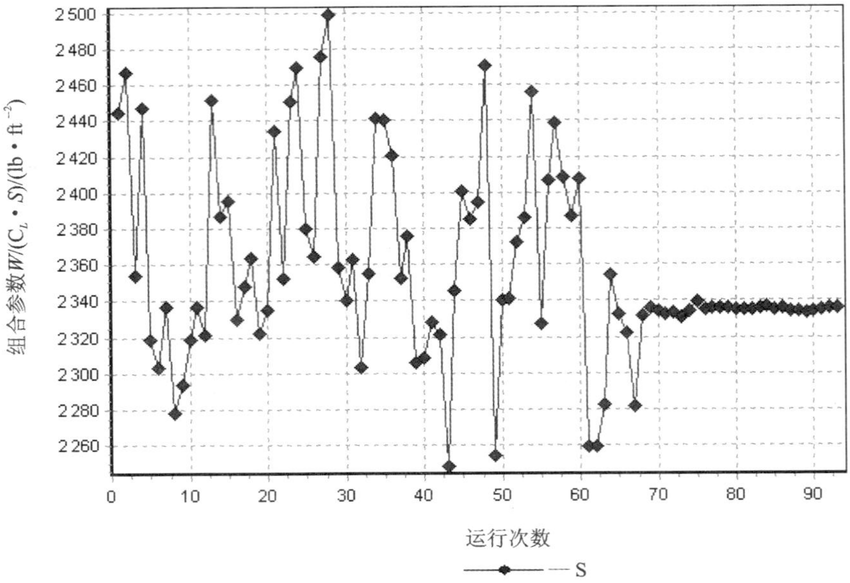

图 11.31 CAX1 方案优化过程中组合参数 $W/(C_L \cdot S)$ 的收敛过程

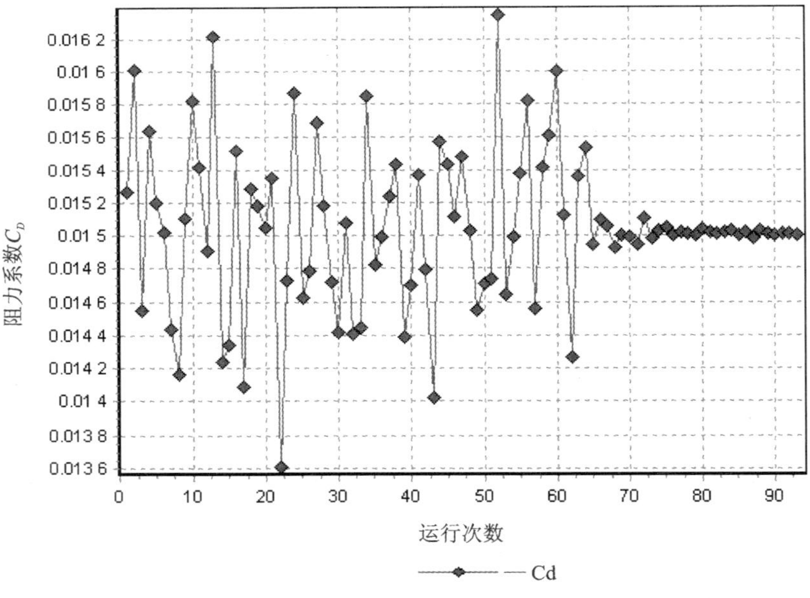

图 11.32 CAX1 方案优化过程中机翼阻力系数的收敛过程

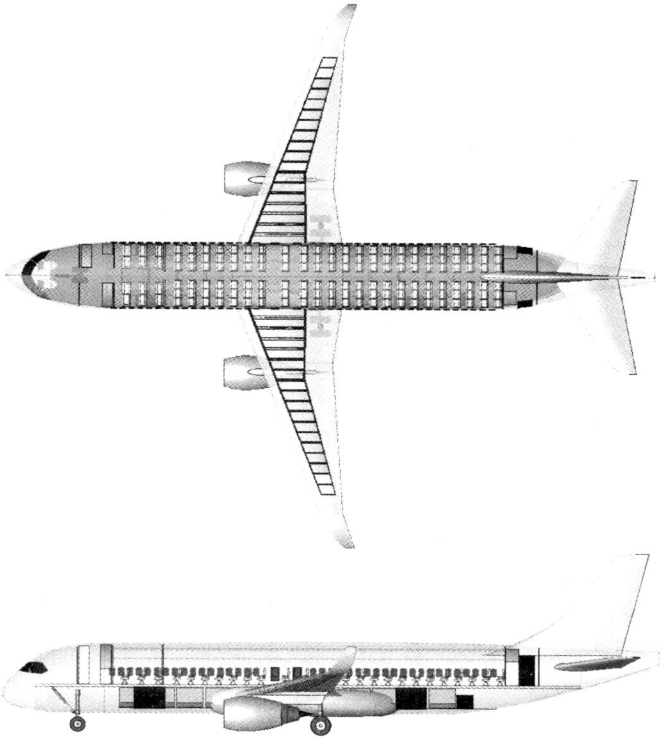

图 11.33　CAX1 优化方案

参考文献

[1] Malone B, Papay M. ModelCenter: An Integration Environment for Simulation Based Design[R]. Simulation Interoperability Workshop, Orlando, FL, Mar., 1999.

[2] Engineous Software, Inc.. iSIGHT paper collections[R]. 2002 iSIGHT user'conference, 2002.

[3] Jasmin Turcotte, Jean - Yves Trepanier, Christophe Tribes, et al. Integration and Multidisciplinary Design Optimization of a Simplified Gas Turbine Model Using Perl and iSIGHT[R]. AIAA Paper 2004-4425, 2004.

[4] Vanderplaats Research & Development Inc.. VisualDOC 3.0: Getting Started Manual [R]. www. vrand com, 2002.

[5] Eldred M S, DAKOTA G A A. A Multilevel Parallel Object - Oriented Framework for Design Optimization, Parameter Estimation, Uncertainty Quantification, and Sensitivity Analysis[R]. Version 3.0 User Manual. Sandia Technical Report SAND2001-3796, 2002.

[6] 雷曼尔. 现代飞机设计[M]. 钟定逵,译. 北京：国防工业出版社，1992.

[7] 王钢林. 基于分布式技术的飞机总体虚拟样机设计环境的原型研究[D]. 北京：北京航空航天大学，2003.

[8] 陶梅贞. 现代飞机结构综合设计[M]. 西安：西北工业大学出版社，2001.

[9]《飞机设计手册》总编委会. 飞机设计手册[M]：第5册. 北京：航空工业出版社，2005.

[10]《飞机设计手册》总编委会. 飞机设计手册[M]：第7册. 北京：航空工业出版社，2005.

[11] 詹金森，辛普金，罗兹. 民用喷气飞机设计[M]. 李光里,等译. 北京：中国航空研究院，2001.

[12] Roskam J, Anemaat W A. General Aviation Aircraft Design Methodology in a PC Environment[R]. AIAA Paper 96-5520,1996.

[13] Thomas J S, Rebecca Z S. Aerodynamic predictions, comparisons, and validations using Missile DATCOM and Aeroprediction 98(AP98)[R]. AIAA Paper 2004-1246,2004.

[14] 杨维维，陈小前，李晓斌,等. 通用导弹气动力计算软件 DATCOM 的开发与校验 [J]. 固体火箭技术，2006 (3)：161-164.

[15] Vukelich S R，万音. 导弹 DATCOM:用部件组合法预计常规导弹的气动力 [J]. 导弹与航天运载技术，1988 (7)：8-20.

[16] 王道荫. 迈向21世纪的航空科学技术[M]. 北京:航空工业出版社，1994.

[17] 顾诵芬，史超礼. 航空世界发展史[M]. 郑州：河南科学出版社，1998.

[18] 黄俊. 航空武器装备发展的某些重要问题思考[R]. 北京：北京航空航天大学，2002.

[19] Jenkinson L R, Simpkin P, Rhodes D. Civil Jet Aircraft Design[R]. ISBN 1-56347-350-X, 1999.

[20] 陈一坚. 大型飞机发展形势和主要技术[D]//中国航空学会飞机总体专业委员会编. 中国航空学会航空百年学术论坛飞机设计与制造分论坛暨总体专业分会第六次学术交流

会论文集. 成都：成都飞机设计研究所，2003：6-15.
[21] 顾诵芬，解思适. 飞机总体设计[M]. 北京：北京航空航天大学，2001.
[22] Howe D. Aircraft Conceptual Design Synthesis[M]. London：Professional Engineering Publishing Limited，2000.
[23] Dornheim M A. Computerized Design System Allows Boeing to Skip Building 777 Mockup[J]. Aviation Week & Space Technology，1991，134(22)：50-51.
[24] Mecham M. Lockheed Martin Develops Virtual Reality Tools for JSF[J]. Aviation Week & Space Technology，1997，147(14)：51-53.
[25] 任晓华. JSF 制造技术综述[J]. 航空制造技术，2002 (2)：43-48.
[26] Landolt J P，Evans J R. R&D Initiaives in Modeling and Simulation for Capability Modernization of the Canadian Air Force[J]. Canadian Military Journal，2001，2(1)：37-42.
[27] McMaster J H，Cummings R M. From Farther，Faster，Higher to Leaner，Meaner，Greener - Future Directions in Airplane Design in the New Century[R]. AIAA Paper 2003-0553,2003.
[28] McMaster J H，Cummings R M. Airplane Design as a Social Activity：Emerging Trends in the Aerospace Industry (Invited Paper)[R]. AIAA Paper 2002-0516,2002.
[29] McMaster J H，Cummings R M. Airplane Design - Past，Present，and Future[J]. Journal of Aircraft，2002，39(1)：10-17.
[30] McMaster J H，Cummings R M. Airplane Design - Past，Present，and Future(Invited Paper)[R]. AIAA Paper 2001-0535,2001.
[31] Rai P. Aircraft Design in the 21st Century：implications for Design Methods (Invited Paper)[R]. AIAA Paper 98-2895,1998.
[32] Keating C，Rogers R，Unal R，et al. System of Systems Engineering[J]. Engineering Management Journal，2003，15(3)：36-45.
[33] Delaurentis D，Kang T，Lim C，et al. System of Systems Modeling for Personal Air Vehicles[R]. AIAA Paper 2002-5620,2002.
[34] 程不时. 飞机设计中的“系统综合”[D]//谢础主编. 振兴跨世纪的中国航空——中国航空学会成立三十周年学术研讨会论文集. 北京：北京航空航天大学出版社，1994：36-42.
[35] Weston R P，Townsend J C，Eidson T M，et al. A Distrubuted Computing Environment for Multidisciplinary Design[R]. AIAA 94-4372,1994.
[36] Rogers James L，Salas Andrea O，Weston Robert P. A web - based monitoring system for multidisciplinary design projects[R]. AIAA 98-4706,1998.
[37] Salas Andrea O，Rogers James L. A web - based system for monitoring and controlling multidisciplinary design project[R]. NASA/Tm-97-206287，1997.
[38] McManus John W. A parallel distributed system for aircraft tactical decision generation [R]. 9th AIAA/IEEE Digital Avionics Systems Conference. Virginia Bench，VA，US：October 15-18，1990.

[39] 赵新力. 现代飞机设计与制造工程的一些新技术新方法——访美国波音公司[J]. 航空工艺技术，1995(3)：33-35.

[40] 叶格尔 C M. 飞机设计[M]. 北京：国防工业出版社，1986.

[41] 杨景佐，曹名. 飞机总体设计[M]. 北京：航空工业出版社，1991.

[42] Woodford Spencer, Smith Howard. The minimization of combat aircraft lift cycle costs through conceptual design optimization[R]. AIAA 98-5567,1998.

[43] 李屹东，谭新. 战斗机全寿命周期费用估算技术初步研究[J]. 航空工程，2002(2)：18-23.

[44] Anderson Frederick G, Biezad Daniel J. A low - cost flight simulation for rapid handling qualities evaluation during design[R]. AIAA 98-4368,1998.

[45] Langtry R B, Kuntz Menter F R. Drag prediction of engine - airframe interference effects with CFX 5[R] . AIAA Paper 2004-0391,2004.

[46] ANSYS, Inc.. ANSYS ICEM CFD™ Mesh Generation[EB/OL]. (2008 - 11 - 14). http://www. ansys. com/products/ icemcfd - mesh - gen. asp.

[47] Nathman J K. Induced Drag of High - Aspect Ratio Wings[R]. AIAA Paper 2005-1033,2005.

[48] ANSYS, Inc.. VSAERO/USAERO Interface[EB/OL]. (2008 - 11 - 14). http://www. ansys. com/products/icemcfd - interfaces/vs aero. htm.

[49] Roberts R W, Canfield R A, Blair M. Sensor - craft structural optimization and analytical certification[R]. AIAA Paper 2003-1458,2003.

[50] Griffiths R C, Visser K D. Panel ode estimates of wind tunnel wall and support interferene effets on the HSCT[R]. AIAA Paper 2000-4020,2000.

[51] Public Domain Aeronautical Software . PANAIR - Predicting Subsonic Or Supersonic Linear Potential Flows About Arbitrary Configurations Using A Higher Order Panel Method[EB/OL]. 2005. http://www. pdas. com/panair. htm.

[52] Analytical Methods, Inc. VLAERO+[EB/OL]. (2012 - 02 - 02). http://www. am - inc. com/VLAERO. shtml.

[53] ESI Group CFD Portal. CFD - VisCART User Tips[EB/OL]. (2008 - 10 - 23). http://www. esi - cfd. com/content/ blogcategory/113/204.

[54] 伊塞-埃特(ESI - ATE)控股有限公司. SDAERO[EB/OL]. (2008 - 10 - 23). http://www. esi - ate. com/agentProduct - Detail. asp? pid=55.

[55] ANSYS, Inc. ANSYS CFX[EB/OL]. (2008 - 11 - 15). http://www. ansys. com/Products/cfx. asp.

[56] Analytical Methods, Inc. MGAERO[EB/OL]. (2008 - 11 - 15). http://www. am - inc. com/MGAERO. shtml.

[57] Analytical Methods, Inc. MSES/MISES[EB/OL]. (2008 - 11 - 15). http://www. amieast. com/MSES. shtml.

[58] Fluent Inc . FLUENT Flow Modeling Software[EB/OL] . (2008 - 11 - 16). http://www. fluent. com/software/fluent/ index. htm.

[59] Fuglsang P, Bak C. Design and verification of the new Riso - A1 airfoil family for wind turbines[R]. AIAA Paper 2001-0028,2001.

[60] Mike Reymond. MSC/NASTRAN 2001 DMAP Programmer's Guide[R]. MSC. Software Corporation, 2002.

[61] Louis Komzski. MSC/NASTRAN 2001 Numerical Methodes User's Guide[R]. MSC. Software Corporation, 2002.

[62] Hermann T M, Mamarthupatti D, Locke J E. Postbuckling analysis of laminate composites utilizing commercial FEA software[R]. AIAA Paper 2005-194,2005.

[63] ZONA Technology Inc. ZAERO[EB/OL]. (2008 - 12 - 10). http://www. zonatech. com/ZAERO. htm.

[64] ESI Group. CFD - FASTRAN Introduction[EB/OL]. (2008 - 12 - 11). http://www. esi - group. com/Consulting_services/ Training Catalogue/AdvancedCFD/CFD - F - B/ training_view.

[65] EM Software & Systems - S. A. (Pty) Ltd. . FEKO User's Manual(Suite 4. 2)[EB/OL]. http://www. feko. info 2004.

[66] SIGHTNA (Beijing) Technologies Co. , Ltd. . 协同优化设计体系—EASA[EB/OL]. 2006. http://www. sightna. com /EASA. asp.

[67] Platform Computing Corporation. Platform LSF Family of Products[EB/OL]. 2001-2008. http://www. platform. com/Products/.

[68] 伊塞-埃特(ESI - ATE)控股有限公司. Vdot[EB/OL]. (2012 - 09 - 20). http://www. atechina. com/agentProductDetail. asp? pid=44.

[69] Flowmaster Group. Flowmaster V7 Aerospace R1[EB/OL]. (2012 - 09 - 20). http:// www. flowmaster. com/V7_aerospace. html.

[70] Raymer D P. Aircraft Design: A Conceptual Approach[M]. 3 rd ed. Reston: AIAA Inc. , 1999.

[71] Anemaat W A, Schueler K L. Airplane Configuration Layout Design Using Object - Oriented Methods[R]. AIAA Paper 97-5510,1997.

[72] Wampler S G, Myklebust A, Jayaram S, et al. Improving Aircraft Conceptual Design - A PHIGS Interactive Graphics Interface for ACSYNT[R]. AIAA Paper 88-4481,1988.

[73] Filippo R J. Aircraft Synthesis Using Numerical Optimization Methodology [A]. //Conrad, F. N, ed. Perspectives in Aerospace Design. Washington, D. C. : AIAA Student Programs Department, 1991:86-93.

[74] Jayaram S, Myklebust A, Gelhausen P. ACSYNT - A Standards - Based System for Parametric Computer Aided Conceptual Design of Aircraft [R]. AIAA Paper 92-1268,1992.

[75] Myklebust A, Gelhausen P. Improving Aircraft Conceptual Design Tools - New Enhancement to ACSYNT[R]. AIAA Paper 93-3970,1993.

[76] Myklebust A, Gelhausen P. Putting the ACSYNT on Aircraft Design[J]. Aerospace America, 1994, 32(9): 26-30.

[77] Kelly J H, Jayaram S. An Object - Oriented, Device - Independent GUI for the Creation of Rule - Based Fuselages and Spine - Based Aircraft Components[R]. AIAA Paper 95-0242,1995.

[78] Raymer D P. An Update On RDS - Professional[R]. AIAA Paper 96-5567,1996.

[79] Isikveren A T. Quasi - Analytical Modeling and Optimisation Techniques for Transport Aircraft Design[D]. Stockholm: Royal Institute of Technology, 2002.

[80] Fidanci M, Miller J R, Strauss D J. Integrating Automated Multi - disciplinary Optimization in Preliminary Design of Non - Traditional Aircraft[R]. ADA380252, 2000.

[81] 李原. 飞机总体外形交互设计系统及其造型方法[D]. 西安：西北工业大学，1992.

[82] 张博锋. 飞机总体外形设计中的模糊理论及其应用研究[D]. 西安：西北工业大学，1997.

[83] 昂海松，田晓松，张铁兵. 一个飞机总体外形设计的微机系统[A]. 飞机总体设计专业第四届学术交流会. NZ980373. 北京：中国航空信息中心，1998.

[84] 刘虎. 飞机概念设计支持理论与原型系统研究[D]. 北京：北京航空航天大学，2004.

[85] Raymer D P. RDS - Student: Software for Aircraft Design, Sizing, and Performance [M]. Reston: AIAA Inc. , 1999.

[86] Raymer D P. RDS: A PC - Based Aircraft Design, Sizing, and Performance System [R]. AIAA Paper 92-4226,1992.

[87] Crisler W P, Brandt S A. Teaching the Nine Technologies of Conceptual Aircraft Design[R]. AIAA Paper 98-5531,1998.

[88] Nielsen M C, Brandt S A. Software Simulations for Problem - Based Aeronautical Engineering Education[R]. AIAA Paper 97-5637,1997.

[89] Gloudemans J R, Davis P C, Gelhausen P A. A Rapid Geometry Modeler for Conceptual Aircraft[R]. AIAA Paper 96-0052,1996.

[90] Fielding J P. Introduction to Aircraft Design[M]. Cambridge: Cambridge University Press, 1999.

[91] Rentema D W E, Jansen F W, Torenbeek E. The Application of AI and Geometric Modelling Techniques in Conceptual Aircraft Design. AIAA Paper 98-4824,1998.

[92] 朱一锟，汪家芸，张津. 军用飞机、发动机战技性能评估研究[J]. 北京航空航天大学学报，1993,19(1)：109-117.

[93] 焦起祥. 民用飞机总体设计型式选择专家系统研究[D]. 北京：北京航空航天大学，1993.

[94] 王钢林，武哲. 飞机总体虚拟样机设计环境的体系研究[R]//中国航空学会航空百年学术论坛飞机设计与制造分论坛暨总体专业分会第六次学术交流会论文集. 成都，2003：127-136.

[95] TechnoSoft Inc.. Adaptive Modeling Language (AML)[EB/OL]. (2008 - 11 - 12). http://www.technosoft.com/aml.php.

[96] ANSYS, Inc.. ANSYS Workbench[EB/OL]. (2008 - 11 - 12). http://www.ansys.com/products/workbenchportal.asp.

[97] Frey Elizabeth K. Parametric modeling techniques for aircraft structures[R]. AIAA

99-1363,1993.

[98] Droegkamp M A, Dry K S, Koshiba D A, et al. Designing affordable lightweight airframes using structural optimization techniques[R]. AIAA 98-1817,1998.

[99] Price Andrew M. Virtual Product Development—Case study of the T - 45 horizontal stabilator[R]. AIAA 98-2065,1998.

[100] Sen Joyanto K, Daniel John M. Ddsign and manufacturing efficiencies through modeling and simulation in IPPD[J]. Journal of the American Helicopter Society,2002,47(2):115-122.

[101] Jones James W, Jason Li, Shiratori Masaki, et al. Reliability analysis of BGA packages—a tool for design engineers[J]. American Society of Mechanical Engineers,1999,26(2):1763-1768.

[102] AIAA White Paper. Current State of the Art: Multidisciplinary Design Optimization [R]. Washington: AIAA Technical Committee for MDO, 1991.

[103] Sobieszczanski S J, Haftka T. Multidisciplinary aerospace design optimization[R]. AIAA. 96-0711,1996.

[104] 宋慧军，林志航．公理化设计支持的概念设计产品模型[J]．计算机辅助设计与图形学学报．2002,14(7)：632-636.

[105] 李敏波，成晔，张伯鹏,等．并行工程中基于 Web 的夹具设计评价工具[J]．计算机集成制造系统,2000，6(6)：70-74.

[106] 李敏波，成晔，赵奔,等．面向产品并行设计的敏捷夹具设计系统[J]．计算机集成制造系统，2001,7(8)：44-48.

[107] 孟明辰，韩向利．并行设计[M]．北京：机械工业出版社，1999.

[108] 潘学增．并行工程原理及应用[M]．北京：清华大学出版社，1997.

[109] 熊光楞．并行工程理论与实践[M]．北京：清华大学出版社，海德堡：施普林格出版社，2000.

[110] 高济．基于知识的软件智能化技术[M]．杭州：浙江大学出版社，2001.

[111] 潘云鹤．智能 CAD 方法与模型[M]．北京：科学出版社，1997.

[112] 周济，查建中，肖人彬．智能设计[M]．北京：高等教育出版社，1998.

[113] 唐荣锡，席平，宁涛．协同设计特征造型软件发展概况[J]．计算机辅助设计与图形学学报，2003,15(1)：15-20.

[114] Cutkosky M R. Madefast: collaborative engineering over the internet[J]. Communication of the ACM, 1996,39(9): 78-87.

[115] 孙华丽，王冀强，温正忠．绿色设计与其模糊评价方法研究[J]．机械科学与技术，2003,22(5)：699-704.

[116] 赵震，彭颖红．基于 KBE 的工程设计——理论、方法与实践[J]．机械科学与技术，2003,22(1)：151-153.

[117] 杨海成，廖文和．基于知识的三维 CAD 技术及应用[M]．北京：科学出版社，2005.

[118] Stephen Kneebone. The knowledge enterprise[C]. Coventry: KBE conference' 98.(1998). http//www.kbe. coventry. ac. uk.

[119] Renoyer J A, Burnett G, Fawcett D J. Knowledge based product life cycle system: princi-

ples of integration of KBE and C3P[J]. Computer - Aided Design, 2000, 32:311-320.
[120] Li G H. KBE base studies to illustrate benefits in repetitive and complex engineering programs[R]. Hong Kong: Knowledge Based Engineering Symposium, 2000: 24-42.
[121] Pinfold M, Charman C. The application of KBE techniques to the FE mode creation of automotive body structure[J]. Computers In Industry, 2001(44): 1-10.
[122] 王玉. 工程设计重用理论及其关键技术研究[D]. 上海：上海交通大学，2001.
[123] 王玉，邢渊，阮雪榆. 机械产品设计重用策略研究[J]. 机械工程学报，2002,38(5): 145-148.
[124] Peng Y H, Zhao Z, Yuan X Y. KBE technology in engineering design[R]//Jian Song, ed. Proceedings of International Conference on Engineering and Technological Science 2000, Session 1. Beijing: New World Press, 2000: 94-100.
[125] 阮雪榆，赵震. 模具的数字化制造技术[J]. 中国机械工程，2002，13(22)：1891-1893.
[126] 杜江，李原，史琦，等. 夹具方案设计的混合推理方法研究[J]. 西北工业大学学报，2001，19(3):376-380.
[127] 侯俊杰，莫蓉，等. 基于实例设计的夹具 CAD 研究[J]. 计算机工程与应用，2002，38(6)：43-47，78.
[128] 李双跃，殷国富，徐雷. 基于网络的夹具设计信息模型与应用研究[J]. 中国机械工程，2002，13(18)：1558-1560.
[129] Liu H, Lu X L, Luo M Q, et al. Case - Based Reasoning for Developing Initial Aircraft Concepts[R]. AIAA 2006-1487.
[130] 卢新来，刘虎，王钢林，等. 基于多 Agent 的机身外形优化模型研究[J]. 南京航空航天大学学报，2007，39(3)：312-316.
[131] 卢新来. 飞行器概念设计参数化建模与智能支持技术研究[D]. 北京：北京航空航天大学，2007.
[132] 罗明强，刘虎，武哲. 开放式飞机总体设计环境的原型研究[J]. 航空学报，2008，29(4)：954-959.
[133] Spatial Technology. ACIS 3D Toolkit Technical Overview[R]. Spatial Technology Inc, 1998.
[134] Spatial Technology. ACIS 3D Toolkit Optional Husks Technical Overview[R]. Spatial Technology Inc, 1998.
[135] Electronic Data Systems. Overview of PARASOLID[R]. Tech Soft 3D, 1997.
[136] Electronic Data Systems. PARASOLID Functional Description[R]. Tech Soft 3D, 1997.
[137] Electronic Data Systems. PARASOLID Programming Reference Manual[R]. Tech Soft 3D, 1997.
[138] Electronic Data Systems. PARASOLID Downward Interfaces[R]. Tech Soft 3D, 1997.
[139] Matra Datavision. CAS. CADE Technical Overview[R]. CASCADE. Technology, 1997.
[140] Matra Datavision. CAS. CADE Geometry Primer[R]. CASCADE. Technology, 1997.
[141] Matra Datavision. CAS. CADE Topology Primer[R]. CASCADE. Technology, 1997.
[142] Matra Datavision. CAS. CADE Visualization Primer[R]. CASCADE. Technology, 1997.

[143] 成基华，范玉青，袁国平，等. CAD/CAM 开发平台及其发展趋势[J]. 计算机辅助设计与图形学学报，2000，12(2)：154-159.

[144] 王郑权，雷跃明，吴彦铭，等. 基于 ACIS/HOOPS 平台的 CAD 系统设计[J]. 计算机系统应用，2006，10：15-18.

[145] Drela M. XFoil：An Analysis and Design System for Low Reynolds Number Airfoils [R]//Conference on Low Reynolds Number Airfoil Aerodynamics. University of Notre Dame，June 1989.

[146] 南京航空航天大学. Profili -翼型分析软件[WB/OL].（2008）http://aircraftdesign.nuaa.edu.cn/ design%5Flab/.

[147] Roskam J. Airplane Design Part I：Preliminary Sizing of Airplanes[M]. Ottawa：Roskam Aviation and Engineering Corporation，1985.

[148] Roskam J. Airplane Design Part II：Preliminary Configuration Design and Integration of the Propulsion System[M]. Ottawa：Roskam Aviation and Engineering Corporation，1985.

[149] Roskam J. Airplane Design Part III：Layout Design of Cockpit，Fuselage，Wing and Empennage Cutaways and inboard Profiles[M]. Ottawa：Roskam Aviation and Engineering Corporation，1985.

[150] Roskam J. Airplane Design Part IV：Layout Design of Landing Gear and Systems [M]. Ottawa：Roskam Aviation and Engineering Corporation，1985.

[151] Roskam J. Airplane Design Part V：Component Weight Estimation[M]. Ottawa：Roskam Aviation and Engineering Corporation，1985.

[152] Roskam J. Airplane Design Part VI：Preliminary Calculation of Aerodynamic，Thrust，and Power Characteristics[M]. Ottawa：Roskam Aviation and Engineering Corporation，1985.

[153] Roskam J. Airplane Design Part VII：Determination of Stability，Control and Performance Characteristics ：FAR and Military Requirements[M]. Ottawa：Roskam Aviation and Engineering Corporation，1985.

[154] Roskam J. Airplane Design Part VIII：Airplane Cost Estimation ：Design，Development，Manufacturing and Operating[M]. Ottawa：Roskam Aviation and Engineering Corporation，1985.

[155] Roskam J. Airplane Aerodynamics and Performance[M]. Ottawa：Roskam Aviation and Engineering Corporation，1985.

[156] Roskam J. Airplane Flight Dynamics and Automatic Flight Control Part I[M]. Ottawa：Roskam Aviation and Engineering Corporation，1985.

[157] Roskam J. Airplane Flight Dynamics and Automatic Flight Control Part II[M]. Ottawa：Roskam Aviation and Engineering Corporation，1985.

[158] 余雄庆，丁运亮. 多学科设计优化算法及其在飞行器设计中的应用[J]. 航空学报，2000，21(1)：1-6.

第三篇
飞机总体数字化设计平台

第12章 飞机总体数字化设计平台的定位与实施思路

飞机总体设计是一个集成多学科、综合多种理论与方法的复杂系统工程，不能仅仅从局部建设各种设计、分析、优化的软件工具和系统，还必须从数字化平台的视角着眼，对软件系统、工作流、数据流等因素进行统筹规划和全面考虑。设计过程的复杂性决定了飞机总体数字化设计平台的建设是一项长期而艰巨的任务。为此，本篇首先对飞机总体数字化设计平台的定义及目标进行标定，在此基础上，提出以研发活动为平台建设诉求对象，并以此为中心，分析明确飞机总体数字化设计平台建设的总体思路，进一步地提出飞机总体数字化设计平台的实施方法论，并通过相关案例对该思路进行了验证，最后给出了飞机总体数字化设计平台的实施策略。飞机总体数字化设计平台目前还处于探索阶段，其在规划、设计、推广实施、过程重组、系统集成等方面还有大量的问题需要研究。本篇中的第12章反映了作者在宏观上的思考，第13章则是从设计平台的重要组成部分——过程数据管理和工程信息资源管理这两个切入点进行了细致的探讨，选取它们作为切入点也体现了进行平台的建设时，数据和信息这些管理层面的问题会凸显得更加重要。

12.1 飞机总体数字化设计平台的定位

本篇所研究的对象为飞机总体数字化设计平台。所谓“平台”，是指一种能实现资源集成、知识整合的手段，并以此为基础支持设计者很好地完成相关业务的工作环境。该环境本身构成一个大型系统，并包含若干用于完成各类分项任务的其他系统。此处平台包含如下两层含义：

① 飞机总体数字化设计平台是一个综合性平台概念，是飞机设计型企业信息化建设的重要环节，以软件载体为主；

② 飞机总体数字化设计平台提供一种开放的系统集成环境和框架，通过该环境和框架让企业设计相关的各类软件工具、知识、数据、流程和经验等资源进行有机的整合并加以利用，各类软件工具等都属于飞机总体数字化设计平台建设范畴。

综上所述，飞机总体数字化设计平台定位如下：

① 立足于我国飞机设计的特点、现状和条件，借鉴和吸纳国际成熟、先进的飞机设计思想和技术；

② 综合集成不同学科专业的各种建模、计算分析与仿真工具；

③ 融合飞机设计专业知识和现代设计方法；

④ 具备一定的流程管理和控制能力；

⑤ 具备对各个设计阶段各层级模型支持的能力；

⑥ 飞机总体数字化设计平台主要面向飞机设计的概念设计、方案设计和初步设计阶段；

⑦ 飞机总体数字化设计平台主要面向飞机设计研究单位的 4 类群体，即设计者、机关人员、设计管理者以及设计配套人员，各类人员用代号标志，如表 12.1 所列。

表 12.1 飞机总体数字化设计平台的目标应用对象

目标代号	目标名称	典型群体
A	设计者	总体、气动等专业设计师
B	机关人员	科研管理者、质量管理者
C	设计管理者	总设计师、主任设计师
D	设计配套人员	标准管理者、档案管理者

12.2 基于研发活动的平台构建总体思路

12.2.1 研发活动及其数字化设计支持

WBS(Work Breakdown Structure，工作分解结构)，是活动合理、有序、有效组织的途径，是完成复杂飞行器研制的核心，数字化平台建设目标就是更加高效地完成 WBS，提升产品研制的质量和效率。各个专业从 WBS 中领取任务，与某专业相关的所有 WBS 活动的集合是专业要解决的目标对象。

WBS 的分解需要达到如下标准：① 最终分解到工作包，即工作包是研发活动的基本单元；② 分解后的活动结构清晰；③ 集成了所有的关键因素；④ 逻辑上形成一个大的活动。一个研发工作包(或活动)如图 12.1 所示。

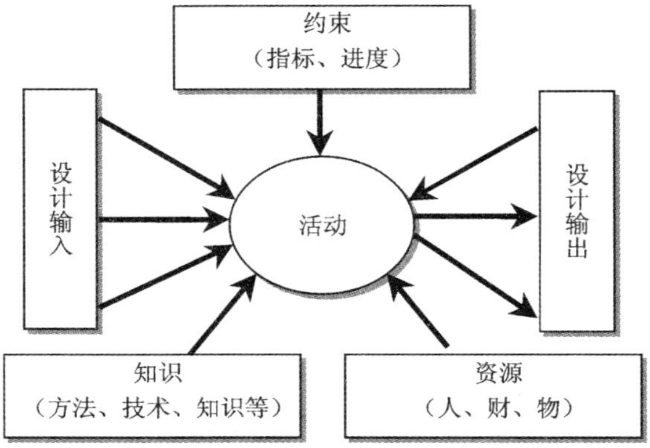

图 12.1 设计活动组成要素

其包括如下基本要素：

① 设计输入，通常来源于质量文件要求，主要以文件或实物形式存在；

② 设计输出，也通常来源于质量文件要求，以文件或实物形式存在；

③ 资源，指完成该活动所需的基本支持，包括人力、费用、设备等；

④ 约束，指该活动需考虑的影响因素，包括指标、进度等；

⑤ 知识，指完成该活动所需要的数字化手段、方法、技术和知识等，其包括各类标准、规范、设计规程、通用要求、设计模板、分析模板、优化方法、设计工具等。

其中，知识是研发活动最为复杂、价值最高的要素，按照知识的表现形式以及对研发活动的支撑作用，可将知识分为 5 大类，即指导性流程、数据、方法、规范、解决方案，如图 12.2 所示。

(1) 指导性流程

指导性流程用于描述活动的工作步骤，解答设计者对于工作该如何进行，该找谁，用什么工具等引导性问题。指导性流程应该具有如下特点：

① 它是各类知识依附的主线，数据、方法、规范、解决方案等各类知识都需要依赖于流程才能在解决实际活动过程中发挥更好的作用；

② 指导，一个合理、标准的流程是活动执行最重要的保障和指导，这对于新人及人才的培养而言尤为关键；

③ 嵌套，流程的逐级分解和细化。

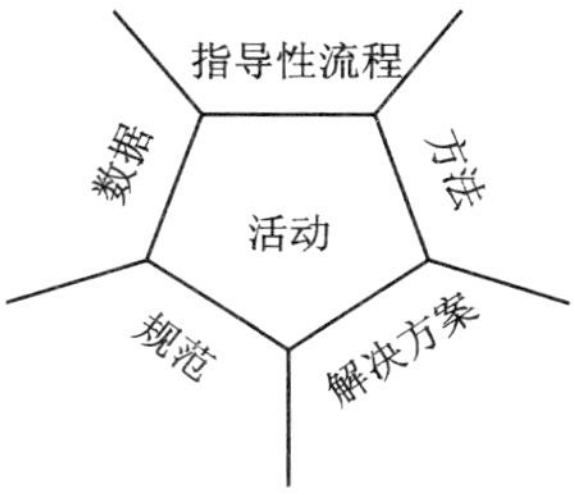

图 12.2　设计活动相关的知识

(2) 数　据

在研发活动执行过程中，既有数据是非常重要的，通常一个新的设计或者改型都需要依赖于已有数据或者对基于已有数据进行对比评估。数据类知识应该具有如下的典型特点：

① 多重关联性，即将各种类型的数据信息进行合理关联，如某部件三维模型、二维图纸以及故障报告的关联等；

② 结构化，数据类知识的结构化是非常重要的，通常需要从海量的数据中筛选个别有用的数据，就需要将数据进行结构化存储和管理，同时，结构化也是对比分析的前提；

③ 对比分析，是数据类知识需要具备的非常重要的功能。

(3) 方　法

此处方法的涵义比较广泛，凡是用于解决活动的工具或手段基本都可以归入方法一类，包括软件、算法、计算模板等等。方法类知识具有如下两个典型特点：

① 寄生宿主环境，方法的执行需要一定的环境，如结构分析通常会在 MSC. Patran 中进行，结构设计则通常会在 CATIA 中进行；

② 与设计活动直接关联，方法类知识直接负责设计活动的产出(或设计输出)。

(4)规　范

在设计活动的执行过程中，设计者尤其是经验还不足的人员通常会忽略或遗忘该活动需要满足或考虑的规范和章程，从而导致了设计的更改或迭代，延长了设计周期。规范类知识应该具备的典型特点是：

① 结构化，规范类知识需要离散为条目化进行管理，才能有效地与设计活动相关联；

② 关联性，不同规范类知识条目之间应该具有一定的关联，以帮助设计者对当前活动的衍生区域进行关注；

③ 多源头，完成一个活动所需要的规范或章程可能来自于不同的标准，如国军标、航标等。

(5) 解决方案

在活动执行过程中，通常会遇到一些技术问题，这些问题一般需要经验进行判断；另一方面，在某些部件的设计过程中，往往依赖于以前的数据和经验而忽略了对故障的判断，有时同一个部件的故障在飞机型号的系列方案中都出问题，其根本原因在于没有很好地将故障的信息反馈到设计中，这类问题便是解决方案类知识的内容之一。解决方案类知识应该具备的典型特点是：

① 网状关联性，对于这类以经验为背景的知识，通常难以精准定位，而是通过相关内容让使用者受到启发，本体是知识条目合理关联的有效手段之一；

② 启发思维。

图 12.3 形象地描述了 5 类知识所面对的问题以及典型特点。需要说明的是，此处所探讨的业务对象是一个研发活动(或工作包)单元。

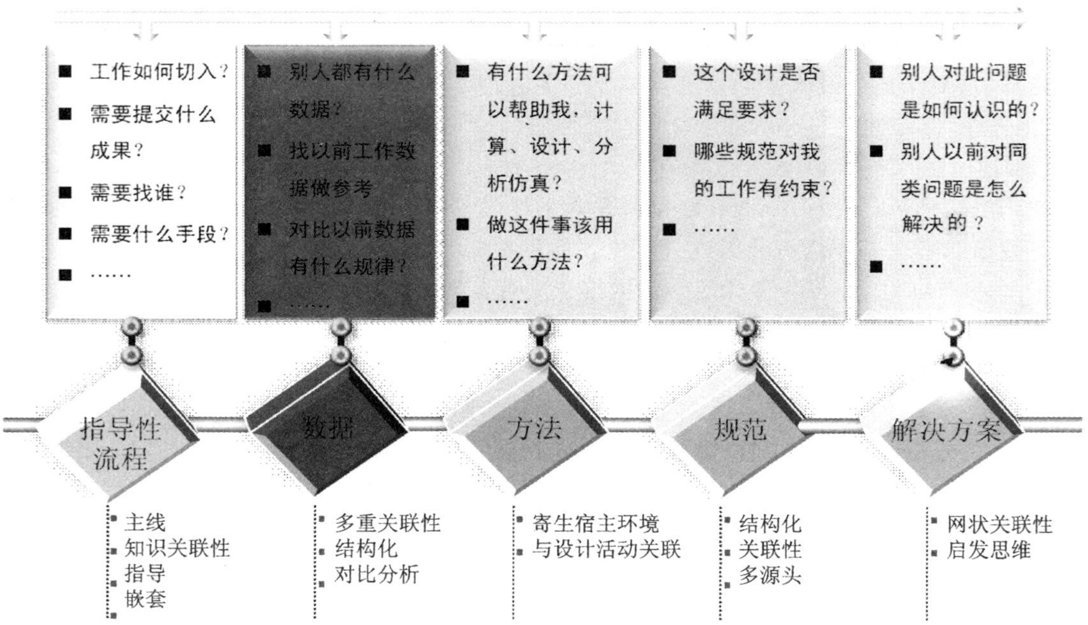

图 12.3 设计活动相关的知识及其特点

结合飞机设计研究单位的实际特点，5 大类知识可以进一步分解为如表 12.2 所列若干具体类别。

基于以上对设计活动(或工作包)单元基本要素的分析，完成一个设计活动执行所需要的数字化手段可以从支撑和协同两个层面进行考虑。支撑指的是设计者在执行设计活动过程中可以利用的有效资源，这些资源以弱约束的形式对设计者提供支撑，设计者可以选用，也可以不用。协同指的是为了型号研制整体合理有效运行，设计者完成当前设计活动所需要处理的与外围的关系，包括设计活动任务的来源(或发起)、设计数据的统一管理、设计工作和绩效的关联等等。协同对设计者具有约束力，设计者必须遵守相关规定并执行相关操作。

表 12.2　设计活动相关的知识类别细分

知识大类别	知识小类别
指导性流程	流程
数据	材料库
	标准件库
	各种实例库
	模块化数字库
	构件库
方法	设计模板
	分析软件
	分析方法
	优化方法
	设计工具
	验证手段
规范	设计规程
	通用要求
	指南
	手册
解决方案	故障库
	经验库

正如图 12.3 所示，支撑层最终目标是要让设计活动的执行标准化、规范化、高效化，通过 5 大类知识让设计活动的执行形成一个“盒子”单元，如图 12.4 所示，让每一个执行该活动的人都可以很快明确这件事该怎么干、有什么数据可供参考、用什么方法和软件版本、需要注意什么规范、别人在处理该活动时都有哪些经验等问题，而这正是企业知识工程建设的重要内容，是提升企业实力、促进企业持续发展的重要保障。在这种工作模式下，新员工可以得到有效的培养并能快速继承前辈专家的工作方法和技能，这对于解决我国航空业当前快速发展与人才短缺之间的矛盾是非常重要的。

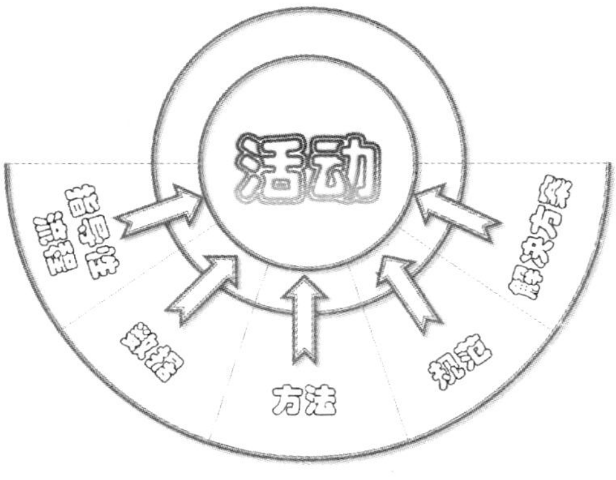

图 12.4　基于支撑层的设计活动标准化、规范化、高效化执行

基于上述逻辑，在设计活动执行时将得到若干系统或方法支撑，对于整个型号研制过程或者涉及多个设计活动的局部设计过程而言，这种支撑的表现形式显得比较“零散”，缺乏系统性，如图 12.5 所示。

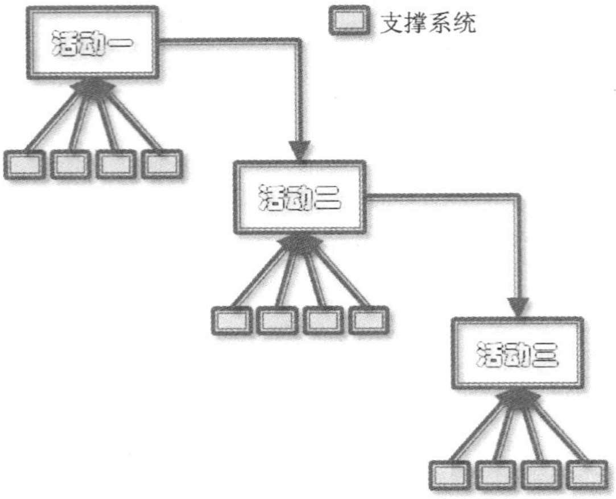

图 12.5　设计活动的支撑层示意图

针对此类问题，本书以设计活动产出物为背景，提出了主系统和辅系统的概念。在基于支撑层的设计活动执行过程中，会遇到两类支撑系统：一类是与当前所执行设计活动的设计输出相关的系统，本书定义为主系统，如结构设计时的 CATIA 系统；另一类是一些支撑系统，只是为设计者提供一些参考或者帮助，不直接负责设计输出的产生，如实例库、构件库等，本书定义为辅系统。基于主、辅系统的定义，图 12.5 所遇到的系统零散、不系统化的问题将可以得到很好的解决，如图 12.6 所示。主系统与设计活动之间的关联形成映射关系，负责所有活动之间的信息交流，辅系统可以“零散”地挂在主系统上，并不影响整体系统的完整性。

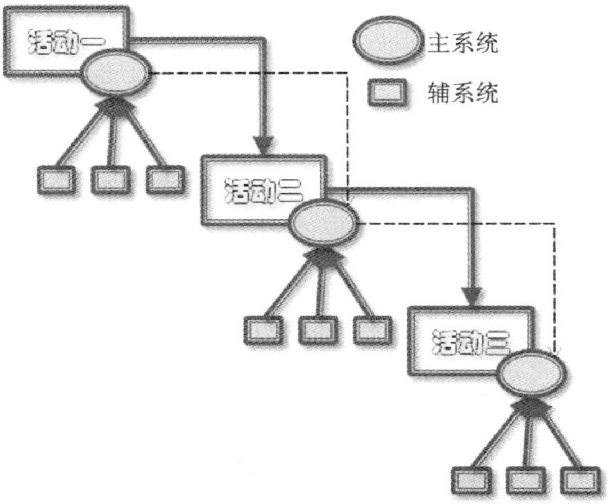

图 12.6　引入主、辅系统概念后的设计活动支撑层示意图

与支撑层一样，协同层也是围绕设计活动单元来展开的。对一项设计活动包括如下几类协同：

① 行为协同，用以明确当前活动与其他活动之间的关系。行为协同包括两类：一类是和 WBS 相关的科研协同，由科研部门通过一些 PM 系统进行管理；另一类是以研发流程为背景的真正意义上的行为协同，通常发生在一个 10 人左右的团队中，如气动力协同仿真等。

② 数据协同，用以明确当前活动执行完成后的成果存放形式及存放位置，一般采用统一数据的管理模式。具备类似功能的各类 PDM 系统目前已经在飞机设计型企业中广泛应用。

③ 质量协同，用以明确当前活动执行的好坏。质量协同中包括两类：一类是以质量文件为基础，用于判断当前活动的提交物是否齐备；另一类是判断当前活动所需要满足的指标是否达到。前者主要由质量管理人员处理，后者则主要由设计管理者处理。

结合以上概念以及图 12.4 对支撑层的描述，一个设计活动单元的完整数字化解决方案及其各类相关要素如图 12.7 所示。

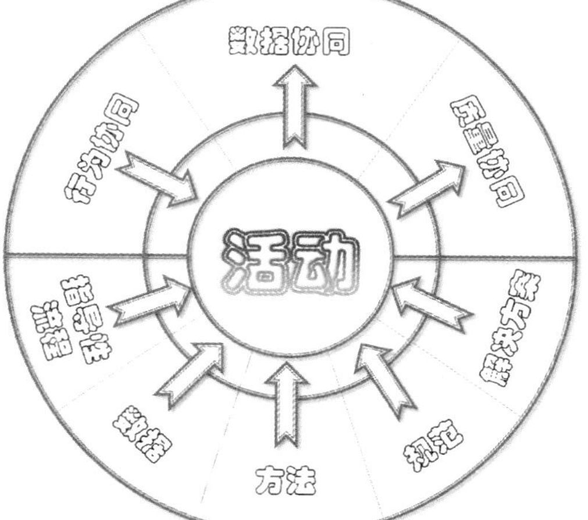

图 12.7 基于支撑层和协同层的设计活动标准化、规范化、高效化执行

12.2.2 目标客户群体需求现状分析

表 12.1 将目标客户群体分为了 4 类，从而可以通过对不同目标客户群体的需求建模，指导飞机总体数字化设计平台整体解决方案的落实，即平台的实施策略。对每类目标客户群体的需求建模，都将从客户群体典型特征、需求及基本支持要素三个方面进行阐述。

(1) A 类目标客户群体需求建模

A 类目标客户群体(设计者)的特征包括：

① 飞机型号研制的基层工作者，直接完成型号 WBS 叶节点活动；

② 企业和数字化设计平台应用的主体，其人数比例一般可达整个企业的 70 %以上；

③ 关注于自己所辖专业范围及相关具体工作；

④ 人员年龄结构趋于年轻化；

⑤ 绝大部分人员善于接受新事物，对数字化设计及其相关技术有一定了解。

A 类目标客户群体对数字化设计平台的需求将主要围绕具体的活动展开，包括如下几点：

① 快捷获取当前活动的开展流程以及与其他活动的关系；

② 明确当前活动的设计输入和设计输出格式；

③ 明确当前活动所需要的数字化手段，包括所采用的软件、算法、方法，并能便捷地进行调用，各数字化手段通过集成形成专业包；

④ 便捷地获取当前活动相关的参考数据，并可直接将数据用于设计；

⑤ 便捷地获取活动相关的约束和条件。

针对A类目标客户群体的基本支持要素包括：

① 流程及其相关元素的管理系统；

② 若干数字化设计、仿真工具及专业包；

③ 若干基础数据库。

(2) B类目标客户群体需求建模

B类目标客户群体(机关人员)的特征包括：

① 从管理层面监控型号研制工作，包括对科研项目人、财、物的管理，对设计质量的管理等；

② 多型号、多任务同时管理；

③ 负责对企业人力配置及组织结构进行优化；

④ 一般来自于专业室，对飞机研制整体过程有基本了解。B类目标客户群体的需求将围绕科研项目和科研质量的管理展开，包括如下几点：

① 以WBS为基础完成任务下达；

② 每项活动相关资源可直接链接，如外协、材料、会议、资料等；

③ 实时反映各项工作的执行情况，并可通过横道图、网络图等对相关结果进行统计、分析；

④ 多级计划能同时显示；

⑤ 实现质量管理文件和质量信息数字化管理；

⑥ 质量管理与科研管理相结合。

B类目标客户群体的基本支持要素包括：

① 科研管理系统，包括与现有权限、门户系统的集成；

② 质量管理系统，包括与科研管理系统的集成接口。

(3) C类目标客户群体需求建模

C类目标客户群体(设计管理者)的特征包括：

① 具有扎实的技术功能及对型号研制的整体性视角；

② 关心最终研发结果；

③ 关注于飞机型号研制的状态，包括数据状态及指标状态；

④ 重视人才培养和团队建设。

C类目标客户群体的需求主要围绕型号技术相关工作展开，包括如下几点：

① 对飞机设计状态进行有效控制；

② 各项工作有序开展；

③ 铸就“铁打的营盘流水的兵”，打造标准化工作流程。

C类目标客户群体的基本支持要素包括：

① 型号数据状态监控系统；

② 型号指标状态监控系统；

③ 标准化研制流程管理系统；

④ 过程数据管理系统。

(4) D 类目标客户群体需求建模

D 类目标客户群体(设计配套人员)的特征包括：

① 辅助开展型号研制工作；

② 专注于对信息的组织和管理。

D 类目标客户群体的需求将围绕已有数据在型号设计工作中的应用来展开，包括：

① 有效地组织和管理已有大量数据；

② 让现有数据通过抽取融入到设计者的研发活动中予以应用。

D 类目标客户群体的基本支持要素包括：

① 针对海量数据的信息管理系统；

② 数据抽取的方法及外部系统的数据接口。

12.2.3　飞机总体数字化设计平台组成要素及体系框架

研发活动是飞机总体数字化设计平台建设的目标对象，围绕研发活动需要支撑层和协同层两个层面的数字化支持。由于协同层是从整个型号的研制过程出发进行构建，因此对于所有研发活动应该采用统一的协同管理环境，即形成一个企业的行为协同环境、数据协同环境和质量协同环境。而支撑层所需的数字化支持则相对“零散”，企业的数字化设计平台支撑层建设需要进行合理的规划。

同样以一个活动为对象，其支撑层可以表示为如图 12.8 所示的简化形式，由于主系统都来自于方法类知识，此处将方法类知识进行了主、辅系统分类。

图 12.8　设计活动支撑层的简化表示

对一个设计专业而言，通常需要完成几件到几十件这样的活动，通过对专业各个活动数字化支撑的统筹分析与合并(类似于“合并同类项”)，便可得到某个专业的数字化支持环境，也就是专业设计系统。图 12.9 给出了专业设计系统构建逻辑，在此过程中，主系统发挥了主线作用，各类辅系统依附于主系统。需要说明的是，辅系统按照支撑层的 5 大要素进行了分类。

同样地，在专业设计系统建设的基础上，可将企业的各个专业进行统筹规划，并进而形成企业的数字化设计平台构建逻辑，如图 12.10 所示。

辅系统同样被分为 5 类，每一类知识具有其自身典型的组织和挖掘特点，合理情况下，每类知识应该采用符合其自身情况的开放基础平台予以支持，如数据类知识，可提供一个开放的数据类知识库的构建环境，以满足企业类似总体实例库、翼型库、发动机库等多种库的构建需求。

通过上述分析，飞机总体数字化设计平台建设的逻辑可分为 4 层，如图 12.11 所示。

最里层是基础支撑层，包括指导性流程、数据、方法、规范和解决方案库的构建环境，以此

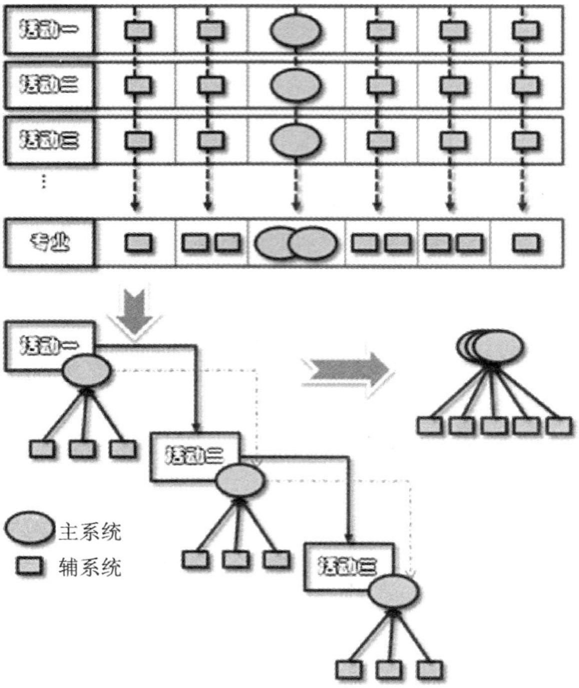

图 12.9　基于“合并同类项”的专业应用系统构建逻辑

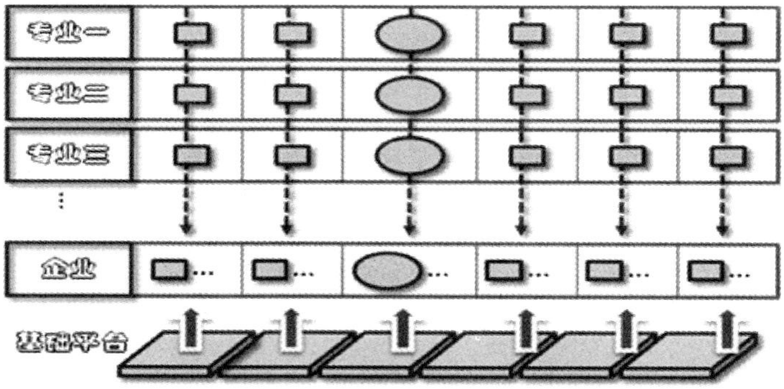

图 12.10　企业数字化设计平台构建逻辑

为基础，构建第二层的专业应用系统。第三层是研发活动，活动之间存在着复杂的逻辑和信息关系，其合理来源是企业的 WBS，同时活动也是各类数字化支持建设的目标中心。第四层是面向所有研发活动的协同层。

基于这种组织逻辑，飞机设计研究单位的总体数字化设计平台的框架可如图 12.12 所示。从 IT 架构层面，其分为展示层、管控层、应用层和支撑层。

(1) 展示层

它是平台对外的窗口，其基本要素是平台门户。平台门户的基本功能是让平台相关应用能有一个统一入口，便于对平台中各类系统的选用和相关信息的交流、提示等。

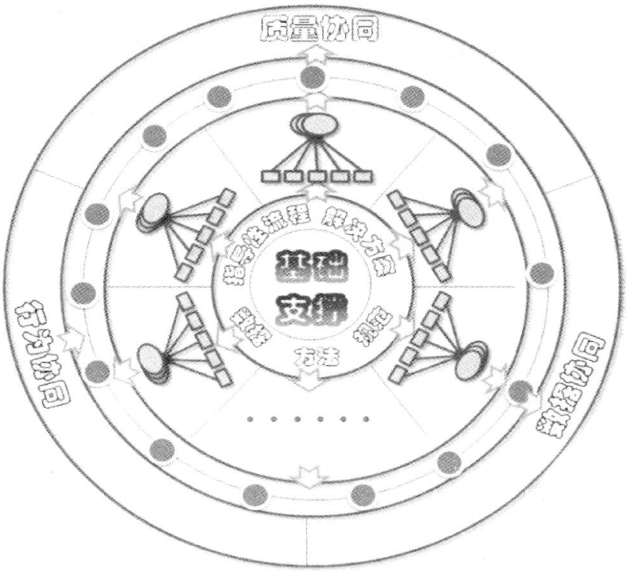

图 12.11 企业数字化设计平台建设的层次逻辑

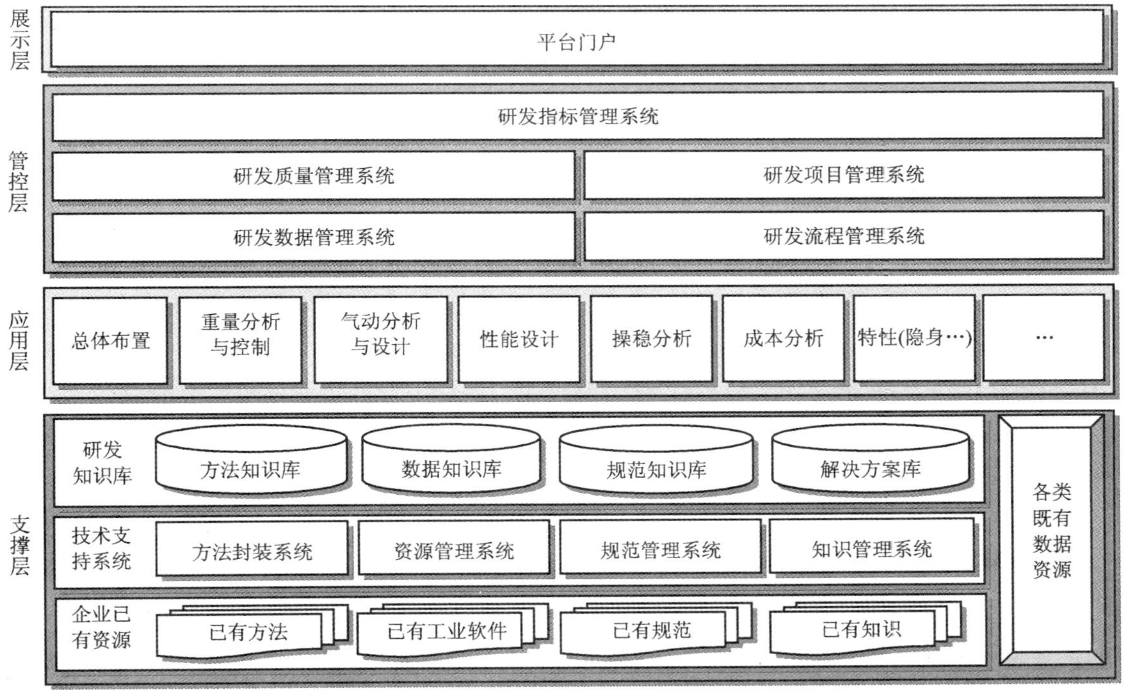

图 12.12 飞机总体数字化设计平台组成及框架体系

(2) 管控层

它面向于整个型号研制过程,侧重于规范的建立和对研发质量的控制。该层是协同设计的基础,也是平台实施推进难度最大的部分,其主要包括流程管理系统、数据管理系统、项目管理系统、质量管理系统和指标管理系统。

① 流程管理系统。它是飞机总体数字化设计平台的总体集成工作环境，负责流程的管理和执行。该系统搭建的基础是企业标准化 WBS 结构树，每一项活动通过项目管理系统作为工作任务正式下发后，便进入流程管理系统并启动执行，执行完成后的相关数据进入数据管理系统。

② 数据管理系统。它用于管理设计中的所有过程与结果数据。目前对几何设计结果数据的管理技术已基本成熟，诸如 WinChill 等 PDM 系统在航空企业中也得到了良好的应用，但对于各类分析数据和型号研制过程中的数据并未得到很好的管理，而此部分数据却是型号研制工作推进和校核的重要基础。为此，本书提出了一种基于平台的过程数据管理办法，此部分也是平台最为核心的部分，相关内容会在第 13 章中予以介绍。

③ 项目管理系统。它针对整个项目计划、组织、指挥、控制和评价，从项目的决策立项开始到项目结束的全过程进行管理跟踪，以实现项目目标。项目管理的基础同样是标准的 WBS，在对任务进行分发和提交时，都需要严格按照研发流程所需的标准 WBS 节点。在平台的构建过程中，项目管理系统与流程管理系统的集成是此部分研究的重点，但此部分工作相对周期较长。

④ 质量管理系统。它同样以设计活动为基础，用于监控每个设计活动完成的质量。一个设计活动完成的标志包括两层含义：一是根据质量文件要求，该活动所需要完成的事项已经全部完成；二是该活动所完成的结果满足设计指标要求，如图 12.13 所示。对于质量文件要求的各类事项，在研发流程梳理和构建的过程中已经融入研发活动，如每个活动的输入/输出文件要求。在系统运行起来后，质量管理系统将重点以流程为基础进行质量的监控。对于完成活动需要满足的指标，则由设计管理者进行评判，并作为活动完成的标定之一。

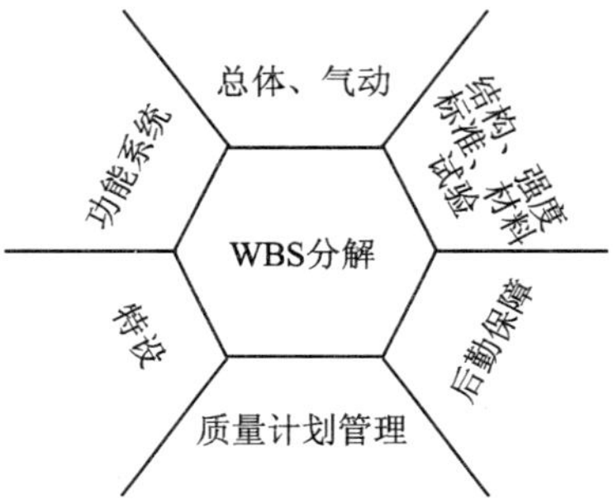

图 12.13　WBS 大专业分解

⑤ 指标管理系统。它主要对飞机各类指标进行综合管理和监控。同数据管理一样，指标唯一、有效的管理对于飞机设计而言是极其重要的，是设计高水平、高质量飞机的关键。指标管理分为两个层次：一是与设计活动相关的各类指标的综合管理，并形成原始指标数据，此部分可通过对每个活动添加控制实现；二是以原始指标数据为基础进行指标的可视化监控，如具有报警功能的指标网、风险管理面板等。由于国内指标分解不规范，此项工作还有待进一步加强。

(3) 应用层

它面向具体的设计任务，侧重于完成每个活动的具体技术手段。应用层包括各个专业的应用系统，用于支撑完成专业相关研制任务的各类设计活动。如前文所述按照专业进行活动分组，这样将有利于针对各个专业系统进行独立建设，建设的依据是完成专业的各类活动且满足于对输入/输出文件格式的要求。这种方式可以很好地避免专业之间的隔阂，也利于平台的分步推进。专业应用系统一般包括两部分：一是形成专业应用系统的各基础模块或组件，此部分来自于支撑层；二是将这些模块或组件进行集成和应用的框架系统，如 ModelCenter、Workbench 等。

(4) 支撑层

它主要用于支撑应用层相关专业应用系统的构建，包含企业已有资源、研发支持系统和研发知识库三部分。企业已有资源是指企业已有的方法、数据、规范、经验、工具等，这是搭建支撑层的原始数据来源。技术支持系统按照分类组织、有序抽取的原则，从已有大量信息中抽取精要部分进行重组和封装，以服务于专业设计。根据信息的表现形式和对信息的处理方式，技术支持系统主要包括方法封装系统、资源管理系统、规范管理系统和知识管理系统等几类。技术支持系统需要具有足够的开放式和可扩展性，以适应不同专业对设计支撑手段的要求。研发知识库是通过技术支持系统对企业已有资源进行抽取和封装的结果，是企业最宝贵的财富。在飞机总体数字化设计平台中，支撑层的工作量最大，但也是最容易在型号中获得应用的，因此该层将作为平台建设的切入点。值得一提的是，在飞机研制过程中需要大量借鉴和参考既有资源，这是技术能力和实力的重要组成部分，对既有工程信息数据的管理和应用就显得极其重要，相关内容将在第 14 章予以介绍。

12.3 飞机总体数字化设计平台的实施方法论

12.3.1 飞机总体数字化设计流程梳理

飞机总体数字化设计流程的梳理是平台建设的基础和必要条件，具有指导性意义。针对复杂的飞机总体设计流程，相对统一的顶层规范是非常重要的，所有的研发活动工作包应该采用统一的编号和管理规则，要实现规则的统一。

12.3.2 飞机总体设计知识体系梳理规范

通过飞机总体数字化设计流程的梳理，基本可以明确总体设计的顶层流程、所具有的研发活动工作包，以及各个工作包的工作内容、相关的方法工具等基本内容；进一步还需要对各个工作包进行更深的梳理，即相关的知识体系的梳理。在知识体系梳理之前，需要对研发过程中的知识进行明确的定位。

表 12.2 对单个活动工作包所需的知识进行了分类整理，结合知识的形态，并考虑到以后知识的应用方式，可将知识类别进一步进行针对性的定义，对每一类知识的单个条目的颗粒度也需进行明确的定义，如表 12.3 所列。

表 12.3 单个活动工作包知识类别及颗粒度定义

序 号	知识类别	知识条目颗粒度	单 位	载体形态
1	基本属性	固定表达	—	—
2	数据	单个数据库	个	独立运行数据库
3	方法	单个方法软件/模板	套	独立运行软件
4	规范	单条规范条目	条	规范条目
5	经验(解决方案)	单条经验条目	条	经验条目
6	档案	单条档案记录	条	档案记录
7	论坛	单条主题	条	论坛主题

续表 12.3

序　号	知识类别	知识条目颗粒度	单　位	载体形态
8	参考文献	单篇论文	篇	论文
9	专利	单篇专利	篇	专利

在表 12.3 中，基本属性包括单个活动工作包的编号、输入、输出、创建日期等基本信息，与工作包梳理模板中的信息应该是相对应的。数据类知识通常需要以批量数据为基础进行对比分析，因此，此处认为单个数据库方为一条数据类知识。虽然不同知识类别之间的颗粒度可能会有很大差异，如一条数据类知识条目可能还会涵盖几千条数据记录，而一条规范类知识可能也就几十或者几百个字，但这种分类办法将使知识的应用变得方便快捷，能让知识与研发活动更加融合。

基于以上分类标准，在工作包基本信息梳理完成的基础上，就可以进一步开展单个工作包知识体系的深度梳理。

12.3.3 典型实例

以下给出一部分典型实例，包括：

① 典型战斗机总体相关各专业研发流程梳理实例；

② 重量专业数字化设计体系梳理实例。

1. 典型战斗机总体相关各专业研发流程梳理实例

典型战斗机总体相关专业顶层工作包清单如表 12.4 所列。

表 12.4　典型战斗机总体相关专业顶层工作包清单

任务编号	工作任务	设计阶段		
		方　案	初　步	详　细
1	总体技术方案论证	√		
2	发动机初步选择	√		
3	总体参数初步选择	√		
4	气动布局设计	√		
5	初步总体布置	√		
6	初步结构布置	√		
7	起落架总体设计	√	√	
8	气动力初步估算	√		
9	隐身性能初步估算	√	√	
10	飞行性能初步估算	√	√	√

续表 12.4

任务编号	工作任务	设计阶段		
		方　案	初　步	详　细
11	战效初步估算	√	√	
12	经济性初步估算	√		
13	总重初步估算	√		
14	重量重心初步估算	√		
15	重心与焦点的匹配设计	√	√	√
16	油箱布置及耗油顺序设计	√	√	√
17	重量分配	√	√	√
18	总体参数优化	√		
19	总体方案评估	√	√	
20	机身外形设计	√	√	
21	座舱盖外形设计	√	√	
22	翼面外形设计	√	√	
23	面积律外形优化	√	√	
24	外形光顺性检查	√	√	
25	升力特性分析	√	√	
26	阻力特性分析	√	√	
27	力矩特性分析	√	√	
28	气动导数分析	√	√	
29	操稳分析	√	√	
30	进气道设计	√	√	√
31	排气系统设计	√	√	√
32	飞机总体布置协调	√	√	√
33	外形隐身分析	√	√	
34	雷达隐身分析	√	√	
35	红外隐身分析	√	√	
36	载荷分析	√	√	√

各工作包相关的顶层研发流程如图 12.14 所示。

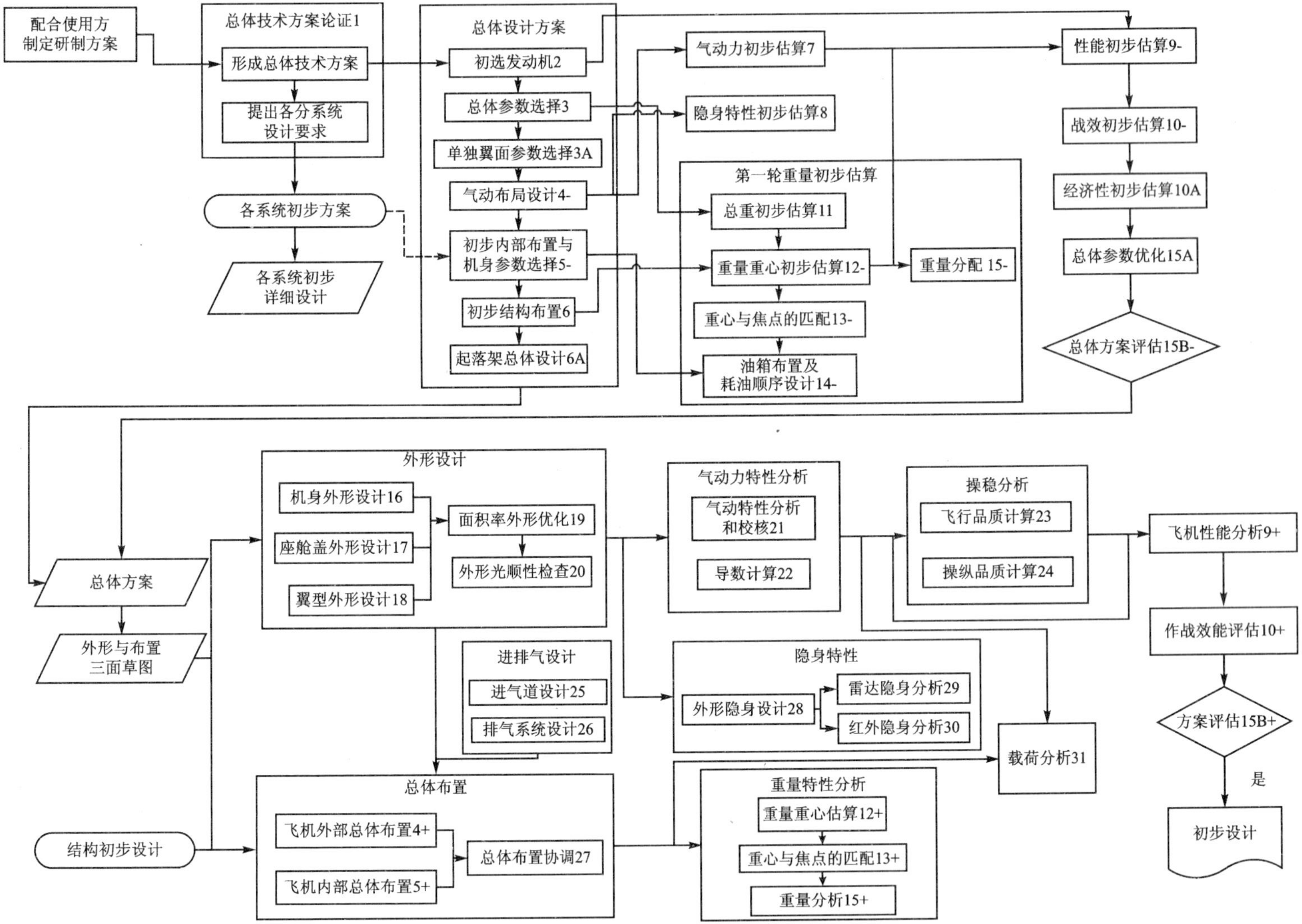

图 12.14　各工作包相关的顶层研发流程

各工作包所对应的输入/输出数据信息如表 12.5 所列。

表 12.5　典型战斗机总体相关工作包输入/输出信息表

<table>
<tr><th>输入文件模板</th><th>工作包</th><th>输出文件模板</th></tr>
<tr><td rowspan="2">战术技术初步要求.doc</td><td rowspan="7">1. 总体技术方案论证</td><td>战术技术要求论证报告.doc</td></tr>
<tr><td>总体技术方案论证报告.doc</td></tr>
<tr><td>总体技术初步方案.doc</td><td>研制经费论证报告.doc</td></tr>
<tr><td rowspan="4">成本费用周期初步概算.doc</td><td>研制周期论证报告.doc</td></tr>
<tr><td>保障条件论证报告.doc</td></tr>
<tr><td>型号研制管理文件.doc</td></tr>
<tr><td>质量保证大纲.doc</td></tr>
<tr><td>发动机性能资料.dat</td><td rowspan="7">2. 发动机初步选择</td><td>发动机参数.dat</td></tr>
<tr><td rowspan="2">飞机性能.dat
(用途、推重比、需用推力、可靠性…)
机翼机身几何参数.dat
短舱描述.doc
进气道设计要求.doc
功率提取.dat</td><td>发动机性能.dat</td></tr>
<tr><td>短舱几何参数.dat</td></tr>
<tr><td rowspan="3">发动机设计参数.dat
发动机性能资料.doc
飞机性能.dat
(用途、推重比、需用推力、可靠性…)</td><td>发动机可用性能.dat</td></tr>
<tr><td>噪声水平.dat</td></tr>
<tr><td>动力装置气动性能.dat</td></tr>
<tr><td>机翼机身几何参数.dat
短舱描述.doc
进气道设计要求.doc
功率提取.dat</td><td>发动机力学和热力学性能.dat</td></tr>
<tr><td>飞机的主要技术性能.dat
(航程、航速、着陆速度、爬升速度、使用过载、速压、起飞场长、最大速度)</td><td rowspan="5">3. 总体参数初步选择</td><td>翼载.dat</td></tr>
<tr><td rowspan="3">发动机性能.dat</td><td>推重比.dat</td></tr>
<tr><td>起飞重量.dat</td></tr>
<tr><td>机翼面积.dat</td></tr>
<tr><td>统计数据(最大升力系数、增升、零阻、重量).dat</td><td>起飞推力.dat</td></tr>
</table>

续表 12.5

输入文件模板	工作包	输出文件模板
同类飞机翼面统计数据.dat	4. 气动布局设计	翼面几何参数.dat
标准翼型.dat		操纵面几何参数.dat
飞机的基本参数.dat		翼面结构特性.dat
设计状态.doc		翼面气动特性.dat
参数设计准则.doc		操纵面气动特性.dat
同类飞机气动布局.dat	5. 初步总体布置	尾翼参数.dat
尾翼统计资料.doc		
重心统计范围.dat		
增升装置性能.dat		
发动机位置.dat		
起落架参数.dat		
机翼尾翼参数.dat		稳定度余量.dat
动力装置参数.dat		配平状态.dat
设计准则.doc		操纵系统设计要求.doc
		飞机气动布局图.CATDrawing
同类飞机布置图.CATDrawing	6. 初步结构布置	燃油分布.dat 体积.dat
空/勤视界要求.doc		
座舱布置要求.doc		
设备仪表安装要求.doc		
装载要求.doc		
使用维护要求.doc		
发动机数目与位置安排.dat		飞机布置图(装载、设备、系统、驾驶舱、燃油载荷力臂、武器载荷力臂).CATDrawing
气动布局参数.dat		重量与阻力的表面积.dat
		系统安装走向.dat
起落架总体参数.dat		机身外形控制参数.dat
起落架统计资料.doc	7. 起落架总体设计	起落架布置.CATDrawing
轮胎参数.dat		
地面操纵要求.doc		起落架参数.dat
机场条件.doc		
最大起飞重量.dat		地面稳定性.doc
内部布置参数.dat		地面机动性.doc
		刹车特性.doc

续表 12.5

输入文件模板	工作包	输出文件模板
计算状态.doc	8. 气动力初步估算	升力特性.dat
		俯仰力矩特性.dat
飞机构型几何参数.dat		增升效率.dat
		操纵效率.dat
配平状态.doc		铰链力矩特性.dat
		极曲线.dat
设计指标.doc	9. 隐身性能初步估算	隐身性能分析报告
三面图.CATDrawing		不同典型体组合成整机的 RCS 的概率均值
主要控制面.dat		
气动特性曲线.plt	10. 飞行性能初步估算	飞行性能.dat
发动机可用特性曲线.plt		场地性能.dat
重量.dat		噪声性能.doc
飞机规范.doc		经济性性能.doc
大气条件.dat		
用户要求.doc		
飞行包线.dat	11. 战效初步估算	杀伤概率.dat
布局参数.dat		
武器性能.dat		损失比.dat
雷达性能.dat		
飞机机动性.dat		对火控武器的评价.doc
气动特性.dat		
油量.dat		最佳突击方式.doc
气动导数.dat		
大气条件.dat		最佳逃避方式.doc
战斗有效性准则.doc		
有关费用估算、规定的费用.dat	12. 经济性初步估算	型号研制费.dat
试验、试飞、生产工艺、外协、土建、技术改造费.dat		单机价格.dat
经济性指标.dat		直接使用成本.dat
		投资利润率.dat
		投资回收率.dat
		借贷偿还期.dat
		盈亏平衡点.dat
战技指标.doc	13. 总重初步估算	起飞总重值.dat

续表 12.5

输入文件模板	工作包	输出文件模板
总体技术方案.doc	14. 重量、重心初步估算	整机和各主要部件重量重心.dat
三面图.CATDrawing		
各专业重量统计数据.dat		
初步总体布置模型.CATProduct		
总体技术方案.doc	15. 重心与焦点的匹配设计	重心与焦点的匹配报告.doc
三面图.CATDrawing		总体、结构及各分系统重量与布置调整方案.doc
各专业重量统计数据.dat		
初步总体布置模型.CATProduct		
总体布局方案.doc	16. 油箱布置及耗油顺序设计	油箱布置设计报告.doc
		耗油顺序设计报告.doc
总体技术方案.doc	17. 重量分配	结构及各分系统专业的重量分配方案.doc
飞机布局形式.dat	18. 总体参数优化	优选参数.dat
初始设计变量.dat		
约束条件.dat		设计参数敏感性.dat
目标函数.dat		
评价准则.doc		
综合评价标准.doc	19. 总体方案评估	评价结果.doc
不同的设计方案.doc		评价分析.doc
		设计修改信息.doc
气动要求.dat	20. 机身外形设计	机身协调位置.doc
总体布置约束.CATProduct		机身特征几何参数.dat
结构工艺性要求.doc		机身理论外形图.CATDrawing
		机身数模.CATProduct
其他要求.doc		机身几何尺寸及位置.dat
战术技术对视野的要求.doc	21. 座舱盖外形设计	座舱盖协调位置.dat
气动力对设计阻力的要求.doc		几何参数.dat
座舱布置标准及视野标准.doc		座舱盖特征几何参数.dat
总体布置要求.doc		座舱盖理论外形.CATDrawing
自身玻璃结构强度和工艺的要求.doc		座舱盖数模.CATProduct
隐身性能的要求.doc		座舱盖三维几何尺寸及位置

续表 12.5

输入文件模板	工作包	输出文件模板
气动要求.doc	22. 翼面外形设计	翼面协调位置.dat
总体布置约束(总体图).CATProduct		翼面三维几何尺寸及位置.dat
结构工艺性要求.doc		翼面特征几何参数.dat
机身外形数学模型.CATProduct		翼面理论外形图.CATDrawing
		翼面数学模型.CATProduct
构件协调位置.dat	23. 面积律外形优化	优化的机身外形数学模型.CATProduct
特征几何参数.dat		优化的座舱盖外形数学模型.CATProduct
全机部件理论外形图.CATDrawing		优化的翼面外形数学模型.CATProduct
全机部件数学模型.CATProduct		
三维几何尺寸(部件、位置).dat		
气动要求.doc	24. 外形光顺性检查	机身外形数模.CATProduct
优化后的翼面外形数学模型.CATProduct		光顺后的座舱盖外形数学模型.CATProduct
机身外形数学模型.CATProduct		光顺后的翼面外形数学模型.CATProduct
座舱外形盖数学模型.CATProduct		
设计校核条件.doc	25. 升力特性分析	几何外形. CATPart
全机几何信息.doc		修改信息.doc
基本部件气动特性.dat		升力特性.dat
		气动压力分布.dat
设计准则.doc		静气动导数.dat
设计校核条件.doc	26. 阻力特性分析	几何外形. CATPart
全机几何信息.doc		修改信息.doc
基本部件气动特性.dat		阻力特性.dat
		气动压力分布.dat
设计准则.doc		静气动导数.dat
设计校核条件.doc	27. 力矩特性分析	几何外形. CATPart
全机几何信息.doc		修改信息.doc
基本部件气动特性.dat		力矩特性.dat
		气动压力分布.dat
设计准则.doc		静气动导数.dat

续表 12.5

输入文件模板	工作包	输出文件模板
设计准则.doc	28. 气动导数计算	后体气动性能.dat
结构刚度.dat		横向气动导数.dat
结构弹性影响修正量.dat		静气动导数.dat
气动特性.dat		
重量、重心、惯性矩.dat	29. 操稳品质计算	飞行品质.doc
气动导数.dat		操纵品质.doc
动导数实验结果.dat		控制规律.dat
操纵系统特性.dat		助力器功率.dat
飞行品质指标.dat		
设计点.dat	30. 进气道设计	进气流场特性.dat
进气道布置参数.dat		进气道性能.dat
进口几何参数.dat		外形几何信息.dat
发动机性能.dat		内形几何信息.dat
设计准则.doc		
进气道性能.dat	31. 排气道设计	尾喷管外形信息.dat
喷管布置参数.dat		后体外形信息.dat
后体外形几何参数.dat		尾喷管性能.dat
尾喷管性能.dat		噪声性能.dat
设计准则.doc		后体气动性能.dat
气动设计要求.doc	32. 飞机总体布置协调	几何外形理论图及数学模型. CATPart
外形设计要求.doc		总体布置图.CATDrawing
结构布置设计要求.doc		三面图.CATDrawing
系统设备布置要求.doc		立体布置图.CATDrawing
提高生存力要求.doc		座舱布置图.CATDrawing
维修性要求.doc		油箱布置图.CATDrawing
可靠性要求.doc		悬挂物配置图.CATDrawing
其他设计要求.doc		天线布置图.CATDrawing
设计指标.dat	33. 外形隐身分析	外形隐身分析报告.doc
外形曲面.dat		
外形曲面.dat	34. 雷达隐身分析	雷达隐身分析报告.doc
雷达作用距离指标.dat		各方位角的雷达散射截面的 RCS.dat
隐身设计频段指标.dat		
隐身姿态角指标.dat		
飞机设计布局.CATDrawing	35. 红外隐身分析	红外隐身分析报告.doc
发动机设计布局.CATDrawing		

续表 12.5

输入文件模板	工作包	输出文件模板
重量.dat	36. 载荷分析	载荷分布.dat
重心及惯量.dat		
飞机外形理论图及数学模型 CATPart		
几何外形.dat		
气动力数据及压力分布数据.dat		
飞行包线.dat		
功率和推力.dat		
其他飞行性能参数.dat		

完成工作包所需的方法工具需求清单如表 12.6 所列。

表 12.6　典型战斗机总体相关工作包方法工具清单

工作任务	设计程序
总体技术方案论证	—
发动机初步选择	• 发动机数据库 • 现有发动机特性的插值计算 • 进气道的初步设计计算 • 尾喷管的初步设计计算 • 喷气发动机噪声性能的估算 • 发动机可用推力计算 • 根据发动机的设计参数计算发动机的性能 • 发动机短舱的设计计算 • 动力装置的设计作图
总体参数初步选择	• 总体参数快速迭代分析 • 根据统计资料估算飞机起飞重量 • 计算基本参数与主要性能的关系 • 建立飞机主要参数选择的界限图 • 飞机总体实例库 • 优化程序
气动布局设计	• 飞机气动布局形式的统计分类资料库 • 发动机数据库 • 总体实例库 • 起落架数据库 • 机身剖面数据库 • 轮胎数据库 • 布局形式选择计算 • 平尾计算 • 垂尾计算 • 上反效应与翼身组合体位置计算 • 参数选择界限图的建立与绘制

续表 12.6

工作任务	设计程序
气动布局设计	• 气动布局构型的作图设计 • 飞机稳定性设计的初步估算
初步总体布置	• 飞机内部布置图集(以机身为主)数据库 • 电子设备数据库 • 装载数据库 • 重量实例库 • 机身构型设计 • 机身外形的设计计算
起落架总体设计	• 典型飞机起落架数据库 • 起落架轮胎数据库 • 起落架参数快速设计
初步结构布置	• 飞机承力结构布置设计程序 • 承力结构布置的刚度、强度优化设计程序 • 承力结构布置的疲劳与寿命优化设计程序 • 应力水平的计算分析
隐身性能分析(外形隐身分析、雷达隐身分析、红外隐身分析)	• 隐身性能快速估算 • 隐身特性详细分析程序
飞行性能分析	• 起飞、着陆性能计算分析 • 临界机场长度计算分析 • 起飞、着陆航线轨迹计算 • 下滑进场着陆轨迹计算 • 中、高速滑跑计算 • 终止起飞计算 • 双发或多发动机中有一台发动机停车时的起飞计算 • 不放襟翼着陆航线及进场计算 • 复飞计算 • 双发或多发动机停车迫降计算 • 使用条件和大气条件对起飞着陆性能的影响 • 战术技术性能的综合对比分析 • 最大平飞速度计算 • 最小平飞速度计算 • 升限计算 • 加速性能计算 • 减速性能计算 • 正确盘旋性能计算 • 爬升性能计算 • 能量机动性计算 • 歼击剖面计算 • 截击剖面计算

续表 12.6

<table>
<tr><th>工作任务</th><th>设计程序</th></tr>
<tr><td>飞行性能分析</td><td>• 对地攻击剖面计算
• 对地攻击轨迹计算
• 最大航程和转场航程计算
• 跃升轨迹计算
• 俯冲轨迹计算
• 上升转弯计算分析
• 斤斗轨迹计算分析
• 减速盘旋计算分析
• “S”形转弯计算分析
• 两点最小时间爬升计算
• 最小时间斤斗计算
• 最小时间截击计算
• 最小盘旋半径计算
• 最小时间盘旋计算
• 最佳巡航计算
• 最速下降计算
• 空-空格斗模拟 • 空中截击目标模拟
• 突防模拟
• 飞机和地空导弹遭遇模拟
• 战略作战模拟
• 飞机可用推力、可用燃料消耗量计算</td></tr>
<tr><td>战效初步估算</td><td>• 飞机作战效能计算</td></tr>
<tr><td>经济性初步估算</td><td>• 经济性估算</td></tr>
<tr><td>总重初步估算</td><td rowspan="5">• 重量实例库：典型飞机各部件的重量、各种装机系统和设备的重量、描述材料、结构形式、生产工艺、寿命的各种系数；飞机全机、部件的分配系数
• 方案阶段重量、重心快速估算
• 用模型有限元法计算部件和全机的重量
• 真实飞机的重量计算</td></tr>
<tr><td>重量、重心初步估算</td></tr>
<tr><td>重心与焦点的匹配设计</td></tr>
<tr><td>油箱布置及耗油顺序设计</td></tr>
<tr><td>重量分配</td></tr>
<tr><td>总体参数优化</td><td>• 典型飞机总体参数数据库
• 总体参数优化</td></tr>
<tr><td>总体方案评估</td><td>• 典型飞机总体方案
• 飞机方案评估
• 飞机参数优化</td></tr>
</table>

续表 12.6

工作任务	设计程序
机身外形设计	• 外形初步构型设计 • 三维外形设计 • 几何特性计算 • 理论图绘制
座舱盖外形设计	• 座舱盖外形设计程序 • 座舱盖分析程序
翼面外形设计	• 翼型设计计算程序 • 翼型数据库 • 翼面设计分析计算程序
面积律外形优化	• 面积律计算程序
外形光顺性检查	• 外形光顺性检查程序
气动估算与校核(气动力初步估算、升力特性估算、阻力特性估算、力矩特性估算、气动导数分析等)	• 飞机升、阻特性估算程序 • 飞机纵向气动力特性计算程序 • 跨声速大迎角下的飞机气动力特性估算程序 • 飞机横侧气动力特性估算 • 飞机增升装置的气动力特性估算 • 机翼最佳弯扭设计计算 • 全机超、亚声速流场计算 • 全机跨声速流场计算 • 风洞模型设计计算程序 • 风洞试验数据的修正、换算和各种处理程序 • 外挂物气动力影响估算 • 外挂物投放轨迹计算程序 • 外挂物投放试验数据处理程序 • 风洞实验数据库
进气道/排气系统分析	• 进气道数据库 • 排气系统数据库 • 进气道分析 • 排气系统分析
操稳分析	• 飞机纵向飞行品质计算 • 飞机横向飞行品质计算 • 起落特性计算程序 • 全机特性计算程序 • 大迎角特性计算程序 • ACT 飞机等效系统拟配程序 • 最佳控制律计算程序 • 仿真计算程序

续表 12.6

<table>
<tr><th>工作任务</th><th>设计程序</th></tr>
<tr><td>进气道设计</td><td rowspan="2">• 助力器功率选择计算程序
• 进气道管道理论设计计算
• 进气道性能计算(内部性能)
• 进气道阻力计算(外部性能)
• 进气道内、外流场计算
• 进气道出口流场分布计算
• 进气道调节规律计算
• 进气道载荷的一般估算
• 供载荷计算用的进气道压力分布计算
• 尾喷管理论外形设计计算
• 尾喷管推力增益或损失计算</td></tr>
<tr><td>排气系统设计</td></tr>
<tr><td>飞机总体布置协调</td><td>—</td></tr>
<tr><td>载荷分析</td><td>• 气动载荷计算程序
• 气动载荷分布计算程序
• 弹性飞机的气动载荷分布计算程序
• 非线性载荷计算程序</td></tr>
</table>

2. 重量专业数字化设计体系梳理实例

结合 12.2 节专业数字化设计体系建设逻辑，便可以专业为单位进行数字化支持系统的梳理。对于每一个专业的梳理包括 3 个步骤：

步骤 1：梳理该专业在各个研发阶段的研发活动；

步骤 2：梳理每一个阶段研发活动所需的数字化支持手段；

步骤 3：对所梳理完成的数字化手段进行“合并同类项”，得到该专业的数字化设计支持整体方案。

基于以上思路，梳理出重量专业在总体设计阶段的研发活动及其相关信息，如表 12.7 所列。

表 12.7　重量专业研发活动梳理

研发阶段	研发活动	活动描述	活动输入	活动输出
概念及方案设计	重量、重心的初估	飞机重量、重心快速计算	由总体组来的三面图	初估的整机和部件的重量和重心(可以估到第二层，即机身、机翼、尾翼等)，作为相关的各专业组的参考

续表 12.7

研发阶段	研发活动	活动描述	活动输入	活动输出
初步设计	重量、重心的细化计算	飞机重量、重心细化计算	结构及各分系统（航电、液压、燃油等）的重量和重心的初步数据	把根据数据统计得出的比概念设计阶段更准确的重量和重心数据提供给飞控等相关专业室（主要是保证重心在前后限之内）
	重量分配	给结构和各个系统分配重量，作为重量控制的依据，控制各个组不能超重	更准确的重量和重心数据	给各个相关的专业室（包括结构、航电、液压环控、燃油等）作重量分配

在表 12.7 的基础上，可梳理出完成相关活动所需的数字化支持手段，如表 12.8 所列。

表 12.8　重量专业数字化支持手段梳理

研发阶段	数字化手段	描　述
概念及方案设计	总体布置与重量、重心估算系统	在飞机方案设计时快速搭建全机关键结构/系统布局方案；获取 CATIA 模型的重量、重心数据，并输出统计结果。提供对模型重量数据的修正，并将修正数据返回 CATIA 重新计算整机重量、重心分布，输出更合理的重量、重心数据
	重量、重心实例库	提供已有飞机实例的重量、重心数据管理，便于查找大量已有型号数据的各类信息
初步设计	重量、重心估算系统	在飞机初步设计时获取 CATIA 模型的重量、重心数据，并输出统计结果。提供对模型重量数据的修正，并将修正数据返回 CATIA 重新计算整机重量、重心分布，输出更合理的重量、重心数据
	重量、重心实例库	提供已有飞机实例的重量、重心数据管理，便于查找大量已有型号数据的各类信息
	重量、重心监控系统	监控型号研制过程中的重量、重心变化，以及时作出应对策略及调整

通过对该专业各阶段的数字化支持分析及统计，可以得到重量专业的最终数字化支持手段清单，主要包括三个系统，即总体布置与重量、重心系统，重量、重心实例库系统以及重量、重心监控系统，每个系统都以表 12.8 为基础进行考虑后得到，其应用范围和所需具备的功能应该能覆盖表 12.8 相关条目。表 12.9 集中给出了重量专业数字化支持手段的建设清单及各部分功能描述。

表 12.9 重量专业数字化支持手段清单

编 号	数字化手段	功能描述	应用阶段
1	总体布置与重量、重心估算系统	快速搭建全机关键结构/系统布局方案;获取 CATIA 模型的重量、重心数据,并输出统计结果。提供对模型重量数据的修正,并将修正数据返回 CATIA 重新计算整机重量、重心分布,输出更合理的重量、重心数据	概念、方案、初步
2	重量、重心实例库	提供已有飞机实例的重量、重心数据管理,便于查找大量已有型号数据的各类信息	概念、方案、初步
3	重量、重心监控系统	监控型号研制过程中的重量、重心变化,以及时作出应对策略及调整	概念、方案、初步

第13章　飞机总体数字化设计平台中的数据管理

飞机总体设计充满了循环和迭代，最终的设计方案需要经过多轮的评估和优化才能完成。由于涉及要素众多，一个看似“最优”的方案也有可能因为一个因素的变化而被“废弃”，而以前一个“废弃”的方案则可能有“重生”的机会并作为新方案设计的起点。因此，有必要将飞机设计过程中的数据进行有效管理，从而让整个设计过程具有可追溯性，也让飞机设计具有可控制性。另一方面，飞机研制过程中需要借鉴和参考大量既有资源。在设计工作中，如果能够快速、全面地了解以往产品的各种数据信息，并且提供各种对数据信息进行统计分析的手段，就会极大地提高工程师的工作效率和缩短产品的研发时间。

本章作为飞机总体数字化设计平台的重要部分，以飞机总体设计为背景，对总体设计中的数据和数据管理系统的发展进行分析，提出基于演变和衍生概念的过程数据管理办法以及相关的系统框架实现。在系统实现层面上，通过使用统一的工程信息资源管理方法，将各种数据资源进行统一管理，并提供强大的资源搜索引擎。通过该系统，设计工程师能够快速、全面地了解以往产品的各种数据信息，并且能够利用系统提供的分析工具，对各个型号数据信息进行统计分析，提高工作效率和缩短产品的研发时间。

13.1　飞机总体设计中的数据

产品设计的过程在本质上是一个对信息和数据进行不断加工和处理的过程，飞机的设计亦是如此。飞机总体设计阶段的工作量巨大，工作任务繁杂，且涵盖面非常之广，需要综合考虑飞机的各个方面，选择飞机总体布局形式，确定飞机内部布置，在各专业之间进行协调，完成各种分析计算，最终需要完成大部分尺寸的确定、全机布局的协调以及各种性能的估算，同时还需要进行大量的实验。因此可以推知，在飞机总体设计阶段，设计人员需要面对和加工处理海量的设计信息和数据，遍及飞机的各个方面，涉及到飞机设计全过程的绝大部分数据。而且，在飞机设计过程日趋并行化的情况下，总体设计的数据量进一步激增，同时要求设计人员能够及时完成设计信息和数据的交流及共享操作。基于这种背景，在飞机设计领域如何实现信息和数据的快速、有效管理，成为当前一个重要的研究热点。

传统的信息和数据管理方式是以纸张作为承载介质，管理成本高，传递困难，给管理带来极大的不便。当今先进的管理方式则是采用数字化描述，运用计量信息量多少的单位——比特(bit)加以衡量，极大地降低了管理成本，为信息和数据的存储传输提供了很大的灵活性。以上海航空工业公司与(原)McDonnell-Douglas公司合作生产的MD-82客机项目为例，美方向中方提供的有关技术文档资料以质量计达到12吨之多。而在上海飞机设计研究所参与的ARJ21支线客机项目中，通过数字化的管理方式，其所有零部件数字样机的模型数据量只需要8.5 GB的存储空间，几块小小的硬盘便可轻松解决存储问题。

在海量的设计信息之中，数据的存在形式包括结构化数据和非结构化数据。所谓结构化数据是指可以按照列的方式进行存放的一类数据；而非结构化数据则是指不具备按列存储特性的另一类数据类型。不能按照列的形式存放的信息均可以归入非结构化数据，诸如飞机设计数据中的各种技术标准、技术要求、设计过程中的更改单以及设计任务指令等等。许多研究表明，现实世界的数据中 90 %左右均为非结构化，在飞机设计过程中非结构化数据也占到了相当的比例。目前的数据检索技术对于结构化数据而言已相当成熟，但对于非结构化数据处理方法则由于难度等方面原因而落后一些，如何发展非结构化数据的检索技术、提高检索效率，也是数字化设计平台建设中的一项重要任务。

总体设计阶段的数据包括大量的数据种类，有飞机作为产品的描述，还有各种机载设备、系统的性能参数和技术指标，以及设计过程中所用到的大量原始设计参数、各种各样的性能估算和实验数据等等。其中既包括结构化数据，又包括各种各样的诸如文档说明之类的非结构化数据。此外，由于飞机设计牵涉到国家安全和经济利益，而且总体设计在整个飞机研发过程中处于非常重要的地位，因此这一过程中所涉及到的数据很多具有很高的敏感度，故数据安全性也是数据管理过程中需要给予足够重视的一个问题。

在纷繁复杂的各种数据中，可以按照数据本身不同的性质和来源进行简单的分类，主要包括以下 6 大类型：

① 飞机设计过程中需要使用的基础支持性数据信息。这包括诸如各种材料的物理化学特性数据、各种常数以及各类设计规范、设计标准等等。这类数据部分属于可公开的资料，其中亦有部分属于不可公开的敏感数据。

② 飞机及其各种零部件的数字化定义或数学模型。这是各类设计数据中最重要的一类，它们是设计过程中最直接的工作对象，也是设计结果的最终表现形式之一，最终将部分甚至于全部取代传统意义上的各种设计图纸，以用于产品零部件的生产制造。毋庸置疑，这类数据的安全性问题需要得到严格的保证，是数字化设计平台建设时需要考虑的核心问题之一。

③ 重量数据也是一类重要的设计数据。重量与飞机的诸多性能都有密切的关系，特别是飞机的飞行性能受重量的影响很大。其中的飞机正常起飞重量还是飞机方案设计阶段最主要的三个总体设计参数之一，由此可见其重要程度。其重要性如此之高，可以推知，其重量数据也是一类敏感数据。

④ 各学科专业进行的各种试验所获得数据、结果是设计数据中的第 4 类重要数据。这类数据的获得一般需要花费较高的成本，它可以用来评判设计的好坏进而指导改进设计，其自身也是一类非常重要的数据。

⑤ 计算分析数据又是一类相当重要的设计数据，它包括飞机设计中各类分析计算过程中的原始参数、中间数据以及最后结果信息。这类数据可以在尚没有实物产生或者实际实验不便进行时为设计工作提供指导，也是一类较为重要的数据。

⑥ 机载系统、设备性能和指标等相关数据。传统的飞机总体设计阶段，机载系统和设备都不是该阶段重点考虑的内容，但是现代飞机的性能越来越依赖其机载系统、设备的优劣，而且在当今对飞机性能要求日益增高，以及设计、并行化程度不断提高的情况下，这方面的数据在飞机总体设计过程中被频繁、广泛地使用到。因此，关于机载系统的信息和数据成为了飞机总体设计中的第 6 类重要数据，这类数据也视具体情况的差异而同时存在敏感和非敏感数据两种状况。

对于通过归纳分类而得到的这 6 大类数据，在飞机总体设计过程中会被设计人员反复、频繁地使用、交流和共享。在传统的飞机设计数据组织形式下，数据管理很大程度上以纸为媒介，借助人工的形式进行，具有很大的分散性和不稳定性，造成数据使用不便、效率低下、容错性差、检索困难，以及数据难以有效传递和共享等各方面的问题，其直接结果是致使飞机总体设计周期过长，额外的复杂程度加大，从而严重影响到飞机设计的效率和质量。鉴于传统方式进行数据管理的种种劣势，通过采用各种现代化技术手段构建飞机总体数字化设计平台具有很大的实际工程意义。通过对数据的有效管理，可以极大地提高设计效率和质量，缩短产品研发周期，降低成本，同时实现知识的有效积累。

13.2　设计平台中的过程数据管理

13.2.1　数据管理系统的发展及现状

国外对于数据管理方面的研究集中于PDM系统的研究。20世纪60、70年代，当时企业在其设计和生产过程中开始使用CAD、CAM等新技术，这些新技术的应用极大地促进了生产力的发展，同时也带来了新的挑战。对于制造企业而言，随着时间的推移，虽然其各自对计算机辅助技术的运用已经日益成熟，但却都自成体系，彼此之间缺少有效的信息共享和利用，形成所谓的“信息孤岛”；同时，随着计算机应用的飞速发展，随之而来的各种数据急剧膨胀，这对企业的数据管理理念和方式提出新的难题——数据种类繁多，数据重复冗余，数据检索困难，数据的安全性及共享管理困难等。如何在技术和理念上化解这些难点成为很多企业开始思考的问题。

慢慢地，许多企业已经意识到，实现信息的有序管理将成为在未来的竞争中保持领先的关键因素。在这一背景下产生了一项新的管理思想和技术PDM，即以软件技术为基础，以产品为核心，实现对产品相关的数据、过程、资源一体化集成管理的技术。PDM明确定位为面向制造企业，以产品为管理的核心，以数据、过程和资源作为管理信息的三大要素。PDM进行信息管理的两条主线是静态的产品结构和动态的产品设计流程，所有的信息组织和资源管理都是围绕产品设计展开的，这也是PDM系统有别于其他信息管理系统，如企业信息管理系统(MIS)、制造资源计划(MRPⅡ)、项目管理系统(PM)、企业资源计划(ERP)的区别所在。理论上凡是最终可以转换成计算机描述和存储的数据，都可以应用PDM系统进行管理，例如：产品结构和配置、零件定义及设计数据、CAD绘图文件、工程分析及验证数据、制造计划及规范、NC编程文件、图像文件(照片、造型图、扫描图等)、产品说明书、软件产品(程序、库、函数等“零部件”)、各种电子报表、成本核算、产品注释、项目规划书、多媒体音像产品、硬拷贝文件、其他电子数据等。

国外对PDM系统的研究已经取得了一系列的成果，产生了一大批实用的PDM软件，如法国Dassault System公司的LCA和美国PTC公司的Windchill等软件，已经在众多的国际知名制造企业中得到了广泛的工程应用。

相对国外数据管理系统的研究来说，我国对数据管理系统的研究起步比较晚。我国从1986年开始对CIMS系统进行跟踪研究与实践，经过20多年的发展，已经取得了很大的进步，但相比国外技术水平仍存在很大的差距。现阶段国内针对数据管理的研究主要还是集中在对国外成熟的 PDM 软件产品应用与实施策略上的研究。

PDM 可以广泛地应用于各工业领域中，但每个领域都有其自身的特点和需求，即使在同一个领域，各企业的情况也千差万别，用户的要求也多种多样，应用的层次和水平都不尽相同，没有哪一种 PDM 系统可以适应所有企业的情况，因而并无万能的 PDM 系统可以包容所有企业的使用要求。针对飞机设计研发领域，在总体设计阶段使用现有 PDM 系统进行设计数据的管理会产生以下问题：

① PDM 不便于同时管理多个布局方案。在方案设计前期，依据设计使用指标要求，最先开始的就是布局研究。设计者将根据设计要求及其特点，查阅大量的相关资料和文献，并结合企业实际情况进行一些典型布局的设计。不同布局在数据管理层次体现出的最典型差别是其所对应的部件结构树不同，这对于 PDM 而言基本上是无法逾越的问题，原因是 PDM 产品主要关注于设计结果数据，且以 BOM 树方式进行表达，一个产品只有一个最终的 BOM 树，不同结构树的逻辑关系在 PDM 中进行表达较为困难。

② 数据管理不直观。对于某一个确定布局的方案而言，PDM 自身是有历史版本管理功能的，可通过查看历史版本了解到某一个部件的历史数据。这种方式对于某一个部件数据而言是很有用的，但对于文件版本数量较大的情况，此项内容操作起来就显得不如可视化更为直观。

③ 部件信息细致，不易进行全方案的历史追溯。飞机是一个非常复杂的产品，即使在方案设计阶段，其部件组成往往已经比较细化，所涉及部件数量众多。在 PDM 中，以历史版本查看方式可以追溯某个部件历史信息，但想要获取某个时间点的整机方案信息，则需要逐个查看各个部件设计的历史版本数据后汇总得出，耗时耗力，具有很大的不便。

④ 审签过程过于严密，效率较低，难以适应方案前期设计的应用。在 PDM 中，文件的审签以成熟度来衡量，每个文件的成熟度必须达到 100 %方可入库，否则，将放在数据仓库中等待审签。一个文件的审签对应着一个审签流程，该流程将串接 2 到多名相关人员，每经过一个节点，文件成熟度得到一定程度的提升，最终达到 100 %。在实际使用过程中，节点上的所有相关人员并非全都在线并处于实时监控审签状态，此时数据文件的审签入库手续就需要通过电邮或电话等方式通知关系人并要求提升成熟度。这样一个过程走完有时需要耗费很长时间，虽然质量进行了严格把控，但效率比较低。在总体设计阶段，方案自身并不要求很高的成熟度，其工作特点要求在保证一定成熟度下具有较高的工作效率。

⑤ 总体设计阶段设计指标自身还存在调整的可能。在 PDM 系统中，除 BOM 树外，方案自身的指标体系在大的范围内是基本固定的，只存在局部的调整和细化；而在飞机总体设计阶段，指标本身有时还会随着设计的进一步开展而进行协调并出现较大的变动。

针对 PDM 系统的局限，国外的研究集中在针对现有的 PDM 系统进行定制开发，针对不同的用户量身定制符合其要求的数据管理系统。而国内的各大主机厂所对 PDM 的研究与应用还处于较初级的摸索阶段，还远没有达到像国外那样的应用成熟度。针对飞机总体设计阶段数据进行有效管理的实际需求，如果在现有的国外成熟 PDM 系统上进行二次开发，则势必带来开发周期长、开发成本高、软件系统设计复杂度高等诸多问题，而且受制于已有系统框架的局限，难以有效克服上面提到的种种问题。所以，从飞机总体设计阶段数据管理的实际业务和需求出发，统筹考虑各方面要求建设一套具有针对性的数据管理系统，是十分迫切和必要的。

13.2.2 基于演变与衍生的过程数据管理

1. 假 定

【假定 1】 为进一步开展系统设计和研究，假定在飞机总体设计过程中所产生的各类数据均以条目化方式在数据库中进行存储。每一个条目将包含着数据的各类属性，如所属型号、所属数据类别、数据条目版本、创建人、创建日期等等。数据条目的各类属性将作为各类数据视图查看和构建方案数据基线的依据。

【假定 2】 总体设计阶段的所有数据都是以最新版本为基线，所有数据最新版本的集合称为该状态方案的信息数据。此假设在充满迭代的飞机总体方案设计阶段是适合的。基于此假设，可以更好地将时间和方案版本关联起来，从而完成方案信息基线的自动构建。

2. 演变与衍生的基本概念

回顾第 1 章中的图 1.3，在总体设计过程中，首先以设计要求作为整个设计流程的起始，对初始设计要求的各项性能指标进行综合分析和相关计算，确定方案总体参数(起飞总重、翼载荷、推重比等)及若干种满足设计要求的可行初始布局形式。之后针对各初始布局形式分别进行各专业的协同设计，细化各初始方案，在此过程中可能由一种布局形式演变成侧重于不同性能点(气动性能、舒适性等)的多种设计方案。当总体设计进行到一定阶段后，将进行阶段性的评估与决策，从若干种设计方案中综合优选出一种相对较优的设计方案作为进一步设计的对象方案。之后针对优选出的方案继续进行方案细化、各专业协同设计、方案演变及方案优选，反复迭代和循环，最终得到一个初步的设计可行方案。

基于以上描述，飞机总体设计中的过程数据将包含如图 13.1 所示的 3 个层面的信息，演变和衍生的基本概念将以此为基础。

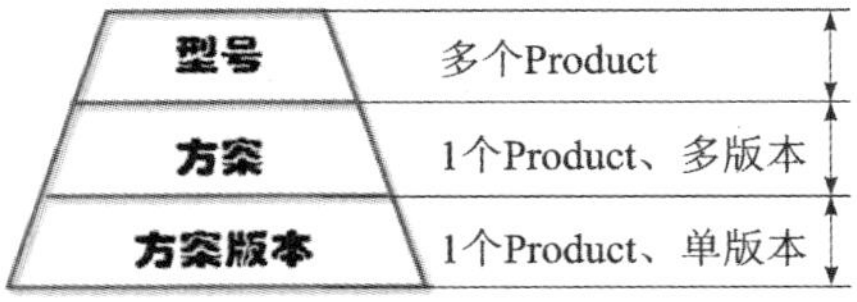

图 13.1 飞机总体设计过程数据的层次

【定义】 演变：飞机总体设计过程中某方案不同版本之间的变化。演变主要应用于某个方案由于研发进展其基线数据发生改变的情况。

【定义】 衍生：飞机总体设计过程中同一型号不同方案之间的变化。衍生主要应用于基于历史方案数据开展新方案的研制情况。

【定义】 主线/辅线：飞机总体设计过程中同一型号不同方案之间的变化。衍生主要应用于基于历史方案数据开展新方案的研制情况。

3. 基于演变与衍生的过程数据管理

基于演变与衍生概念的过程数据管理方法，可以实现以直观的方案演变历程的形式对设计方案数据进行管理，图 13.2 清晰地描述了该数据管理方法的内部逻辑。整个方案的数据管理以时间维度为轴，及时跟踪和更新方案的演化历程，可以直观、及时地呈现一个型号的发展推进情况，涵盖型号和所有方案的数据演变历程，在每个时间节点上可以清晰地获取该节点上对应方案的全部数据。

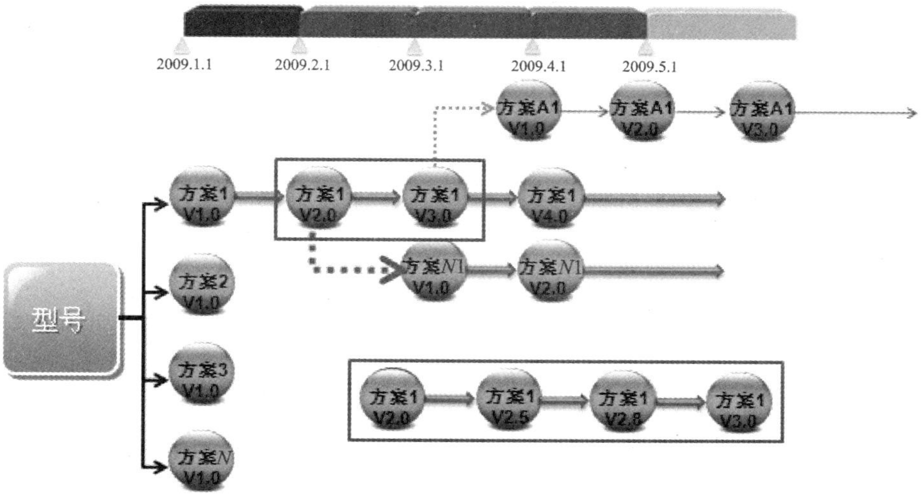

图 13.2　基于演变与衍生的过程数据管理方法

基于演变和衍生概念的过程数据管理方法，切合了飞机总体设计的实际业务和工作性质，还原了飞机设计研发的实际场景。在系统实现层次上，以上一节提到的一系列基本概念为原则，实现数据的有效创建和管理，能满足总体设计阶段方案变动大、迭代设计频繁的特点。

(1) 主线/辅线

一个型号的某种布局方案在设计中进行演变，其重要的设计里程碑节点是在数据管理的演变历程中形成一条方案演变的主线，如图 13.2 的方案 1 V1.0→方案 1 V2.0→方案 1 V3.0→方案 1 V4.0。而在方案演变的过程中，演变到某一个里程碑节点时有可能要交给其他专业组进行细化设计（比如形成初始三面图后会交给气动组进行气动设计）。在各专业组设计的过程中，各专业组的方案也会发生演变从而形成一条方案辅线，如图 13.2 的方案 1 V3.0→方案 A1 V1.0→方案 A1 V2.0→方案 A1 V3.0。以此主线与辅线的形式来管理方案的设计演变和设计过程中各专业组的设计数据演变。

(2) 演变/衍生

在方案设计过程中，方案会随着设计过程发生演变，如图 13.2 的方案 1 V1.0→方案 1 V2.0→方案 1 V3.0→方案 1 V4.0，这是大的里程碑节点演变；在大的里程碑节点之间还会有过程方案的演变，如图 13.2 中的方案 1V2.0→方案 1V3.0 之间会有过程方案 1 V2.0→方案 1 V2.5→方案 1 V2.8→方案 1 V3.0。在方案设计过程中还会出现方案衍生，在方案设计到一定阶段，有时会由一个方案衍生出另一个方案，如图 13.2 中的方案 1 V2.0→方案 *N*1 V1.0，从而形成一种新方案。

基于演变与衍生的过程数据管理方法可以直观呈现方案版本，体现方案演变逻辑，有效管理设计数据，减少设计数据混乱，追溯设计过程，监控设计进度，达到“设计状态可控”的效果。

13.2.3 过程数据管理系统的主要技术指标

本章的研究内容为飞机总体设计中的数据管理，对于飞机总体设计而言，从设计要求开始就充满了迭代和循环，不仅设计方案自身需要进行不断优化和迭代，前期设计指标本身也需要经过多轮的分析和评估才能完全确定下来。而在方案的各类优选过程中，不仅涉及不同的布局形式，还会存在大量的衍生变种，所获取的“最优”设计方案有可能只是一个设计可行方案，原因是在设计前期还无法准确预估到后期制造等相关因素的影响，例如材料、发动机制造等；反之，所“淘汰”的方案将有可能为新的设计带来启发。总体设计阶段，飞机方案变动频繁，变种和衍生方案较多，要实现对诸如此类多种方案数据的有效管理，数据的历史追溯是数据管理系统建设时的研究重点之一。同时，考虑到数据安全性是影响数字化平台建设成败的关键问题之一，对于数据入库的成熟度考量必须予以足够的重视，其是保证管理系统正常运行的重要砝码。

数据管理系统作为飞机总体数字化设计平台中的重要模块，是一个有机组成的系统，在设计之初需要统筹考虑各方面的要求，除满足上述数据使用要求和数据安全性要求之外，还需要综合考虑系统性能、扩展性等各方面要求。表 13.1 列出了数据管理系统的主要技术指标。

表 13.1 数据管理系统的主要技术指标

技术类别	技术指标
系统功能	支持方案演变过程的可视化监控
	支持网络化协同设计
	支持方案节点的可控创建
	支持同布局形式下方案数据的自动传递
	支持以天为单位的方案状态定义
	支持以天为单位的方案状态追溯
	支持方案演变的嵌套定义
	支持方案数据的高效审签
	支持与现有 PDM 等系统的数据传输接口
数据库	所采用数据库能够满足设计的需要
	在研究过程中积累的数据能够用于实际型号的研制
	数据库运行良好
	数据库具有并发处理机制
系统使用	能满足总体设计团队在该平台上以异地方式协同工作
	能在设计过程的任何节点实现设计状态和结果的重现
	能在设计全过程实现可视化的、实时的流程监控和统计
	适应各种不同类型飞机的设计流程
文档管理	能实现主要设计节点的自动报表功能
	能提供完备的电子版和纸质用户手册

续表 13.1

技术类别	技术指标
扩展性	具备新模块的开发环境功能(插件)
	具备通用接口
系统安全性	具备防止非法使用系统的功能
	具备一套完整的安全保护机制
整体质量	平台运行期间的出错率处于专业软件允许的范围之内
	具有良好的可维护性
	软件用户界面友好,使用方便,具备良好的帮助途径

13.3 设计平台中的工程信息管理

13.3.1 飞机总体设计中的工程信息资源

飞机总体设计中的工程信息资源主要以数据为主,同时各类规范条例也属于其中,参见表 12.2所列的知识分类。其中的数据和规范是工程信息资源管理系统的主要应用对象,数据和规范可以进一步细分为若干小类,如表 13.2 所列。

表 13.2 飞机总体设计中的数据和规范类资源

大类别	小类别
数据	材料库
	标准件库
	各种实例库
	模块化数字库
	构件库
规范	设计规程
	通用要求
	指南
	手册

这类资源具有如下特点:

① 属于既有历史信息。数据和规范类资源均属于企业已经沉淀的既有历史信息,与当前所研制型号没有直接关系,这类资源在企业内部分布得比较零散。

② 可结构化管理。由于数据和规范类知识量大,再加之缺乏有效集中管理,从而导致信息获取困难。结构化管理是有效的解决方案之一。此外,数据和规范类资源具备结构化基础。

③ 多重关联性。在结构化的基础上,知识和知识之间的关联也是非常重要的,这样能够在寻找某类知识的同时获取与之相关的其他信息,如获取部件模型时可方便地获取该部件的二维和三维设计图纸等。

④ 对比和评估。工程信息资源最终是用于指导设计的，而设计过程中用得比较多的是基于现有资源的对比和评估，以确定当前设计任务的合理值域；或者通过对比评估，启发设计思维。

需要说明的是，对于每一个专业而言，所需的资源库类别可能相同，但是结构和内容是不一样的，如实例库类别，总体专业需要的是总体实例库，以飞机整体信息为主；而重量专业需要的是重量实例库，以飞机重量信息为主。但是这两个实例库都可以采用一个统一的支撑环境来构建。如此一来，基于表 13.2 所列的资源类别，一个企业具体的资源库将是大量的，这就更加需要合理有效的管理和维护，才能保证整体运行顺畅。

13.3.2 工程信息资源管理系统设计

1. 系统架构

工程信息资源管理系统分为基础管理、系统门户、服务器管理、数据浏览、数据管理、数据分析、规范条例等几个部分，其整体架构如图 13.3 所示。

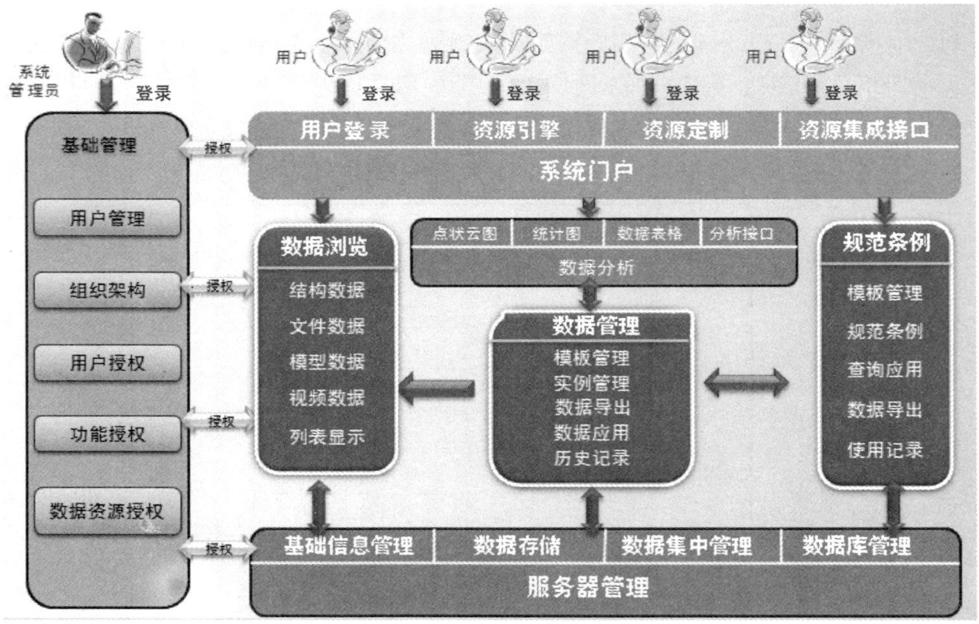

图 13.3 工程信息资源管理系统架构

2. 系统功能

基于对工程信息资源管理的需求分析，系统功能定义如表 13.3 所列。

表 13.3　工程信息资源管理系统功能定义

一级功能	二级功能	三级功能
0——系统门户	0.1——用户登录	B/S 架构客户端访问数据库统一入口
	0.2——门户系统管理	0.2.1——当前数据库选择
		0.2.2——单位设置
		0.2.3——显示设置
	0.3——系统定制	0.3.1——皮肤定制(满足科研单位的环境、氛围)
		0.3.2——浏览器标题
	0.4——企业集成接口	0.4.1——支持与企业现有框架系统的集成
		0.4.2——同一企业采用同一实例库系统平台
1——基础管理	1.1——用户管理	1.1.1——用户增加
		1.1.2——用户删除
		1.1.3——用户修改
		1.1.4——全部用户的查看
	1.2——用户授权	1.2.1——数据管理
		1.2.2——数据查询
		1.2.3——数据浏览
		1.2.4——数据审批
	1.3——功能授权	1.3.1——数据管理
		1.3.2——数据查询
		1.3.3——数据浏览
		1.3.4——数据审批
	1.4——数据资源授权	1.4.1——开放所有权限
		1.4.2——紧缩权限
	1.5——组织架构	1.5.1——开放多级架构
		1.5.2——用户归属
2——数据管理	2.1——数据管理要求	2.1.1——开放式的分级数据管理
		2.1.2——大文件数据的数据仓库
		2.1.3——允许以自由开放的方式添加不同颗粒度的产品数据
		2.1.4——数据的审核
		2.1.5——数据版本管理，包括数据来源以及数据更新时间等信息控制
		2.1.6——单个数据最大可能达到 2 GB
		2.1.7——一条实例数据量可能达到 10 GB 或更大

续表 13.3

一级功能	二级功能	三级功能
2——数据管理	2.2——实例模板定制	2.2.1——结构化数据配置
		2.2.2——文件数据及说明配置，文件数据是指不同格式的文件，包括（Word、Excel、图片、视频、CATIA 数模、AutoCAD 图纸等）
		2.2.3——定制的模板导出、下载（Excel 文件）
	2.3——实例数据导入	2.3.1——手动导入
		2.3.2——单一模板数据导入
		2.3.3——批量模板数据导入
	2.4——实例数据导出	2.4.1——结构化数据导出
		2.4.2——文件数据导出
		2.4.3——某个实例的所有数据的导出、打包下载
		2.4.4——批量数据导出
		2.4.5——实例数据的备份
	2.5——实例数据修改	2.5.1——只有有权限的用户才可以修改
		2.5.2——修改后的数据需要重新审核
		2.5.3——提交修改的说明记录
		2.5.4——历史数据的问题，历史版本数据的保存
	2.6——实例数据删除	2.6.1——只有有权限的用户才可以删除
		2.6.2——删除数据需要审核
3——数据查询	3.1——查询条件	3.1.1——单关键字查询
		3.1.2——多关键字查询，组合方式有逻辑查询、限定范围查询、组合查询
	3.2——查询结果显示	3.2.1——结构化数据显示：层级、属性列表等
		3.2.2——文件数据显示：描述信息及文件打开、下载等
4——数据浏览	4.1——结构化数据	数据来源，更新时间
	4.2——文件数据	文件数据下载到本地，也可直接在浏览器上浏览
	4.3——BOM 树	4.3.1——节点图标（分级）
		4.3.2——多级、多节点的选择
5——数据分析	5.1——数据分析前处理	数据分析前处理
	5.2——分析结果后处理	5.2.1——分析结果显示涉及到图、表等复杂对象
		5.2.2——分析结果的保存（或另存为），格式为 Excel 等
	5.3——分析接口	Excel、OpenLogic

续表 13.3

一级功能	二级功能	三级功能
6——规范条例	6.1——目录创建	创建规范条例的目录
	6.2——模板定制	定制模板,并设置模板中参数的搜索关键字
	6.3——条目录入	录入规范条例中的每一个条目,并在录入的过程中设置搜索关键字选项
	6.4——搜索查询	根据关键字进行搜索,并应用
7——服务器管理	7.1——数据管理、存储	7.1.1——Oracle 数据库、大文件等
		7.1.2——访问效率等
	7.2——数据库管理	7.2.1——数据库配置
		7.2.2——数据库层级的增、删、改
		7.2.3——数据库备份
	7.3——基础信息管理	7.3.1——数据库设置
		7.3.2——设置访问地址等基础信息
		7.3.3——配置其他基础信息

参考文献

[1] 王道荫. 迈向21世纪的航空科学技术[M]. 北京:航空工业出版社，1994.

[2] 顾诵芬，史超礼. 航空世界发展史[M]. 郑州：河南科学出版社，1998.

[3] 黄俊. 航空武器装备发展的某些重要问题思考[R]. 北京航空航天大学博士后研究工作报告. 北京：北京航空航天大学，2002.

[4] Jenkinson L R，Simpkin P，Rhodes D. Civil Jet Aircraft Design[R]. ISBN 1-56347-350-X，1999.

[5] 陈一坚. 大型飞机发展形势和主要技术[D]//中国航空学会飞机总体专业委员会编. 中国航空学会航空百年学术论坛飞机设计与制造分论坛暨总体专业分会第六次学术交流会论文集. 成都：成都飞机设计研究所，2003：6-15.

[6] 顾诵芬，解思适. 飞机总体设计[M]. 北京：北京航空航天大学，2001.

[7] Howe D. Aircraft Conceptual Design Synthesis[M]. London：Professional Engineering Publishing Limited，2000.

[8] Dornheim M A. Computerized Design System Allows Boeing to Skip Building 777 Mock-up[J]. Aviation Week & Space Technology，1991，134(22)：50-51.

[9] Mecham M. Lockheed Martin Develops Virtual Reality Tools for JSF[J]. Aviation Week & Space Technology，1997，147(14)：51-53.

[10] 任晓华. JSF制造技术综述[J]. 航空制造技术，2002 (2)：43-48.

[11] Landolt J P，Evans J R. R&D Initiaives in Modeling and Simulation for Capability Modernization of the Canadian Air Force[J]. Canadian Military Journal，2001，2(1)：37-42.

[12] McMaster J H，Cummings R M. From Farther，Faster，Higher to Leaner，Meaner，Greener-Future Directions in Airplane Design in the New Century[R]. AIAA Paper 2003-0553,2003.

[13] McMaster J H，Cummings R M. Airplane Design as a Social Activity：Emerging Trends in the Aerospace Industry (Invited Paper)[R]. AIAA Paper 2002-0516,2002.

[14] McMaster J H，Cummings R M. Airplane Design-Past，Present，and Future [J]. Journal of Aircraft，2002,39(1):10-17.

[15] McMaster J H，Cummings R M. Airplane Design-Past，Present，and Future(Invited Paper)[R]. AIAA paper 2001-0535. 2001.

[16] Rai P. Aircraft Design in the 21st Century：Implications for Design Methods (Invited Paper)[R]. AIAA Paper 98-2895,1998.

[17] Keating C，Rogers R，Unal R，et al. System of Systems Engineering[J]. Engineering Management Journal，2003，15(3)：36-45.

[18] Delaurentis D，Kang T，Lim C，et al. System of Systems Modeling for Personal Air Vehicles[R]. AIAA Paper 2002-5620,2002.

[19] 程不时. 飞机设计中的"系统综合"[D]//谢础主编. 振兴跨世纪的中国航空——中国航空学会成立三十周年学术研讨会论文集. 北京：北京航空航天大学出版社，1994：

36-42.

[20] Weston R P, Townsend J C, Eidson T M, et al. A Distrubuted Computing Environment for Multidisciplinary Design[R]. AIAA 94-4372,1994.

[21] Rogers James L, Salas Andrea O, Weston Robert P. A web - based monitoring system for mul. tidisciplinary design projects[R]. AIAA 98-4706,1998.

[22] Salas Andrea O, Rogers James L. A web - based system for monitoring and controlling multidisciplinary design project[R]. NASA/Tm-97-206287, 1997.

[23] McManus John W. A parallel distributed system for aircraft tactical decision generation [R]. // 9th AIAA/IEEE Digital Avionics Systems Conference, Virginia Bench, VA, US: October 15-18, 1990.

[24] 赵新力. 现代飞机设计与制造工程的一些新技术新方法——访美国波音公司[J]. 航空工艺技术, 1995(3): 33-35.

[25] 叶格尔 C M. 飞机设计[M]. 北京: 国防工业出版社, 1986.

[26] 杨景佐, 曹名. 飞机总体设计[M]. 北京: 航空工业出版社, 1991.

[27] Woodford Spencer, Smith Howard. The minimization of combat aircraft lift cycle costs through conceptual design optimization[R]. AIAA 98-5567,1998.

[28] 李屹东, 谭新. 战斗机全寿命周期费用估算技术初步研究[J]. 航空工程, 2002(2): 18-23.

[29] Anderson Frederick G, Biezad Daniel J. A low - cost flight simulation for rapid handling qualities evaluation during design[R]. AIAA 98-4368,1998.

[30] 杨维维, 陈小前, 李晓斌,等. 通用导弹气动力计算软件 DATCOM 的开发与校验 [J]. 固体火箭技术, 2006 (3): 161-164.

[31] Vukelich S R, 万音. 导弹 DATCOM:用部件组合法预计常规导弹的气动力 [J]. 导弹与航天运载技术, 1988 (7): 8-20.

[32] Langtry R B, Kuntz, Menter F R. Drag prediction of engine - airframe interference effects with CFX 5[R] . AIAA Paper 2004-0391,2004.

[33] ANSYS, Inc.. ANSYS ICEM CFD™ Mesh Generation[EB/OL]. (2008 - 11 - 14). http://www. ansys. com/products/ icemcfd - mesh-gen. asp.

[34] Nathman J K. Induced Drag of High - Aspect Ratio Wings[R]. AIAA Paper 2005-1033,2005.

[35] ANSYS, Inc.. VSAERO/USAERO Interface[EB/OL]. (2008 - 11 - 14). http://www. ansys. com/products/icemcfd - interfaces/vs aero. htm.

[36] Roberts R W, Canfield R A, Blair M. Sensor - craft structural optimization and analytical certification[R]. AIAA Paper 2003-1458,2003.

[37] Griffiths R C,Visser K D. Panel code estimates of wind tunnel wall and support interferene effets on the HSCT[R]. AIAA Paper 2000-4020,2000.

[38] Public Domain Aeronautical Software . PANAIR - Predicting Subsonic Or Supersonic Linear Potential Flows About Arbitrary Configurations Using A Higher Order Panel Method[EB/OL]. 2005. http://www. pdas. com/panair. htm.

[39] Analytical Methods, Inc.. VLAERO+[EB/OL]. (2012 - 02 - 02). http://www.am - inc. com/VLAERO. shtml.

[40] ESI Group CFD Portal. CFD - VisCART User Tips[EB/OL]. (2008 - 10 - 23). http://www. esi - cfd. com/content/ blogcategory/113/204.

[41] 伊塞-埃特(ESI - ATE)控股有限公司. SDAERO[EB/OL]. (2008 - 10 - 23). http://www. esi - ate. com/agentProduct - Detail. asp? pid=55.

[42] ANSYS, Inc.. ANSYS CFX[EB/OL]. (2008 - 11 - 15). http://www. ansys. com/Products/cfx. asp.

[43] Analytical Methods, Inc.. MGAERO[EB/OL]. (2008 - 11 - 15). http://www. am - inc. com/MGAERO. shtml.

[44] Analytical Methods, Inc.. MSES/MISES[EB/OL]. (2008 - 11 - 15). http://www. amieast. com/MSES. shtml.

[45] Fluent Inc.. FLUENT Flow Modeling Software[EB/OL] . (2008 - 11 - 16). http:// www. fluent. com/software/fluent/ index. htm.

[46] Fuglsang P, Bak C. Design and verification of the new Riso - A1 airfoil family for wind turbines[R]. AIAA Paper 2001-0028,2001.

[47] Mike Reymond. MSC/NASTRAN 2001 DMAP Programmer's Guide[R]. MSC. Software Corporation, 2002.

[48] Louis Komzski. MSC/NASTRAN 2001 Numerical Methodes User's Guide[R]. MSC. Software Corporation, 2002.

[49] Hermann T M, Mamarthupatti D, Locke J E. Postbuckling analysis of laminate composites utilizing commercial FEA software[R]. AIAA Paper 2005-194,2005.

[50] ZONA Technology Inc.. ZAERO[EB/OL]. (2008 - 12 - 10). http://www. zonatech. com/ZAERO. htm.

[51] ESI Group. CFD - FASTRAN Introduction[EB/OL]. (2008 - 12 - 11). http://www. esi - group. com/Consulting_services/ Training Catalogue/AdvancedCFD/CFD - F - B/ training_view.

[52] EM Software & Systems - S. A. (Pty)Ltd.. FEKO User's Manual(Suite 4. 2)[R]. 2004.

[53] Engineous Software, Inc.. iSIGHT paper collections[D]. 2002 iSIGHT user'conference, 2002.

[54] Jasmin Turcotte, Jean Yves Trepanier, Christophe Tribes, et al. Integration and Multidisciplinary Design Optimization of a Simplified Gas Turbine Model Using Perl and iSIGHT[R]. AIAA Paper 2004-4425, 2004.

[55] Malone B, Papay M. ModelCenter: An Integration Environment for Simulation Based Design[R]. Simulaion Interoperability Workshop, Orlando, FL, Mar. , 1999.

[56] SIGHTNA (Beijing) Technologies Co. , Ltd.. 协同优化设计体系—EASA[EB/OL]. (2006). http://www. sightna. com /EASA. asp.

[57] Platform Computing Corporation. Platform LSF Family of Products[EB/OL]. (2001-2008). http://www. platform. com/Products/.

[58] 伊塞-埃特(ESI - ATE)控股有限公司. Vdot[EB/OL]. (2012 - 09 - 20). http://www.atechina.com/agentProductDetail.asp? pid=44.
[59] Flowmaster Group. Flowmaster V7 Aerospace R1[EB/OL]. (2012 - 09 - 20). http://www.flowmaster.com/V7_aerospace.html.
[60] Raymer D P. Aircraft Design: A Conceptual Approach[M]. 3rd ed. Reston: AIAA Inc., 1999.
[61] Roskam J, Anemaat W A. General Aviation Aircraft Design Methodology in a PC Environment[R]. AIAA Paper 96-5520,1996.
[62] Anemaat W A, Schueler K L. Airplane Configuration Layout Design Using Object - Oriented Methods[R]. AIAA Paper 97-5510,1997.
[63] Wampler S G, Myklebust A, Jayaram S, et al. Improving Aircraft Conceptual Design - A PHIGS Interactive Graphics Interface for ACSYNT[R]. AIAA Paper 88-4481,1988.
[64] Filippo R J. Aircraft Synthesis Using Numerical Optimization Methodology[R]//Conrad F N, ed. Perspectives in Aerospace Design. Washington, D. C.: AIAA Student Programs Department, 1991:86-93.
[65] Jayaram S. Myklebust A,Gelhausen P. ACSYNT - A Standards - Based System for Parametric Computer Aided Conceptual Design of Aircraft[R]. AIAA Paper 92-1268,1992.
[66] Myklebust A, Gelhausen P. Improving Aircraft Conceptual Design Tools New Enhancement to ACSYNT[R]. AIAA Paper 93-3970,1993.
[67] Myklebust A, Gelhausen P. Putting the ACSYNT on Aircraft Design[J]. Aerospace America, 1994, 32(9): 26-30.
[68] Kelly J H, Jayaram S. An Object - Oriented, Device - Independent GUI for the Creation of Rule - Based Fuselages and Spine - Based Aircraft Components[R]. AIAA Paper 95-0242,1995.
[69] Raymer D P. An Update On RDS - Professional[R]. AIAA Paper 96-5567,1996.
[70] Isikveren A T. Quasi - Analytical Modeling and Optimisation Techniques for Transport Aircraft Design[D]. Stockholm: Royal Institute of Technology, 2002.
[71] Fidanci M, Miller J R, Strauss D J. Integrating Automated Multi - disciplinary Optimization in Preliminary Design of Non - Traditional Aircraft[R]. ADA380252, 2000.
[72] 刘虎. 飞机概念设计支持理论与原型系统研究[D]. 北京:北京航空航天大学, 2004.
[73] Raymer D P. RDS - Student: Software for Aircraft Design, Sizing, and Performance [M]. Reston: AIAA Inc., 1999.
[74] Raymer D P. RDS: A PC - Based Aircraft Design, Sizing, and Performance System [R]. AIAA Paper 92-4226,1992.
[75] Gloudemans J R, Davis P C,Gelhausen P A. A Rapid Geometry Modeler for Conceptual Aircraft[R]. AIAA Paper 96-0052,1996.
[76] Fielding J P. Introduction to Aircraft Design[M]. Cambridge: Cambridge University Press, 1999.

[77] Rentema D W E, Jansen F W, Torenbeek E. The Application of AI and Geometric Modelling Techniques in Conceptual Aircraft Design. AIAA Paper 98-4824,1998.

[78] Sobieszczanski sobieski J, Haftka T. Multidisciplinary aerospace design optimization [R]. AIAA. 96-0711,1996.

[79] 唐荣锡，席平，宁涛. 协同设计特征造型软件发展概况[J]. 计算机辅助设计与图形学学报，2003,15(1)：15-20.

[80] 赵震，彭颖红. 基于 KBE 的工程设计——理论、方法与实践[J]. 机械科学与技术，2003,22(1)：151-153.

[81] 杨海成，廖文和. 基于知识的三维 CAD 技术及应用[M]. 北京：科学出版社，2005.

[82] Stephen Kneebone. The Knowledge enterprise[C]. Coventry：KBE conference' 98. (1998). http//www. kbe. coventry. ac. uk.

[83] Renoyer J A, Burnett G, Fawcett D J. Knowledge based product life cycle system：principles of integration of KBE and C3P[J]. Computer - Aided Design, 2000, 32:311-320.

[84] Li G H. KBE base studies to illustrate benefits in repetitive and complex engineering programs[R]. Hong Kong：Knowledge Based Engineering Symposium, 2000：24-42.

[85] Pinfold M, Charman C. The application of KBE techniques to the FE mode creation of automotive body structure[J]. Computers In Industry. 2001(44)：1-10.

[86] Peng Y H, Zhao Z, Yuan X Y. KBE technology in engineering design[R]//Jian Song, ed. Proceedings of International Conference on Engineering and Technological Science 2000, Session 1. Beijing：New World Press, 2000：94-100.

[87] Liu H, Lu X L, Luo M Q, et al. Case - Based Reasoning for Developing Initial Aircraft Concepts[R]. AIAA 2006-1487,2006.

[88] 罗明强，刘虎，武哲. 开放式飞机总体设计环境的原型研究[J]. 航空学报. 2008，29(4)：954-959.

[89] Spatial Technology. ACIS 3D Toolkit Technical Overview[R]. Spatial Technology Inc, 1998.

[90] 雷曼尔. 现代飞机设计[M]. 钟定逵，译. 北京：国防工业出版社，1992.

[91] Roskam J. Airplane Design Part VII：Determination of Stability, Control and Performance Characteristics ：FAR and Military Requirements[M]. Ottawa：Roskam Aviation and Engineering Corporation, 1985.

[92] Roskam J. Airplane Flight Dynamics and Automatic Flight Control Part II[M]. Ottawa：Roskam Aviation and Engineering Corporation, 1985.

[93] Eldred M S, DAKOTA G A A. A Multilevel Parallel Object - Oriented Framework for Design Optimization, Parameter Estimation, Uncertainty Quantification, and Sensitivity Analysis[R]. Version 3. 0 User Manual. Sandia Technical Report SAND2001-3796, 2002.

第四篇
飞机总体设计
支持技术新方向

第14章 智能设计支持方法与实例

智能设计是指应用现代信息技术，采用计算机模拟人类的思维活动，提高计算机的智能水平，从而使计算机能够更多、更好地承担设计过程中各种复杂任务，成为设计人员的重要辅助工具。智能设计的主要特点包括：以设计方法学为指导、以人工智能技术为实现手段、以传统CAD技术为数值计算和图形处理工具、面向集成智能化和提供强大的人机交互功能[1]。与人工智能领域主要关注于发展各种基础理论与方法不同的是，在智能设计技术相关的研究中，相当大比例都是以工程应用为导向的[1-6]。

智能设计技术的应用和发展表明，在复杂产品的设计过程中应当更重视对设计者提供智能支持而不是试图完全取代设计者。参考文献[1]中就明确指出智能设计系统应当是一个智能设计支持系统，其重点在于通过知识的推理以及分析、计算，承担一定的决策工作，并为设计者的关键决策提供帮助。尽管人工智能领域的研究为人们理解智能的本质和机理提供了大量可资借鉴的成果，但以之为基础建立能完全模拟人类的学习能力和创造性的自动化设计系统仍然面临着巨大的困难。正如参考文献[1]中引述的"智能代价说"所指出的那样，用计算机模拟人类的抽象思维能够收到良好的成效，但赋予机器人类水平的形象思维和灵感思维时要付出的代价是非常高昂的。在设计领域中，能够实现完全自动化也往往局限在比较小的范围内。

将智能设计支持的方法应用于飞机总体设计，意味着应充分发掘设计过程中适合提供智能化辅助的各个切入点，进而把设计方法学、人工智能的方法有效地结合进来，这样不仅能够提高设计效率，还有助于提升总体设计支持的理论研究水平。国内外的总体设计支持技术研究人员在应用基于规则推理、基于实例推理和智能主体等方面都已经有了很多有益的尝试[7-15]。本章中给出了三个基于SEACD提出和实现智能设计方法的案例，分别从方案的参数选择、建模与优化等角度体现了设计支持软件系统与理论方法研究之间的相互支撑关系：软件系统为理论方法提供实现的基础和验证的"试验田"，而新的理论方法能够进一步提升软件系统的效率与应用价值。

14.1 基于实例推理的主要设计参数选择

14.1.1 引　言

在运用基于实例的推理(Case-Based Reasoning，CBR)技术进行基于实例的设计时，新问题是通过检索已有的相似问题并适配先前的解决方式来解决的[17]。相比于其他涉及知识的人工智能方法(如基于规则的推理)，CBR能够利用到先前的设计中隐含的经验和知识，而且避免了知识获取及将知识以一阶谓词或其他形式显式表示等难题[8-20]。因此，CBR已经在机械产品、汽车和轮船等的设计中得到了广泛研究和应用[21-29]。

在进行民用飞机，特别是大型民用旅客机设计时，充分借鉴和利用现有方案的信息有着重要意义，尤其是在设计经验严重不足的情况下。相对于军用飞机数据的高度保密性，大量已有民机的数据也更易于从各种公开的资料[30-32]中收集到。具备建立大量实例的可能性正是研究 CBR 的前提条件，而本节中介绍的工作在于探讨该技术在飞机总体设计，尤其是在概念设计阶段可能的应用途径，并且对其进行必要的改进，从而发掘它能够为设计带来的益处。

14.1.2 改进后的 CBR 应用流程

图 14.1 所示的是参考文献[16]中给出的 CBR 循环，其中表明了 CBR 中的 4 种基本任务：检索(retrieve)、复用(reuse)、修改(revise)和保存(retain)，而构建一个能够存储先前实例的实例库也是一项非常必要的任务。此外，常识(general knowledge)在 CBR 中也发挥着作用，尽管这种作用在某些情况下可能"非常弱(甚至不存在)"[16]，但飞机概念设计中的常识却不应被忽视。换言之，应当根据概念设计的特点对 CBR 中的任务进行评估，进而针对这一领域进行改进。本书中尤其关注的是专门的飞机设计系统对 CBR 应用的影响，这是因为这些系统使得重构现有设计和发展新方案都更为便利。

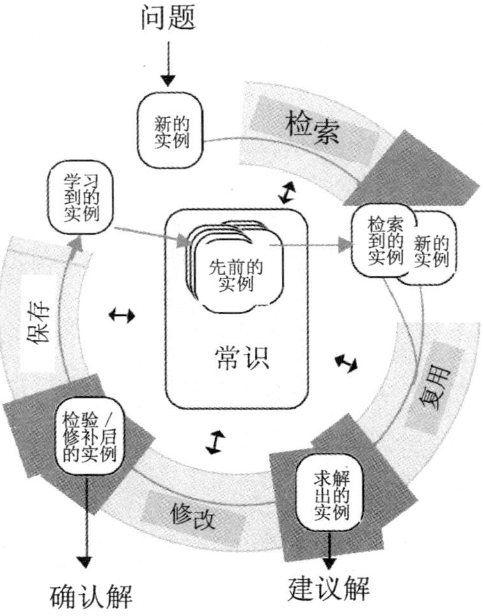

图 14.1 CBR 循环[16]

第一，在构建实例库时，实例的表示是一个主要的问题。本书中没有采用动态记忆模型和 Category & Examplar 模型[16]这样的理论方法，而是强调实例表示应当与设计系统中描述方案的格式相一致，这样在复用和修改实例时就需要更少的工作量。考虑到面向对象的编程技术已经在软件工程和设计工具开发方面得到了广泛应用，有必要为 CBR 在飞机概念设计中的应用而发展面向对象的实例表示方法。

第二，新的实例表示方式将要求新的实例检索方法。在大多数有关 CBR 的研究中，实例被表示为了一个属性的集合，并且用最邻近法(Nearest - Neighbor，NN)[20]这样的方法来检索

“最匹配(best - matching)”实例。由于一个概念方案的信息过于复杂,以致于难以被表示为一个简单的属性集合或列表,所以相应地必然需要对 NN 法进行改进。

值得注意的是,随着概念设计的进行,能够被用于检索的可用信息是在不断增加的。具体而言,在一项设计任务提出之初,只有设计要求是可用的;在初步确定参数后,基本设计参数,如推重比、翼载荷、起飞总重和机翼面积也变为可用。如果选定了发动机,则其属性也可以被用做检索依据。因此,为了处理飞机概念设计这样的复杂设计问题,检索不应当仅仅进行一次,而每次检索所得的最匹配实例也未必是固定不变的。

第三,与其他机械产品相比,概念方案有更多与特定约束相联系的设计参数,所以实例复用的过程也不应是简单地调整这些参数的数值,而应当将飞机的信息(包括参数、特性和几何形体)在设计流程中进行合理的使用。例如,通过检索设计要求确定一个最匹配实例后,其基本设计参数将不被直接复用为新设计的初值,因为这一方式无法反映由新的设计要求所确定的设计约束。在本书中,这个最匹配实例的可用特性,包括气动和动力特性都被用于进行新设计的约束和任务分析,从而就可以确定出新的基本设计参数。在通过综合检索设计要求和基本设计参数得到新的最匹配实例后,这一实例的几何形体和详细参数将得到复用。为了提高复用实例的多样性,并且更好地激发设计者的创造性,复用实例的数目可以是不止一个,而是根据检索结果排序确定的前面若干个。

第四,实例修改。如前所述,当一个实例只是被复用来进行初步定参数时,不必修改其设计参数。然而,在复用其几何形体和详细参数时,以一种高度自动化的方式对其进行修改并生成新的初始方案是至关重要的。

第五,在新飞机的概念设计完成后,应当将它也作为一个实例保存起来以扩充实例库。为了避免一个信息不足的方案在进行新一次 CBR 时被用到,建议只将分析过甚至优化过的方案保存到实例库中。显然,飞机的信息在后续的初步和详细设计后将大幅度地增加,但在 CBR 中使用这些信息已经超出了本书研究的范围。

根据上述讨论,可以对 CBR 的一般性循环进行改进以用于飞机概念设计,图 14.2 就显示了改进后的流程。需要注意的是,设计者在这一流程中发挥着重要的作用,其原因在于设计目标的复杂性和忽略设计者创造性的不合理性,即便是在一个用于飞机设计的智能系统中。除了修改初始方案外,设计流程中还有其他一些工作是需要设计者参与其中的,例如根据约束边界选取初始设计点。因此,基于实例的概念方案设计必然是一个“人在环(Man - In - Loop)”的过程。在今后的工作中,还将更深入地研究设计者在采用了 CBR 的设计系统中的作用。

14.1.3 表示实例的层级模型

为了描述复杂的对象,往往需要采用面向对象技术将其分解为不同的类。例如,在 SEACD 中,机翼类的成员变量包括了平面参数(尖削比、展长、后掠角等)翼型信息(翼型名称、厚度比、最大升力系数等)以及曲面信息(网格点、法向方向等)。相应地,一个设计实例的复杂信息将被表示为若干“信息源”的集合,而不是一张大的属性表。每个信息源能够表示用于检索的方案信息的一个主要方面。随着检索信息的动态增加,会有更多的信息源变为可用。

通常,一个信息源中会包含大量的数据,因此它又被划分为了不同的属性组,这样每一组就能够表示实例的一个更具体的方面。进一步地,属性组中的项目包括了能够包含属性的段,

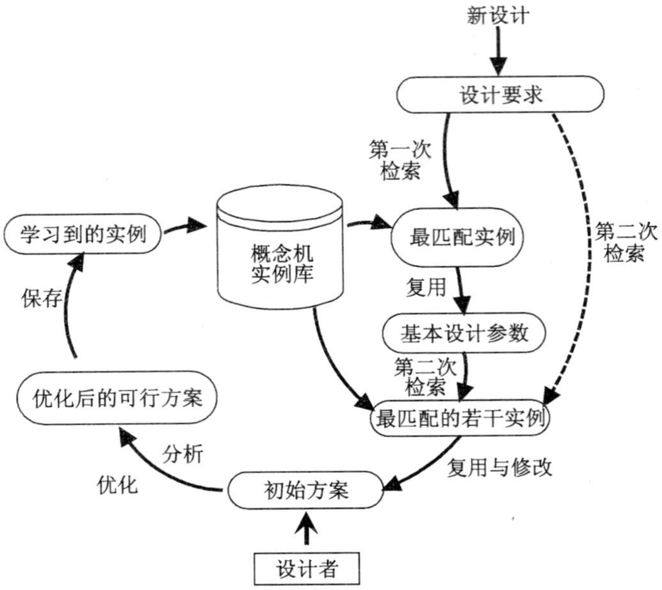

图 14.2 在飞机概念设计中应用 CBR 的流程

以及不属于任何段的独立属性。

这种以自顶向下的源—组—段—属性结构进行分解表示的方式在本研究中称为“层级模型”。如图 14.3 所示，左侧的金字塔显示了这一模型中的各类元素的等级，右侧的树中则列出了对应的一些具体项目，它们中的绝大部分会在本研究中用于检索。事实上，尽管这些项目仅仅显示了在 SEACD 中的数据组织方式，在 AAA、ACSYNT 等其他的飞机概念设计软件中也采用了类似的面向对象结构。

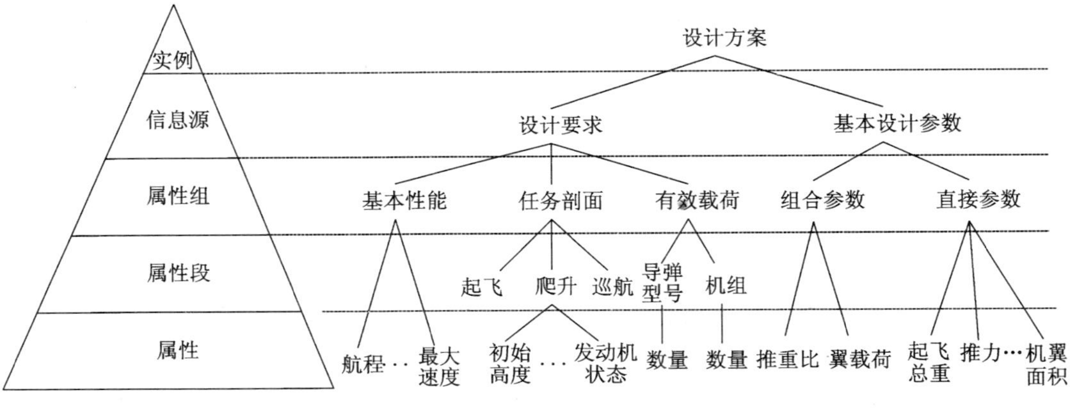

图 14.3 层级模型和用于检索的部分信息

还有一些关键的属性没有在图 14.3 中列出，例如一个方案属于的飞机类型。在检索实例的时候，这些属性是非常重要的，因为在新设计一架运输机的时候显然不应当将一个战斗机方案取成最匹配实例。因此，这些属性应当被用于构建若干子库而不是仅仅反映在检索公式中，从而就可以将检索工作限定在合适的子库中以提高效率。

14.1.4　实例检索方法的改进

1. 层级最邻近法

如参考文献[20]所述，常用的 NN 法的一般形式为

$$S(T,P)=\sum_{i=1}^{m} w_i \cdot s(a_i^T,a_i^P) \tag{14.1}$$

式中：$S(T,P)$ 是目标问题 T 和已有实例 P 之间的总体相似度，a_i^T 和 a_i^P 分别是目标和实例的第 i 个属性；$s(,)$ 是某一属性上的相似度度量，它可以是函数、规则或启发式的；m 是实例的数目；权重系数 w_i 是用于表征第 i 个属性在总体相似度中的重要程度，通常有 $\sum_{i=1}^{m} w_i=1$ 。

依据层级模型，这一方法被改进为了层级 NN 法，其基本思路在于：总体相似度等于所有可用信息源的相似度之和；各源的相似度等于其中各属性组的相似度之和，而各个属性组的相似度则与每个段和属性相关。相应地，如下公式可用于计算：

$$S(T,P)=\sum_{i=1}^{m} w_{si} \cdot s_s(S_i^T,S_i^P) \tag{14.2}$$

$$s_s(S_i^T,S_i^P)=\sum_{j=1}^{n_i} w_{gij} \cdot s_g(G_{ij}^T,G_{ij}^P) \tag{14.3}$$

在式(14.2)中，$s_s(,)$ 表示一个信息源上的相似度，S_i^T 和 S_i^P 分别是目标和实例的第 i 个信息源；权重系数 w_{si} 用于表示第 i 个可用信息源的重要程度，且有 $\sum_{i=1}^{m} w_{si}=1$ 。需要注意的是，随着设计信息的增加，m 的数量将发生变化，所以 w_{si} 的值在每次检索的时候并不会保持不变。在式(14.3)中，$s_g(,)$ 表示属性组的相似度(简称组相似度)，G_{ij}^T 和 G_{ij}^P 分别是目标和实例的第 i 个信息源中的第 j 个组；n_i 是第 i 个信息源中的属性组的数目；w_{gij} 表示了其中第 j 个组的重要程度，且有 $\sum_{j=1}^{n_i} w_{gij}=1$ 。

对于各个组中的段或独立属性，首先应当确定这个段或属性是否存在于实例中，然后才评估存在者的相似度：一个属性上的相似度可以通过比较它在目标和实例中的值求得，而一个段上的相似度则等于其包含的属性的相似度之和。这样，组相似度可以由下式计算：

$$\begin{aligned} s_g(G_{ij}^T,G_{ij}^P)=&\sum_{k1=1}^{r_1} w_{k1}\cdot\delta_{k1}\cdot s(a_{k1}^T,a_{k1}^P)+\\ &\sum_{k2=1}^{r_2} w_{k2}\cdot\delta_{k2}\cdot\left[\sum_{t=1}^{u_{k2}} w_t\cdot s(a_t^T,a_t^P)\right]-\sum_{k3=1}^{r_3}\delta_{k3} \end{aligned} \tag{14.4}$$

式中：r_1 是独立属性的个数；r_2 是段的个数，而 u_{k2} 是包含在第 k 2个段中的属性的个数；系数 δ_{k1} 用于反映一个在目标中存在的属性是否同样存在于实例中：存在时有 $\delta_{k1}=1$，不存在时则有 $\delta_{k1}=0$ 。类似地，δ_{k2} 用于反映一个目标中存在的段是否也存在于实例中：存在时有 $\delta_{k2}=1$，不存在时 $\delta_{k2}=0$ (可假设属于同一段中的属性的数目是固定的)。需要说明的是，会有一些属性和段存在于实例中，但却不存在于目标中。在式(14.4)中表示了这样的额外项目的个数，而

δ_{k3} 被用来作为对每个项目的罚值。显然,可以有不止一种的方法来设定该公式中的罚值,这个问题将在今后的工作中进一步研究。

尽管式(14.4)中列出了权重系数(w_{k1}、w_{k2} 和 w_t),但由于它们的数量通常会很多,以致对设计者而言要给出它们的取值且要满足 $\sum_{k1=1}^{r_1} w_{k1}+\sum_{k2=1}^{r_2} w_{k2}=1$ 和 $\sum_{t=1}^{u_{k2}} w_t=1$ 将是非常繁琐和有一定难度的。为简明起见,建议对这些系数按下列各式取值:

$$w_{k1}=w_{k2}=1/(r_1+r_2),\qquad w_t=1/u_{k2} \tag{14.5}$$

这样,式(14.4)可以被简化为

$$s_g(G_{ij}^T,G_{ij}^P)=\frac{1}{r_1+r_2}\cdot$$
$$\left\{\sum_{k1=1}^{r_1}\delta_{k1}\cdot s(a_{k1}^T,a_{k1}^P)+\sum_{k2=1}^{r_2}\delta_{k2}\cdot\left[\frac{1}{u_{k2}}\sum_{t=1}^{u_{k2}}s(a_t^T,a_t^P)\right]\right\}\sum_{k3=1}^{r_3}\delta_{k3} \tag{14.6}$$

在进行了这样的简化后,在计算 $S(T,P)$ 时需要确定的权重系数的总数减少到了 $\sum_{i=1}^{m} n_i$,这对于实际设计而言将更为可行。

为了计算一个属性上的相似度,可以采用参考文献[20]中给出的如下常用公式:

$$s(a_t^T,a_t^P)=1-\left|a_t^T-a_t^P\right|\Big/(a_t^{\max}-a_t^{\min}) \tag{14.7}$$

式中:$a_t^{\max}$ 和 $a_t^{\min}$ 分别是目标和所有实例在一个属性上的最大和最小值。在某些研究中[33,34],一个属性的允许变动范围是需要事先给出的,而不是由 $a_t^{\max}$ 和 $a_t^{\min}$ 决定的,但这种方式却并不容易实现,这是因为设计者可能很难清楚地确定每一个属性的合理范围。

在 a_t 代表一种状态而没有数值的情况下,例如一个任务段中的发动机状态可能是军用推力或最大推力,则在状态一致时 $s(a_t^T,a_t^P)=1$,而不一致时 $s(a_t^T,a_t^P)=0$ 。

2. 计算属性组相似度的距离准则

除了改进 NN 法外,本研究中提出了另一种称为“距离准则”的方法计算属性组的相似度:一个实例的每个属性组都被看作一个独立的空间点(该点必然是在一个多维空间中),而组相似度就依赖于实例的组和目标的对应组之间的“距离”。也就是说,一个属性组上的相似度可以按照下式计算:

$$s_g(G_{ij}^T,G_{ij}^P)=1-D_g(G_{ij}^T,G_{ij}^P)/D_g^{\max} \tag{14.8}$$

式中:$D_g(G_{ij}^T,G_{ij}^P)$ 被定义为目标和一个实例的第 j 个属性组之间的距离,$D_g^{\max}$ 是所有包括这一属性组的实例中的最大距离。这样,一个较小的距离值就意味着该实例在这一组上更为靠近目标。

假设属于一个组的每个属性代表空间点的一个维度,则 $D_g(G_{ij}^T,G_{ij}^P)$ 可按下式计算:

$$D_g(G_{ij}^T,G_{ij}^P)=\left(1+\sqrt{\sum_{k3=1}^{r_3}\delta_{k3}^2}\right)\cdot$$
$$\sqrt{\sum_{k1=1}^{r_1}(1-w_{k1})\cdot\delta_{k1}\cdot(a_{k1}^T-a_{k1}^P)^2+\sum_{k2=1}^{r_2}(1-w_{k2})\cdot\delta_{k2}\cdot\left[\sum_{t=1}^{u_{k2}}(1-w_t)\cdot(a_t^T-a_t^P)^2\right]} \tag{14.9}$$

如果使用上式，则当计算一个实例和目标在一个属性上的距离时，将不需要知道其他实例的数据，从而可以节省掉搜索整个实例库以获取该属性的最大及最小值的时间。然而，由于不同的属性的取值往往会存在巨大差异，如最大速度的值就不能与航程相提并论，所以使用式(14.9)很容易导致取值较小的属性的作用被忽略掉。

作为一种补救方法，式(14.9)被改进为如下形式：

$$D_g(G_{ij}^T,G_{ij}^P)=\left[1+\sqrt{\sum_{k3=1}^{r_3}\delta_{k3}^2}\right]\cdot$$
$$\sqrt{\sum_{k1=1}^{r_1}(1-w_{k1})\cdot\delta_{k1}\cdot\left(\frac{a_{k1}^T-a_{k1}^P}{a_{k1}^T}\right)^2+\sum_{k2=1}^{r_2}(1-w_{k2})\cdot\delta_{k2}\cdot\left[\sum_{t=1}^{u_{k2}}(1-w_t)\cdot\left(\frac{a_t^T-a_t^P}{a_t^T}\right)^2\right]} \tag{14.10}$$

在式(14.10)中，属于目标的属性的值被用来对各属性上的距离进行归一化，而且同样可以节省搜索实例库的时间。然而，如果一个实例的属性值远远大于目标的对应属性值，而且这两个值都比其他属性的取值要大很多，则数值较小的那些属性的作用会被忽略掉。换言之，取值范围变动大的属性的作用会被不合理地突出。例如，对应于航程的(3 000～8 000)/3 000项必然会掩盖掉对应于最大速度(马赫数)的(0.7～0.9)/0.7 项的作用。

作为进一步的改进，研究中构造了下式，其中 a_t^i 表示了任一实例中与 a_t^T 相对应的属性。由于 $\left[(a_t^T-a_t^P)\big/|a_t^T-a_t^i|^{\max}\right]^2$ 项的值将被限定在闭区间[0, 1]中，因此使用式(14.9)和式(14.10)所导致的问题此时就不会出现。

$$D_g(G_{ij}^T,G_{ij}^P)=\left[1+\sqrt{\sum_{k3=1}^{r_3}\delta_{k3}^2}\right]\cdot$$
$$\sqrt{\sum_{k1=1}^{r_1}(1-w_{k1})\cdot\delta_{k1}\cdot\left(\frac{a_{k1}^T-a_{k1}^P}{|a_{k1}^T-a_{k1}^i|^{\max}}\right)^2+\sum_{k2=1}^{r_2}(1-w_{k2})\cdot\delta_{k2}\cdot\left[\sum_{t=1}^{u_{k2}}(1-w_t)\cdot\left(\frac{a_t^T-a_t^P}{|a_t^T-a_t^i|^{\max}}\right)^2\right]} \tag{14.11}$$

与处理层级 NN 法时相类似地，可以将式(14.11)简化为

$$D_g(G_{ij}^T,G_{ij}^P)=\left[1+\sqrt{\sum_{k3=1}^{r_3}\delta_{k3}^2}\right]\left(1-\frac{1}{r_1+r_2}\right)^{0.5}\cdot$$
$$\sqrt{\sum_{k1=1}^{r_1}\delta_{k1}\cdot\left(\frac{a_{k1}^T-a_{k1}^P}{|a_{k1}^T-a_{k1}^i|^{\max}}\right)^2+\sum_{k2=1}^{r_2}\delta_{k2}\cdot\left[\left(1-\frac{1}{u_{k2}}\right)\sum_{t=1}^{u_{k2}}\left(\frac{a_t^T-a_t^P}{|a_t^T-a_t^i|^{\max}}\right)^2\right]} \tag{14.12}$$

如果略去罚项，即令 $\delta_{k3}=0$，则上式变为

$$D_g(G_{ij}^T,G_{ij}^P)=\left(1-\frac{1}{r_1+r_2}\right)^{0.5}\cdot$$
$$\sqrt{\sum_{k1=1}^{r_1}\delta_{k1}\cdot\left(\frac{a_{k1}^T-a_{k1}^P}{|a_{k1}^T-a_{k1}^i|^{\max}}\right)^2+\sum_{k2=1}^{r_2}\delta_{k2}\cdot\left[\left(1-\frac{1}{u_{k2}}\right)\sum_{t=1}^{u_{k2}}\left(\frac{a_t^T-a_t^P}{|a_t^T-a_t^i|^{\max}}\right)^2\right]} \tag{14.13}$$

显然，用距离准则计算出的组相似度的值必然会与使用层级 NN 法计算出的值不同。在下一小节给出的设计实例中，将对二者的区别进行说明和讨论。

14.1.5 CBR 应用实例

为了验证所提出的方法的有效性，在 SEACD 中进行了一架民用旅客机的概念设计研究，作者团队的卢新来博士和罗明强博士共建立了 5 个民机方案作为实例进行检索。

图 14.4 显示了其中两个实例的草图和三维曲面渲染图，它们分别是依据 B737 和 BAe.146 建立的。图 14.5 显示的是其他三个实例的三维渲染图，它们分别依据 Airbus310、Airbus320 和 IL76 建立。为简明起见，本例中将这些实例依次指代为 P1、P2、P3、P4 和 P5。新的目标设计用 T0 标识，它是特意以 B757 为基准设定的。

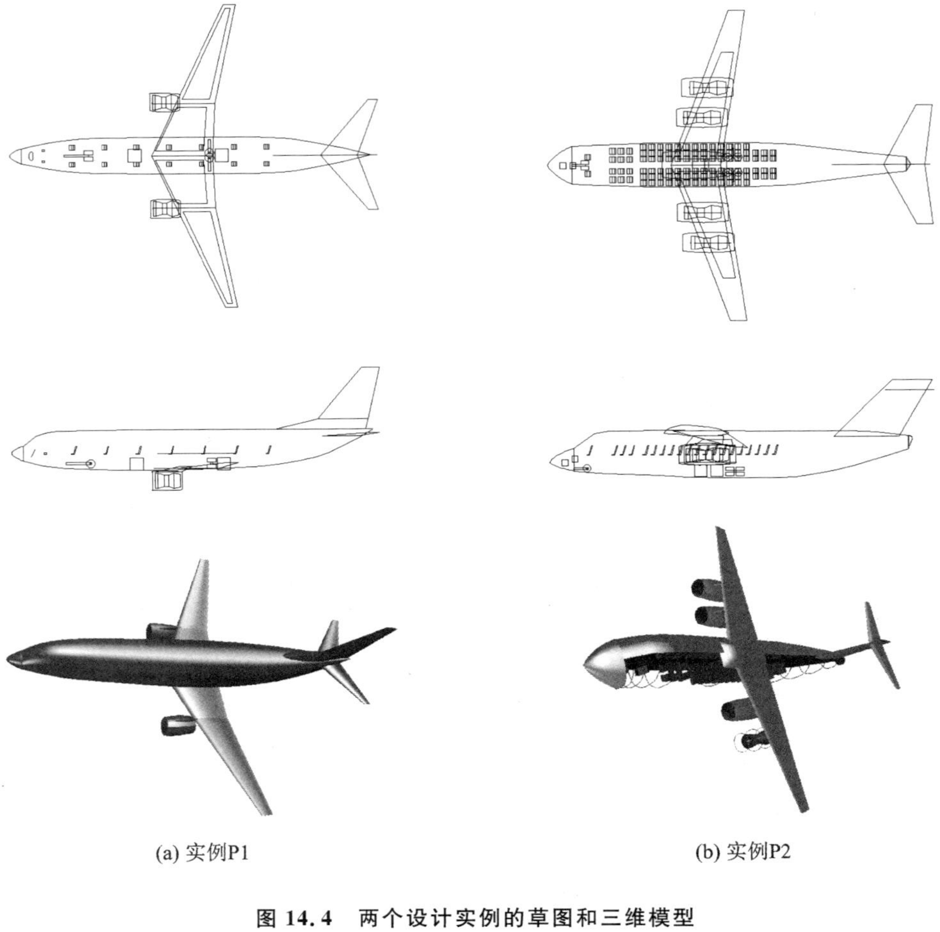

(a) 实例P1　　(b) 实例P2

图 14.4　两个设计实例的草图和三维模型

在第一次检索时，只有设计要求这一信息源是可用的，表 14.1 中列出了属于这一源的部分属性及其取值。由于只有参考文献[29]、[30]及互联网这样的公开资料可用，所以对实例和目标的信息都进行了简化，而且某些数据还是假设的。尽管如此，这些信息已经足以说明所提出方法的应用了。在本研究中，作者使用了设计要求中的三个属性组，即基本性能要求、任务剖面和有效载荷，它们分别用 G_{11}、G_{12} 和 G_{13} 标识。总体相似度按照下式计算：

(a) 实例P3　　(b) 实例P4　　(c) 实例P5

图 14.5　其余三个实例的三维模型

$$S(T,P)=s_s(S_1^T,S_1^P)=w_{g11}\cdot s_g(G_{11}^T,G_{11}^P)+w_{g12}\cdot s_g(G_{12}^T,G_{12}^P)+w_{g13}\cdot s_g(G_{13}^T,G_{13}^P) \tag{14.14}$$

表 14.1　目标设计和实例的部分设计要求

属性组名称	属性段名称	属性名/单位	属性值					
			T0	P1	P2	P3	P4	P5
基本性能		最大 *Ma*	0.86	0.82	0.7	0.84	0.82	0.75
		实用升限/km	15	15	15	15	15	15
		最大航程/km	4 398	4 204	2 733	7 963	4 807	6 700
任务剖面	起飞	起飞时间/min	0.5	0.5	0.5	0.5	0.5	0.5
		起飞距离/m	1 677	2 286	1 509	2 410	1 950	850
		最小失速速度/($m\cdot s^{-1}$)	60	60	60	60	60	60
		机场海拔高度/m	0	0	0	0	0	0
		摩阻系数	0.05	0.05	0.05	0.05	0.05	0.05
	水平加速	高度/m	11 000	11 000	11 000	11 000	11 000	11 000
		初始 *Ma*	0.6	0.6	0.5	0.6	0.6	0.6
		终了 *Ma*	0.8	0.75	0.58	0.8	0.78	0.69
		所用时间/s	30	30	30	30	30	30
		发动机状态	最大推力	最大推力	最大推力	最大推力	最大推力	最大推力
	巡航	高度/m	11 000	11 000	11 000	11 000	11 000	11 000
		Ma	0.8	0.75	0.58	0.8	0.78	0.69
		航程/km	4 500	4 204	2 733	7 963	4 807	6 700
有效载荷		旅客数量	200	170	90	240	150	160
		机组数量	10	10	10	10	10	10

对每个属性组，用层级 NN 法和距离准则算出的相似度均列于表 14.2 中，而且在计算时略去了所有的罚项。由计算结果可见，距离准则的使用必然会使得“最不匹配(worst - matching)”实例与目标之间的相似度等于零。

与设计要求中的三个属性组相对应的权重系数分别取为 $w_{g11}=0.25$、$w_{g12}=0.4$ 和 $w_{g13}=0.35$。用两种方法算出的总体相似度也列于表 14.2 中。可以看出，用距离准则算出的最终相似度比用层级 NN 法算出的分散性更强，这将有助于将实例之间的区别表现得更加明显。尤其是在存在大量实例时，这将有利于避免发生某些实例因相似度过于接近而难以取舍的情况。

表 14.2　首次检索所得的组相似度和总体相似度

实例	层级 NN 法				距离准则			
	$s_g(G_{11}^T,G_{11}^P)$	$s_g(G_{12}^T,G_{12}^P)$	$s_g(G_{13}^T,G_{13}^P)$	$S(T,P)$	$s_g(G_{11}^T,G_{11}^P)$	$s_g(G_{12}^T,G_{12}^P)$	$s_g(G_{13}^T,G_{13}^P)$	$S(T,P)$
P1	0.904 3	0.950 8	0.9	0.921 4	0.768 2	0.568 4	0.727 3	0.674 0
P2	0.560 5	0.812 0	0.633 3	0.686 6	0	0.069 18	0	0.027 67
P3	0.731 1	0.934 5	0.866 7	0.859 9	0	0.086 90	0.378 2	0.395 7
P4	0.890 6	0.730 5	0.833 3	0.806 5	0.750 8	0	0.545 5	0.378 6
P5	0.624 1	0.861 3	0.866 7	0.803 9	0.145 4	0.115 0	0.636 4	0.305 1

两种方法的计算结果都表明，P1 是最匹配实例，而 P2 是“最不匹配(worst - matching)”实例。因此，P1 的气动和动力特性(都是在 SEACD 中估算所得的)被用于了进行 T0 的约束和任务分析。如图 14.6 所示，在使用了这些特性的情况下，由约束边界围成的可行域能够很好地包容 P1 和 T0 的原型的实际设计点，这就比使用参考文献[35]中所给缺省特性所得的可行域更为合理。需要说明的是，图 14.6 中作为参考显示的设计点同样是在参考文献[34]中给出的，它们与根据一个实例信息中的数据计算出的推重比和翼载荷数值有一定的误差。

由于从初始定参数中得到的设计参数的值依赖于约束及任务分析所用的方法，所以在本例中的第二次检索时采用的仍是从公开资料中收集到的数据(见表 14.3)。此次检索所用的公式包括：

$$S(T,P)=w_{s1}\cdot s_s(S_1^T,S_1^P)+w_{s2}\cdot s_s(S_2^T,S_2^P) \tag{14.15}$$

$$s_s(S_2^T,S_2^P)=w_{s21}\cdot s_g(G_{21}^T,G_{21}^P)+w_{g22}\cdot s_g(G_{22}^T,S_{22}^P) \tag{14.16}$$

式中：G_{21} 和 G_{22} 分别表示组合参数与直接参数这两个属性组，与它们相对应的权重系数分别取值为 $w_{g21}=0.4$ 和 $w_{g22}=0.6$。在式(14.15)中，与两个信息源相对应的权重系数取值分别为 $w_{s1}=0.55$ 和 $w_{s2}=0.45$。

表 14.3　目标设计和实例的基本设计参数

属性组名称	属性名称/单位	属性数值					
		T0	P1	P2	P3	P4	P5
组合参数	推重比	0.366	0.323	0.300	0.324	0.327	0.254
	翼载荷/(kg·m^{-2})	538.7	535.6	545.7	684.9	599.5	633.3
直接参数	起飞总重/kg	99 790	56 486	42 173	149 790	73 500	190 000
	空重/kg	58 550	32 704	22 861	81 205	42 482	89 000
	燃油重量/kg	34 269	18 587	9 362	49 039	19 159	84 840
	推力/kg	36 523	18 245	12 652	48 532	24 035	48 260
	机翼面积/m^2	185.3	105.4	77.3	219	122.4	300

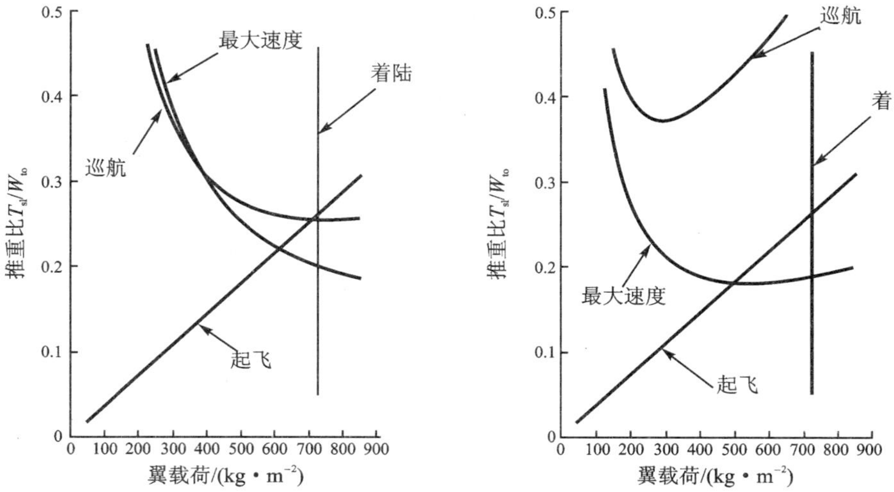

(a) 使用估算出的P1的特性　　(b) 使用参考文献[34]中所给缺省数据

图 14.6　T0 的约束分析

表 14.4 中列出了在第二次检索中所得的相似度，其中为简明起见，省略了属于设计要求的各属性组上的相似度。很自然地，设计要求信息源上的相似度没有发生变化。尽管用两种方法求得的最不匹配实例此时并不一致，但最终结果表明 P1 仍是最匹配实例，而 P4 变为了“第二匹配”实例。结合实际的方案情况来看，这些结果是比较合理的。因此，P1 的几何形体和详细参数将被复用和修改以得到 T0 的初始方案，而 P4 也可以被作为一个参考实例。

表 14.4　第二次检索所得的源和总体相似度

实　例	层级 NN 法			距离准则		
	$s_s(S_1^T, S_1^P)$	$s_s(S_2^T, S_2^P)$	$S(T,P)$	$s_s(S_1^T, S_1^P)$	$s_s(S_2^T, S_2^P)$	$S(T,P)$
P1	0.921 4	0.708 0	0.825 4	0.674 0	0.453 5	0.574 8
P2	0.686 6	0.583 6	0.640 3	0.027 67	0.235 2	0.121 1
P3	0.859 9	0.565 8	0.727 6	0.395 7	0.320 7	0.362 0
P4	0.806 5	0.698 9	0.758 1	0.378 6	0.524 6	0.444 3
P5	0.803 9	0.363 3	0.605 6	0.305 1	0	0.167 8

14.2　自动化方案调整的概念与方法

14.2.1　引　言

通过在支持系统中的建模，可以得到由各种不同类型部件组成的初始设计方案。与单纯地在 AutoCAD、CATIA 等通用 CAD 软件中建立的几何模型不同的是，方案中的部件具有各自明确的物理意义，而且彼此间有着逻辑上或拓扑上的联系。在方案修正与优化等需要对部件进行改动的过程中，与被改动的部件有联系的其他部件的模型也应当被拉伸、缩放或变形，以保持方案的“现实合理性(realism)[36,37]”,这同时也有利于保证对方案的分析能够具有足够的可靠性。为此,作者提出了自动化方案调整(automated scheme adjustment)的概念和方法,其基本思路在于将方案中的各种部件组织在一个联系网中,并且使得当联系网中的某一部件发生改变时,能够依据一系列预定义的调整规则和参数关联方法,实现其他相联部件的自动调整。通过这种方式,系统不仅能够在优化等人机交互无法进行的情况下自动保持方案的合理性,而且能减少设计者在构造和修正方案时的重复性劳动。本节中首先说明了与自动化方案调整有关的若干基本概念,然后对构造联系网和控制调整流程的措施进行了介绍。在分别论述不同情况下适用的调整规则和参数关联方法后,本节中还给出了在交互式修正中应用自动化方案调整的三个示例,以说明该方法的有效性。

14.2.2 部件间联系网的构造

1. 联系的类型与形式

为了构造作为自动化方案调整基础的联系网,作者定义了两种类型的部件间联系:对等联接(equal linkage)和基准/依附(datum/attachment)联系。前一种类型意味着调整是双向的,即联接中的任何一个部件发生变化,都将引起对方的自动调整;后一种类型则是单向的,即只有基准部件的变化才会引起依附于它的部件的自动调整。根据存在联系的两个部件各自所属的类型,关于对等联接和基准/依附联系这两种类型的联系,以下还可以进一步地分为多种更具体的形式。

对等联接往往存在于同属一种类型的部件之间。两个机身类部件的子部件之间的对等联接是本研究中主要关注的情况。图 14.7 中所示的前机身、中机身和后机身之间的相互联接即是如此。尽管设计者未必会将某一特定方案的机身分成这样的三段,但是将复杂形状的部件分成若干个相邻的子部件并分别建模显然会更为合理。在这些部件之间建立起对等联接后,自动化的调整就可以用以减少为提高建模精度而进行的重复性劳动。

基准/依附联接中的基准部件通常是方案中的主要部件,例如机翼和机身。特别需要注意的是,如果一个部件的参数可以被用做优化时的设计变量,则在多数情况下都应将该部件作为基准,这样它就可以通过引起依附部件的自动调整来避免在优化过程中与之发生不合理的干涉。表 14.5 中列出了属于基准/依附类型联接的各种主要的形式。由于系统中已定义部件类型的限制,故其中的支架是作为鸭翼建模的。为便于阐述,本小节中将该机命名为 GAX1。在表 14.5 中列出的机翼/导弹尽管在该方案中没有出现,但对于战斗机而言却是很常见的。当然,如果以翼面类部件的形式定义了武器的挂架,则由机翼/导弹表示的联系应当被机翼/挂架与挂架/导弹的共同作用所取代。

除对等联接和基准/依附联系外,两个部件间的相交也是在快速建模得到的方案中经常出现的情况(见图 14.8),但这种类型的联系在本研究中主要用于估算几何特性而非自动化方案调整。需要说明的是,如果一个部件会因状态的改变而被另一个所包含,或者二者的相交不影响后续的分析,则不必专门定义出它们间的相交联系,前起落架与前机身之间的关系即是如此。

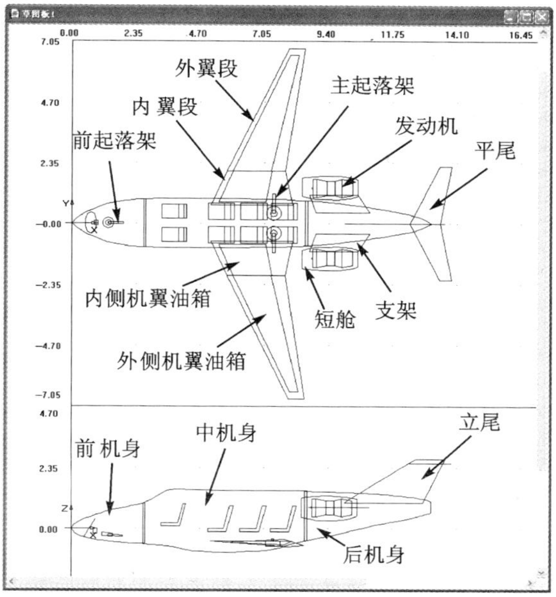

图 14.7　示例机 GAX1 中的部件

表 14.5　属于基准/依附联系的各主要形式

基准部件类型	依附部件类型	示　例
翼面类部件	机翼油箱	内翼段/内侧机翼油箱
		外翼段/外侧机翼油箱
	起落架	内翼段/主起落架
	标准部件	机翼/导弹
	机身类部件	支架/短舱
	翼面类部件	立尾/平尾
机身类部件	起落架	前机身/前起落架
	标准部件	短舱/发动机
	翼面类部件	后机身/支架

由于内翼段和外翼段间的相互影响是由翼面类部件的建模方式确定的，所以尽管已在图 14.8所示的联系网中标明，但它们之间的联系并没有在表 14.5 中列出。如第 4 章中所述，SEACD 中为保证同一翼面类部件的各翼段之间的连续性，使得后一翼段的某些参数自动根据前一翼段求出或获取而不允许修改，但这种影响事实上是相互的。也就是说，如果取消对后一翼段可设置参数的限制，则前一翼段的某些参数也应随后一翼段的变化而更新。鉴于此，虽然在本研究中不作为考察的重点，同一翼面类部件两个相邻翼段间的联系还是应当归为对等联接。

2. 联系的表示方式

为了使系统“了解”到部件间的各种联系并以之为基础在必要时作出“反应”，采取一种能

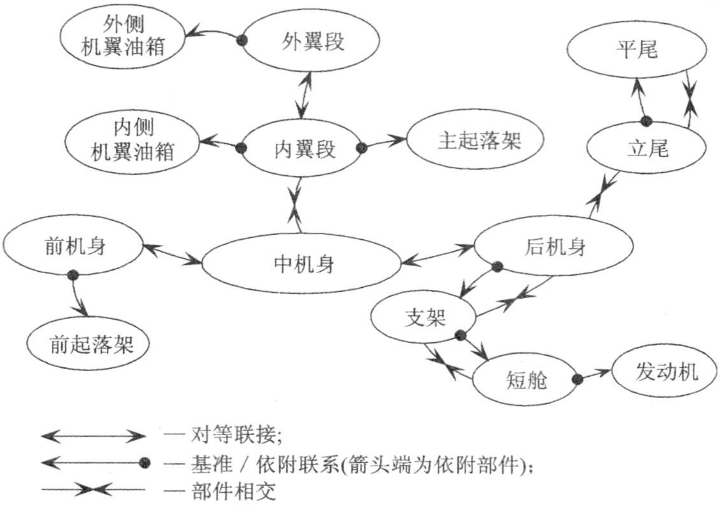

图 14.8 GAX1 的部件间联系网

清晰地表示出联系的方式是非常关键的。在 SEACD 中,联系单元(connection unit)被用来存储与某一个部件相关的各种联系的信息。通过面向对象的编程,联系单元被定义为了可以用如下形式描述的一个数据类:

$$\{CnType, CmType, CmName, CmIndex, MeIndex, \alpha\} \tag{14.17}$$

式中:CnType 代表联系的类型,CmType 和 CmName 分别表示相联部件的类型和名称,CmIndex 是相联部件在相同类型乃至相同名称的部件中所处的位置。α 是用来关联两相联系部件参数的系数列表,MeIndex 则被用来表示应当以何种方法初始化 α,二者的作用将在下文中进一步说明。举例而言,短舱中的联系单元为{2,"Engine","PW530",1,1,α}和{2,"Engine","PW530",2,1,α},它们分别代表了短舱与对称面两侧的两台发动机之间的基准/依附联系。

由于 CmType、CmName 和 CmIndex 的组合足以标识出一个相联部件,通过在某一部件的信息中定义联系单元链表的方式,就可以表示出多个与之有关的联系。进一步地,通过在对等联接的每个部件中都定义一个联系单元标识对方,并且在基准部件中定义用于标识依附部件的联系单元,那么整个方案中的部件间联系网就可以构造出来了。

3. 自动调整的流程

作为自动调整的准备工作,设计者需要首先通过 GUI 交互式地指定各个部件间的联系以构造出联系网(见图 14.9)。在具体的自动调整流程中,无论是处理属于对等联接还是基准/依附的联系,都需要经过如下的两个主要阶段:

第一个阶段是根据预定义的规则和所选的方法关联参数,也即初始化联系单元中的系数列表。这一工作在某一部件即将被改变时进行,例如当设计者通过 GUI 发送命令或优化算法改变设计变量以生成新的设计点时。需要注意的是,该步骤不应当在设计者交互地指定联系时进行,这是因为在某一部件的联系单元中标识的相联部件在联系设定好后可能被修改甚至会被删除。图 14.10 为初始化系数列表的流程图。由图可见,如果初始化系数列表时联系单元中标识的部件不复存在,则系统会删掉这个联系单元以更新联系网。在图 14.10 中标出的

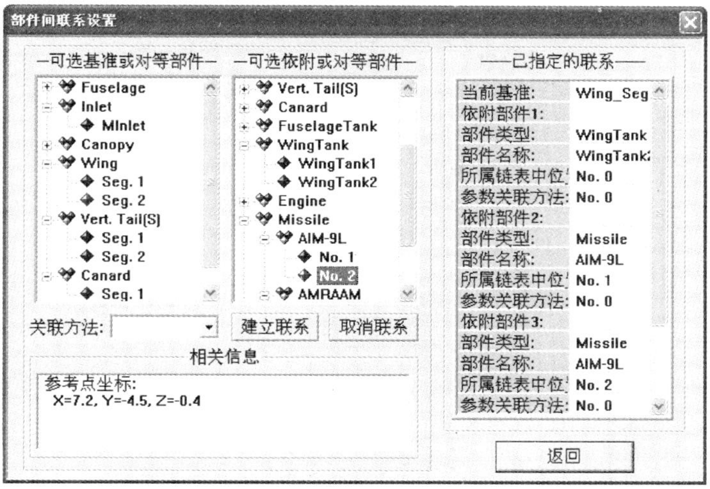

图 14.9　SEACD 中用于指定联系的对话框

“Controller”是一个专门定义的类，其中包含了为实现调整规则而定义的所有参数关联方法。由于“Controller”发挥作用时会涉及到存在联系的各种部件，所以尽管联系信息分别存储在各个部件之中，但系统对自动化方案调整的控制却可以通过它集中性地实现。

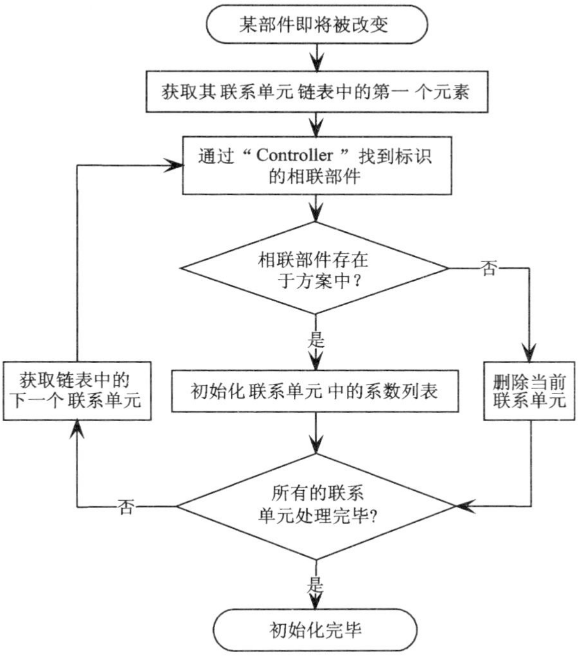

图 14.10　初始化系数列表的流程

第二个阶段是在部件被改变后根据参数关联自动地调整与之相联的部件(见图 14.11)。由于一个相联部件可能与另一个部件还有着对等联接，或者在与其他部件的联系中扮演着基准部件的角色，所以在其联系单元链表中标识出的所有部件也应当被自动地调整。这些后续性的调整在本研究中被称为“深层迭代(deeper iterations)”，它们可以把一个部件发生变动的影响传播到联系网中的所有相关部件。

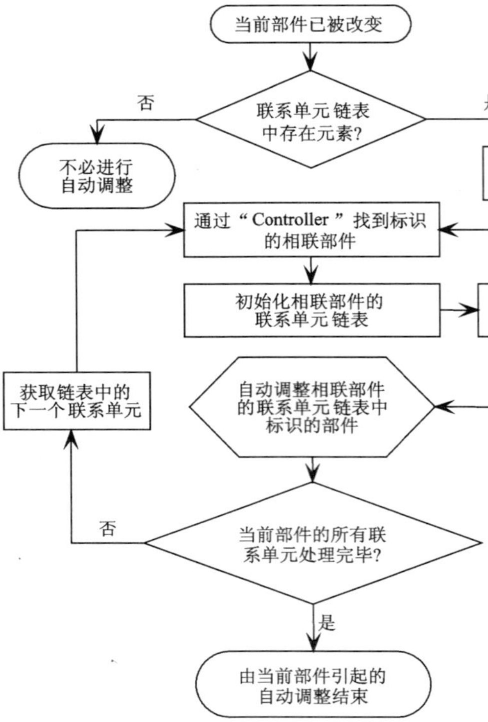

图 14.11　调整相联部件的流程

由于对等联接中的部件是互相标识的，所以深层迭代在处理不好时可能会导致自动调整无限地进行下去。为了避免这种情况的发生，本研究中采用了如图 14.12 所示的方式对涉及对等联接的调整流程加以控制。在进行调整时，系统会将处于对等联接的部件动态地标识在两个分别称为“Candidates”和“UsedDominators”的链表中，前者中的第一个元素(称为“Dominator”)将引起其他相联部件的调整。但是，如果一个相联部件同时在“UsedDominators”被标识，则它不会被调整。如果相联部件也处于对等联接中，则它在被调整后将只是会在“Candidates”中加以标识而不是引起深层迭代。在当前“Dominator”中的所有联系单元都处理完毕后，“Candidates”的第一个元素将被去除并相应地加入“UsedDominators”。通过这种方式，对等联接中的每个部件都只有一次机会被作为“Dominator”，而且所有的这些部件最后都只会被标识在“UsedDominators”中。表 14.6 中列出了中机身被修改后进行的自动调整中的主要步骤。当然，如果可以确保某一调整流程中不会涉及对等联接，则采用如图 14.11 所示的基本流程就足够了。

表 14.6　中机身的变化引起的自动调整

项　目	步骤 1	步骤 2	步骤 3	步骤 4
Dominator	中机身	前机身	后机身	—
Candidates	{中机身}	{前机身，后机身}	{后机身}	(空链表)
UsedDominators	(空链表)	{中机身}	{中机身，前机身}	{中机身，前机身，后机身}
被初始化的联系	前机身/前起落架；后机身/支架	—	支架/短舱	—

续表 14.6

项 目	步骤 1	步骤 2	步骤 3	步骤 4
被调整的相联部件	前机身、后机身	前起落架	支架	—
相联部件引起的深层迭代中调整	—	—	短舱/发动机	—

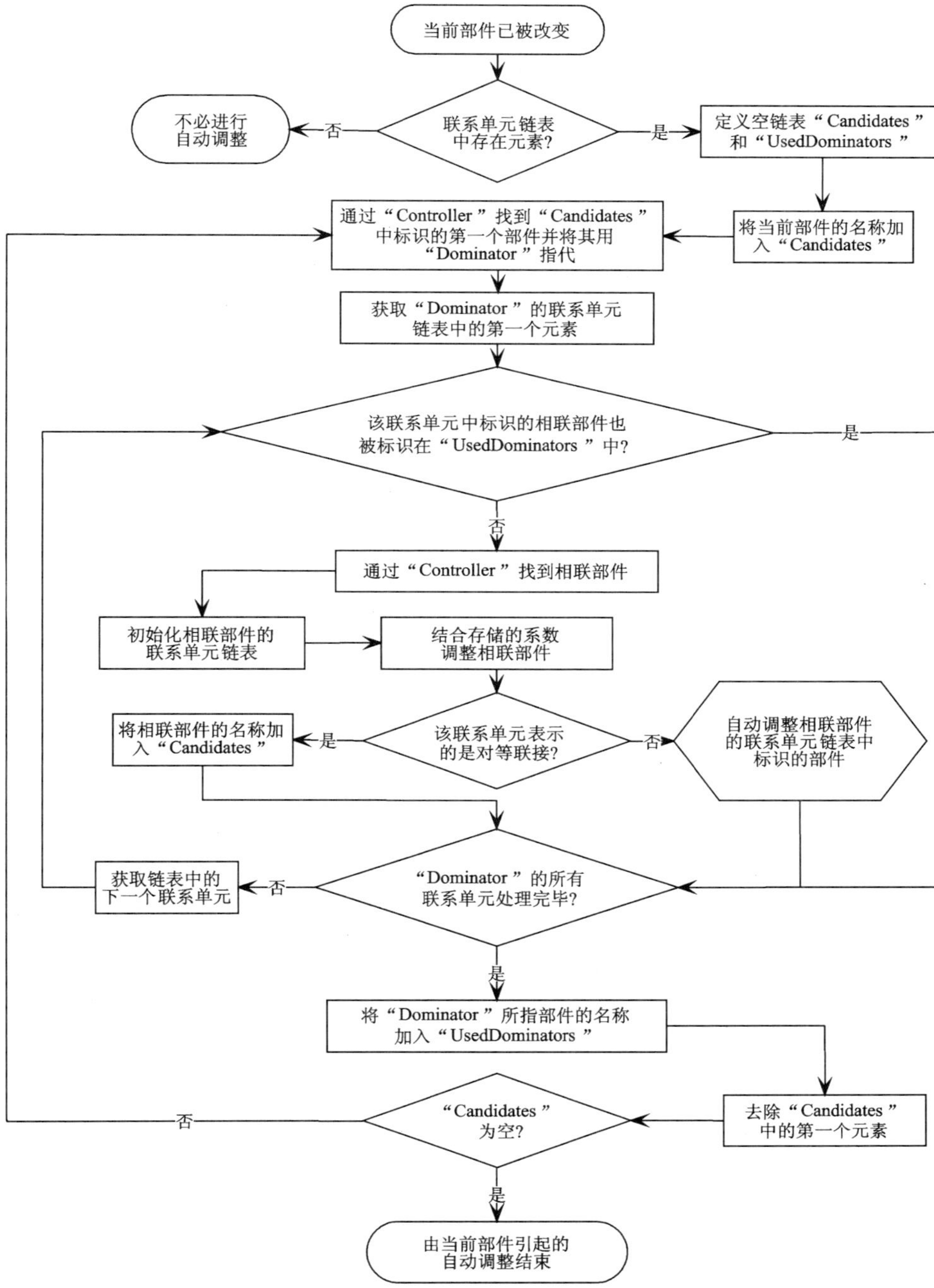

图 14.12 涉及对等联接时的调整流程

4. 参数关联的一般性表示

根据自动化方案调整的流程，描述存在联系的两个部件的位置与形状的参数之间的关联起着重要的作用。一般性地，可以假设部件 A 与部件 B 相联并随着 B 的变化而自动调整，描述这两个部件的参数分别为 $\boldsymbol{P}_{\boldsymbol{A}}\{P_{A1},\ P_{A2},\ \cdots,\ P_{Ai},\ P_{Ai+1},\ \cdots,\ P_{Am}\}$ 和 $\boldsymbol{P}_{\boldsymbol{B}}\{P_{B1},\ P_{B2},\ \cdots,\ P_{Bn}\}$，而且根据 B 的参数还可以推导出另一个参数列表 $\boldsymbol{P}_{\boldsymbol{Be}}\{P_{Be1},\ P_{Be2},\ \cdots,\ P_{Beo}\}$。如果参数 P_{A1} 到 P_{Ai} 是需要调整的，则 B 的联系单元中的系数列表 $\boldsymbol{\alpha}\{\alpha_1,\ \alpha_2,\ \cdots,\ \alpha_i\}$ 应当被初始化为

$$\alpha_1 = f_1(P_{A1}, \boldsymbol{P}_{\boldsymbol{B}}, \boldsymbol{P}_{\boldsymbol{Be}}),\ \alpha_2 = f_2(P_{A2}, \boldsymbol{P}_{\boldsymbol{B}}, \boldsymbol{P}_{\boldsymbol{Be}}),\ \cdots,\ \alpha_i = f_i(P_{Ai}, \boldsymbol{P}_{\boldsymbol{B}}, \boldsymbol{P}_{\boldsymbol{Be}}), \tag{14.18}$$

一旦 B 发生了改变，参数 P_{A1} 到 P_{Ai} 的新值（记为 P'_{A1} 到 P'_{Ai}）应根据式(14.18)中初始化 $\boldsymbol{\alpha}$ 的函数按照逆向计算出来，即

$$P'_{A1} = f'_1(\alpha_1, \boldsymbol{P}'_{\boldsymbol{B}}, \boldsymbol{P}'_{\boldsymbol{Be}}),\ P'_{A2} = f'_2(\alpha_2, \boldsymbol{P}'_{\boldsymbol{B}}, \boldsymbol{P}'_{\boldsymbol{Be}}),\ \cdots,\ P'_{Ai} = f'_i(\alpha_i, \boldsymbol{P}'_{\boldsymbol{B}}, \boldsymbol{P}'_{\boldsymbol{Be}}) \tag{14.19}$$

式中：$\boldsymbol{P}'_{\boldsymbol{B}}\{P'_{B1},\ P'_{B2},\ \cdots,\ P'_{Bn}\}$ 和 $\boldsymbol{P}'_{\boldsymbol{Be}}\{P'_{Be1},\ P'_{Be2},\ \cdots,\ P'_{Beo}\}$ 是 $\boldsymbol{P}_{\boldsymbol{B}}$ 和 $\boldsymbol{P}_{\boldsymbol{Be}}$ 的新值。这样，部件 A 的位置和形状将被自动调整为 $\boldsymbol{P}'_{\boldsymbol{A}}\{P'_{A1},\ P'_{A2},\ \cdots, P'_{Ai}, P_{Ai+1},\ \cdots, P_{Am}\}$。

尽管根据上述方法关联参数看起来很容易实现，但实际的情况必然是复杂和富于变化的。事实上，通常都会有不止一条途径来关联两个存在联系的部件间的参数。在某些情况下，参数间的关联又会是非常直接的，以至于都不必用到系数列表。这些都需要在尽可能全面地考察参数关联方法的基础上灵活地加以处理。

14.2.3　对等联接中部件的自动调整

1. 调整规则与参数关联

本研究中采用了如下的调整规则处理对等联接中的两个部件：二者应当共享一个公共剖面以保持几何连续性，无论属于哪一个部件的公共剖面发生了改变，都会引起另一部件的相应调整，且调整后二者仍然共享新的公共剖面。这一规则不仅适用于两个子部件，也适用于同一翼面类部件的两个相邻翼段。如前所述，后一种情况在本章中不作进一步的讨论。

显然，调整规则的实现必然是以建模的方法为基础的。图 14.13 是根据第 4 章中论述的机身类部件（为简略起见，下文的论述中不再专门指明子部件）建模方法进行的归纳，其中的灰色矩形内包含的即为可以由设计者交互地加以修改的参数。因此，对机身类部件的自动调整的关键就是要确定出相关轮廓线和剖面线的控制顶点的新位置。

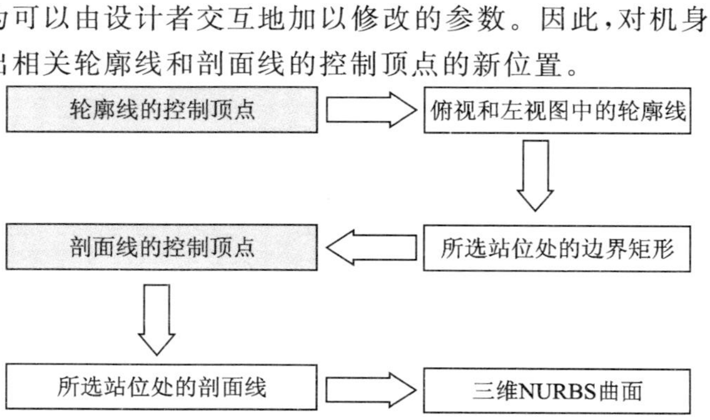

图 14.13　SEACD 中机身类部件建模流程

为了消除交互式建模中产生的两个机身类部件相邻剖面间的误差，在设计者指定二者间的对等联接关系时还需要进行自动的预调整(pre - adjustment)。在这一操作中，其中一个部件的首剖面或末剖面将被作为公共剖面，而另一部件中与之对应剖面的相应数据将按照公共剖面的数据重新取值，从而保证这两个剖面完全相同。与此同时，两个部件的对应轮廓线在相邻处也将通过调整形成多个公共的控制顶点。图 14.14 表示了 GAX1 的前机身和中机身间预调整之后的实际效果。由图可见，二者间的公共剖面对前机身而言是其末剖面，对中机身而言则是其首剖面。

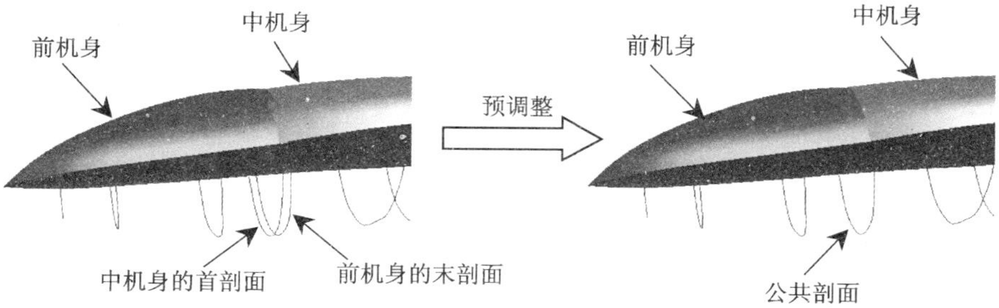

图 14.14　根据对等联接进行预调整的效果

前机身和中机身之间的对等联接也被用于说明自动调整时各参数间的详细关联。如果只是属于前机身的公共剖面上剖面线的控制顶点发生了改变，则其站位和对应的边界矩形是不会变化的。在这种情况下，对中机身只需要将首剖面按新的公共剖面进行调整，其他的剖面及轮廓线则都保持不变，从而使得中机身的三维模型发生局部的变动。与之相对照的是，前机身的公共控制顶点发生的改变将对中机身产生整体性的影响。图 14.15 示意性地表示了预调整后前机身和中机身在左视图中的控制顶点和轮廓线，其中 $PT1_F$、$PT2_F$ 为前机身的轮廓线，$PT1_M$、$PT2_M$ 为中机身的轮廓线。图(a)代表的是没有进行任何修改和调整时的状态，而图(b)代表了 $PT1_F$ 的控制顶点已被设计者修改且自动调整完毕后的状态。从图 14.15(a)所示状态到图 14.15(b)所示状态之间的转化需要经过如下 5 个步骤：

① 前机身内部各种描述参数的自动调整。在第 4 章中已经介绍了改变轮廓线时一个机身类部件的局部修正方法，此处论述的则是整体修正。也就是说，前机身其他轮廓线上的控制顶点和所有的剖面线都会因为 $PT1_F$ 上公共控制顶点 P_{c1} 的变动而自动调整。对于 $PT2_F$ 上的一个任意控制顶点 $P_{kf2}(x_{kf2},\ y_{kf2},\ z_{kf2})$ 而言，其新位置 $(x'_{kf2},\ y'_{kf2},\ z'_{kf2})$ 按如下各式确定：

$$(x_{kf2}-x_{foref})\Big/(x_{com}-x_{foref})=(x'_{kf2}-x'_{foref})\Big/(x'_{com}-x'_{foref}) \tag{14.20}$$

$$y'_{kf2}=y_{kf2}\equiv 0,\qquad z'_{kf2}=z_{kf2} \tag{14.21}$$

式中：x_{foref} 和 x'_{foref} 为前机身的站位前限，x_{com} 和 x'_{com} 是公共剖面的站位。将前机身其他轮廓线的控制顶点按照同样的方式进行调整，即可得到新的轮廓线。显然，俯视图中控制顶点的 Y 坐标不变，而 Z 坐标始终为零。

假设 Sec_{if} 代表前机身的第 i 个剖面，其站位 x_{sif} 将按下式被调整到 x'_{sif}：

$$(x_{sif}-x_{foref})/(x_{com}-x_{foref})=(x'_{sif}-x'_{foref})/(x'_{com}-x'_{foref}) \tag{14.22}$$

对应于 x'_{sif} 可以根据调整后的轮廓线算出一个新的边界矩形，进而需要缩放 Sec_{if} 的剖面线以与之相匹配。

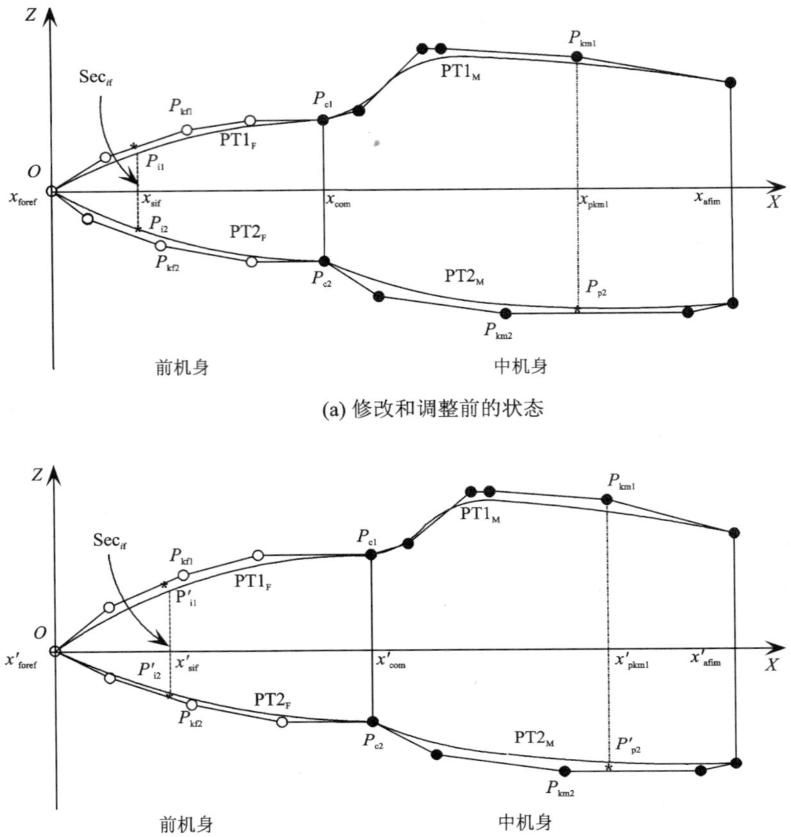

(a) 修改和调整前的状态

(b) 修改和调整后的状态

图 14.15 前机身与中机身的自动调整示意

② 在调整中机身前对系数列表进行初始化。在 P_{c1} 发生变动的情况下,系数列表的作用在于确定 $PT1_M$ 上各个控制顶点 Z 坐标的新值,且系数列表中元素的数目也是与 $PT1_M$ 上控制顶点的数目一致的。设 $P_{km1}(x_{km1}, y_{km1}, z_{km1})$ 为其中的任意一点,则可计算出 $PT2_M$ 上具有和它相同 X 坐标的型值点 $P_{p2}(x_{p2}, y_{p2}, z_{p2})$,并且将系数列表中与 P_{km1} 对应的系数 α_{km} 初始化为

$$\alpha_{km} = (z_{km} - z_{p2})/(z_{c1} - z_{c2}) \tag{14.23}$$

在上式中,用 P_{c1} 与 P_{c2} 的 Z 坐标之差代表公共剖面的高度,将其作为调整时的参考值是为了保证调整后中机身仍然有合理的内部容积。

③ 调整中机身除 $PT1_M$ 之外的其他所有轮廓线。由于 P_{c2} 的 Z 坐标不变,所以如果设 $P_{km2}(x_{km2}, y_{km2}, z_{km2})$ 为 $PT2_M$ 上的任意一个控制顶点,则它在调整时只需要按照下式进行水平移动:

$$(x_{km2} - x_{com})/(x_{aftm} - x_{com}) = (x'_{km2} - x'_{com})/(x'_{aftm} - x'_{com}) \tag{14.24}$$

式中:x_{aftm} 和 x'_{aftm} 为中机身调整前后的站位后限。在这一例子中,它们是相等的。

④ 计算新的 $PT1_M$。与确定 x_{km2} 新值的方法类似,可以通过平移得到 P_{km1} 点 X 坐标的新值。根据这一坐标,可以再次确定出 $PT2_M$ 上的一个与之对应的型值点 $P'_{p2}(x'_{p2}, y'_{p2}, z'_{p2})$。这样,$P_{km1}$ 点 Z 坐标的新值即可结合存储的系数求出:

$$z'_{km} = \alpha_{km}(z'_{c1} - z'_{c2}) + z'_{p2} \tag{14.25}$$

⑤ 根据新的轮廓线进行中机身内部的自动调整。相应于调整前机身时采取的措施，对中机身也应进行整体修正，即需要对其各个剖面进行平移和缩放后重新计算出三维模型。

2. 关于调整方法的讨论

尽管本研究中采用了从二维到三维的方法进行机身类部件的建模，但重新分布控制顶点、移动及缩放剖面等措施对于其他情况下进行的自动调整也是适用的。举例而言，如果只使用一系列的剖面线进行建模而不定义任何的轮廓线，则公共剖面的位置变动就应当引起自动调整。在忽略所有控制顶点且将轮廓线看作曲面实际投影的情况下，可以再次使用图 14.15 来说明设计者修改了中机身上的公共剖面后引起的前机身自动调整过程。Sec_{if}的新旧站位值间的关系仍然可以用式(14.22)表示，其剖面线沿 Z 轴方向的范围(即剖面高度)是由点 P_{i1} 和 P_{i2} 的位置确定的。通过调整，P_{i1} 的坐标从(x_{sif}, 0, z_{i1})变为了 (x'_{sif}, 0, z'_{i1})，而 P_{i2} 的坐标从(x_{sif}, 0, z_{i2}) 变为了(x'_{sif}, 0, z'_{i2})，它们之间的关系按以下各式确定：

$$(z_{i1} - z_{i2})/(z_{c1} - z_{c2}) = (z'_{i1} - z'_{i2})/(z'_{c1} - z'_{c2}) \tag{14.26}$$

$$(z'_{i1} - z_{i1})/[(z'_{i1} - z_{i1}) + (z'_{i2} - z_{i2})] = (z'_{c1} - z_{c1})/[(z'_{c1} - z_{c1}) + (z'_{c2} - z_{c2})] \tag{14.27}$$

其中，式(14.26)表示 Sec_{if}的高度与公共剖面的高度之比保持不变，式(14.27)表示 P_{i1} 和 P_{i2} 在高度方向的移动幅度与 P_{c1} 和 P_{c2} 的移动幅度应分别一致。与前一小节中将 P_{c2} 作为公共控制顶点时进行的自动调整不同的是，由于设计者所作修改的不可预知性，以上两式中 z'_{c2} 的值可以不与 z_{c2} 的值相等。

通过式(14.23)～式(14.27)可以看出，公共剖面沿 Z 轴方向的范围被用做了进行必要的缩放时的参照，但它绝不是唯一可以被用做参照的参数。例如，在沿 Y 轴方向调整控制顶点及剖面位置和长度时，将机身的最大宽度用做参照就是比较合理的，更何况这一参数还可以作为优化时的设计变量[38]。

本节中提出的自动调整措施也有两个主要的不足之处有待进一步完善。首先，共享公共剖面的目的还仅仅是保证两个有联系的部件之间能够始终相接，而曲面间的更高阶几何连续性的实现还依赖于更多的成熟 CAGD 算法。其次，如果一个复杂的模型中存在三个或更多的部件相邻的情况(见图 14.16)，要定义它们之间的联系且使它们共享一个公共剖面将是非常困难的。正因如此，共享剖面的调整规则在外形相对简单的民用飞机的设计过程中会有更多的应用。

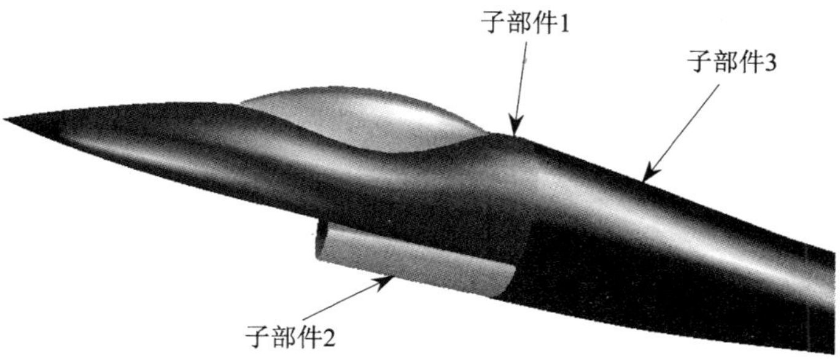

图 14.16　多个机身类部件的子部件相邻的情况

14.2.4 基准/依附联系中部件的自动调整

1. 依附部件上参考点的选取

由于基准/依附联系中部件种类的多样性，为每种联系形式都分别定义不同的调整规则将是非常繁琐的。为此，在本研究中采取了一条基本的规则来指导依附部件的自动调整：基准部件和依附部件间的逻辑或拓扑关系应当在基准部件被改变前后保持一致。举例而言，机翼油箱应当被包容在机翼内，而安装在立尾上的平尾不应当与后者相分离。

尽管采用了这一基本调整规则，但不同类型的依附部件中可供调整的参数必然会有很大的差异。这些参数可以是位置、宽度、长度、直径和角度等等。为了提高方法的统一性，可以将各种不同几何意义的参数都转换为一系列空间点的位置，这些点就称为参考点（reference points）。换句话说，参考点的坐标将被用来提取控制依附部件位置和形状的各种参数，这样就可以把研究依附部件与基准部件间的关系转换为研究参考点与基准部件之间的关系。

图 14.17 中标出了表 14.5 所列各种依附部件上的参考点，选取这些点的原因如下（按照部件类型进行区分）：

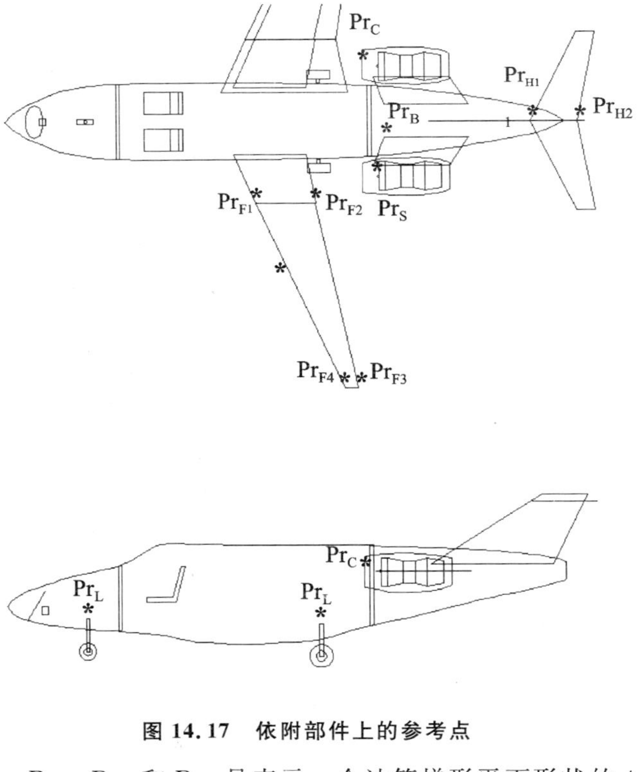

图 14.17 依附部件上的参考点

① 机翼油箱：Pr_{F1}、Pr_{F2}、Pr_{F3} 和 Pr_{F4} 是表示一个油箱梯形平面形状的 4 个角点。由于油箱高度与对应展向位置处翼剖面结构高度之间的比值在自动调整中不会变化，所以当这些参考点均位于一个翼段平面形状之内时，即可保证整个油箱的三维曲面也位于机翼的上下曲面围成的区域内部。事实上，这种选取参考点的方式也可以用于限定安装在翼面类部件上的控制

面的位置和形状。

② 起落架：将简化模型中支柱顶端的旋转中心（Pr_L）选取为参考点后，对该点的调整不仅会导致支柱和机轮的移动，还会在参考高度不变的前提下通过拉伸或缩短改变支柱的长度。

③ 标准部件：由于标准部件的参数在相应数据库中进行了预定义，所以设计者在交互式地修改时也只能改变定义于其上的基准点（即部件上的局部坐标系原点）的坐标，而这些基准点自然也被选作了参考点。在图 14.17 中，各种标准部件的参考点用 Pr_S 表示。需要说明的是，尽管在 GAX1 的示例中略去了座椅、雷达等的影响，但对它们进行自动调整时可采用的方法与调整其他的标准部件是完全一致的。

④ 机身类部件：在 GAX1 中需要作为依附部件的机身类部件只有短舱。由于发动机的尺寸固定而使得包容它们的短舱的形状不应当发生大的变化，因此对短舱只选取了一个能够使其随基准部件的变化而平移的参考点，且这一参考点（Pr_C）是由轮廓线确定的站位前限处剖面所对应边界矩形的中心。

⑤ 翼面类部件：为了使翼面类部件能够作为整体进行移动，翼根剖面的前缘点必须被选作参考点，这在图 14.17 中即为支架上的 Pr_B 点和平尾上的 Pr_{H1} 点。此外，由于本例中平尾装于立尾上，所以平尾翼根剖面的后缘点 Pr_{H2} 也应当被选作参考点，这样就可以通过 Pr_{H1} 和 Pr_{H2} 的共同调整，对根弦长度进行必要的缩放。由于支架必须有足够的纵向长度来支承短舱，所以其翼根剖面的后缘点并未被作为参考点。

2. 参考点与基准部件间的参数关联

假设依附部件 A 的参数为 $\boldsymbol{P_A}\{P_{A1}, P_{A2}, \cdots, P_{Ai}, P_{Ai+1}, \cdots, P_{Am}\}$，则为了利用参考点而需要将其转化为 $\boldsymbol{P_A}\{\boldsymbol{RP}_1, \boldsymbol{RP}_2, \cdots, \boldsymbol{RP}_j, P_{Ai+1}, \cdots, P_{Am}\}$，以 $\boldsymbol{RP}_k (k=1, 2, \cdots, j)$ 代表参考点 $P_{rk}(x_{rk}, y_{rk}, z_{rk})$ 的三个坐标。以翼面类部件和机身类部件的建模为基础，可以将边界矩形作为表示 P_{rk} 与基准部件之间关系的参照，相应的参数关联方法则不妨称为“边界矩形参照法”。图 14.18 示意了基准部件分别为翼面类部件和机身类部件的情况下，边界矩形和参考点的相对位置，其中机身类部件的一个剖面所对应边界矩形的定义在第 4 章已经有了详细的说明，而翼面类部件在某一展向位置处所对应边界矩形的确定应当以恰好包容该处的翼剖面为依据。

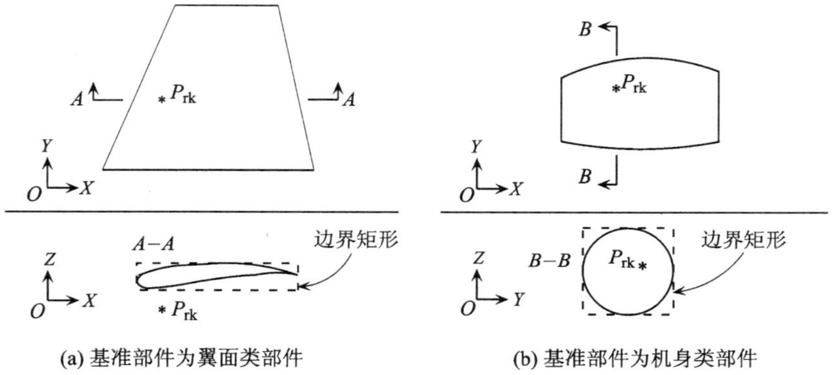

图 14.18　基准点与边界矩形间的相对位置关系

如图 14.18 (a)所示,如果基准部件为翼面类部件,则相应于 P_{rk}的边界矩形包容着展向位置等于 y_{rk}的翼剖面。在系数列表 $\boldsymbol{\alpha}$ 中,假设 α_{k1}、α_{k2}和 α_{k3}是对应于 $\boldsymbol{RP}_k$的三项,则它们初始化可以按下式进行:

$$\left.\begin{aligned} \alpha_{k1} &= (y_{\mathrm{rk}} - y_{\mathrm{win}})/(y_{\mathrm{wout}} - y_{\mathrm{win}}) \\ \alpha_{k2} &= (x_{\mathrm{rk}} - x_{\mathrm{wfore}})/(x_{\mathrm{waft}} - y_{\mathrm{wfore}}) \\ \alpha_{k3} &= (z_{\mathrm{rk}} - z_{\mathrm{wlow}})/(z_{\mathrm{wup}} - y_{\mathrm{wlow}}) \end{aligned}\right\} \tag{14.28}$$

式中:y_{win}和 y_{wout}分别为当前翼段根部和梢部的展向位置,x_{wfore}和 x_{waft}确定了边界矩形沿纵向的范围,z_{wlow}和 z_{wup}则确定了边界矩形沿 Z 轴方向的位置。需要说明的是,尽管图 14.18(a)中表示的翼面类部件属于水平翼面,但对垂直翼面的处理也是类似的。

一旦该翼面类部件发生了改变,y_{win}和 y_{wout}将取得新的值(分别记为 y'_{win}和 y'_{wout}),从而可以首先求出 y_{rk}的新值:

$$y'_{\mathrm{rk}} = \alpha_{k1}(y'_{\mathrm{wout}} - y'_{\mathrm{win}}) + y'_{\mathrm{win}} \tag{14.29}$$

根据 y'_{rk}可以确定出一个新的边界矩形,再结合 α_{k2}、α_{k3}就可以计算出参考点其余两个坐标的新值 x'_{rk}和 z'_{rk}:

$$x'_{\mathrm{rk}} = \alpha_{k2}(x'_{\mathrm{waft}} - x'_{\mathrm{wfore}}) + y'_{\mathrm{wfore}},\ z'_{\mathrm{rk}} = \alpha_{k3}(z'_{\mathrm{wup}} - z'_{\mathrm{wlow}}) + z'_{\mathrm{wlow}} \tag{14.30}$$

式中:x'_{wfore}、x'_{waft}、z'_{wlow}和 z'_{wup}为新边界矩形的参数。

如果基准部件属于机身类部件,则可根据 x_{rk}确定出一个边界矩形。类似于式(5.12)的处理方法,可以将系数 α_{k1}、α_{k2}和 α_{k3}初始化为

$$\left.\begin{aligned} \alpha_{k1} &= (x_{\mathrm{rk}} - x_{\mathrm{ffore}})/(x_{\mathrm{faft}} - y_{\mathrm{ffore}}) \\ \alpha_{k2} &= (y_{\mathrm{rk}} - y_{\mathrm{fin}})/(y_{\mathrm{fout}} - y_{\mathrm{fin}}) \\ \alpha_{k3} &= (z_{\mathrm{rk}} - z_{\mathrm{flow}})/(z_{\mathrm{fup}} - y_{\mathrm{flow}}) \end{aligned}\right\} \tag{14.31}$$

式中:x_{ffore}和 x_{faft}分别为该部件站位前后限,y_{fin}和 y_{fout}确定了边界矩形沿 Y 轴方向的范围,z_{flow}和 z_{fup}则确定了其沿 Z 轴方向的范围。结合第 4 章中的定义,这两个方向的范围也就是边界矩形的边长。

一旦该机身类部件发生了变化,则首先应当根据新的前后限(分别记为 x'_{ffore}和 x'_{faft})计算出 x_{rk}的新值 x'_{rk}:

$$x'_{\mathrm{rk}} = \alpha_{k1}(x'_{\mathrm{faft}} - x'_{\mathrm{ffore}}) + x'_{\mathrm{ffore}} \tag{14.32}$$

根据 x'_{rk}和部件的轮廓线可以确定出一个新的边界矩形,从而可以很容易地计算出 y'_{rk}和 z'_{rk}的值。

无论基准部件属于何种类型,在完成上述的计算后,参数列表 $\boldsymbol{P}'_A\{\boldsymbol{RP}'_1, \boldsymbol{RP}'_2, \cdots, \boldsymbol{RP}'_j, P_{Ai+1}, \cdots, P_{Am}\}$所描述的即为依附部件调整后的位置和形状,其中 $\boldsymbol{RP}'_k(k=1, 2, \cdots, j)$对应的是$(x'_{\mathrm{rk}}, y'_{\mathrm{rk}}, z'_{\mathrm{rk}})$。

3. 其他的参数关联方法

尽管边界矩形的应用为关联参考点和基准部件提供了相对统一的方法,但只要以保持基准与依附部件间的合理关系为前提,采取其他的参数关联方法同样是可行的。举例而言,在图 14.19所示的方案中,将导弹作为机翼的一个依附部件。设其参考点为 $\mathrm{Pr_S}(x_{\mathrm{S}}, y_{\mathrm{S}}, z_{\mathrm{S}})$,与之处于同一展向位置的翼剖面前缘点为 $P_{\mathrm{B}}(x_{\mathrm{B}}, y_{\mathrm{S}}, z_{\mathrm{B}})$。在进行参数关联时,可以直接将 $\mathrm{Pr_S}$在以 P_{B}为坐标原点的局部坐标系中的位置作为参照而不使用边界矩形。也就是说,系数列表

中对应于 Pr_S 的三项 α_1、α_2 和 α_3 可分别初始化为

$$\alpha_1 = (y_S - y_{win})/(y_{wout} - y_{win}),\quad \alpha_2 = x_S - x_B,\quad \alpha_3 = z_S - z_B \tag{14.33}$$

式中：y_{win} 和 y_{wout} 的意义与式(5.12)中的一致，只是此处特指外翼段的参数。

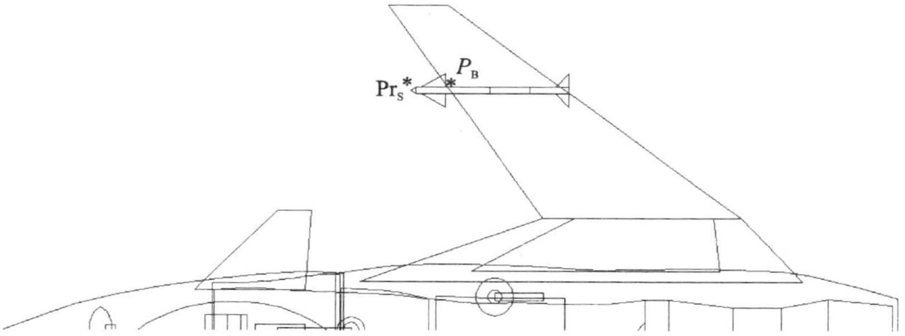

图 14.19　具有基准/依附联系的机翼与导弹

在外翼段发生变化后，同样应当先求出 y_S 的新值：

$$y'_S = \alpha_1(y'_{wout} - y'_{win}) + y'_{win} \tag{14.34}$$

进而可以求出在这一展向位置处的翼剖面前缘点的其余两个坐标 x'_B 和 z'_B，且可按照下式确定出导弹的新位置：

$$x'_S = \alpha_2 + x'_B,\quad z'_S = \alpha_3 + z'_B \tag{14.35}$$

由式(14.33)～式(14.35)可见，上述参数关联方法(不妨称作“局部坐标参照法”)只考虑了沿基准部件的一个主方向进行的比例缩放。对翼面类部件而言，这一主方向为展向；对机身类部件而言，这一主方向为纵向。相比之下，将边界矩形作为参照则是在主方向和其余两个方向都进行了比例缩放，所以更能全面地描述参考点与基准部件间的关系。尽管如此，通过局部坐标参照法的应用说明了在自动化方案调整时可用方法的多样性，以及在进一步的研究中提出其他参数关联方法的可能性。

14.2.5　自动化方案调整示例

以机翼/导弹联系为例，将外翼段后掠角由 $-35°$ 变为 $15°$，展向长度(一侧)由 4 m 变为 5 m，尖削比由 0.3 变为 0.2。图 14.20 显示了不作自动调整、分别依据边界矩形参照法和局部坐标参照法进行自动调整后所得的不同状态。表 14.7 中则列出了各种状态下导弹上参考点的坐标。通过对比可以看出，不作调整时两部件明显发生了分离，而采用边界矩形参照法和采用局部坐标参照法的结果差异不大。

表 14.7　不同状态下导弹上参考点的坐标

参考点坐标/单位	初始状态	无自动调整	边界矩形参照法	局部坐标参照法
X 坐标/m	7.40	7.40	9.96	9.88
Y 坐标/m	4.50	4.50	5.10	5.10
Z 坐标/m	−0.40	−0.40	−0.38	−0.42

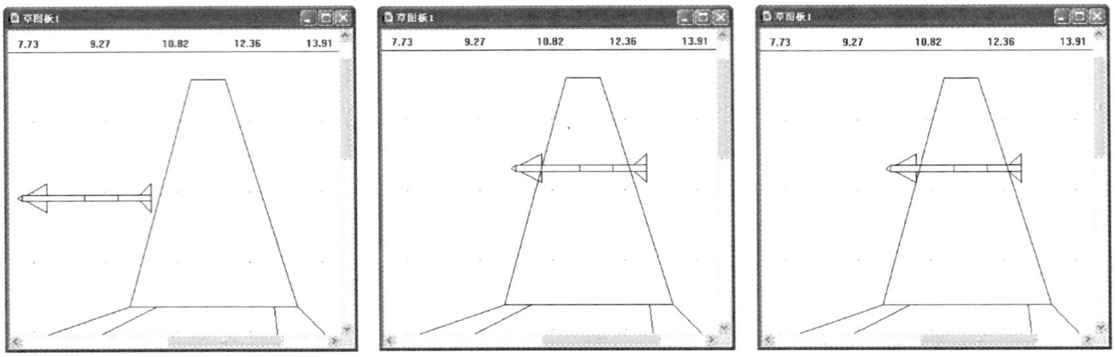

(a) 不进行自动调整　(b) 依据边界矩形参照法调整　(c) 依据局部坐标参照法调整

图 14.20　外翼段发生相同变化后机翼与导弹间的位置关系

图 14.21 (a)显示了一个超声速运输机初始方案的局部，其中指定的联系包括机翼/短舱A、短舱 A/发动机 A 和机翼/短舱 B，在短舱 B 与发动机 B、机翼与短舱 C 和短舱 C 与发动机 C 之间则没有指定联系，对于建立起的联系采用边界矩形参照法进行参数关联。在改变了机翼的后掠角等参数后，这一方案由图 14.21(a)所示的状态变为了图 14.21(b)所示的状态。通过这一简单例子不仅可以对比是否进行自动调整的实际效果，还可以说明深层迭代的作用，因为根据短舱 A/发动机 A 进行的调整就是在短舱 A 随机翼而调整的过程中完成的。

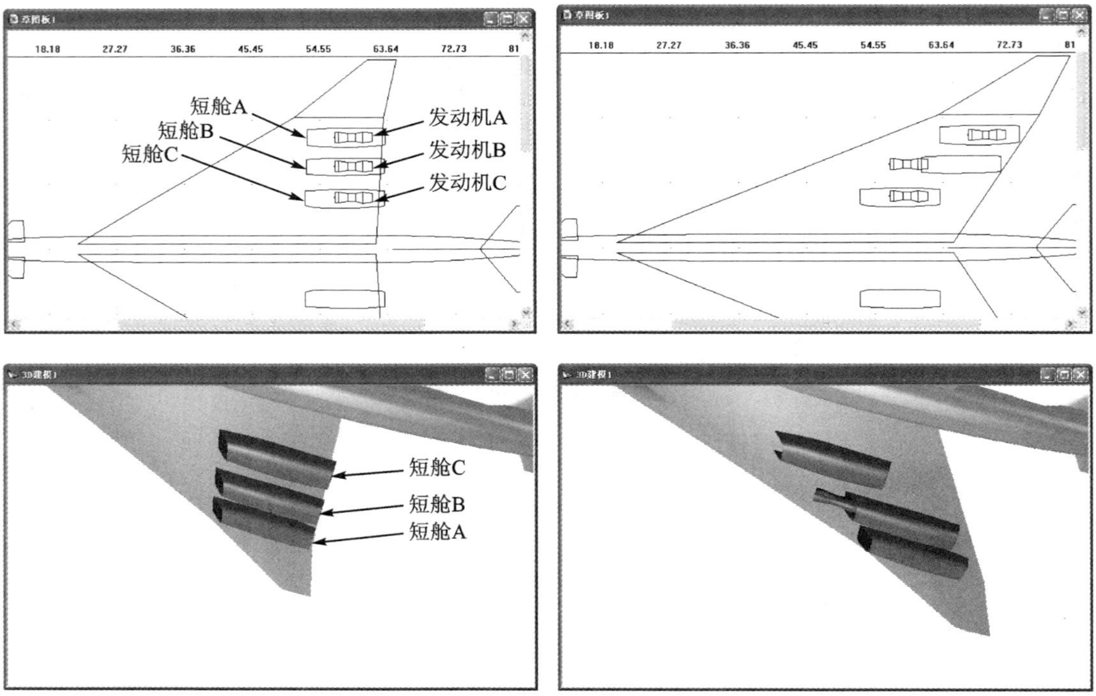

(a) 自动调整前的状态　(b) 自动调整后的状态

图 14.21　超声速运输机方案中的自动化方案调整

最后以 GAX1 为例验证自动化方案调整在涉及对等联接的多次交互式修改操作过程中的可靠性。图 14.22 (a)表示的是方案在图 14.8 所示联系网构造完毕后的状态(起落架全部放下),可见此时已经完成了机身的预调整。在按照表 14.8 所列的 4 个步骤进行了交互式修改后,方案变为了如图 14.22(b)所示的状态。对比这两个状态可见,经过自动化方案调整的各个部件之间保持了原有的相对关系,而且在方案中部件种类和数目较多的情况下构造更加全面的联系网,如加入座椅等的影响还会收到更好的效果。

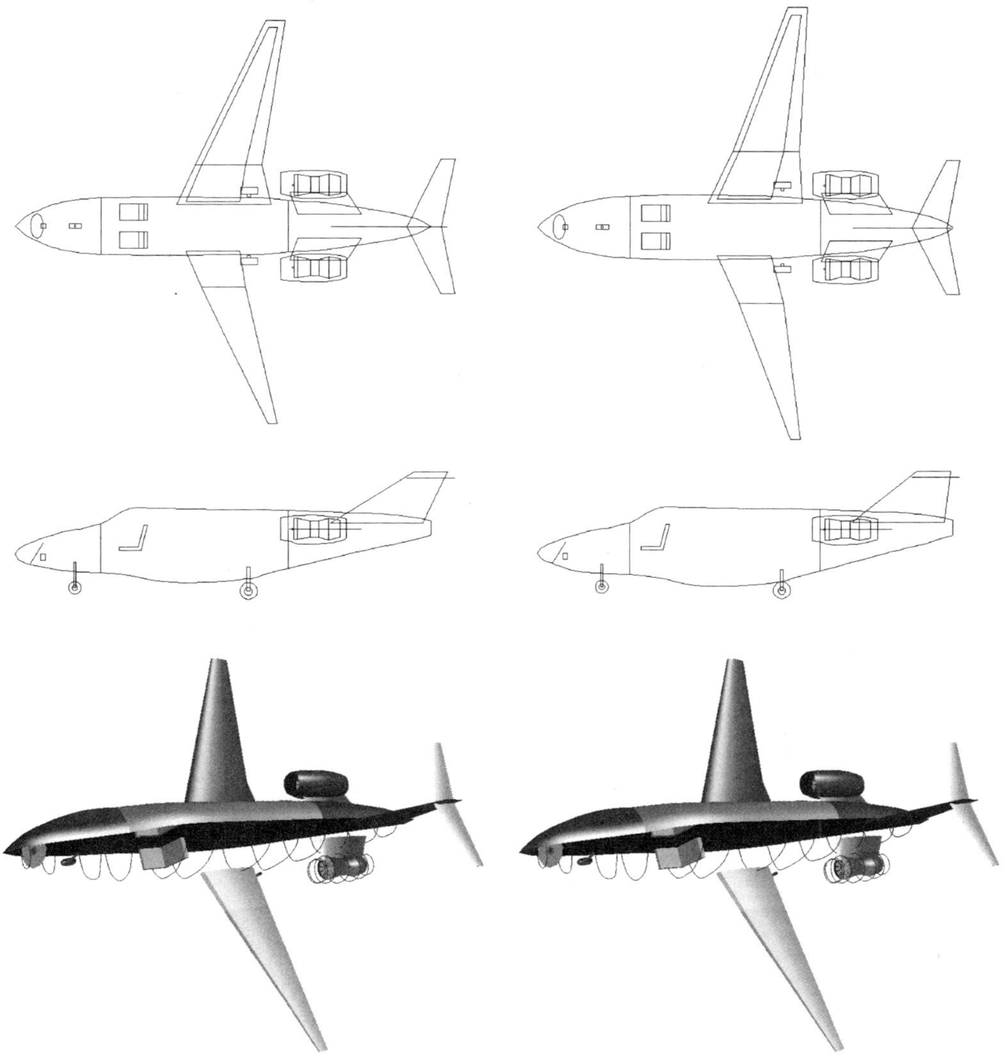

(a) 预调整后的状态　　(b) 修改与自动调整后的状态

图 14.22　交互修改 GAX1 过程中的自动化方案调整

表 14.8 对 GAX1 进行交互式修改的步骤

修改步骤	进行的操作
步骤 1	在俯视图中改变中机身轮廓线以增大站位前限、减小站位后限且增加宽度
步骤 2	改变内翼段根部前缘点的三个坐标及展向长度，改变外翼段的后掠角
步骤 3	改变立尾的后掠角
步骤 4	在左视图中改变前机身的轮廓线 PT2，包括改变其上与中机身共享的公共控制顶点

14.3 优化中隐身设计准则的自动实现

14.3.1 引 言

在飞机总体设计中，优化不能仅仅被看作是数学问题，因为设计知识，包括设计者的经验、基本准则、“诀窍（rules of thumb）”等同样具有着重要的意义。本节的研究也是一种自动化方案调整的方法，但更加侧重于优化过程中设计准则的自动实现。研究的基本思路是保证每个可行的设计点都能自动地满足特定的设计准则，这样就可以在不中断优化过程的情况下提高设计点的质量。

本研究中针对军用飞机设计中需要考虑的一条雷达散射截面（Radar Cross Section，RCS）减缩设计准则，即通过平行布置主要边缘（包括棱边）以减少 RCS 尖峰方向[39-41]。对于现代作战飞机，这一准则对提高其作战效能和生存性至关重要[39,42]。为了自动实现这一准则，需要标识飞机主要边缘之间的平行关系，并且在优化过程中保持这种关系。本节阐述了解决这些问题的方法，并且给出了两个设计实例对方法进行验证。

14.3.2 主要边缘的标识

为了方便叙述，在 SEACD 中生成了两个虚拟的概念方案。图 14.23 所示的是它们的三维曲面渲染模型的俯视和侧视图。图(a)中的 UCAV 方案（命名为 BU－1）是参考瑞典 Saab 公司的 FILUR 隐身验证机及美国的 X 系列无人机在互联网上的公开资料构造的，而图(b)中的战斗攻击方案（命名为 BF－1）主要由作者团队的白振东博士根据 Lockheed 的 X－35 及参考文献[43]中的方案修改而来。

从 BU－1 和 BF－1 中可以标识出飞机上存在的主要的边缘形式。应当注意的是，只有飞机投影在水平面 XOY 上的边缘是需要考虑的。对于翼面类部件，翼面的前缘、后缘和翼段的翼梢都能形成造成 RCS 尖峰的边缘；对于机身类部件，下列的情况会形成边缘：① 将一个横剖面绕一个平行于 Z 轴的轴旋转一个角度（简称为“旋转剖面”）；② 一个横剖面在对称面的一侧有一个尖角，而属于同一机身类部件的各个剖面的尖角正好在一条空间直线上，也就是由一个剖面族形成机身侧棱（见图 14.24）。对于在任何一种情况下形成的边缘，都有若干参数确定其位置和形状，而且显而易见的是一个角度——本研究中称做“主导角”，可以被认为是这些参数中的关键因素。换言之，两个主导角的值可以直接地确定出对应的边缘之间的关系。作为简化，假设主导角 α 与边缘 E 相对应，本小节中记这种关系为 $\alpha(E)$。

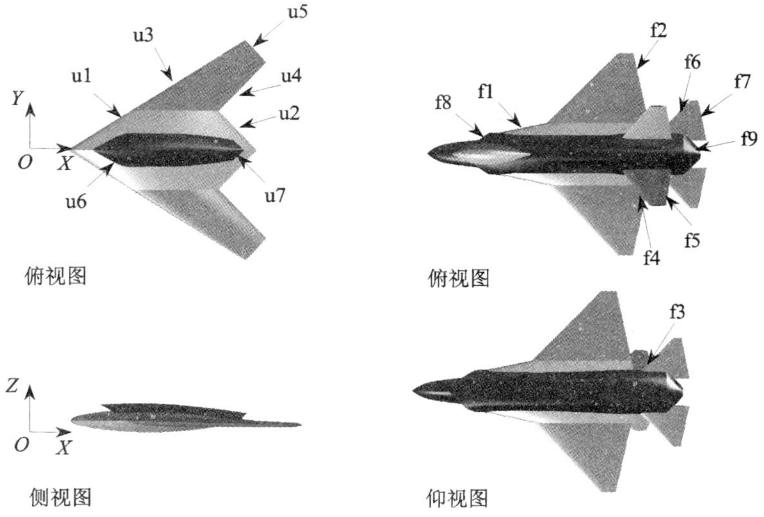

(a) UCAV方案BU-1　(b) 战斗攻击机方案BF-1

图 14.23　示例方案

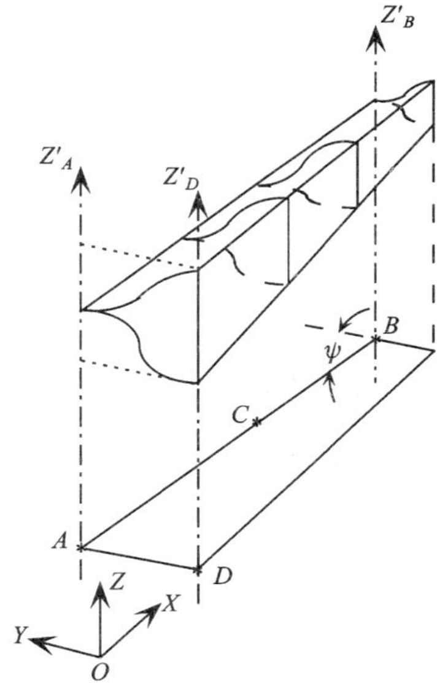

图 14.24　由剖面族形成机身侧棱示意图

表 14.9 列出了本小节中涉及的各种边缘的类型。图 14.23 中标识出的各条边缘在表中按照分类情况列出。此外，表中还给出了对应于各型边缘的主导角及其表示符号。如果某一主导角属于 Λ_0、Λ_1、Λ_{0p}、Λ_{1p}或 Ψ 中的一种，则其取值在边缘或轮廓后掠时为正，而在前掠时为负；对于 Γ，在只处理类似于 BU-1 中的 u5 的情况下其取值始终是正的，也即翼梢在翼段前掠时是不允许倾转的；剖面旋转的情况比较复杂，本小节只考虑如下的状态：旋转时可以有两种轴，它们都与 Z 轴向平行且过包围剖面曲线的边界矩形[44]的两条边。例如，对于图 14.24

中的前剖面，如果外侧轴 Z'_A 被用做旋转轴，则 Ψ 的值在顺时针旋转时为正；如果内侧轴 Z'_D 被用做旋转轴，则其值在逆时针旋转时为正。

通过采用面向对象编程技术，在系统中将一条边缘都定义成了一个特定的类，其属性包括边缘的名称和类型，以及它所属的部件的名称，这样系统就能在优化过程中找到这条边缘。

表 14.9　边缘的分类

边缘的类型	主导角，符号	BU-1 中的边缘	BF-1 中的边缘
前缘	后掠角，Λ_0	u1，u3	f1，f6
后缘	后掠角，Λ_1	u2，u4	f2，f3，f7
前缘的投影	后掠角的投影，Λ_{0p}		f4
后缘的投影	后掠角的投影，Λ_{1p}		f5
倾斜的翼梢	倾斜角，Γ	u5	
旋转剖面	旋转角，Φ	u6，u7	f8
机身侧棱	投影轮廓线的后掠角，Ψ		f9

14.3.3　边缘间的关联及参数关系

除了在系统中标识出各条边缘外，边缘之间的关联也是必须标识的。研究中归纳出两边缘间可能存在的三种关联形式并列于表 14.10 中。该表中同时列出了用于表示这些关联的符号及 BU-1 和 BF-1 中边缘的关联。需要注意的是，每个方案中的示例关联仅仅表示了一种可能的组合形式，而不同的关联显然会导致在优化过程中产生不同的结果。

在表 14.10 中，“同侧平行”意味着两条边界落在对称面的同一侧并且互相平行；“异侧平行”意味着落在同一侧的两条边缘并不平行，但其中的任意一条都与另一条的镜像相平行——一条边缘和它的镜像边缘必然属于同一个部件；“共线”意味着两条边缘的投影落在同一条直线上。

表 14.10　两边缘间的关联形式

关联形式	标识符号	BU-1 中的关联	BF-1 中的关联
同侧平行	//	u1//u6； u2//u5，u2//u7	f1//f4，f1//f6，f1//f8； f3//f5，f3//f7
异侧平行	∧	u2∧u4	f1∧f9
共线	—	u1—u3	f3—f2

在互相平行的边缘中，应当将其中一条选取为引导边缘，也即由它的变化引导另一边缘的自动调整。通常而言，当对应于一条边缘的主导角被作为优化的设计变量之一时，该边缘应被作为引导边缘。如表 14.10 所列，当两条边缘相关时，位于标识符左边者为引导边缘。

对于两条相关边缘，确定它们的主导角之间的关系是简单的平面几何问题，但要列出一个方案的所有边缘之间所有的可能组合形式却是非常繁琐和困难的。由于翼段的前缘和后缘后掠角经常被用做设计变量，所以此处给出它们与其他主导角之间的关系。假设 e1 表示一条前缘或后缘，而边缘 e2 与它相关。如果 e1 作为引导边缘，主导角 α_2(e2)将根据 α_1(e1)进行调整，而且在 α_2 所属的主导角类型不同的情况下其取值也会不同。表 14.11 列出了在 e1//e2 和 e1∧e2时 α_2 的取值情况。如果 e1—e2，它们必然同是前缘或同是后缘，则自然有 $\alpha_2=\alpha_1$。尽管表 14.11 中列出的某些情况是可行的，如平尾的后缘与一个前掠翼的前缘相平行，但它们在现有的飞机中却并不常见。

表 14.11　主导角之间的参数关系

关联情况	α_2的类型							
	Λ_0	Λ_1	Λ_{0p}	Λ_{1p}	Γ	Φ 以外侧轴为旋转轴	Φ 以内侧轴为旋转轴	Ψ
e1∥e2	$\alpha_2=\alpha_1$	$\alpha_2=\alpha_1$	$\alpha_2=\alpha_1$	$\alpha_2=\alpha_1$	$\alpha_2=90°-\|\alpha_1\|$	$\alpha_2=\alpha_1$	$\alpha_2=-\alpha_1$	$\alpha_2=\alpha_1$
e1∧e2	$\alpha_2=-\alpha_1$	$\alpha_2=-\alpha_1$	$\alpha_2=-\alpha_1$	$\alpha_2=-\alpha_1$	$\alpha_2=90°-\|\alpha_1\|$	$\alpha_2=-\alpha_1$	$\alpha_2=\alpha_1$	$\alpha_2=-\alpha_1$

由于仅靠一个主导角并不足以确定一条边缘及其所属部件的位置和形状，因此还需要明确主导角与其他参数之间的关系。不仅如此，一个部件的各个参数间的相互影响也是必须考虑的，如一个部件有多条边缘的情况。这一问题在进行不同部件间的自动化方案调整时是不会出现的。

对于属于机翼、鸭翼或平尾的一个翼段而言，由于 Λ_0、Λ_1 和 Γ 直接与边缘相关，它们应被用于计算其他参数，包括尖削比 λ 和根梢翼剖面沿 Y 轴的距离（用 b 表示）。在本研究中，对应于某一个设计点不会同时调整一个翼段的 b 和 λ，而是将 λ 作为优先调整的变量。但是，如果 λ 的新值并不可行，即出现了 $\lambda>1$ 或 $\lambda<0$ 的情况，则 λ 将保持其原有的值，而 b 将被作为可调变量。b 的新值会依据其他参数的新值和 λ 的原值算出。由于根据平面几何不难推导出这些参数间的关系，此处省略了用其他变量计算 b 和 λ 的公式。

对于属于双立尾的翼段（单立尾的情况此处是不需要考虑的），其翼弦平面内的前缘和后缘后掠角（分别标识为 Λ_{0V} 和 Λ_{1V}）应当首先根据 Λ_{0p} 和 Λ_{1p} 求出。假设弦平面和 XOZ 平面间的夹角为 γ，下列两个公式可用于计算 Λ_{0V} 和 Λ_{1V}：

$$\Lambda_{0V}=\arctan(\tan\Lambda_{0p}\sin|\gamma|) \tag{14.36}$$

$$\Lambda_{1V}=\arctan(\tan\Lambda_{1p}|\sin\gamma|) \tag{14.37}$$

在上述公式中使用的是 γ 的绝对值，这是因为在 SEACD 中有如下规定：当立尾向飞机对称面倾斜时，γ 值为正；而当立尾向外侧倾斜时，γ 为负。依据与调整机翼翼段 λ 和 b 同样的规则，通过 Λ_{0V} 和 Λ_{1V} 的值就可以求出尖削比和根梢弦之间的距离，这样就能确定出立尾的位置和形状了。

如果需要调整 Ψ，则属于同一部件的剖面都需要被调整。如图 14.24 所示，A 点和 B 点分别是首末剖面的角点的投影，它们形成了一条直线轮廓。假设 C 点是之间任一剖面角点的投影，它必然落在轮廓 AB 上。由于在应用自动化方案调整技术时，这些剖面将根据 AB 的形状被移动和缩放以生成新的部件三维曲面，在 Ψ 被调整时就只需要确定 A、B 和 C 点的新位置。尽管调整 AB 的方式可以有多种，本研究中只是将轮廓绕 Z'_A 或 Z'_B 轴进行旋转。如果是以 Z'_A 为旋转轴，则 B 和 C 的新 Y 坐标将根据 A 的坐标和 Ψ 的新值算出，而它们的 X 坐标将不会变化；如果以 Z'_B 为旋转轴，则 A 和 C 将得到类似的调整。

对于一个具有侧棱的机身类部件，旋转轴的选取取决于它与相邻部件间的关系。例如，

BF－1中的后机身与中机身相连，因此在其首剖面内的轴应被用于调整边缘f9。如果一个部件的两侧都与其他部件相连，则可使用任意一轴。然而，由于在这种情况下首末剖面中必有一个被调整，所以共享着被调整剖面的其他部件也应当被自动地调整——这种调整依据的是在自动化方案调整中被定义的规则。如果一个部件没有和其他部件相连，则同样可以使用任意一轴，而且只有这一部件自身将会被调整。

14.3.4 对应于一个设计点的调整

对于一个给定的方案，设计者可以在设计系统中用前述方法交互地标识边缘和定义关联，然后系统将能自动地进行必要的调整，从而使得在优化过程中对应于一个设计点的方案满足设计准则。通常而言，这些调整可以被划分为如下的基本步骤：

① 获取一条引导边缘的主导角的新值；

② 计算包含这一边缘的部件的其他参数；

③ 根据已存储的信息，找到包含相关联边缘的其他部件；

④ 对于这些部件中的每一个，依据参数关系调整其中的主导角的值；

⑤ 根据被调整的主导角计算某一部件其他参数的新值，从而确定该部件的新位置和形状；

⑥ 在所有的引导边缘都被处理了之后，就可以对调整后的方案进行分析，以评估这一设计点。

本研究中在SEACD里定义了一个特别的类，以实现上述的步骤③～⑤，也就是说，它被作为“边缘控制器”对所有的关联进行处理并调整所有的相关部件。这个类是独立定义的，这样就可以在系统中任何改变了引导边缘的地方定义其对象——不只是在优化过程中，也可以是在设计者进行交互式修改的时候。不仅如此，如果在今后的研究中对边缘和主导角间的关联进行了改进，该类也能在不影响设计系统其他部分的情况下得以方便地扩展。

“边缘控制器”的另一作用是在对应于一个设计点的方案不可能满足准则的情况下发送警告。如果一个部件的主导角的新值导致了其他参数具有不可行性，那么这种情况就会发生了。举例而言，对于一个没有梢部偏转的翼段，一种不可行的情况在于：用Λ_0、Λ_1和b算出的$\lambda>1$或$\lambda<0$，而用Λ_0、Λ_1和λ会算出$b\leqslant 0$的结果。为了让翼段的形状保持合理性，此时在系统中就会用Λ_0、λ和b计算新的Λ_1值，即便Λ_0和Λ_1都被用做了设计变量。

在出现这种情况时，系统还将通过使这一设计点违背设计约束的方式将它舍弃掉。具体而言，另一个被命名为“冲突处理器”的类会接收到“边缘控制器”发出的警告，然后将若干专门设定的变量（它们与方案的信息无关）的值设为比预先指定的限制更大或更小，从而产生非常大的罚值。

由于SEACD是一个独立运行的应用程序，故“边缘控制器”和“冲突处理器”都只是用面向对象编程技术定义成了类。然而，在今后的研究中有可能将它们增强为智能主体，这样它们就能够更好地处理规则和参数冲突，以及更有效地进行彼此间的通信，即便是在一个分布式的设计环境中。事实上，随着更多设计准则的实现，将有望发展出一个能够对飞机概念设计提供更多智能支持的多智能体（multi－agent）系统。

14.3.5 优化示例与讨论

研究中对 BU－1 和 BF－1 都进行了优化以验证提出的方法。由于重点在于验证表 14.10中列出的关联是否能够在优化过程中得以自动保持，优化问题中的主要元素都有所简化：优化目标都是±180°角域内的算术均值（记为 R_m），约束则只是由“冲突处理器”控制的特定变量。用于估算 R_m 的是物理光学法，而出于节省计算时间的考虑，没有应用几何绕射（Geometrical Theory of Diffraction，GTD）这样的方法[45,46]；在两个示例中采用的优化算法都是模拟退火——一种具有全局寻优能力的随机搜索算法[47]。

表 14.12 和表 14.13 中分别列出了每个示例中的初始和最优方案，图 14.25 显示了优化方案的俯视图。对于 BU－1，优化过程中共进行了 200 步，其中没有出现不可行的设计点；对于 BF－1，总共进行了 205 步，其中的 12 步产生了不可行解。表 14.13 列出了其中一个不可行设计点的数据，罚值反映了外翼段和水平尾翼不能满足给定的 Λ_0(f1)和 Λ_1(f3)的值，这也表明了“边缘控制器”和“冲突处理器”间协作的有效性。

这些结果也显示了本小节提出的方法有助于减少一个优化问题中设计变量的数量，这是因为一些重要参数，如对应于一个相关联边缘（该边缘属于一个主要的翼段）的 Λ_0 能够被自动调整，从而就不必被定义为设计变量。正因如此，一次优化的计算时间也能够被缩短。需要说明的一种例外情况是：如果一个包含引导边缘的翼段的 λ 不能取得可行值，则它的 b 可能被调整。尽管如此，建议将 b 也设为设计变量，否则一旦在对应于一个设计点的调整导致了一个不理想但却合理的 b 值，如 0.01 m，则该值将很可能被一直用在后续设计点的计算中，从而导致在优化过程中产生大量不理想的方案。

表 14.12　BU－1 初始和优化方案的主要数据

参数/单位		变化范围	初始方案	最优方案
R_m/dBsm			−5.18	−19.33
设计变量	Λ_0(u1)/(°)	54～60	57	54.25
	Λ_1(u2)/(°)	−48～−38	−43	−45.46
	内翼段 b/m	1.7 － 2.5	2.1	2.370
	外翼段 b/m	3.5 － 4.1	3.8	3.650
主导角（相关边缘）	Λ_0(u3)/(°)		57	54.25
	Λ_1(u4)/(°)		43	45.46
	Γ(u5)/(°)		47	44.54
	ψ(u6)/(°)		57	54.25
	ψ(u7)/(°)		−43	−45.46

表 14.13　BF－1 初始和优化方案的主要数据

参数/单位	变化范围	初始方案	最优方案	一个不可行设计点（第 46 步）
R_m，dBsm		−3.11	−3.58	−2.48

续表 14.13

参数/单位		变化范围	初始方案	最优方案	一个不可行设计点（第 46 步）
罚值			0	0	16 200 010.0
设计变量	Λ_0(f1)/(°)	38～50	44	40.62	49.21
	Λ_1(f3)/(°)	−19～−5	−12	−13.43	−18.12
	外翼段 b/m	4.0～5.0	4.4	4.829	4.160
	立尾的 γ/(°)	36～46	41	42.45	42.07
主导角（相关边缘）	Λ_1(f2)/(°)		−12	−13.43	−8.24
	Λ_0(f6)/(°)		44	40.62	49.21
	Λ_1(f7)/(°)		−12	−13.43	−1.00
	Λ_0p(f4)/(°)		44	40.62	49.21
	Λ_1p(f5)/(°)		−12	−13.43	−18.12
	Φ(f8)/(°)		44	40.62	49.21
	Ψ(f9)/(°)		−44	−40.62	−49.21

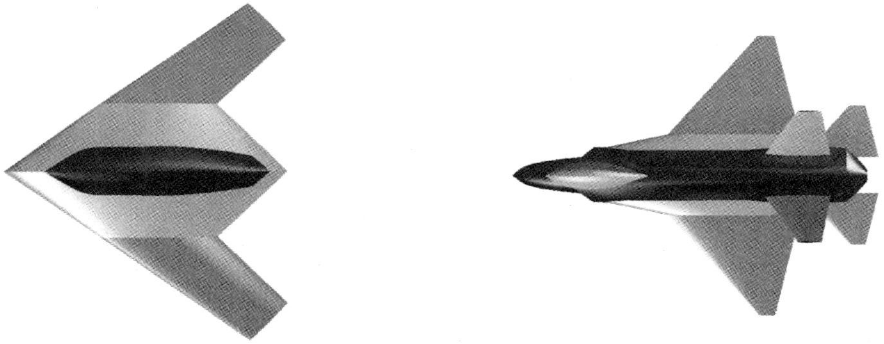

(a) 优化后的BU−1　　(b) 优化后的BF−1

图 14.25　优化方案的俯视图

第 15 章 面向运行的设计与仿真验证

为了提高飞机总体设计的效率与质量，各种新技术得到了不断的发展，如本书中介绍的参数化建模、MDO，以及更高效率和准确度的 CFD、有限元分析等等。这些技术的应用大多侧重于提高飞行器的自身性能，如减轻重量、提高升力、减小阻力、降低雷达散射截面、提高综合性能等。但是，设计绝不是一个孤立的过程，一个新的方案不能仅仅注重自身的性能，还必须从它的全寿命周期进行考虑，即充分考虑到设计阶段之后的制造、试飞，乃至交付用户后的运行中的需求。更为重要的是，新型飞机的商业运营和军事任务越来越依赖于更大规模的复杂运行环境，如未来空中运输系统（NextGen）[48]、网络中心战应用[49]等，这就要求充分考虑这类“系统之系统（System of Systems，SoS，也译作体系工程）”[50-52]对设计的影响。

在工业界，“面向 X 的设计（Deisgn for X）”的理念已经吸引了诸多的研究，这种理念汇聚了达到产品设计目标和限制的各种可能任务[53-55]。对航空界而言，“面向 X 的设计”同样是未来飞机设计的一种重要理念，这里的 X 可以理解为可制造性、维护性、可靠性、安全性、经济性等等[56]。关于将“面向运行的设计（Design for Operation，DfO）”理念纳入到飞机设计阶段的探索已经持续了数十年，这些研究和应用的重点在于分析运行阶段的各种因素，例如经济性[57]、航线运行[58]、特殊环境运行[59]、抗撞击性能[60]、远航程巡航能力[61]、环境影响[62]、战场效能[63-66]、维护维修性能[67,68]等等。

本章将比较系统地在面向运行的设计的概念、描述模型、评价模型等方面进行阐述，并将重点强调基于虚拟仿真的方法在这一评价模型中的作用，最后还会探讨从设计到训练的仿真应用的延伸。希望通过本章所述的这些探索，能够对拓展飞机总体设计支持的研究范围起到积极的促进作用。需要说明的是，面向运行的设计这一思想不仅仅适用于某一类型的飞机，而且适用于直升机、飞艇等其他类型的飞行器，并且在实际运行环境中多种飞行器共同配合完成任务的情况也是普遍存在的，因此在本章的介绍中将更多地采用“飞行器设计”的提法，而不局限于飞机总体设计。

15.1 “面向运行的设计”的统一化公式描述

所谓“面向运行的设计”，作者的定义是在飞行器的设计阶段就充分考虑交付商用运营或军用服役后可能执行的各种实际任务，通过分析、仿真、试验等手段对设计方案完成任务的能力（称为“运行效能”）做出评估，从而有利于在研制早期发现潜在的问题并加以修正，以避免直到运行阶段再对设计提出问题和进行变更。如图 15.1 所示，面向运行的设计意味着在“面向制造的设计”的基础上的进一步扩展，同时也是将飞行器生命周期下游阶段的需求提前到设计阶段进行考虑的必然趋势。

对民用和军用飞行器而言，各种不同的任务都是组成实际运行的基本单元，因此首先提出了如下式所示的一个任务的框架性理论描述：

$$W = f(O_R, P_R, E_R, A_R) \tag{15.1}$$

式中：W 代表任务所在的真实世界，函数中的四个变量表示了组成一个任务的基本要素：O_R

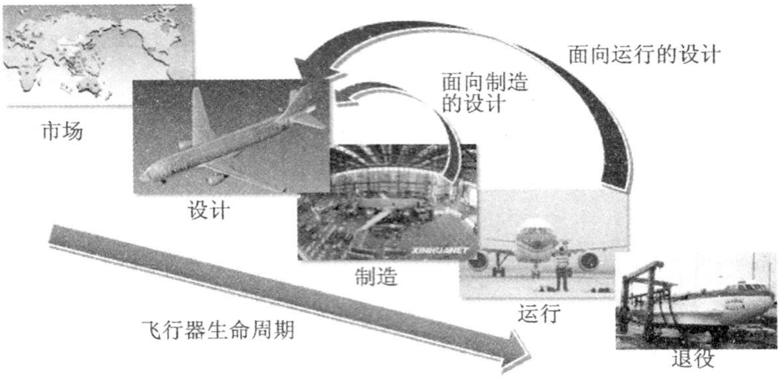

图 15.1　面向运行的设计在飞行器全生命周期的定位

代表设计对象，也即飞行器这样的执行任务的载体；P_R代表操作对象的人员，包括飞机的飞行员、维修人员等；E_R代表环境，包括执行任务涉及到的山脉、海洋等自然环境和城市、机场等人工环境；A_R代表智能体，即在环境中除P_R以外存在的其他具有自主能力元素的统称。这类对象可以是人员，如客机应急撤离时涉及的大量乘客；或者是物体，如在军用飞机执行任务时对方的各种空中、地面装备。

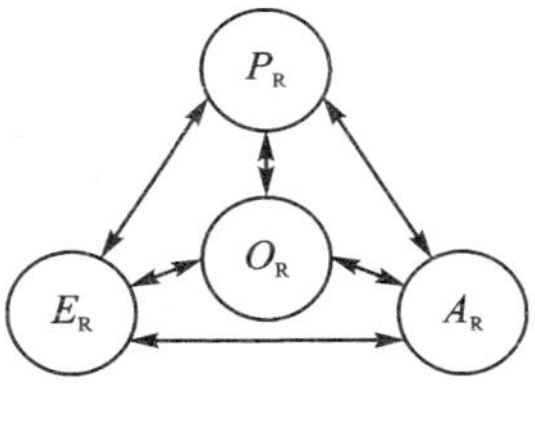

图 15.2　面向运行的设计中的各要素关联

式(15.1)中的函数 $f(\cdot)$只是体现四个要素所具有的复杂联系，并不具有(也几乎不可能具有)解析的表达形式。在面向运行的设计中，设计对象是四个要素的中心，人员、环境和智能体都会对设计对象产生影响，而这三个因素之间同样还存在相互的影响，如图 15.2所示。各个要素的不同状态的组合，也就构成了大量的复杂任务。对于一个优秀的设计方案，理想化而言应该是能够满足各种不同的任务情况。但是，由于实际任务的复杂性，事实上不可能对其进行穷举，因此只能是选取一系列的要素组成情况形成典型的任务，作为验证和评价设计方案是否能够满足任务要求的依据和指标。

15.2　面向运行的设计的层次化评价模型

15.2.1　三层级任务分类模型

对于不同类型的飞行器，要执行的任务必然千差万别，即便只是上文提出的典型任务也将是数量非常庞大的，因此在本章中不可能针对每种类型的飞行器具体地给出所有的任务情况和指标，而是以任务规模和特点为主要依据，提出一个包含三个级别的层次化任务分类模型，进而建立评价指标的基本框架。如图 15.3 所示，这三个层级的任务自底向上分别是：基本人机交互任务、复杂协同任务、大规模联合任务。

基本人机交互任务指的是环境与智能体的影响相对较小、依靠单个或一个小组的人员即

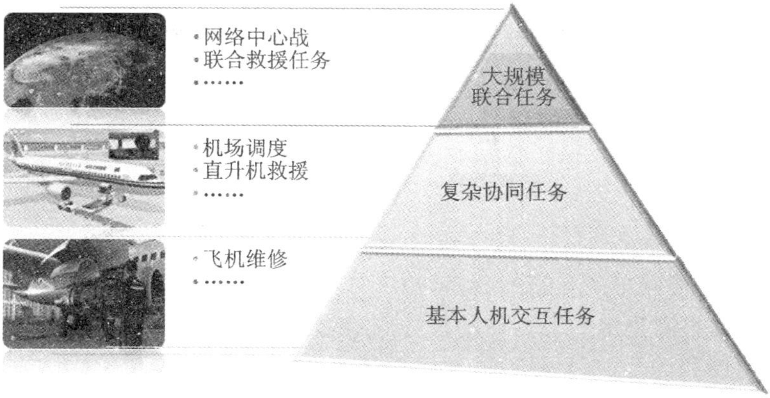

图 15.3　三层级任务分类模型

可完成的与单一设计对象相交互的任务。目前已经开展的维修性验证、驾驶舱设计人机工效验证[69,70]等主要都是针对这一类的任务开展的。

复杂协同任务指的是涉及到多种飞行器和其他对象、需要一个或多个较大单位的人员相互配合才能完成的任务，而且执行任务的环境往往会比较复杂多变。一个典型的应用复杂协同任务的例子就是在作战飞机的设计中，通常都需要考虑到针对不同的剖面执行空中优势、护航、对地攻击等任务，而每个任务中不仅都会遇到敌方的多种威胁，还会通过与己方飞机形成编队等方式实现协同。对于民用飞机，同样会涉及类似的协同任务，例如大型客机的地面服务、出现紧急情况时的大量人员的应急撤离，以及直升机执行救灾任务时飞行员、操作员的协同等等。

大规模联合任务指的是需要一个较庞大的体系密切协调和统一行动才能完成的任务，其中涉及的人员及智能体众多、环境涵盖面广。设计对象往往只是作为体系中的一个节点发挥作用，但对于新型飞行器而言，满足体系化应用的要求已经显得越来越重要。各国高度重视的网络中心战就是军用飞机设计时必须考虑的典型大规模协同任务。对于民用飞机，民用航空的空中交通体系、应对重大自然灾害的应急救援体系，都是需要考虑的联合任务。

从基本人机交互任务、复杂协同任务到大规模联合任务，基本的趋势在于环境复杂性及协同的规模在不断增强，而对于设计对象的细节信息的要求则在减弱。例如，前文提到的基本人机交互式往往需要精确的设计对象几何与物理信息，而复杂协同任务时更强调与完成任务相关的那一部分性能，如飞行性能、操纵品质、飞行器局部的设计特征等。在大规模联合任务中，需要考虑的主要是设计对象最突出的几项性能，如航程、探测与攻击距离、运载能力等，而设计对象的具体外形、布置等因素往往不是重点。然而，尽管侧重不同，三个层级的任务都是反映飞行器运行必不可少的方面，不应当顾此失彼。

15.2.2　评价准则总体架构

将运行中的任务纳入设计阶段，自然会带来如何对运行效能进行评估这一难题，而这首先就需要建立一套比较全面的评价准则。考虑到具体任务的庞杂繁多，本章将只给出一个总体的评价准则体系架构，而具体任务的评价准则将作为后续系列研究的内容。

由于三个层次的任务之间并没有替代关系或附属关系，而是各有特点，因此在总的运行效能评价中应同时考虑到三个层次的作用，如下式所示：

$$E_O = C_B E_B + C_C E_C + C_L E_L \tag{15.2}$$

式中：E_O是一个飞行器的总体运行效能，E_B、E_C、E_L分别是其基本人机交互效能、复杂协同效能和大规模联合效能。C_B、C_C、C_L分别是与这三个效能相对应的权重系数，且满足下面的等式：

$$C_B + C_C + C_L = 1 \tag{15.3}$$

权重系数的确定可以采用专家打分、试验统计法[71]等传统的方法确定。通过对权重系数的调节，即可体现出不同类型的飞行器的任务侧重点。对于一些比较简单的飞行器，如小型通用飞机，C_L甚至可能取为零。另一方面，对某一飞行器而言，如果考虑到根据不同的任务进行改型，则权重系数的设定也不会是固定的。例如，一个军用运输机方案如果改进为了空中加油机，在权重系数上就应当有所调整了。

由于E_B、E_C、E_L都分别代表了一个大的层级的总体运行效能，因此必须将它们做进一步的细分以及每一个层级的进一步分割。可能的分割方式有两种：

第一种是围绕单个设计或性能指标，如对于E_C，可以进一步地分解为对航程、作战半径、载客人数的评价。这一方式的好处在于可以直接地围绕各个关键指标定义效能要素，便于比较不同的指标对整体效能的贡献。但是，这一方式也存在比较大的缺陷，即对于飞行器这样的复杂设计对象而言，每个指标往往都会涉及多个任务，例如雷达探测距离这一指标在空中优势任务和对地攻击任务中都会用到；而在一个任务中必然又会涉及到其他的指标，这就容易造成设计指标与任务间的交叉，不利于建立清晰的运行效能层次关系。

第二种是以任务为中心，即针对不同飞机类型合理地划分典型任务（见图15.4中的示例），并提出每一种类型的运行效能。这样每种效能必然会是多个设计或性能指标的综合，从而更具有综合性和扩展性。另一个好处在于可以较好地兼容现有的作战效能分析方法。基于这些考虑，本章中建议采用这种方法进行指标的分解。

在每一层级的任务进行细分的情况下，式(15.2)中的各项可以分解为

$$E_B = \sum_{i=1}^{l} C_{B_i} E_{B_i} \tag{15.4}$$

$$E_C = \sum_{j=1}^{m} C_{C_j} E_{C_j} \tag{15.5}$$

$$E_L = \sum_{k=1}^{n} C_{L_k} E_{L_k} \tag{15.6}$$

式中：l、m、n分别为各个层级中细分的任务数量，E_{B_i}、E_{C_j}、E_{L_k}分别为三个层级中细分任务的效能指标，C_{B_i}、C_{C_j}、C_{L_k}仍然是对应于三者的权重系数，而且满足各层级细分任务的权重系数之和分别等于1。在进行这样的细分后，计算某一类型的飞行器方案的总体运行效能将变为

$$E_O = E_B \sum_{i=1}^{l} C_{B_i} E_{B_i} + C_C \sum_{j=1}^{m} C_{C_j} E_{C_j} + C_L \sum_{k=1}^{n} C_{L_k} E_{L_k} \tag{15.7}$$

在使用上面的方法进行运行效能计算的时候，一个不可避免的问题就是不同的仿真结果有不同的量级尺度，所以必须对这些仿真结果进行归一化处理以便计算和比较[72,73]。考虑到应用的简便性，本章采用了参考文献[71]中的指标标准化方法。设有q个决策指标$f_\beta(1\leqslant$

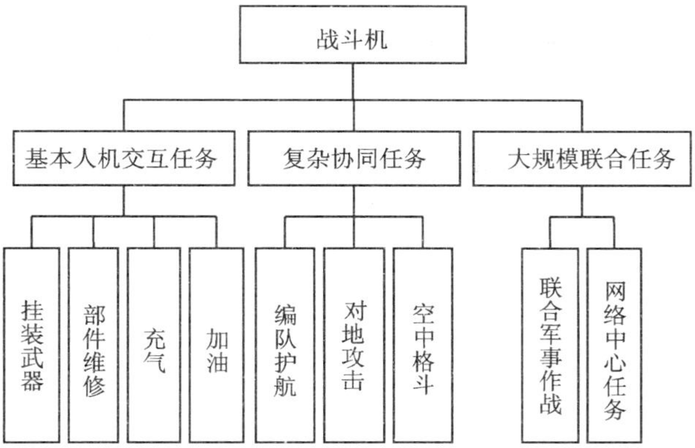

(a) 战斗机的分级任务示例

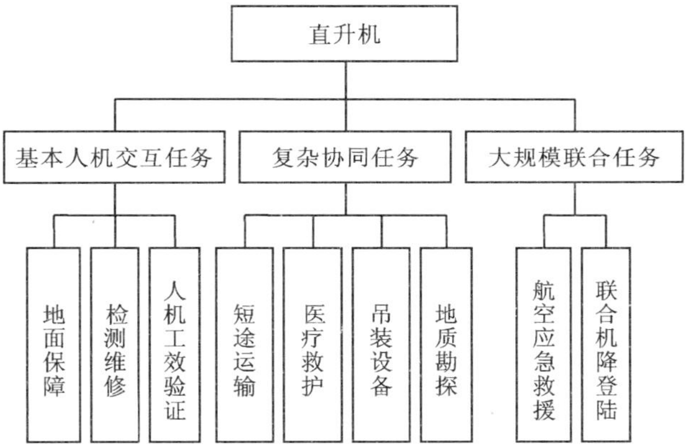

(b) 直升机的分级任务示例

图 15.4　不同类型飞行器的分级任务示例

$\beta \leqslant q$)，p 个待评价方案 $a_\alpha(1 \leqslant \alpha \leqslant p)$，则构成的决策矩阵为

$$\boldsymbol{X} = (x_{\alpha,\beta})_{p,q} \tag{15.8}$$

式中：$x_{\alpha,\beta}$ 表示单个待评价方案中的单个决策指标，则每一个指标可以归一化为

$$y_{\alpha,\beta} = \frac{x_{\alpha,\beta}}{\sum_{\alpha=1}^{p} x_{\alpha,\beta}} \qquad (1 \leqslant \alpha \leqslant p, \quad 1 \leqslant \beta \leqslant q) \tag{15.9}$$

形如 $\boldsymbol{Y} = (y_{i,j})_{p,q}$ 的向量归一标准化矩阵就可以用来做进一步的计算。

事实上，基于权重系数的综合只是进行多目标决策分析的一种最基本的方式，此外还有更复杂的层次分析法[74]、灰色关联分析法[75]和蛛网图[76]等方法。而针对每种细分任务的效能指标确定，又将是非常庞大和复杂的问题，可以引出大量的后续研究。由于本章重在论述面向运行设计的概念和基本框架，对这些问题的深入分析已经超出了本章的范围，因此在此处将不做进一步的展开。

15.3 基于虚拟仿真的层次化任务评估架构

在针对效能分析的研究与应用中，除了传统的以数学解析为主的分析方法[78,79]外，基于虚拟仿真的手段已经得到了越来越多的重视。正如参考文献[76]所述，虚拟仿真是保证大型军工型号项目实现低成本、低风险运行的关键手段，也符合武器装备采办模式的发展趋势[80]。对于本章中涉及的各类飞行器而言，通过虚拟仿真的手段评估战斗机效能的相对较多[81,82]，但针对其他类型的飞行器，尤其是民用飞机的还比较少，因此也希望通过本章提出的虚拟仿真框架引出对于这一领域更积极的研究与尝试。

与本章中提出的三层级任务分类模型相对应，可以相应地形成三个层级式的虚拟仿真框架。将式(15.1)中包含的对象、人员、环境与智能体四个要素向仿真的虚拟世界进行映射，可以得到如下描述：

$$\mathrm{VW} = f(O_{\mathrm{V}}, P_{\mathrm{V}}, E_{\mathrm{V}}, A_{\mathrm{V}}) \tag{15.10}$$

式中：VW(Virtual World)代表真实世界映射的虚拟世界，O_{V}、P_{V}、E_{V}、A_{V} 分别代表仿真中的虚拟对象、与虚拟世界进行交互的人员（注意不是非可控的虚拟人员）、虚拟环境与虚拟智能体。在三层仿真架构中，每一个层级的仿真都将涉及到这四个要素，并且根据任务的不同而具备自己独有的特点。

针对底层的基本人机交互任务进行仿真时，重点需要仿真的是对象和人员两个要素：对于前者，由于往往需要与设计方案的细节进行交互以评价可达性和维修性等特性，需要细致地描述设计对象的几何与物理特性，仿真的基础应当是比较精确的数字样机；对于后者，为了便于对使用人员的便捷性、疲劳程度影响等人机工效因素进行评估，除了软件仿真的使用外，往往还需要借助更自然、精确的人机交互手段，例如单人的头盔、力反馈等虚拟现实硬件设备。对于环境和智能体因素，这一层级的仿真要求相对较弱，但并非能完全忽视。例如舰载飞机的维修保障，就需要对复杂的舰上使用环境（包括海浪的影响）进行仿真，并且要考虑到舰上其他装备或人员的运动受狭小空间的影响，而这些运动是可以通过人工智能的方式进行控制的。

具体就实现的手段而言，可用的商业化软件工具包括 Delmia、CATIA、Jack 等，而与之相连接可以是 HAPTION 和 ART 等交互硬件设备。图 15.5 就是作者的团队利用 ART 人体动作捕捉设备进行民机驾驶舱人机工效验证的示例。

复杂协同任务仿真中对飞行器的几何与物理特性会有比较高的要求，以便能够真实地反映飞行器的各种性能并进行评估；对模拟的环境中的地形、天气等因素也都应力求逼真，因为在这些协同任务中往往会涉及到飞行器在复杂的地形环境（如直升机在山区搜救）、气象条件（如雨、雪、雾等天气下的客机起降）中的运用。在人与仿真系统的交互方面，这一类型的任务最好能够借助各种级别的模拟器等硬件设备，实现更精确的人在环评估。

此外，人工智能性因素的强化也是在仿真中需要注意的方面。以战斗机的仿真评估为例，已有的研究中关注得比较多的是单机及多机的对抗，但在发展趋势上必然会加入联合作战任务中涉及的其他友军装备、敌方威胁等元素，而人在环的控制很难面面俱到，其中不能靠人直接操纵的元素就需要采用人工智能的方式进行自主控制。

由于涉及到的因素多且数据量庞杂，开发针对复杂协同任务的仿真系统时往往会用到多种硬件设备和软件工具，如商用化的仿真软件 VEGA Prime、Virtools、Unity3D 等，以及一些

图 15.5 借助 ART 进行驾驶舱人机工效验证

研究机构自行开发的，如 DVENET[83]、STOW[84]等，而用于协同仿真的底层架构可以采用高层仿真框架(HLA)、SIMKIT[85]等。图 15.6 显示的是作者团队应用 Virtools 和 HLA 开发的一个客机地面服务协同仿真的示例。

(a) 地面车辆驾驶员操作视角

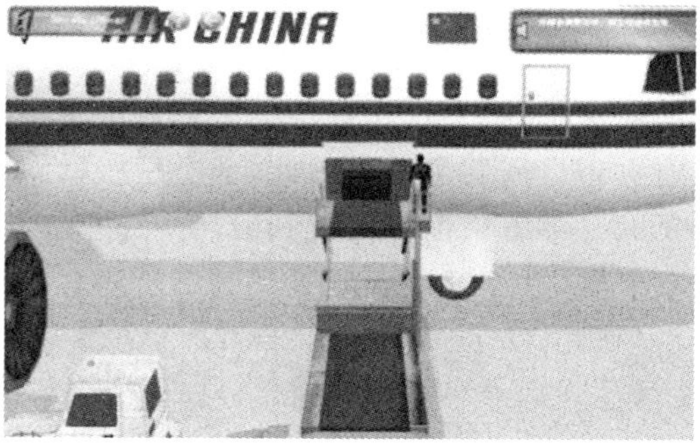

(b) 卸货人员操作视角

(c) 全局监控视角

图 15.6 机场地面协同仿真示例

大规模联合任务的仿真系统虽然涉及的元素相对于前两个更多，但由于处于比较宏观的层面，在一些具体的几何、特性要求上会相对粗略，而对飞行器及其他相关装备的关键指标、联合应用的模式、任务的规划等方面的要求比较高。在环境因素的考虑上，除了针对比较大规模的作战任务、民航机队运营、自然灾害等提出适当的仿真形式外，目前在其他的领域已经有将政治、经济等更宏观因素融入仿真[86]的研究。在条件允许的情况下，这些宏观因素也是在研究面向飞行器运营的设计中应逐步加入的，毕竟一些重大的飞行器研发计划，如新型战斗机、大型客机都会受到这些宏观因素的影响。对于智能体要素在这一仿真系统中的作用，主要的挑战之一将是在自然灾害、局部战争等重大事件中的大范围人群反应特性上。

高层级仿真系统的实现应以软件为主，但目前还很少见到专门的开发工具和针对飞行器设计应用的案例。一个可以参考的工具是在航天领域应用的 STK 软件[87,88]，从中可看出的技术特点包括不断丰富的装备数据库、便捷的任务想定、评估结果分析，以及将联合仿真任务的体现从二维地图形式向三维场景演化的趋势，从而可以更直观地体现现实环境中的各种要素的关系与配合。

对于上述的任何一类的虚拟仿真系统而言，与设计的紧密结合都是必须要重视的，而对应于不同的设计阶段又会有不同的设计要素被纳入相应的仿真系统。一般而言，宏观的设计指标论证对应于高层的大规模联合任务仿真，概念与初步阶段的飞行器的几何与动力学等性能主要在于复杂协同任务仿真应用和评估，初步与详细设计阶段确定的细化数字样机定义主要对应于基本人机交互仿真。

尽管三层级的仿真系统各自有侧重点，但各个系统间往往存在共性的要素和作用的交叉，例如在初步和详细设计阶段确定详细的动力学等特性，可以被用到协同仿真系统中进行更精确的评估，而在宏观层级仿真中针对的关键性能指标，如战斗机的航程、武器携带能力等在协同仿真中也需要考虑。因此，三个层级的定义和应用事实上很难划分出非常明显的界限，可以预见的是尽管目前的研究和应用中还主要采用分开发展的模式，但未来的趋势应是逐步融合、共享资源，进而针对不同类型的飞行器各自形成相对统一的仿真平台。

15.4 层次化任务仿真应用实例

由于飞行器设计的复杂性，对运行效能的评估具有多层次、多参数、多因素等特点，因此建立三层级任务模型所需的仿真体系是一个庞大的系统工程，需要更广泛和持续的研究与实践，才可能对某种类型的飞行器建立起相匹配的完整仿真评估系统。关于本章所提的评估结构与仿真途径的有效性，此处只使用一个对民用旅客机概念方案进行评估的简化案例来进行说明与验证。

事实上，建立一个完善且准确的虚拟仿真系统以评价民用旅客机的运行效能，已经超出了本章的研究范围，然而，一旦更加复杂的系统和更多的评价工具成熟，下面的分析和综合性方法就可以为更实际的运用提供参考。

算例的设计要求为一个 160 座级 4 000 km 航程的民用旅客机设计方案，航程可覆盖中国大陆绝大多数航线，两个设计方案（见图 15.7）如下：

- 方案 AC1：160 座，巡航马赫数 0.785，布局近似于 B737－800；
- 方案 AC2：168 座，巡航马赫数 0.78，布局近似于 A320。

如图 15.8 所示，本算例中包括 6 个细分的运行任务及建立的三个虚拟仿真场景。式（15.10）中的关键要素设定如表 15.1 所列。

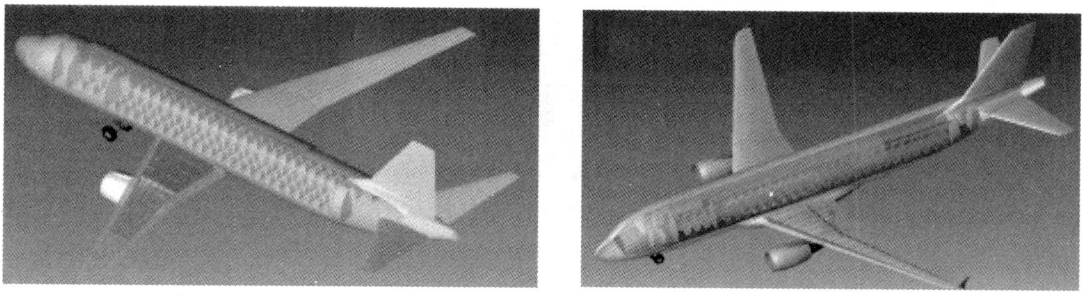

(a) 方案AC1的三维模型　　(b) 方案AC2的三维模型

图 15.7　两个民用旅客机设计方案

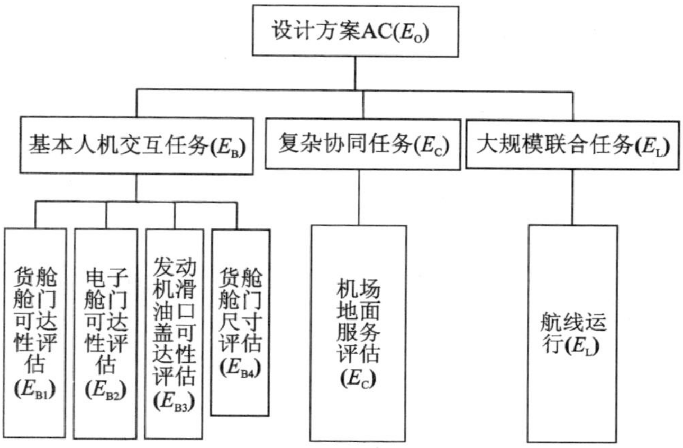

图 15.8　设计方案任务评价结构

表 15.1　仿真方案要素设定

层　级	仿真场景	O_V	P_V	E_V	A_V
基本人机交互	可达性评估	1AC1/1AC2	受控的虚拟人	不起作用	一个集装箱
复杂协同任务	机场地面服务	1AC1/1AC2	受控的地面服务车辆	机场停机坪	7 辆自动运行的服务车
大规模联合任务	国内航线	3AC1/3AC2	人为设定出动计划	机场容量，地理距离等	飞机按照航线自动飞行

图 15.9 和图 15.10 展示了基本人机交互层级的仿真场景，该场景是用 3D Max 和 Virtools 制作的，其中飞机的三维模型可从 CATIA 中导入。在图 15.9 中，虚拟人能够受控地进行货舱前舱门、电子设备舱舱门以及发动机滑油口盖的交互。虚拟人更进一步的动作会根据这些舱门的离地高度(图示的数字如 1.24 和 1.19 等，单位为 m)决定，例如徒手接近或是利用工作梯接近。在图 15.10 中，标准尺寸的集装箱将自动地测试货舱后舱门能否通过。

根据模糊综合评价法[89,90]，建立了基本人机交互任务评价层级及其对应的含义表(见表 15.2)。通常来讲，当进行多指标评价时，多个层级和含义表是必要的，但是由于评价指标的相似性，上文中仅用一个表就覆盖了基本人机交互任务评价。表 15.3 是根据表 15.2 得到的仿真结果评价分值。

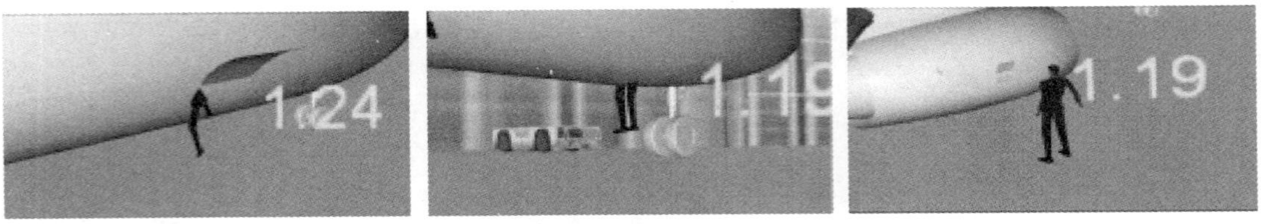

(a) 方案AC1评价结果

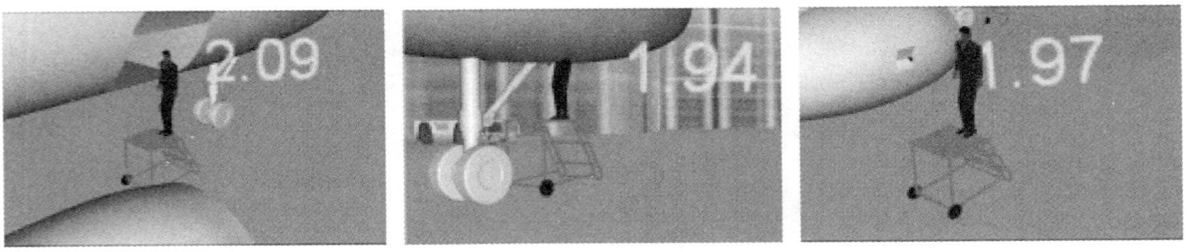

(b) 方案AC2评价结果

图 15.9 舱门可达性评价仿真场景

(a) 方案 AC1评价结果

(b) 方案AC2评价结果

图 15.10 装运集装箱仿真场景

表 15.2 基本人机交互任务评价层级及其含义

评价等级	分 值	含 义
优秀	1	可徒手接近,便于维护
良好	0.8	需借助工作梯进行维护
中等	0.6	需要其他人辅助进行维护
较差	0.4	较难维护
极差	0.2	有设计缺陷,难以维护

表 15.3 设计方案仿真结果

设计方案	评价对象	设计值	仿真结果	分 值
AC1	前货舱舱门高度/m	1.24	徒手接近	0.9
	电子设备舱舱门高度/m	1.19	徒手接近	0.9
	发动机滑油口盖高度/m	1.19	徒手接近	0.9
	货舱后舱门尺寸/(m×m)	0.89×1.22	无法装载标准集装箱	0.5

续表 15.3

设计方案	评价对象	设计值	仿真结果	分　值
AC2	前货舱舱门高度/m	2.09	需要工作梯	0.7
	电子设备舱舱门高度/m	1.94	需要工作梯	0.7
	发动机滑油口盖高度/m	1.97	需要工作梯	0.7
	货舱后舱门尺寸/(m×m)	1.190×1.49	可装载标准集装箱	0.9

根据式(15.8)和式(15.9),对应的决策矩阵为

$$\boldsymbol{X}=(x_{i,j})_{2,4}=\begin{bmatrix}0.9 & 0.9 & 0.9 & 0.5\\ 0.7 & 0.7 & 0.7 & 0.9\end{bmatrix}$$

则向量归一标准化矩阵为

$$\boldsymbol{Y}=(y_{i,j})_{2,4}=\begin{bmatrix}0.56 & 0.56 & 0.56 & 0.36\\ 0.44 & 0.44 & 0.44 & 0.64\end{bmatrix}$$

对于该层级的四个细分任务,权重系数可设为 $C_{\mathrm{B}_1}=0.2$,$C_{\mathrm{B}_2}=0.2$,$C_{\mathrm{B}_3}=0.2$,$C_{\mathrm{B}_4}=0.4$。

根据式(15.4),方案 AC1 和方案 AC2 的基本人机交互效能为

$$E_{\mathrm{B.AC1}}=\sum_{i=1}^{4}C_{\mathrm{B}_i}E_{\mathrm{B.AC1}_i}=0.48,\qquad E_{\mathrm{B.AC2}}=\sum_{i=1}^{4}C_{\mathrm{B}_i}E_{\mathrm{B.AC2}_i}=0.52$$

对于地面服务仿真(见图 15.11),表 15.4 展示了基于波音 B737 和空客 A320 地面服务手册[91,92]数据的参数设置,表 15.5 为设计方案的预设参数。

(a) 方案AC1仿真

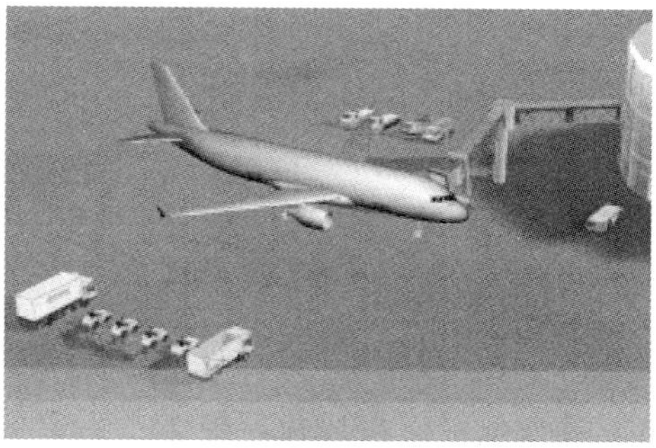

(b) 方案AC2仿真

图 15.11　机场地面服务仿真场景

表 15.4　机场地面服务相关参数

参　数	AC1	AC2
乘客人数/人	160	168
离机速度/(人·分$^{-1}$)	18	20
登机速度/(人·分$^{-1}$)	12	12
添加燃油速度/(加仑·分$^{-1}$)	2 700	3 780

续表 15.4

参　数	AC1	AC2
前货舱容量/包	69	88
后货舱容量/包	91	80
货舱卸货速度/(包・分$^{-1}$)	15	12
货舱装货速度/(包・分$^{-1}$)	10	8
货舱额外容量/千克	0	600

注：满商载人员登机；满商载人员离机。

表 15.5　设计方案的预设参数

服务项目	服务内容	服务时间/min		
		范　围	AC1	AC2
主客舱服务	登机梯定位及下客	9～10	9	9.5
	厨房服务	14～22	22	14
	清洁服务	8～14	14	8
	上客及登机梯收上	13～18	13	18
货舱服务	前货舱卸货	6～18	6	18
	前货舱装货	8～20	8	20
	后货舱卸货	8～18	8	18
	后货舱装货	10～20	10	20
飞机服务	燃油服务	13～18	13	18
	饮用水服务	5～7	6	6
	洗手间服务	8～14	14	8

通过仿真，方案 AC1 和方案 AC2 地面服务总时间分别为 34 min 和 38 min。地面服务效率为服务总时间的倒数，则基于式(15.8)的地面服务效率的决策矩阵为 $\boldsymbol{X}=(x_{i,j})_{2,1}=\begin{bmatrix}\frac{1}{34} & \frac{1}{38}\end{bmatrix}^{\mathrm{T}}$，其对应的向量归一标准化矩阵为 $\boldsymbol{Y}=(y_{i,j})_{2,1}=[0.53\quad 0.47]^{\mathrm{T}}$ 。

由于该层级只有机场地面服务作为评价指标，则方案 AC1 和方案 AC2 的复杂协同任务效能可以计算得到：

$$E_{\mathrm{C.AC1}}=0.53,\qquad E_{\mathrm{C.AC2}}=0.47$$

大规模联合任务层级的仿真采用作者团队开发的运输机运输效能评估系统。仿真背景为：假设一个航空公司需要采购方案 AC1 或方案 AC2 飞机用来进行国内三条航线的运营(见图 15.12)，例如北京—上海(直飞)，成都—北京(在西安中转)和广州—北京(直飞)。总体的运输效能可通过运输能力指标、时间消耗指标和燃油消耗指标进行评估。如果更多的航线和指标需要评估，其过程与该算例中讨论的类似。

主要输入参数和结果如表 15.6 所列，这些结果基本上是根据仿真过程中的变化参数叠加得到的，关于其具体过程在此不再详述。

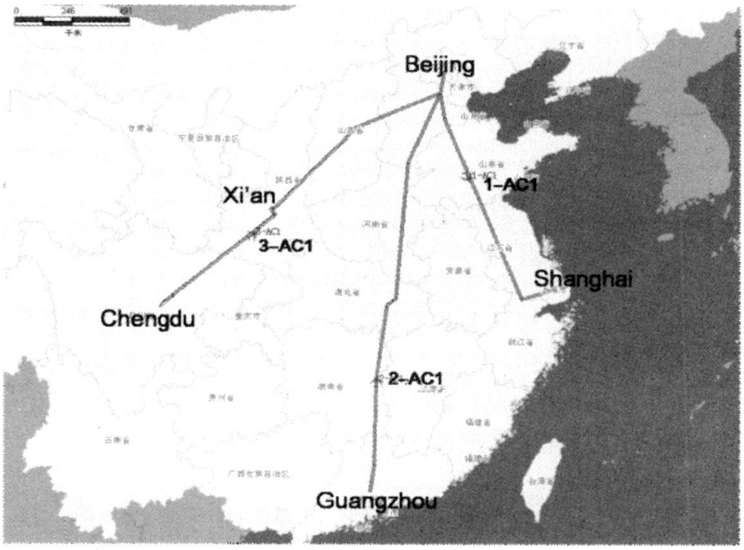

图 15.12　运输机运输效能评估系统中航线设置

表 15.6　大规模联合任务层级主要输入参数及结果

类　别	参　数	AC1	AC2
输入参数	巡航马赫数	0.785	0.78
	燃油容量/kg	20 000	18 600
	航程/km	4 000	4 000
	商载/人	160	168
	额外货运重量/kg	0	600
输出结果	10^{-7} · 运输能力指标/(kg · km)	8.26	8.98
	时间消耗指标/min	362	393
	燃油消耗指标/(kg · km^{-1})	6.69	7.56

根据表 15.6,运输能力指标矩阵为 $\boldsymbol{A}=(a_{i,j})_{2,1}=[8.26,8.98]^{\mathrm{T}}$；为了在正向对结果进行标准化处理,时间消耗指标的决策矩阵为

$$\boldsymbol{B}=(b_{i,j})_{2,1}=\begin{bmatrix}\frac{1}{362} & \frac{1}{393}\end{bmatrix}^{\mathrm{T}}$$

燃油消耗指标的决策矩阵为

$$\boldsymbol{C}=(c_{i,j})_{2,1}=\begin{bmatrix}\frac{1}{6.69} & \frac{1}{7.56}\end{bmatrix}^{\mathrm{T}}$$

所以,运输效能的决策矩阵为 $\boldsymbol{X}=(A,B,C)=\begin{bmatrix}8.26 & \frac{1}{362} & \frac{1}{6.69}\\ 8.98 & \frac{1}{393} & \frac{1}{7.56}\end{bmatrix}$,则对应的向量归一标准化矩阵为 $\boldsymbol{Y}=(y_{i,j})_{2,3}=\begin{bmatrix}0.48 & 0.52 & 0.53\\ 0.52 & 0.48 & 0.47\end{bmatrix}$。

运输能力指标、时间消耗指标和燃油消耗指标的权重系数分别为 $C_{L_1}=0.4$，$C_{L_2}=0.3$，$C_{L_3}=0.3$，则大规模联合任务效能为

$$E_{L.AC1}=\sum_{i=1}^{3}C_{L_i}E_{L.AC1_i}=0.51,\qquad E_{L.AC2}=\sum_{i=1}^{3}C_{L_i}E_{L.AC2_i}=0.49$$

最终，三层级的权重系数分别设为 $C_B=0.3$，$C_C=0.3$，$C_L=0.4$，则该算例中方案 AC1 和方案 AC2 的运行效能分别为

$$E_{O.AC1}=C_BE_{B.AC1}+C_CE_{C.AC1}+C_LE_{L.AC1}=0.51$$
$$E_{O.AC2}=C_BE_{B.AC2}+C_CE_{C.AC2}+C_LE_{L.AC2}=0.49$$

所以，在仅考虑图 15.8 中所列任务的情况下，方案 AC1 的运行效能要高于方案 AC2。不管怎样，运行效能的结果可以和飞行性能、经济性等一起用来实现更进一步的多目标决策。需要再次强调的是，在这里所给出的三层级仿真仅仅是实际运用中的一个简化示例，更进一步的实际运用还需要其他研究人员和作者团队进行探索。

15.5 从设计仿真到训练仿真

建立层次化任务仿真环境的意义不仅仅在于对设计的评估与反馈。可以认为，飞行器的设计相当于式(15.10)中的对象 O_V 这一要素在变化，而设计的过程就是将该要素从最初的粗略设计指标演化为若干备选方案中的最优者的过程，因此从公式描述上可以将式(15.10)修正为

$$VW=f(O_V,P_V,E_V,A_V)+\delta \tag{15.11}$$

式中：δ 是对四要素产生影响的噪声。最常用的影响是针对设计对象 O_V 和人员 P_V 分别产生的：当 δ 的影响主要施加在对象 O_V 上时，式(15.11)体现的就是设计的过程，而此时虚拟仿真的作用就在于 15.4 节中提出的通过三个层次实现面向运行的设计；当 δ 的影响主要施加在人员 P_V 上时，也就是将人员作为仿真体系中的主要变量，这也就意味着此时的虚拟仿真体现的是针对已确定的飞行器执行任务的人员的训练，即“面向运行的训练”(见图 15.13)。

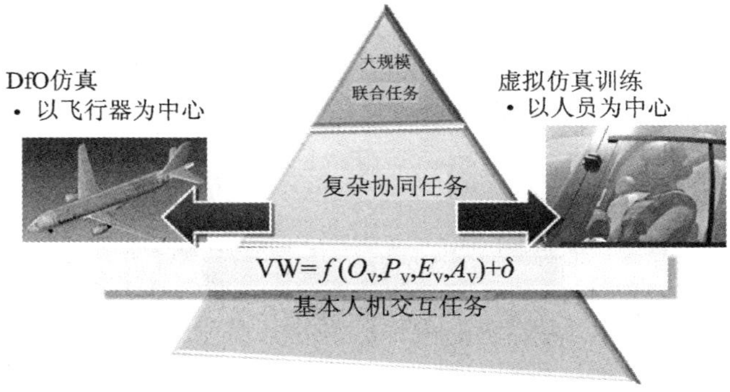

图 15.13 层级模型的两面性

基于式(15.11)的统一的描述模型，针对面向运行的设计所建立的三层仿真框架，同样能够适用于面向运行的训练中，只是在各层的应用目标与实现途径上会有所区别。

在基本人机交互层面上，通过仿真可以对执行维修、保障任务的人员进行训练；但与面向

设计时进行基本人机交互所注重的精度不同的是，在训练过程中更注重的将是环境的逼真性和操作的流程，重在提高参与人员的熟练程度。如图 15.14 所示的是一个作者团队在沉浸式虚拟仿真环境中进行甲板地勤人员训练的例子。在复杂协同任务层面上，虚拟仿真可以针对某一任务的不同角色，如不同飞行器的飞行员、地面装备操作员、战术级指挥人员等，进行操作、指挥与配合训练；在大规模联合任务的仿真层面，训练的是高级作战指挥人员、民用航空交通管理人员等的宏观规划与决策能力。

(a) 虚拟的舰载机使用环境　　(b) 借助数据衣进行人员训练

图 15.14　沉浸式虚拟仿真环境中的甲板地勤人员训练

需要指出的是，基于虚拟仿真的训练尽管已经有了相当多的研究和应用[98-102]，但全面实现上述三个层级在技术上仍存在大量的难点，例如将设计数据（最典型的就是数字样机）进行轻量化后用于训练并非易事，并且实现仿真训练环境随设计源头的自动变更则是更大的挑战。可以预见，在今后很长一段时间内，虚拟仿真训练从技术能力上都将难以全面替代实际的训练，但这一手段无疑能够为降低训练成本、提升训练质量，尤其是解决实际训练难以经常重现的真实作战、自然灾害等难题，提供非常有益的补充。

参考文献

[1] 周济，查建中，肖人彬．智能设计[M]．北京：高等教育出版社，1998.

[2] 刘长毅．自动步枪方案智能设计技术及其应用[D]．南京：南京理工大学，2000.

[3] 刘金．飞航导弹方案设计专家系统及性能分析的研究[D]．武汉:华中理工大学，1995.

[4] 毛权．基于实例原型的设计方法及设计支持系统的研究[D]．武汉：华中理工大学，1995.

[5] 胡维刚．机床模块化设计及其智能支持系统的研究与实践[D]．武汉：华中理工大学，1994.

[6] 张健．基于知识工程的汽车整车设计理论与方法研究[D]．上海：同济大学，2002.

[7] Goel A，Baker C，Shaffer C A，et al. VizCraft：A Problem - Solving Environment for Aircraft Configuration Design[J]. Computing in Science & Engineering，2001，3(1)：56-66.

[8] Vanderplaats G N. Automated Optimization Techniques for Aircraft synthesis[R]. AIAA Paper 76-0909,1976.

[9] Raymer D P. Aircraft Design Optimization on a Personal Computer[R]. SAE/AIAA Paper 965609,1996.

[10] Bos A H W. Aircraft Conceptual Design by Genetic/Gradient - guided Optimization [J]. Engineering Application of Artificial Intelligence，1998，11(3)：377-382.

[11] Kroo I M. An Interactive System for Aircraft Design and Optimization[R]. AIAA Paper 92-1190,1992.

[12] Crispin Y. Adaptive Optimization of General Aviation Aircraft[R]. AIAA Paper 92-41895,1992.

[13] Crispin Y. Aircraft conceptual optimization using simulated evolution[R]. AIAA Paper 94 - 0092,1994.

[14] Roth G L，Crossley W A. Commercial Transport Aircraft Conceptual Design Using a Genetic Algorithm Based Approach[R]. AIAA Paper 98-4934,1998.

[15] 卢新来，刘虎，王钢林，等．基于多 Agent 的机身外形优化模型[J]．南京航空航天大学学报，June 2007,39(3):312-316.

[16] Aamodt A，Plaza E. Case - Based Reasoning：Foundational Issues，Methodological Variations，and System Approaches[J]. Artificial Intelligence Communications，1994，7(1)：39-59.

[17] Nilsson N J. Artificial Intelligence：a New Synthesis[M]. San Francisco：Morgan Kaufmann Publishers，Inc.，1998.

[18] 潘云鹤．智能 CAD 方法与模型[M]．北京：科学出版社，1997.

[19] 周济，查建中，肖人彬．智能设计[M]．北京：高等教育出版社，1998.

[20] Cheng C B. A Fuzzy Inference System for Similarity Assessment in Case - Based Reasoning Systems：An Application to Product Design[J]. Mathematical and Computer Modelling，2003，38(3-4)：385-394.

[21] Chen L, Du Y, Wang H, et al. Case - based Reasoning Expert System for Concept Design of Economical Car[R]//Proceedings of the IEEE International Vehicle Electronics Conference, 1999. IVEC'99, 1999, 1: 360-364.
[22] Lee D, Lee K. An Approach to Case - Based System for Conceptual Ship Design Assistant[J]. Expert Systems with Applications, 1999, 16(2): 97-104.
[23] Surma J. Case - Based Retrieval in Process Engineering: Supporting Design by Reusing Flowsheets[J]. Engineering Application of Artificial Intelligence, 1996, 9(4): 385-391.
[24] Praehofer H, Kerschbaummayr J. Case - Based Reasoning Techniques to Support Reusability in a Requirement Engineering and System Design Tool[J]. Engineering Applications of Artificial Intelligence, 1999, 12(6): 717-731.
[25] Trousse B, Visser W. Use of Case - Based Reasoning Techniques for Intelligent Computer - Aided - Design Systems[R]//Proceedings of the IEEE International Conference on Systems. Man and Cybernetics, 1993, 3: 513-517.
[26] 张健. 基于知识工程的汽车整车设计理论与方法研究[D]. 上海：同济大学，2002.
[27] 姜华. 面向航天导弹型号总体设计论证的决策支持方法研究[D]. 哈尔滨:哈尔滨工业大学，2001.
[28] 刘寅东. 船舶设计决策支持方法与应用研究[D]. 大连：大连理工大学，1998.
[29] 詹金森 L R，辛普金 P，罗兹 D. 民用喷气飞机设计[M]，李光里，等译. 北京：中国航空研究院，2001.
[30] Jackson P. Jane's All the World's Aircraft[M]. London: Jane's Group Limited, 2003.
[31] 中国航空信息中心《世界飞机手册》编写组. 世界飞机手册：2000[M]. 北京：航空工业出版社，2001.
[32] Slonim T Y, Schneider M. Design Issues in Fuzzy Case - Based Reasoning[J]. Fuzzy Sets and Systems, 2001, 117(2): 251-267.
[33] 蔡文沁，彭培林，姜寿山. 航空产品设计知识的表示与重用技术研究[J]. 计算机集成制造系统—CIMS，2004，10(1)：55-58.
[34] Mattingly J D, Heiser W H, Daley D H. Aircraft Engine Design[M]. AIAA Education Series, New York: AIAA Inc., 1987.
[35] Raymer D P. Enhancing Aircraft Conceptual Design using Multidisciplinary Optimization[D]. Royal Stockholm: Institute of Technology, 2002.
[36] Raymer D P. Vehicle Scaling Laws for Multidisciplinary Optimization: Use of Net Design Volume to Improve Optimization Realism[R]. AIAA Paper 2001-5246, 2001.
[37] Raymer D P. Vehicle Scaling Laws for Multidisciplinary Optimization (Preliminary Report)[R]. AIAA Paper 2001-0532, 2001.
[38] 顾诵芬，解思适. 飞机总体设计[M]. 北京：北京航空航天大学出版社，2001.
[39] Raymer D P. Aircraft Design: A Conceptual Approach[M]. 3rd ed. Reston: AIAA Inc., 1999.

[40] 张考，马东立. 军用飞机生存力与隐身设计[M]. 北京：国防工业出版社，2002.
[41] Ball R E. The Fundamentals of Aircraft Combat Survivability Analysis and Design [M]. 2nd ed. Reston：AIAA Inc.，2003.
[42] Raymer D P. Notional Design of an Advanced Strike Fighter[R]. AIAA Paper 95-3922,1995.
[43] 刘虎. 飞机概念设计支持理论与原型系统研究[D]. 北京：北京航空航天大学，2004.
[44] Knott E F, Shaeffer J F, Tuley M T. Radar Cross Section[M]. 2nd ed. Norwood：Artech House, Inc.，1993.
[45] 克拉特 E F. 雷达散射截面：预估、测量和减缩[M]. 阮颖铮，译. 北京：电子工业出版社，1988.
[46] Engineous Software, Inc.. iSIGHT Reference Guide[M]. Version 7.1. Cary：Engineous Software, Inc.，2002.
[47] NextGen Integration and Implementation Office. NextGen implementation plan[EB/OL]. (2001－03). http://www.faa.gov/ nextgen/. Federal Aviation Administration.
[48] Huang K D, Liu B H, Huang J, et al. A survey of military simulation technology[J]. Journal of System Simulation, 2004, 16(9)：1887-1895.
[49] Crossley W A. System of Systems：an Introduction of Purdue University Schools of Engineering's Signature Area. Engineering Systems Symposium[R]. Cambridge, MA：MIT Engineering Systems Division, 2004.
[50] Doble N A, Brennan M, Arora N, et al. Simulation and operational analysis of airspace flow programs for traffic flow management[C]. AIAA－2006-7828, 2006.
[51] 王元放，周宏仁，敬忠良. "系统的系统"综述[J]. 系统仿真学报，2007，19(6).
[52] John C, Claudia E. Design process improvement：a review of current practice[M]. London：Springer－Verlag，2005.
[53] Huang G Q. Design for X：concurrent engineering imperatives[M]. Padstow in Cornwall：Springer, 1996.
[54] Chiu M C, Okudan G E. Evolution of design for X tools applicable to design stages：a literature review[C]. Proceedings of the ASME 2010 International Design Engineering Technical Conferences & Computers and Information in Engineering Conference. DETC 2010-29091, 2010.
[55] Pradeep R. Aircraft design in the 21st century：implications for design methods[C]. MAD Center Industrial Advisory Board Meeting. Blacksburg, VA：Virginia Tech, 1998.
[56] Nicolai L M. Future requirements in aircraft design[C]. AIAA-1978-3011, 1978.
[57] Overend W J. Design criteria for airline operation[C]. AIAA-1979-1849, 1979.
[58] Domenico L. A conceptual graph representation of an aircraft design standard[M]. Boston：PWS Publishers, 1996.
[59] Graham B. Re－inventing (with wheels, wings and sails)—a new look at transport accident investigator training[C]. International Society of Air Safety Investigators Annu-

al Conference, 2004.

[60] Gilbert L C. Conceptual design of an unmanned gyroplane for an endurance mission [C]. AIAA - 2007-1254, 2007.

[61] Andrew M, Ian W, Karen W. A methodology for integrated conceptual design of aircraft configuration and operation to reduce environmental impact[C]. AIAA 2009-7026, 2009.

[62] Austin W E, Perry R, Wray C, et al. Real-time joint modeling and simulation system prototype use in virtual strike warfare environment exercise [C]. AIAA-2001-4368, 2001.

[63] Caudill D, Zeh J, Buell C, et al. Lessons learned in virtual strike warfare environment [C]. AIAA-2001-4366, 2001.

[64] Dong Y F, Wang L Y, Zhang H X. Synthesized index model for fighter plane air - to - surface target attacking effectiveness assessment[J]. Aeronautica et Astronautica Sinica 2007, 28(6): 1374-1377.

[65] Guo S H, Feng S, Sun J J. Research on meta - synthesis effectiveness evaluation for simulation - based acquisition[J]. Journal of Wuhan University of Technology, 2008, 30(4): 652-656.

[66] Wallis P, Jarvis D, Lucas A. The automated wingman - using JACK intelligent agents for unmanned autonomous [C]. IEEE Aerospace Conference Proceedings, 2002, 2615-2622.

[67] Yang J P, Du B R, Guo H J. Application of DELMIA in assembly simulation of one civil aircraft front good hatch door[J]. Aeronautical Manufacturing Technology, 2010 (24): 99-101.

[68] Charania A C, Wallace J, Olds J R, et al. D4Ops: design for operations of future reusable launch systems[C]. 55th International Astronautical Congress, 2004.

[69] Zhan J X. The design of helicopter cockpit man - machine efficacy[J]. Helicopter Technique 2007(4): 40-42.

[70] Zhan Y Y, Lian J K. A method for determining the weight of expert based on similarity [J]. Journal of Henan Polytechnic University: Natural Science , 2010, 29 (2): 283-286.

[71] Li M J, Chen G H, Chen Y T. Study on target standardization method of comprehensive evaluation[J]. Chinese Journal of Management Science, 2004, 12(Special Issue): 45-48.

[72] Guo H, Zhu H, Guo Z, et al. Address standardization with latent semantic association [C]. 15th ACM SIGKDD International Conference on Knowledge Discovery and Data Mining, KDD 2009. 2009: 1151-1163.

[73] Cho G H, Park H U, Jeon K S, et al. A logical approach for evaluating preliminary shape design of a very light jet[C]. AIAA-2008-8948, 2008.

[74] Luo S, Li S H. Study on radar automatic target recognition using grey relational analy-

sis[J]. Signal Process ,2007, 23(4): 463-467.
[75] Stapleton G, Howse J, Taylor J, et al. The expressiveness of spider diagrams augmented with constants[J]. IEEE Visual Languages and Human Centric Computing, 2004, 91-98.
[76] Sweeten B C, Royer D, Keshmiri S. The meridian UAV flight performance analysis using analytical and experimental data[C]. AIAA-2009-1899, 2009.
[77] Zhang K S, Han Z H, Song B F. Flight performance analysis of hybrid airship[C]. AIAA-2009-901, 2009.
[78] Zhang Y, Yang B Z, Xiao Y D, et al. Design and implementation of simulation for air turret weapon system[J]. Computer Simulation, 2010, 27(12): 79-88.
[79] Li B H, Chai X D, Mao Y. Two focuses in the development of contemporary simulation technology[J]. Journal of System Simulation, 2001, 13(1): 101-105.
[80] Kong X J, Gao Z H, Huang H H. Simulation methodology for fighter conceptual design[J]. IEEE Computer - Aided Industrial Design and Conceptual Design, 2006: 1-4.
[81] Heinze C, Papasimeon M, Goss S, et al. Simulating fighter pilots. Defence Industry Applications of Autonomous Agents and Multi - Agent Systems: Whitestein Series in Software Agent Technologies[M]. Basel: Birkh Auser Verlag, 2007: 113-130.
[82] Zhao Q P. Distributed virtual battlefield environment - experimental theater of modern wars[J]. Journal of System Simulation, 2001, 13(Suppl.): 1-7.
[83] Pauline A W, Albert G B. Advanced distributed simulation: a review of developments and their implication for data collection and analysis[J]. Simulation Practice and Theory, 2000, 8(3-4): 201-231.
[84] Buss A. Component based simulation modeling with Simkit[C]. IEEE Simulation Conference. 2002: 243-249.
[85] Jaisingh J, Barron J, Chaturvedi A, et al. Privacy on the internet: an economic analysis[C]. Proceedings of the Americas Conference on Information Systems (AMCIS 2002), 2002.
[86] Cap Lugo P A, Bainum P M. Coverage patterns for the Molniya orbit and iridium constellations in real time with the STK[C]. AIAA-2004-4976, 2004.
[87] Li L J, Shen L T. An improved multilevel fuzzy comprehensive evaluation algorithm for security performance[J]. The Journal of China Universities of Posts and Telecommunications 2006, 13(4): 48-53.
[88] Ling X, Wu S. Using fuzzy analytic hierarchy process and fuzzy comprehensive evaluation in decision making for satellite mobile communication systems[C]. AIAA 2004-3206, 2004.
[89] Boeing Commercial Airplanes. 737 airplane characteristics for airport planning. Seattle. [EB/OL]. (2005). http://www.boeing.com/commercial/737family/ specs.html. Washington: Boeing Commercial Airplanes.
[90] Airbus Customer Services. 320 airplane characteristics for airport planning AC[EB/

OL]. (2002). http://www.airbus.com/en/aircraftfamilies/a320/a320/specifications. Blagnac Cedex, France: Airbus S. A. S.

[91] McCamish S B, Romano M. Simulations of relative multiple spacecraft dynamics and control with MATLAB - Simulink and satellite tool kit[C]. AIAA-2007-6805, 2007.

[92] Rissanen M, Kuroda Y, Kuroda T, et al. A novel interface for simulator training: describing and presenting manipulation skill through VR annotations[M]. Berlin Heidelberg: Springer-Verlag, 2007: 523-532.

[93] Kincaid J P, Westerlund K K. Simulation in education and training[C]. IEEE Winter Simulation Conference, 2009: 273-280.

[94] Shen J J, Gan Z C, Chen G. The study of military simulative training based on "network in the loop"[J]. IEEE Computer Network and Multimedia Technology, 2009: 1-5.

[95] Jain S, McLean C R. Integrated simulation and gaming architecture for incident management training[C]. IEEE Proceedings of the 2005 Winter Simulation Conference, 2005: 904-913.